W0262121

Die Elektrizitätstarife

Nachfrage und Gestehungskosten
elektrischer Arbeit, Aufbau und Anwendung
der Tarife

Von

Dr.-Ing. **Gustav Siegel** und Dr.-Ing. **Hans Nissel**

Dritte, völlig umgearbeitete Auflage von
„Der Verkauf elektrischer Arbeit"

Mit 54 Abbildungen
139 Tarifbeispielen und
einer Kursumrechnungstafel

Springer-Verlag Berlin Heidelberg GmbH
1935

Alle Rechte, insbesondere das der Übersetzung
in fremde Sprachen, vorbehalten.

ISBN 978-3-642-89411-4   ISBN 978-3-642-91267-2 (eBook)
DOI 10.1007/978-3-642-91267-2

Vorwort.

Die Neubearbeitung der zweiten Auflage dieses Buches, die im Jahre 1917 unter dem Titel „Verkauf elektrischer Arbeit" erschien, ist bereits seit einigen Jahren fällig. Berufliche Überlastung hinderte mich zunächst bis zu dem im Jahre 1933 erfolgten Ausscheiden aus meinem Amt als Vorstandsmitglied der Elektricitäts-Lieferungs-Gesellschaft, Berlin, an der Inangriffnahme; ich entschloß mich daher, einen jüngeren, auf dem Tarifgebiete bewährten Fachgenossen, Herrn Dr.-Ing. Hans Nissel zur Mitarbeit einzuladen.

Die vorliegende 3. Auflage ist die Frucht der gemeinsamen Arbeit. Sie unterscheidet sich von der früheren vor allem dadurch, daß sie sich — unter Berücksichtigung der in den letzten Jahren gewonnenen Erkenntnisse und Erfahrungen — auf die Darlegung der Grundlagen und Gestaltung der Tarife beschränkt. Fortgelassen wurden demgemäß die Kapitel über die Werbetätigkeit, über den Geldeinzug und über die allgemeinen Stromlieferungsbedingungen. Das konnte um so eher geschehen, als die genannten Teilgebiete inzwischen im Schrifttum und in der Praxis eine besondere Bearbeitung gefunden haben. Ferner wurde auf die Einfügung der vielen Zahlenaufstellungen über Anlage- und Betriebskosten verzichtet, die an und für sich rasch veralten und infolge der Währungsschwankungen in zahlreichen Ländern einen Vergleichswert nicht mehr besitzen. Beibehalten wurde die grundsätzliche Stoffeinteilung, auch an den Richtlinien, die für die Bearbeitung maßgebend waren, brauchte nichts geändert zu werden; wie ich vielmehr zu meiner großen Genugtuung feststellen kann, ist der von mir zum ersten Male in dem Schrifttum vertretene Grundsatz, daß bei der Aufstellung der Tarife der Wertschätzung und Leistungsfähigkeit der Abnehmer ebensoviel Gewicht beizulegen ist, wie den Gestehungskosten, heute fast Allgemeingut aller Tarifpolitiker geworden; ebenso ist die von mir bereits in den früheren Auflagen ausgesprochene Ansicht, daß der zweckmäßigste Tarif für den Verkauf elektrischer Arbeit der Grundgebührentarif sei, heute fast in der ganzen Welt anerkannt.

Einen breiteren Raum als in den früheren Auflagen nehmen die Ausführungen über die Gestehungskosten und deren Ermittlung und Verteilung ein; ohne daß man die Bedeutung dieser überschätzen darf, muß man hiermit vertraut sein, um einen möglichst aufschlußreichen Einblick in den Aufbau der Selbstkosten und ihren Zusammenhang mit dem Verbrauch zu gewinnen. Auch die Bedeutung des Leistungsfaktors für die Tarifbildung ist im Anschluß an frühere Veröffentlichungen meines Mitarbeiters ausführlicher erörtert. — Schließlich ist bei dem

Abschnitt: Anwendung der Tarife die Zahl der Länder und der Tarifbeispiele wesentlich vermehrt worden, um ein möglichst umfassendes Bild von der Tarifpolitik unter den verschiedensten geographischen und wirtschaftlichen Verhältnissen zu geben.

Bei der Behandlung aller einschlägigen Fragen wurde Gewicht darauf gelegt, sie von Grund auf in einfacher und allgemein gültiger Form und soweit als möglich im Zusammenhang mit der übrigen Volkswirtschaft zu erörtern. So soll nicht nur der Fachmann zum Nachdenken und Vergleichen angeregt werden, sondern auch dem Studierenden, dem Volkswirtschaftler und dem Politiker, der sich heute vielfach mit Tariffragen zu beschäftigen veranlaßt sieht, soll eine Möglichkeit geboten werden, sich über alle wichtigen Gesichtspunkte zu unterrichten, die bei der Beurteilung von Strompreisen von Bedeutung sind.

Bei der Vorbereitung der Arbeit sind die Verfasser von vielen Personen und Berufsgruppen des In- und Auslandes durch Überlassung wertvollen, zum Teil unveröffentlichten Materials unterstützt worden, wofür ihnen an dieser Stelle bestens gedankt sein soll. Besondere Erkenntlichkeit gebührt den schweizerischen, holländischen, dänischen, schwedischen, norwegischen, finnischen, ungarischen, italienischen Fachgenossen, die bereitwillig durch Auskünfte, Berichte und Statistiken erwünschte Unterstützung gewährt haben. Ferner sei den Herren Dr. Ernst Jäger, München und Dipl.-Ing. Siegfried Zinn, Berlin, aufrichtiger Dank für ihre eifrige Mitwirkung bei der Durchsicht der Korrekturbogen abgestattet.

So wird das Buch der Öffentlichkeit übergeben in der Hoffnung, daß es dazu beiträgt, in der so wichtigen Frage der Strompreisgestaltung Klarheit und Kenntnis zu verbreiten und damit der Entwicklung der Elektrizitätswirtschaft zu dienen.

Berlin, im Dezember 1934.

Dr.-Ing. G. Siegel.

Inhaltsverzeichnis.

Zweites Buch.
Die Gestaltung der Tarife.

Anhang: Kursumrechnungstafel am Schluß des Textes.

Zahlentafeln.

Die kulturelle und wirtschaftliche Stellung der Elektrizitätswerke und die Bedeutung der Strompreise.

Der gesamte Verbrauch der bewohnten Erde an elektrischer Arbeit kann für das Jahr 1930 auf etwa 250 Milliarden kWh geschätzt werden, die Gesamtbevölkerung auf etwa 2 Milliarden; auf jeden Erdbewohner entfällt also im Durchschnitt ein Jahresverbrauch von 125 kWh. Nur etwa 60% der Erdbewohner jedoch besitzen die Möglichkeit, elektrische Arbeit zu gebrauchen, hiervon sind als arbeitsfähig wiederum nur etwa 60% zu schätzen; d. h. auf jeden arbeitsfähigen Erdbewohner im Bereich elektrischer Versorgung entfielen im Jahre 1930 im Durchschnitt 350 kWh. Um die Bedeutung dieser Feststellung zu würdigen, muß man bedenken, daß 1 kWh etwa einer Arbeit von 367000 mkg = 367 mt gleichwertig ist und daß die Arbeitsleistung eines erwachsenen, gesunden, d. h. arbeitsfähigen Menschen für den achtstündigen Arbeitstag mit etwa 230000 mkg = 230 mt bewertet wird. Der Durchschnittsverbrauch von 350 kWh im Jahr entspricht somit einer Arbeitsleistung von rund 128000 mt gegenüber der Jahresdurchschnittsleistung eines arbeitsfähigen Menschen bei 300 Arbeitstagen von rund 69000 mt. Die Beistellung der elektrischen Arbeit in dem erwähnten Umfang bedeutet somit eine Erhöhung der Leistungsfähigkeit jedes arbeitsfähigen Erdbewohners um 200% oder mit anderen Worten, **die Versorgung mit elektrischer Arbeit in ihrem jetzigen Umfang hat die Arbeitsfähigkeit der Menschen fast verdreifacht.**

In viel höherem Maße ist dies in fortgeschrittenen Industrieländern der Fall; nimmt man an, daß dort im allgemeinen jedem Einwohner die Möglichkeit zur Benutzung elektrischer Arbeit gegeben ist und daß, wie im Gesamtdurchschnitt, 60% der Bevölkerung als arbeitsfähig zu gelten haben, so entfallen auf jeden arbeitsfähigen Bewohner

in Deutschland	rund	800 kWh	=	294000 mt
in der Schweiz	,,	2000	=	734000 ,,
in Norwegen	,,	5000	=	1835000 ,,
in England	,,	600	=	220000 ,,
in Frankreich	,,	500	=	184000 ,,
in den Vereinigten Staaten	,,	1750	=	640000 ,,
in Kanada	,,	3000	=	1100000 ,,

d. h. die Leistungsfähigkeit der arbeitsfähigen Bevölkerung ist durch die Darbietung der elektrischen Arbeit gesteigert,

in Deutschland . . . . auf das 5fache
in der Schweiz . . . . ,,   ,, 12 ,,
in Norwegen . . . . ,,   ,, 28 ,,
in England . . . . ,,   ,, 4 ,,
in Frankreich . . . . ,,   ,, 3,5 ,,
in den Vereinigten Staaten . ,,   ,, 10 ,,
in Kanada . . . . ,,   ,, 17 ,,

Bei der Bewertung dieser Ziffern ist zu berücksichtigen, daß es sich nicht überall um neu hinzutretende, sondern zum Teil um umgewandelte Energiemengen handelt, daß ferner alle anderen Energiemengen, die ohne Umwandlung in elektrische Energie gewonnen werden (Kohle, Öl, Wasser, Wind usw.), nicht einbezogen sind.

Im Hinblick auf diese Ziffern ist es verständlich, daß sich innerhalb weniger Jahre die öffentlichen Elektrizitätswerke, d. h. die Unternehmungen, die im Besitz von privaten oder öffentlichen Körperschaften elektrische Arbeit der Allgemeinheit zum Verkauf stellen, auf dem Gebiete der Kultur und der Wirtschaft eine beherrschende Stellung errungen haben. In kultureller Hinsicht sind alle die Fortschritte, die die Elektrizität überhaupt gebracht hat, in erster Linie den öffentlichen Elektrizitätswerken zu verdanken, denn ohne sie wäre es der Elektrizität nicht möglich gewesen, unser gesamtes häusliches, berufliches und öffentliches Leben so schnell und so tief zu durchdringen, daß wir ihre Hilfe fast auf keinem Gebiet menschlicher Tätigkeit mehr entbehren können.

Die elektrische Beleuchtung ist heute Allgemeingut aller Volksschichten geworden. Ihre Einführung ist als ein Kulturfortschritt zu bewerten, da sie an gesundheitlichen Vorzügen, an Verwendungsmöglichkeiten, an Feuersicherheit, Zweckmäßigkeit und Bequemlichkeit alle anderen künstlichen Lichtquellen übertrifft.

Der Elektromotor hat allenthalben Mensch und Tier von schwerer Arbeitsfron befreit, die Heimarbeit erleichtert, die Lage des Handwerks gehoben und seine Entwicklung zum Kleingewerbe begünstigt. Dadurch ist von vielen Angehörigen dieser Berufsstände die Gefahr des drohenden wirtschaftlichen Zusammenbruchs abgewendet und ihnen eine bessere Lebenshaltung ermöglicht worden. In der Landwirtschaft hat die Einführung des elektrischen Betriebes, wie bei den meisten Anwendungen der elektrischen Arbeit zum Zwecke der Kraftübertragung in weitem Umfang menschliche und tierische Arbeitskraft durch mechanische ersetzt, für andere höhere Zwecke freigemacht und die Möglichkeit geboten, die Lebenshaltung des Verbrauchers und seiner Umgebung zu verbessern.

In der Industrie begünstigt die Verwendung der Elektrizität, insbesondere wenn sie durch öffentliche Elektrizitätswerke bereitgestellt wird, eine planvolle Zusammenfassung der Krafterzeugung, die, wie jede

Ersparnis bei der Hervorbringung von Gütern als Kulturfortschritt anzusehen ist. Unter diesem Gesichtspunkt ist auch die durch die Elektrizität ermöglichte größere Freizügigkeit der Gewerbe und die dadurch angebahnte Beseitigung oder Milderung bestehender Interessengegensätze zu bewerten.

In der gleichen Richtung wirkt sich die Anwendung des elektrischen Betriebes im Verkehrswesen aus; sie hat zunächst innerhalb der Städte und in steigendem Umfang im Vorort- und Fernverkehr Erleichterung und Beschleunigung mit sich gebracht und zahlreiche wohltätige Folgen, wie die Verbesserung der Wohnungsverhältnisse und die Begünstigung von Sport und Erholung nach sich gezogen.

Auch die Elektrowärme, dieser jüngste, aber zukunftsreichste Zweig der Elektrizitätsversorgung, gewährt durch Erleichterung der Arbeit, durch Verfeinerung der Erzeugnisse in Haushalt und Gewerbe, Vorteile, die die Bestrebungen zu kultureller Hebung des Menschengeschlechts unterstützen.

Schließlich ist die rasche und gewaltige Ausbreitung des Rundfunks, der zum mächtigsten Kulturförderer der Neuzeit ausgestaltet werden kann, nur im Anschluß an die öffentlichen Elektrizitätswerke möglich geworden.

Alle die genannten kulturellen Errungenschaften machen sich bei dem Verbraucher mittelbar

Zahlentafel 1. Vergleich wichtiger Wirtschaftsgebiete in Deutschland.

Art der Unternehmung	Anzahl der Betriebe	Leistungs-fähigkeit Mill. kW	Anlagekapital		Erzeugung	Jahres-einnahme Mill. RM	Beschäftigte	
			im ganzen Mill. RM	je Kopf der Bevölkerung RM			Zahl	Ein-kommen Mill. RM
Eisenbahnen	—	—	26 681	412	27 734 Mill. Wagenachs-km	4684	700 496	2931
Steinkohlenbergbau.	253	—	2 700	41,60	143 Mill. t	2100	469 000	1135
Braunkohlenbergbau	276	—	1 000	15,50	146 Mill. t	420	64 000	149
Elektrizitätswerke, öffentliche .	1587	7 960	9 000	139	15 900 Mill. kWh	1900	70 000	230
Elektrizitätswerke, eigene . . .	5406	5 210	2 000	39	13 000 Mill. kWh	800	12 000	31
Elektrizitätswerke, gesamt . .	—	13 170	11 000	178	28 900 Mill. kWh	2700	82 000	280
Gaswerke	1253	—	2 000	31	3 700 Mill. cbm	440	50 000	170
Wasserwerke.	3408	—	2 500	39	2 400 Mill. cbm	290	30 000	97

Sämtliche Angaben beziehen sich auf das Jahr 1930.

auch auf wirtschaftlichem Gebiet geltend. Darüber hinaus beruht die wirtschaftliche Bedeutung der Elektrizitätswerke einmal auf ihrem Umsatz an Geld, Stoff und Arbeit, d. h. auf ihrem Verbrauch an Gütern einerseits und dem Absatz ihrer Erzeugnisse andererseits, und weiterhin auf ihrer engen Verkettung mit den übrigen Zweigen der Volkswirtschaft. In dieser Hinsicht gibt es kaum ein Arbeitsgebiet, das so bedeutungsvolle Beziehungen zu allen anderen aufzuweisen hat wie die öffentlichen Elektrizitätswerke. Zu ihrem Aufbau und Betrieb werden die Märkte für Geld, Baustoffe, Metalle, Brennstoffe, Arbeitskräfte in umfangreichem Maße in Anspruch genommen, während ihr Erzeugnis, die elektrische Arbeit, in unzähligen Adern dem Wirtschaftskörper wieder zugeführt und dort in Ausübung zahlreicher wichtiger Dienstleistungen verbraucht wird. Hierin liegt es begründet, daß die weit jüngere Industrie der Elektrizitätsversorgung an wirtschaftlicher Bedeutung ihre älteren Schwestern zum Teil überflügelt hat. Über einige besonders wichtige wirtschaftliche Beziehungen geben die Angaben in Zahlentafel 1 Aufschluß.

Bei der Würdigung dieser Zahlen ist noch zu berücksichtigen, daß die Entwicklungszeiten der aufgeführten Wirtschaftszweige sehr verschieden sind. Während der Steinkohlenbergbau auf eine bis weit ins Mittelalter reichende Geschichte, die Eisenbahnen und Gaswerke auf eine 100jährige Entwicklung zurückblicken können, beträgt der Zeitraum, in dem sich die Geschichte der Elektrizitätswerke abgespielt hat, kaum 50 Jahre. Trotzdem lassen die Zahlen erkennen, daß sich die Elektrizitätswerke neben die übrigen gewerblichen und kaufmännischen Großbetriebe, neben die Verkehrs- und Wohlfahrtseinrichtungen als wirtschaftliche Unternehmungen von allererster Bedeutung gestellt haben. Diese Entwicklung ist nicht auf Deutschland beschränkt geblieben; wie die nebenstehende Aufstellung (Zahlentafel 2) zeigt, ist sie auch in anderen Ländern zu verzeichnen.

Es sind also gewaltige Summen, nicht unbeträchtliche Teile des Nationalvermögens der verschiedenen Länder in diesen Unternehmungen festgelegt und die Frage ihres Ertrages berührt die gesamte Volkswirtschaft weit über die Kreise der Unternehmer hinaus.

Zu dieser Bedeutung konnten die Elektrizitätswerke erst nach einer gewissen Vervollkommnung der technischen Grundlagen gelangen. Erfindung und Erfahrung haben zusammengewirkt, um die technischen Schwierigkeiten so weit zu überwinden, daß heute ein gesicherter Betrieb gewährleistet ist. Dagegen kann das wirtschaftliche Ergebnis, namentlich im Hinblick auf die Ausbreitung der elektrischen Arbeit, im allgemeinen weniger günstig beurteilt werden und doch ist dies weitaus wichtiger, da alle technischen Errungenschaften nur dann vollen Wert besitzen, wenn sie auch mit kulturellen und wirtschaftlichen Erfolgen verknüpft sind. Ein solcher Erfolg liegt nur dann vor, wenn sowohl auf seiten der

Unternehmer durch Erzeugung und Verkauf als auch auf seiten der Verbraucher durch die Anwendung der elektrischen Arbeit Vorteile erzielt werden, die zwar nicht immer unmittelbar als geldliche Gewinne in Erscheinung zu treten brauchen, im allgemeinen jedoch mittelbar in einer oder der anderen Weise als wirtschaftliches Ergebnis ihre Bewertung finden. Der Erfolg muß aber auf beiden Seiten vorhanden sein, und zwar unter möglichster Ausnutzung der aufgewendeten Mittel. Da beide, Unternehmer wie auch Verbraucher, Glieder eines Körpers sind, kann von einem wirklichen Gewinn nur dann gesprochen werden,

Zahlentafel 2. Entwicklung der Elektrizitätsversorgung in verschiedenen Ländern.

Land	Jahr	Zahl der Betriebe	Leistungs-fähigkeit der Kraft-werke	Anlage-kapital	Abgegebene elektrische Arbeit	
					im ganzen	je Ein-wohner
			1000 kW	Mill. RM	Mill. kWh	kWh
Deutschland . . .	1913	4040	2100	2500	2800	43
	1930	1587	7960	9000	15900	245
Schweiz	1914	1000	434	372	1200	316
	1929	1328	931	1020	3770	925
Holland	1913	—	91	69	130	21
	1928	491	740	845	1500	195
Dänemark	1913	384	63	85	85	34
	1930	461	280	532	362	102
England	1913	581	1071	1965	1235	27
	1930	668	6600	6541	8666	195
Vereinigte Staaten.	1912	5221	5165	9650	11600	123
	1930	2755	31950	50000	92000	753

wenn beiden gleichzeitig genützt wird. Hieraus folgt, daß die Elektrizitätswerke als Glieder der Volkswirtschaft die Aufgabe haben, möglichst viel wirtschaftliche Vorteile für sich und für die Verbraucher zu erzielen. Dieser Satz sei an die Spitze aller folgenden Erörterungen gestellt.

Unter der Voraussetzung, daß die der Elektrizitätsversorgung dienenden Anlagen allen Anforderungen hinsichtlich der Zweckmäßigkeit des Baues und des Betriebes entsprechen, ist sowohl der Ertrag der Elektrizitätswerke als auch der Nutzen der elektrischen Arbeit für den Verbraucher hauptsächlich von dem Verkaufspreis der elektrischen Arbeit abhängig. Ein Verkauf zwischen zwei Parteien kommt zustande, wenn auf der einen Seite, bei dem Käufer, der Wunsch vorhanden ist, irgendein Gut gegen Hingabe eines anderen zu erwerben und auf der anderen Seite, bei dem Verkäufer, der Wille besteht, dieses Gut gegen irgendeine Gegengabe abzutreten. Die Gesamtheit aller Umstände, die diesen Wunsch beeinflussen, bedingt auf seiten des

Käufers die „Nachfrage“ und auf seiten des Verkäufers das „Angebot“. Das Angebot wie auch die Nachfrage werden geregelt durch die „Wertschätzung“, die Käufer wie Verkäufer dem zu tauschenden Gute entgegenbringen. Die Wertschätzung ist das Gefühl oder die Überzeugung, daß irgendein Gut oder eine Handlung für die Befriedigung eines wirtschaftlichen oder kulturellen Bedürfnisses dienlich sei. Ihren Ausdruck findet die Wertschätzung bei dem Verkäufer in dem geforderten, beim Käufer in dem gezahlten Preis der Ware.

Ein Verkauf kommt um so leichter zustande, je mehr der Preis der Wertschätzung sowohl des Käufers wie des Verkäufers angepaßt wird. Gerade in diesem Punkt aber läßt die Preisstellung der Elektrizitätswerke noch immer zu wünschen übrig. Prüft man die Erörterungen über diesen Gegenstand, die sowohl im Fachschrifttum als auch in der Tagespresse einen außerordentlich breiten Raum einnehmen, so begegnet man allzu häufig großer Einseitigkeit; auf seiten des Verkäufers wird oft irgendeinem unwichtigen Umstand weitgehend Rechnung getragen, vor allen Dingen aber wird die Rücksicht auf die Gestehungskosten der elektrischen Arbeit nicht bloß in den Vordergrund gestellt, sondern vielfach noch für die einzig maßgebende erklärt. Daß bei der Befolgung dieses Grundsatzes einige Unternehmungen gute Ergebnisse aufweisen, ist keineswegs ein Beweis für die Richtigkeit dieses Verfahrens. Die Erfahrung zeigt, daß auf diesem Wege ein dauernder Erfolg nicht erzielt werden kann, auch lehrt eine einfache Überlegung, daß bei wirtschaftlichen Unternehmungen auf die Dauer nur der gut fährt, der zugleich den Vorteil der anderen Partei wahrt.

Auf seiten der Verbraucher dagegen lassen die Erörterungen und Forderungen allzuoft jegliche Rücksicht auf die Grundlagen der Preisbildung und damit auf die lebenswichtigen Erfordernisse der Unternehmungen und der gesamten Volkswirtschaft vermissen. Allzu leicht gelingt es in Zeiten wirtschaftlichen Tiefstandes und politischer Wirrnis die große Menge der Verbraucher gegenüber der kleinen Zahl der Elektrizitätsversorgungsunternehmungen zu Forderungen zu veranlassen, die in den wirtschaftlichen Zusammenhängen keine Berechtigung finden, die aber die große Menge zu der Annahme verleiten, daß der wirtschaftliche Bestand der Verbraucher wesentlich von Höhe und Form der Strompreise abhängig sei. Daß dies aber nicht den Tatsachen entspricht, erhellt aus einigen Gegenüberstellungen. Im Jahre 1930 betrug in Deutschland (Wirtsch. u. Statist. 1931, S. 807)[1]:

der gesamte Umsatz an Waren und Leistungen 200 Milliarden RM
der Umsatz an elektrischer Arbeit aus öffent-
    lichen Werken . . . . 1,8 Milliarden RM

d. h. kaum 1% des gesamten Umsatzes. Schon daraus erhellt, daß die

---

[1] Fachschriftennachweis (S. 286).

Preishöhe der elektrischen Arbeit auf das Wirtschaftsleben nicht den
Einfluß haben kann, der ihr von den Verbrauchern beim Kampf um
die Strompreise beigelegt wird. Auch einige weitere Vergleichsziffern
zeigen, daß dieser Einfluß überschätzt wird (Zahlentafel 3).

Zur besseren Übersicht sind die Zahlen in Abb. 1 dargestellt.

Die durchschnittlichen Ausgaben für elektrische Arbeit für den
Kleinverbrauch je Kopf der Bevölkerung sind also niedriger, zum
Teil sogar ganz erheblich geringer als andere Ausgaben für
lebenswichtige, ja selbst für

Zahlentafel 3. Jährliche Ausgaben je Kopf für Dinge des
täglichen Bedarfs in
Deutschland 1930.

Gegenstand	Jährliche Ausgaben RM/Kopf
Fleisch	106,—
Kartoffeln	63,—
Kohlen	46,—
Bier	45,—
Tabak	42,—
Eisenbahn (Personenverkehr)	22,—
Post	19,—
Baumwolle	12,—
Telephon	11,—
Zucker	10,—
Elektrizität für den Kleinverbrauch . .	9,—

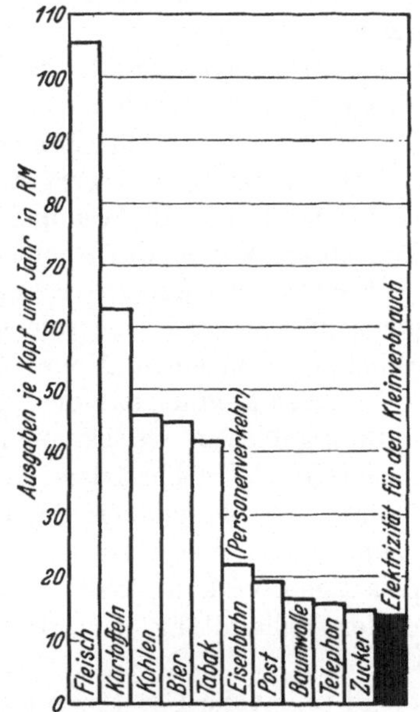

Abb. 1. Jährliche Ausgaben je Kopf für Dinge des
täglichen Bedarfs in Deutschland 1930.

Luxusbedürfnisse. Der stets mit zäher Energie geführte Kampf um
die Herabsetzung der Strompreise ist mit Rücksicht auf die wirtschaftlichen Verhältnisse der Verbraucher um so weniger berechtigt, als
dadurch die Ausbreitung der elektrischen Arbeit, die aus wirtschaftlichen und kulturellen Gründen notwendig ist, gefährdet wird. Verbraucher und Erzeuger der elektrischen Arbeit müssen sich bewußt
bleiben, daß bei der Preisstellung sowohl die Erfordernisse der Erzeuger
als auch die der Verbraucher Berücksichtigung finden müssen, mit anderen
Worten, es ist auch beim Verkauf elektrischer Arbeit der erste und
wichtigste Grundsatz jeder Preisbildung zu beachten: der Preis muß
durch Angebot und Nachfrage bestimmt werden.

Die Gültigkeit dieses Satzes ist hie und da bestritten worden. Einmal
wird eingewendet, daß dieser Satz das Kennzeichen einer freien Wirtschaft sei, für die aber in der heutigen Zeit, in der nicht mehr das Einzelinteresse, sondern nur das Allgemeinwohl ausschlaggebend ist, kein

Platz mehr sei. Allein dieser Einwand scheint sich auf eine irrtümliche Auslegung des Begriffs „Allgemeinwohl“ zu stützen, indem die Allgemeinheit nur mit den Verbrauchern gleichgesetzt wird. Daß jedoch eine solche Auffassung schließlich zu verhängnisvollen Folgen auch für den Verbraucher führen müßte, dürfte aus den vorausgehenden Darlegungen ersichtlich sein. Gerade der Grundsatz der alleinigen Geltung des Allgemeinwohls verlangt ebenso Berücksichtigung der Erfordernisse der Erzeuger wie der Verbraucher, d. h. des Angebots ebenso wie der Nachfrage.

Ein weiterer Einwand stützt sich auf den Hinweis, daß es sich bei dem Verkauf elektrischer Arbeit nicht um freie Wirtschaft, vielmehr um gebundene Wirtschaft, um ein „Monopol“ handle. Diese Ansicht ist falsch. Der Verkauf elektrischer Arbeit stellt weder in rechtlicher noch in tatsächlicher Beziehung ein Monopol dar. Die Elektrizität hat vielmehr auf allen ihren Verwendungsgebieten mit so zahlreichen und so gewichtigen Wettbewerbern zu rechnen, daß von einer Beherrschung des Energiemarktes — und eine solche müßte vorhanden sein, wenn man in Wirklichkeit von einem Monopol sprechen könnte — nicht die Rede sein kann. Dazu kommt, daß der Verbrauch an Elektrizität auch auf den Verwendungsgebieten, wo sie nicht ohne weiteres zu ersetzen ist, in Zeiten schlechter Wirtschaftslage eingeschränkt werden kann; gerade hierdurch wird die Abhängigkeit des Preises von dem Verhältnis der Nachfrage zum Angebot erwiesen, so daß jedes Kennzeichen für einen monopolartigen Verkauf fehlt.

Bei der Behandlung der Preisstellung ergibt sich daher folgende Aufgabe:

Es sind sämtliche Umstände technischer und wirtschaftlicher Art zu prüfen, die einerseits auf den Verbrauch, andererseits auf die Erzeugung der elektrischen Arbeit Einfluß ausüben. Die Preisstellung ist so zu gestalten, daß diese Umstände nach Möglichkeit und Wichtigkeit Berücksichtigung finden.

Nach dem Vorausgehenden beruht jeder Preis auf einem Ausgleich von Wertschätzungen; in diesen sind demnach die Grundlagen der Preisbildung zu suchen. Im folgenden wird also zunächst festzustellen sein, welche Umstände die Wertschätzung auf beiden Seiten, d. h. der Nachfrage und des Angebotes zu beeinflussen vermögen. In zweiter Linie ist zu untersuchen, in welchem Umfange dies geschieht, und wieweit dieser Einfluß zahlenmäßig ausgedrückt werden kann. Von dieser Feststellung wird es abhängen, ob diese Umstände als Grundlage der Preisstellung brauchbar sind. An Hand der so gewonnenen Ergebnisse wird es möglich sein, die Vor- und Nachteile der jetzt bestehenden Preisformen zu erkennen und die Richtlinien anzugeben, die bei der Aufstellung von Tarifen einzuhalten sind.

Die Grundlagen der Tarife.

Erster Teil.

Die Nachfrage nach elektrischer Arbeit.

Die Wertschätzung als Grundlage der Nachfrage.

Dem raschen Wachstum der Anzahl und Größe der Elektrizitätswerke liegt das stetig steigende Verlangen nach elektrischer Arbeit
zugrunde. Nun ist die Elektrizität als unmittelbares Erzeugnis der
Elektrizitätswerke, als Gegenwert für die Aufwendung von Geld, Stoff
und Arbeit zwar an und für sich ein wirtschaftliches Gut; Gegenstand
wirtschaftlicher Bedürfnisse wird sie aber erst durch ihre Eigenschaften,
die sie wirtschaftlich wertvoll machen, nämlich durch ihre Fähigkeiten,
Licht zu spenden, mechanische Arbeit zu leisten, Wärme zu erzeugen und
chemische Vorgänge herbeizuführen. Die Verwendung des elektrischen
Stromes im Nachrichtendienst hier zu nennen erübrigt sich, weil elektrische Arbeit zu diesem Zweck von den Elektrizitätswerken, neuerdings
zwar in zahlreichen Einzelfällen (Rundfunkempfänger), jedoch im ganzen
nur in geringem Umfang abgegeben wird.

Die genannten Eigenschaften des elektrischen Stromes werden nutzbar
gemacht, um folgende Bedürfnisse zu befriedigen: Das Lichtbedürfnis,
d. i. die Forderung nach künstlicher Beleuchtung, das Kraftbedürfnis,
d. i. das Verlangen nach mechanischer Arbeitskraft, das Wärmebedürfnis, d. i. die Notwendigkeit künstlicher Erzeugung hoher und
tiefer Temperaturen und schließlich das Bedürfnis nach elektro-
chemischer Arbeitsleistung, die vielfach mit der Erzeugung höchster
Temperaturen verknüpft ist.

A. Die Wertschätzung der elektrischen Arbeit als Lichtquelle.

1. Das Lichtbedürfnis und seine Ursachen.

Ein Blick in die Geschichte der Beleuchtungstechnik zeigt, daß das
Lichtbedürfnis mit dem Beginn der Kultur bereits vorhanden war. Die
Scheu vor der Dunkelheit, die Furcht vor Gefahren, vor wilden Tieren
und feindlichen Menschen ließ in dem Lagerfeuer die erste künstliche
Beleuchtung erstehen. Herdfeuer, Kienspan, Fackel, Öllampe, Talglicht,
Petroleum-, Gas- und schließlich elektrische Beleuchtung sind in

aufsteigender Linie die Folge des wachsenden Lichtbedürfnisses, die Stufen der fortschreitenden Beleuchtungstechnik.

Zu der Furcht vor Gefahren, jener ersten Ursache künstlicher Beleuchtung, tritt eine große Anzahl anderer Umstände, die das Lichtbedürfnis vergrößern. Manche Gewerbe bedürfen des Tages und der Nacht zu ihrer Ausübung, wie die Verkehrseinrichtungen, die Hüttenwerke, die Brauereien usw. Im allgemeinen ist die Erwerbstätigkeit in unseren Tagen des schärfsten Wettbewerbs so gesteigert, daß meist die Stunden des Tageslichtes zu ihrer Ausübung nicht mehr ausreichen; unter dem Druck dieser Verhältnisse ist Unterhaltung und Zerstreuung, ist fast das gesamte gesellschaftliche Leben in die Abendstunden verlegt. Die steigenden Bodenpreise in Land und Stadt drängen ferner auf eine größere Ausnutzung der Grundfläche, so daß namentlich in den Städten zahlreiche Räume entstanden sind, deren Beleuchtung auf künstlichem Wege ergänzt, wenn nicht überhaupt erst geschaffen werden muß. Weiter ist die fortschreitende Werbung dazu übergegangen, die künstliche Beleuchtung in umfangreichem Maße in ihre Dienste zu stellen. Eine bedeutsame Rolle spielen schließlich die geographischen und klimatischen Verhältnisse, kurz, das Lichtbedürfnis hat an Umfang außerordentlich zugenommen. Aber auch seine Stärke ist gewachsen; der Wettbewerb der einzelnen Beleuchtungsarten hat die Bedürfnisse überall gesteigert, wissenschaftliche Untersuchungen haben die Notwendigkeit verstärkter Beleuchtung für die Leistungsfähigkeit des Auges und für die Verbesserung und Vermehrung gewerblicher Erzeugnisse dargetan, das Luxusbedürfnis nimmt zu, gesundheitliche Gesichtspunkte heischen fort und fort Verbesserungen und so ist es denn nicht zu verwundern, daß das Lichtbedürfnis in unseren Tagen, trotz eines gewissen Rückschlages infolge der Wirtschaftskrise beträchtlich angewachsen ist und ständig weiter zunimmt.

Die Ursachen des Lichtbedürfnisses sind selbst wieder Bedürfnisse mannigfacher Art und lassen sich etwa in drei große Gruppen zusammenfassen: Selbsterhaltungstrieb, Erwerbstrieb und Kulturbedürfnis. Wenn sich der Mensch vor Gefahren fürchtet, regt sich der Selbsterhaltungstrieb; als Ursache des Lichtbedürfnisses ist er heutzutage wohl ebenso stark wie früher, tritt aber dennoch in den Hintergrund, weil die beiden anderen Ursachen für die heutige Stärke des Beleuchtungsbedürfnisses in weit höherem Umfang maßgebend sind, und zwar sowohl was die Ausbreitung als auch die Stärke der Beleuchtung betrifft. Der Selbsterhaltungstrieb als Ursache des Lichtbedürfnisses kommt nur dort in Frage, wo er allein oder überwiegend auftritt. Dies ist in gewissem Maße z. B. bei der öffentlichen Beleuchtung der Fall, die sich nach der gesamten Sicherheit des öffentlichen Verkehrs richtet, ferner bei der Treppenbeleuchtung, die aus Sicherheitsgründen an vielen Orten behördlicherseits vorgeschrieben wird.

Weitaus häufiger wird das Lichtbedürfnis durch den Erwerbstrieb und das Kulturbedürfnis bestimmt. Unter dem „Erwerbstrieb" sei in der vorliegenden Untersuchung die Summe aller derjenigen Bedürfnisse verstanden, die den Menschen zwingen, eine berufliche Tätigkeit auszuüben; als dem „Kulturbedürfnis" entspringend wird dagegen jede Beleuchtung bezeichnet werden, die nicht zu beruflicher Tätigkeit nötig ist. Zu der ersten Gruppe wird daher im folgenden die Beleuchtung sämtlicher Arbeitsstätten (Verkehrseinrichtungen, Krankenhäuser, Schulen, Fabriken, Werkstätten, Läden, Büros, Gast- und Vergnügungsstätten usw.) sowie die Beleuchtung zu Werbezwecken gerechnet, zu der zweiten im allgemeinen die Beleuchtung der Privatwohnungen und ihres Zubehörs. Eine strenge Trennung beider ist zwar oft recht schwierig und in manchen Fällen undurchführbar, denn gewerbliche Tätigkeit und häusliches Leben sind heutzutage vielfach untrennbar verbunden, so bei vielen freien Berufen, bei der Landbevölkerung und bei manchen Kleingewerbetreibenden; meist aber wird sich die oben angeführte Teilung durchführen lassen und dies ist von besonderer Wichtigkeit, weil von den dem Lichtbedürfnis zugrunde liegenden Ursachen die **Hauptbestimmungsgröße der Nachfrage, die Wertschätzung der Beleuchtung,** abhängt.

Diese Feststellungen gelten von jeder Beleuchtung, gleichgültig, welcher Energiequelle sie entstammt. Die folgenden Erörterungen werden daher zunächst allgemeine Geltung haben. Bei der elektrischen Beleuchtung treten noch besondere Umstände hinzu, die geeignet sind, die Wertschätzung wesentlich zu beeinflussen.

2. Die Wertschätzung der Beleuchtung im allgemeinen.

Je nachdem es sich um „Sicherheits-", „Erwerbs-" oder „Wohnungsbeleuchtung" handelt — wie im folgenden die drei Hauptgruppen bezeichnet werden sollen — muß die Wertschätzung verschieden sein, weil jeder von ihnen Bedürfnisse verschiedener Art und Stärke zugrunde liegen. Daneben beeinflussen aber noch andere **Umstände die Wertschätzung. Schon die Tatsache, daß sie einem** Gefühl entspringt, weist darauf hin, daß persönliche Eigenschaften der Verbraucher eine bedeutsame Rolle spielen: Geiz und Verschwendungssucht, Eitelkeit, Neid, Nachahmungstrieb u. dgl. können in einzelnen Fällen die Wertschätzung der Beleuchtung verändern.

Für die Wertschätzung ist eine Grenze vorhanden: Wenn das Opfer für die Bereitstellung der Beleuchtung, d. h. die Ausgabe für die Beleuchtung, ein gewisses Maß überschreitet, wird die Beleuchtung eingeschränkt oder unterbleibt ganz. Diese Höchstausgabe ist somit der Ausdruck der Grenze der Wertschätzung. Je nach der Stärke des Bedürfnisses wird jeder hierfür den Teil seines Einkommens verwenden, der ihm nach Abzug aller derjenigen Ausgaben übrig bleibt, welche zur

Befriedigung wichtigerer Bedürfnisse nötig sind. Die Höhe aller dieser Ausgaben ist begrenzt durch die **wirtschaftliche Leistungsfähigkeit** des Verbrauchers, durch die somit auch die Grenze der Wertschätzung bestimmt ist.

a) Die Sicherheitsbeleuchtung. Durch die Sicherheitsbeleuchtung sollen Gefahren für Leben, Gesundheit und Eigentum vermieden werden; ihre Wertschätzung wird daher erforderlichenfalls bis zur Grenze der Leistungsfähigkeit gehen. Erst nachdem die der Erwerbs- und Wohnungsbeleuchtung zugrunde liegenden Ursachen eine so gewaltige Steigerung des Lichtbedürfnisses herbeigeführt haben und insbesondere der wachsende Straßenverkehr erhöhte Anforderungen an die öffentliche Beleuchtung stellt, sind auch die Ansprüche an die Stärke der Sicherheitsbeleuchtung gewachsen, so daß ihre Wertschätzung durch den Vergleich mit den anderen Beleuchtungsgebieten wesentlich beeinflußt ist, d. h. der Grad der Wertschätzung der Sicherheitsbeleuchtung ist vielfach durch den Erwerbstrieb und das Kulturbedürfnis mitbestimmt. Dies ist in besonderem Maße z. B. bei der Beleuchtung der Hauptgeschäftsstraßen in Großstädten oder der Treppenhäuser besserer Wohnungen der Fall. Zur Sicherheitsbeleuchtung ist auch die Beleuchtung der Verkehrszeichen (Hausnummern, Straßenschilder, Wegweiser u. dgl.) zu rechnen, die mit dem wachsenden Verkehr immer mehr an Bedeutung gewinnt.

b) Die Erwerbsbeleuchtung. Die Wertschätzung der Erwerbsbeleuchtung muß im allgemeinen höher sein als die der Wohnungsbeleuchtung, die auf einem Kulturbedürfnis beruht, das meist erst dann befriedigt werden kann, wenn die berufliche Tätigkeit mit Erfolg ausgeübt ist. Die Zeit der Erwerbstätigkeit würde ohne Beleuchtung um vieles verkürzt, die Stunden der Dunkelheit wären für die Ausübung des Berufes verloren, viele Gewerbe müßten ihre Tätigkeit ganz einstellen, die Abend- und Nachtarbeit in den Fabriken müßte unterbleiben, der Hauptverkehr in den Läden in den Abendstunden käme in Wegfall, die Büros müßten ihr Personal verdoppeln — kurz, der Mangel an Beleuchtung würde einen schweren Schaden für alle Gewerbetreibenden bedeuten.

In diesem Zusammenhang muß auch auf die Ergebnisse neuerer Untersuchungen hingewiesen werden, die den Nachweis erbringen, in welch großem Umfang zweckmäßige und ausreichende Beleuchtung die Verbesserung und Vermehrung gewerblicher und landwirtschaftlicher Erzeugnisse zur Folge hat (*50—54*)[1]. Allen diesen Tatsachen muß die Wertschätzung der Beleuchtung entsprechen; sie wird offenbar im Grenzfall so hoch sein, als dem Gewinn entspricht, den die Tätigkeit bei Beleuchtung oder die Verbesserung der Beleuchtung bringen kann. Die Wertschätzung der Beleuchtung läßt sich hier gewissermaßen zahlen-

---

[1] Die im Text zwischen Klammern stehenden schräg gedruckten Zahlen beziehen sich auf den Fachschriftennachweis am Schluß des Buches.

mäßig ausdrücken und geht in jedem Falle bis zu einer durch äußere Umstände bestimmten Grenze. Gewiß ist auch die Leistungsfähigkeit bei der Wertschätzung der Erwerbsbeleuchtung von großer Bedeutung, das kommt aber nicht in der Schärfe wie bei der Wohnungsbeleuchtung zum Ausdruck. Bei jener ist der Verbraucher in der Lage, bis zu einem gewissen Grade die auf die Beleuchtung entfallenden Ausgaben als einen Teil seiner Betriebsunkosten zu verrechnen und sich durch einen entsprechenden Zuschlag zu dem Preis der Waren oder zu den Arbeitslöhnen schadlos zu halten. Der Preis, den er für Beleuchtung zahlt, kann daher in manchen Fällen höher sein als bei dem Verbraucher der Wohnungsbeleuchtung, der keine Möglichkeit hat, sich für diese Ausgaben schadlos zu halten und sie als unmittelbare Belastung in Kauf nehmen muß. Dergleichen Erwägungen ergeben sich auch aus den Steuergesetzen, die bestimmen, daß die geschäftlichen Unkosten von dem Gewinn abgezogen werden dürfen.

Abweichend von dem Normalfall der höheren Wertschätzung der Erwerbsbeleuchtung kann es vorkommen, daß die Wohnungsbeleuchtung höher eingeschätzt wird, dann nämlich, wenn die Wertschätzung sich der durch die Leistungsfähigkeit bedingten Grenze nähert. Ein solcher Zustand kann sich z. B. in Vororten von Großstädten mit wohlhabender Privatbevölkerung und unbedeutendem Geschäftsverkehr ergeben. Für die Abstufung der Preise beim Verkauf elektrischer Arbeit ist eine weitere Unterteilung der Erwerbsbeleuchtung nach dem Grade der Wertschätzung der Verbraucher zweckmäßig. Eine Unterscheidung kann hierbei nach verschiedenen Gesichtspunkten durchgeführt werden: man kann in Erwerbszweige trennen, bei denen die Beleuchtung unumgänglich notwendig ist, und in solche, bei denen sie durch eine andere Arbeitseinteilung erspart werden kann; oder man kann das Verhältnis des Wertes der Beleuchtung zum Werte der Tätigkeit oder des Erzeugnisses der weiteren Einteilung zugrunde legen, oder aber man kann schließlich nach Art der Gewerbe und der hierauf beruhenden Verschiedenheit der Wertschätzung unterteilen.

Dort, wo die Beleuchtung nicht entbehrt werden kann, wie z. B. bei den Verkehrseinrichtungen, in Bergwerken, in Brauereien, in Theatern, in Vergnügungsstätten, in Hotels und Gastwirtschaften wird sie einer viel höheren Wertschätzung begegnen als bei denjenigen Erwerbszweigen, wo sie durch besondere Arbeitseinteilung vermieden werden kann, z. B. in Banken und Büros, in denen man schon häufig nur die Zeit des Tageslichts zur beruflichen Tätigkeit benutzt. Es dürfte aber unmöglich sein, diese Einteilung überall durchzuführen, da in vielen Fällen die Notwendigkeit nur auf Grund der Begleitumstände angenommen ist und gerade von dem Preis der Beleuchtung abhängig gemacht wird. Sucht man ferner nach der Ursache der Notwendigkeit, so ergibt sich diese von selbst aus der Art des Gewerbes. Die Unterscheidung nach dem

Grad der Notwendigkeit führt daher von selbst zur Unterteilung nach der Art des Gewerbes.

Weiterhin ist für den Grad der Wertschätzung das Verhältnis des Wertes der Beleuchtung zum Wert der Tätigkeit oder der Erzeugnisse oder der bearbeiteten Rohstoffe von Bedeutung. Dies Verhältnis ist bei den einzelnen Erwerbszweigen außerordentlich verschieden, es ist z. B. sehr klein bei einem Goldschmied, der wertvolle Schmucksachen verarbeitet und groß bei dem Heimarbeiter, der Messerklingen schleift. Wer ein hochwertiges Gut verarbeitet, oder gut bezahlte Tätigkeit ausübt, wird die hierzu nötige Beleuchtung höher einschätzen als derjenige, dessen Arbeit gering veranschlagt wird, dessen Erzeugnisse geringen Wert besitzen. Auch hängt dieses Verhältnis im großen und ganzen von der Art des Gewerbes ab. Wenn es auch in ein- und demselben Gewerbe von Fall zu Fall verschieden sein kann, so läßt sich doch für jeden Zweig ein ungefähres Mittel finden, das sich von dem der anderen Gewerbe unterscheidet. Auch diese Unterscheidung führt also auf den zuletzt angegebenen Teilungsgrund, auf die Art des Gewerbes zurück.

Für die ungefähre Bestimmung des Grades der Wertschätzung genügt es, mehrere Hauptgruppen der Gewerbe zu bilden, zwischen denen eine klare Unterscheidung getroffen werden kann. So werden in einer ersten Gruppe alle Gewerbe zusammenzufassen sein, die eine offene Verkaufsstelle unterhalten. Die Wertschätzung der Beleuchtung ist hier besonders hoch, weil sich vielfach der Hauptgeschäftsverkehr in den Stunden der künstlichen Beleuchtung abwickelt und eine ausgiebige Beleuchtung als ein hervorragendes Werbemittel angesehen wird. Ferner sind die Ausgaben für Beleuchtung im Verhältnis zu ihrem Nutzen und zu den übrigen Unkosten (Ladenmiete, Waren, Gehälter und Löhne usw.) gering. Eine besondere Wertung wird ferner derjenigen Beleuchtung zuteil, welche ausschließlich werbenden Zwecken dient, der Reklamebeleuchtung. Hierbei ist die Wertschätzung allein abhängig von dem wirklichen oder erwarteten Nutzen, den sie gewährt oder gewähren soll. Als Werbebeleuchtung in weiterem Sinne sind auch die Sonderbeleuchtungen (Anstrahlen) von Geschäftshäusern und hervorragenden Bauten anzusehen, bei denen der Nutzen für den Veranstalter nicht ohne weiteres abzuschätzen ist. Die Wertschätzung hängt vielfach von Erwägungen ab, die rechnerischer Erfassung nicht zugänglich sind; sie wird von Fall zu Fall verschieden sein.

In einer zweiten Gruppe werden zweckmäßig die Arbeitsstätten kleineren und mittleren Umfangs, besonders die Werkstätten des Kleingewerbes zusammengefaßt. Hier ist die Erkenntnis vom Wert einer richtigen und ausreichenden Beleuchtung noch nicht zum Allgemeingut geworden; die Beleuchtung spielt nur dort eine wesentliche Rolle, wo es sich um besonders nutzbringende Arbeiten handelt. Im allgemeinen werden die Ausgaben für die meist bescheidene Beleuchtung nicht besonders ins Gewicht fallen, und die Wertschätzung wird sich infolge der durchschnittlich nicht sehr hohen Leistungsfähigkeit dieses Gewerbezweiges in mäßigen Grenzen halten, obwohl gerade hier die Verbesserung und Vermehrung der Beleuchtung vielfach ein geeignetes Mittel zur Erhöhung der Leistungsfähigkeit bildet. Eine besondere Stellung nimmt das Gastwirtsgewerbe ein. Hier ist zwar die Wertschätzung der Beleuchtung sehr hoch, weil sich der Hauptgeschäftsverkehr in viel höherem Maße als bei den Ladengeschäften während der Stunden künstlicher Beleuchtung abspielt und die Kundschaft dieser Kreise erfahrungsgemäß auf eine ausgiebige Beleuchtung großen Wert legt. Die Ausgaben für Beleuchtung sind jedoch im Vergleich zu den übrigen Unkosten so hoch, daß das hierfür aufzubringende Opfer meistenteils durch die Leistungsfähigkeit begrenzt ist. In manchen Fällen kann indes damit gerechnet werden, daß der Verbraucher der Beleuchtung in der Lage ist, die Unkosten zum Teil oder ganz auf die Kundschaft offen abzuwälzen. Hiervon wird namentlich bei den Hotels, besonders in Badeorten reichlich Gebrauch gemacht.

Im Gegensatz zu dieser Gruppe spielt bei der Landwirtschaft die Beleuchtung immer noch eine verhältnismäßig untergeordnete Rolle. Die Eigenart dieses Gewerbes bringt es mit sich, daß der größte Teil der Tätigkeit am Tage ausgeübt wird. Erst in neuerer Zeit hat gerade die elektrische Beleuchtung es ermöglicht, vielfach eine andere und zweckmäßigere Arbeitseinteilung einzuführen. Es ist einleuchtend, daß in solchen Fällen dieser Beleuchtung eine besondere Wertschätzung beigelegt wird. Im übrigen ist das Lichtbedürfnis und damit die Wertschätzung der Beleuchtung, abgesehen von der beruflichen Tätigkeit, auf dem Lande gering.

Schließlich ist als besondere Gruppe noch die Großindustrie anzuführen. Die Wertschätzung der Beleuchtung ist zwar hierbei nicht einheitlich, weil ihre Notwendigkeit je nach der Betriebsdauer verschieden ist, doch hat hier in den meisten Fällen der Verkauf der Beleuchtungsenergie mit der eigenen Erzeugung in Wettbewerb zu treten. So hoch auch die Wertschätzung der Beleuchtung im einzelnen sein mag, so wird hier die Grenze jedoch stets durch die Ausgaben für die eigene Erzeugung gegeben sein, die in vielen Fällen weit unter der Grenze der Leistungsfähigkeit liegen.

Weitere Gruppen zu bilden erübrigt sich, weil die Unterschiede zu geringfügig wären und bei weiterer Trennung bezeichnende Merkmale fehlen würden.

c) Die Wohnungsbeleuchtung. Die in der Wohnung bei künstlicher Beleuchtung ausgeübten Tätigkeiten dienen meist der Erholung, der Unterhaltung, dem Vergnügen; müssen sie unterbleiben, so findet zunächst eine wirtschaftliche Schädigung nicht statt, im Gegenteil, es würden dann gewöhnlich auch noch andere Ausgaben erspart. Daß damit in den meisten Fällen eine Benachteiligung höherer Interessen verbunden wäre, die sich nach längerer oder kürzerer Zeit auch wirtschaftlich geltend machen würde, kann hier zunächst außer Betracht bleiben. Ein zahlenmäßiger Ausgleich für die Beleuchtung und eine durch den Zweck der Beleuchtung bestimmte Grenze für die Wertschätzung ist bei der Wohnungsbeleuchtung nicht vorhanden, wohl aber sind die Opfer, die der Verbraucher für die Beleuchtung bringen wird, durch seine wirtschaftliche Leistungsfähigkeit begrenzt, die gewöhnlich ihren Ausdruck in seinem Einkommen findet.

Eine weitere Unterteilung nach der Wertschätzung läßt sich bei der Wohnungsbeleuchtung nicht in der gleichen einfachen Weise durchführen, wie bei der Erwerbsbeleuchtung, weil sowohl Ursache als auch Umfang der Beleuchtung gleichartiger als bei dieser sind. Die Unterschiede in der Wertschätzung gründen sich hier meist auf persönliche Eigenschaften und Erwägungen, deren weitere Verfolgung hier ausgeschlossen ist. Nur ein einziger von den in Betracht kommenden Umständen beruht nicht auf

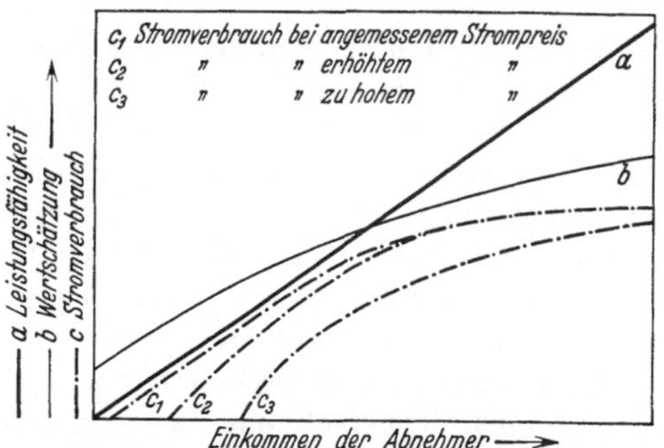

Abb. 2. Leistungsfähigkeit, Wertschätzung und Stromverbrauch in Abhängigkeit vom Einkommen der Abnehmer.

Schätzung: die wirtschaftliche Leistungsfähigkeit des Verbrauchers. Danach kann man drei größere Gruppen unterscheiden. Einmal ist eine große Klasse vorhanden, bei der die Wertschätzung der Beleuchtung die Leistungsfähigkeit übersteigt. Dies dürfte namentlich bei der Arbeiterbevölkerung der Fall sein, bei der das Lichtbedürfnis wohl schwächer ist, als bei den wirtschaftlich Stärkeren, aber nicht in dem gleichen Maße wie die Leistungsfähigkeit der Verbraucher. Bei einer weiteren Gruppe werden sich Wertschätzung und Leistungsfähigkeit das Gleichgewicht halten. Diese Gruppe wird durch die große Masse kleinerer und mittlerer Wohnungen des Mittelstandes gebildet. Schließlich ist bei einer dritten Gruppe, der namentlich die Inhaber größerer Wohnungen angehören, die Leistungsfähigkeit größer als die Wertschätzung. Zur besseren Übersicht sind die Zusammenhänge in Abb. 2 zeichnerisch dargestellt. Da die Leistungsfähigkeit durch das Einkommen bestimmt ist, könnte, wie vielfach bei der Besteuerung, die Höhe des Einkommens als Grundlage für die Unterscheidung dienen. Allein, wenn auch eine solche Unterteilung möglich ist, so dürfte ihre praktische Durchführung unter den heutigen Umständen auf erhebliche Schwierigkeiten stoßen. Es gibt jedoch eine Anzahl anderer Größen, die als Maß des Einkommens und damit der Leistungsfähigkeit dienen können, so der Mietwert der Wohnungen, die Zahl und die Grundfläche der beleuchteten Räume, die Zahl der angeschlossenen Lampen oder die Größe des Verbrauches. Man kann im allgemeinen annehmen, daß jede der genannten Größe mit der Leistungsfähigkeit anwächst, und daß sich an jedem einzelnen Ort oder innerhalb ganzer Versorgungsgebiete auf Grund der dort herrschenden Verhältnisse bestimmte Gruppen bilden lassen, bei denen eine verschieden große und bestimmt abgegrenzte Wertschätzung der Beleuchtung vorausgesetzt werden kann. Eine Einteilung gerade nach diesem Gesichtspunkt kann für die Preisbildung besonders fruchtbar sein.

3. Die Wertschätzung der elektrischen Beleuchtung im besonderen.

Die bisherigen Erörterungen bezogen sich, wie einleitend bemerkt wurde, auf die Wertschätzung der Beleuchtung im allgemeinen. Die elektrische Beleuchtung unterscheidet sich in einigen Punkten sehr wesentlich von den übrigen Beleuchtungsarten, und es ist zu untersuchen, wie diese Besonderheiten auf die Wertschätzung einwirken. Sie gewinnen erst durch den Vergleich mit anderen Beleuchtungsarten ihre Bedeutung, d. h. es kommt hier der Einfluß in Frage, den der Wettbewerb der verschiedenen Beleuchtungsarten auf die Wertschätzung der elektrischen Beleuchtung ausübt.

Bei der Beurteilung künstlicher Beleuchtung sind folgende Punkte von Wichtigkeit: Helligkeit, Farbe, Feuersicherheit, Teilbarkeit, Reinlichkeit, Bequemlichkeit der Bedienung, gesundheitliche Wirkungen, Anbringungsmöglichkeit, Art und Kosten der Einrichtung und des Betriebes. Hiervon sind Helligkeit, Feuersicherheit, gesundheitliche Wirkungen bei jeder Beleuchtung von Bedeutung, während andere Eigentümlichkeiten, wie die Farbe, die Teilbarkeit und die Bequemlichkeit, nur in besonderen Fällen eine Rolle spielen. Namentlich hinsichtlich der Bequemlichkeit in der Bedienung, der Feuersicherheit, der Reinlichkeit und der gesundheitlichen Wirkungen unterscheidet sich das elektrische Licht vorteilhaft von den anderen künstlichen Lichtquellen. Da diese Eigenschaften bei jeder Beleuchtung ins Gewicht fallen und in möglichst hohem Maße angestrebt werden, folgt, daß unter sonst gleichen Umständen dem elektrischen Licht eine höhere Wertschätzung zuteil wird als den anderen Beleuchtungsarten. Freilich ist der Grad dieser höheren Wertschätzung und die Möglichkeit ihrer Auswirkung je nach persönlichen, wirtschaftlichen und technischen Umständen sehr verschieden. So können z. B. Bequemlichkeit und gesundheitliche Vorzüge nur dort eine Rolle spielen, wo alle anderen wichtigeren Bedürfnisse befriedigt sind, im allgemeinen also nur bei dem wirtschaftlich Stärkeren. Der wenig Bemittelte wird so lange auf Bequemlichkeit verzichten müssen, als sein Einkommen nur zum Nötigsten ausreicht und er wird froh sein, überhaupt irgendeine Beleuchtung zu haben. Die durch die Bequemlichkeit und das Fehlen gesundheitsschädlicher Einflüsse hervorgerufene höhere Wertschätzung der elektrischen Beleuchtung wird sich bei ihm nicht auswirken können, während sie bei dem wirtschaftlich Stärkeren in der Bereitwilligkeit gegenüber anderen Lichtquellen einen höheren Preis zu bezahlen, zum Ausdruck kommt. Auch hier ist also die Leistungsfähigkeit ausschlaggebend.

Feuersicherheit und Reinlichkeit tragen ebenfalls zu einer Erhöhung der Wertschätzung bei, und zwar um so mehr, je schwerer diese beiden Eigenschaften ins Gewicht fallen. Ähnlich, wenn auch in geringerem Maße, verhält es sich mit der Reinlichkeit. In Räumen mit wertvollen Decken, Tapeten und Möbeln z. B. wird die elektrische Beleuchtung höherer Wertschätzung begegnen, als jede andere.

Die übrigen Eigenschaften, besonders die Teilbarkeit und Färbung des Lichtes können in vielen Fällen, wo sie von besonderer Wichtigkeit sind, einen Einfluß auf die Wertschätzung ausüben. So wird z. B. die Eigenschaft gewisser elektrischer Lampen, jede Farbe richtig erkennen zu lassen, in einem Tuchgeschäft höher eingeschätzt werden als in einer Gastwirtschaft und die Teilbarkeit wird in einem Zeichensaal oder in einer Werkstätte von größerer Bedeutung sein als in einem Wohnzimmer. Die elektrische Beleuchtung wird in solchen Fällen jeder anderen vorgezogen werden. Ihre Wertschätzung ist also höher als die anderer Lichtquellen, aber immer nur in dem Maße, als die durch die besonderen Eigenschaften erreichten Vorteile den höheren Preis aufwiegen.

Was schließlich die Art der Einrichtung anlangt, so kann sie bei der elektrischen Beleuchtung zweckentsprechender, zierlicher und für die Bedienung bequemer ausgeführt werden als bei anderen künstlichen Lichtquellen; die Unterbringungsmöglichkeiten sind fast unbegrenzt, man ist sogar vielfach dazu übergegangen, das elektrische Licht als architektonischen Bestandteil, als Bauelement zu verwenden. Es handelt sich in allen solchen Fällen mehr um Fragen der Ästhetik und des Luxus als um wirtschaftliche und kulturelle Notwendigkeiten, so daß die Wertschätzung im Einzelfalle bis zur äußerst möglichen Grenze gesteigert sein kann.

Aus dem Gesagten geht hervor, daß der elektrischen Beleuchtung infolge ihrer Vorzüge eine höhere Wertschätzung als anderen Lichtquellen zuteil wird, die in einzelnen Fällen jedoch nur so weit zum Ausdruck kommt, als sich die Leistungsfähigkeit des einzelnen dieser Wertschätzung anpassen kann. Auch wird die Leistungsfähigkeit die Wertschätzung nur dann begrenzen, wenn es sich um den Einkauf der elektrischen Arbeit handelt, nicht aber, wenn der Verbraucher in der Lage ist, sich die elektrische Arbeit selbst zu erzeugen, und sich damit alle die genannten Vorteile selbst zunutze zu machen. In solchen Fällen,

d. h. wenn Strombezug und Selbsterzeugung in Wettbewerb stehen, bilden lediglich die Opfer der Bereitstellung, also die Gestehungskosten, die Grenze der Wertschätzung.

B. Die Wertschätzung der elektrischen Arbeit als Kraftquelle.

Die Berichte der Elektrizitätswerke weisen eine stetig steigende Abgabe von elektrischer Arbeit für Kraftzwecke auf. Nach der Statistik ist die Gesamtmenge der für Kraftzwecke verwendeten Kilowattstunden weit größer als die für Beleuchtungszwecke und ihr Anteil an dem Gesamtverbrauch wächst von Jahr zu Jahr. Dieser ausgebreiteten Verwendung elektrischer Arbeit zu Kraftzwecken liegt das wirtschaftliche Bedürfnis nach mechanischer Arbeitskraft „das Kraftbedürfnis" zugrunde.

1. Die Wertschätzung der mechanischen Arbeitskraft im allgemeinen.

Das Bedürfnis nach mechanischer Arbeitskraft ist vielleicht so alt wie das Lichtbedürfnis. Allein es mußte erst eine bestimmte Kulturstufe erklommen und eine endlose Reihe von Schwierigkeiten überwunden werden, ehe es den Menschen gelang, mit der Maschine die Naturkräfte zu meistern und so in zweckdienlicher Weise auf mechanischem Wege Arbeitskraft zu gewinnen. Das Bedürfnis hiernach wurde dringend, als es nicht mehr möglich war, die Gütererzeugung nach alter Gewohnheit durch menschliche oder tierische Kraft so zu steigern und zu verfeinern, wie es den in die Breite und in die Tiefe gewachsenen Anforderungen entsprach. Der scheinbare Rückschlag in den Bedürfnissen und in der Wertschätzung der mechanischen Arbeitskraft, der in verschiedenen Kulturländern infolge der Weltwirtschaftskrise eingetreten ist, ist mehr auf eine Verlagerung, denn auf eine Verminderung der Bedürfnisse zurückzuführen, und wird allenthalben einem Ansteigen des Kraftbedürfnisses Platz machen, sobald sich wieder normale Erzeugungs- und Austauschverhältnisse eingestellt haben.

Dem stetigen Anwachsen des Kraftbedürfnisses entspricht die Höhe der Wertschätzung; sie hängt von den zahlreichen Vorteilen ab, die dem mechanischen Betrieb vor allen anderen Betriebsarten zu eigen sind. Die mechanische Arbeitskraft ermöglicht erst die Erzeugung der Güter oder sie erspart mittelbar Opfer an Zeit und Mühe, oder sie ersetzt andere Arbeitskräfte, oder sie verbessert und verbilligt durch schnellere und genauere Arbeitsweise die Gütererzeugung. Es liegen meist meßbare wirtschaftliche Vorteile vor, an deren Größe der Wert der mechanischen Arbeitskraft ermittelt werden kann. Erspart sie Mühe und Arbeit, so ist ihre Wertschätzung gleich dieser Ersparnis; ermöglicht, verbessert oder verbilligt sie die Erzeugung von Gütern, so ist die Höhe der Wertschätzung ohne weiteres durch den erreichbaren Mehrgewinn gegeben.

Der Grad der Wertschätzung hängt weiter davon ab, in welchem Umfang die mechanische Kraft an der Gütererzeugung beteiligt ist. Je größer ihr Anteil hieran und je höher der Wert der erzeugten Güter ist, um so höher wird die Wertschätzung der mechanischen Arbeitskraft sein.

Je nach den Umständen, die die Wertschätzung der mechanischen Arbeitskraft beeinflussen, kann man vier größere Verbrauchergruppen unterscheiden: Das Verkehrswesen, die Großindustrie, das Kleingewerbe, die Landwirtschaft und außerdem eine fünfte, kleinere Gruppe der Haus-, Küchen- und Büroarbeiten.

Auf dem Gebiete des Verkehrswesens werden die Ausgaben zum größten Teil durch Arbeitslöhne und Kraftkosten gebildet. Schon daraus ist zu folgern, daß das Bedürfnis nach mechanischer Arbeitskraft bei dem Verkehr und allen seinen Einrichtungen sehr hoch zu bewerten ist, weil ohne sie zweckdienliche Beförderungseinrichtungen in moderner Form undenkbar sind. Haupterfordernisse des Verkehrs sind Sicherheit, Schnelligkeit und Bequemlichkeit; in dem Grade, in dem die mechanische Arbeitskraft diese Anforderungen erfüllt, wächst die Wertschätzung. Dies gilt nicht nur für den öffentlichen Verkehr, sondern auch für andere Beförderungseinrichtungen, wie den Umschlagsverkehr in den Häfen, für Hebezeuge, Transportbänder, Karren u. dgl.

Auch bei der Industrie spielt die mechanische Arbeitskraft eine ausschlaggebende Rolle. Das Bedürfnis hiernach ist daher besonders groß, seine Befriedigung die erste und unerläßliche Bedingung industrieller Tätigkeit. Der Anteil der mechanischen Arbeitskraft an den Erzeugnissen der Industrie ist sehr verschieden. Im Bergbau z. B. betragen die Ausgaben für den Maschinenbetrieb 10—15%, die Ausgaben für Löhne 55—60% der gesamten Selbstkosten. Bei der Holzstoff- und Pappenfabrikation sind allein etwa 40% auf Kraftkosten zu rechnen, bei der Müllerei dagegen nur 1—3%. Von der Größe dieses Anteils ist die Wertschätzung abhängig; sie geht aber in jedem Falle bis zu einer Grenze, die durch den Unterschied zwischen den möglichen Verkaufspreisen und den übrigen Selbstkosten gegeben ist.

Benötigt die Industrie die mechanische Arbeitskraft zu ihrem Dasein, so hat sie dem Handwerk zu seinem Fortbestand verholfen. Durch die maschinelle Arbeitskraft ist das Handwerk in die Lage versetzt worden, gegen den Wettbewerb der Industrie aufzukommen und sich zu einem leistungsfähigen und blühenden Stande zu entwickeln. Die Wertschätzung, die der mechanischen Arbeitskraft von dieser Seite zuteil wird, ist somit auch hier durch die wirtschaftlichen Vorteile gegeben, die ihre Verwendung bietet.

Einige weitere Gesichtspunkte kommen bei der Bewertung mechanischer Arbeitskraft in der Landwirtschaft in Frage. Da die Arbeitsbedingungen dort wesentlich vom Wetter abhängen, kann die mechanische Arbeitskraft nicht die Umwälzung herbeiführen wie in der Industrie und im Handwerk. Zwar haben die stetig steigenden Anforderungen an die Landwirtschaft, die eine fortwährende Vergrößerung der bebauten Nutzflächen, sowie Vermehrung und Verbesserung der landwirtschaftlichen Erzeugnisse heischen, schon früh zur Anwendung maschineller Arbeitsweise gedrängt (Dresch-, Häcksel-, Buttermaschinen, Pumpen usw.), doch wurde zum Antrieb der Maschinen lange Zeit nur menschliche und tierische Arbeitskraft verwendet. Erst als infolge des Abströmens der Arbeitskräfte nach den Industriestätten die Leutenot zur ständigen Plage geworden war und der Wettbewerb der großgewerblich betriebenen Landwirtschaft in überseeischen Ländern sich stärker fühlbar machte, sah sich der Landwirt gezwungen, in steigendem Umfange Zuflucht zur mechanischen Arbeitskraft zu nehmen. Ihre Bewertung ist hier um so größer, als sie nicht bloß menschliche, sondern auch tierische Arbeitskraft ersetzt und dadurch zahlreiche mittelbare und unmittelbare Ersparnisse ermöglicht. Es kommt hinzu, daß es sich bei der Landwirtschaft vielfach um Jahreszeitarbeiten handelt, die nur während einiger Monate oder gar nur Wochen im Jahre beansprucht werden; die gelegentliche Beschaffung menschlicher und tierischer Arbeitskraft ist aber unter den heutigen Umständen schwierig und teuer, während die Bereitstellung mechanischer Arbeitskraft auch zu gelegentlicher Verwendung wesentlich geringere Kosten verursacht. Schon die unmittelbaren Vorteile der mechanischen Arbeit in der Landwirtschaft sind also so groß, daß ihr eine hohe Wertschätzung entgegengebracht wird. Es kommt hinzu, daß nicht nur unmittelbare Ersparnisse an Arbeitskraft, sondern auch Erhöhung des Ertrages möglich ist. Besonderer und weit über das gewöhnliche Maß hinausgehender Wertschätzung wird die mechanische Arbeitskraft in solchen Ländern begegnen, die infolge Regenmangels auf künstliche Bewässerung angewiesen sind, wie in einigen Landstrichen Mitteleuropas, ferner in Spanien, der Türkei, Ägypten, Palästina und Kanada. Die Wertschätzung findet hier in dem Ertrag des durch die Bewässerung neu geschaffenen Kulturlandes ihren unmittelbaren Ausdruck.

Bei den Anwendungen der mechanischen Arbeitskraft im Haus, in der Küche und im Büro handelt es sich teils um Ersparnis an menschlicher Arbeitskraft, teils um Befriedigung von Luxusbedürfnissen, insbesondere der Bequemlichkeit. Hier werden z. B. Aufzüge, Ventilatoren, ferner Haushalt- und Küchenmaschinen, wie Staubsauger, Nähmaschinen, Zerkleinerungsapparate u. a. m. zu Hilfe genommen. Die Wertschätzung beruht hierbei meistens auf persönlichen Erwägungen und ist daher weniger durch die tatsächlich erreichten wirtschaftlichen Vorteile, als vielmehr durch die Leistungsfähigkeit des Verbrauchers begrenzt.

2. Die Wertschätzung des elektrischen Antriebs im besonderen (*60—63*).

Wo zur Erzeugung mechanischer Arbeitskraft die elektrische Energie benutzt wird, treten zu der allgemeinen Würdigung noch weitere

Erwägungen hinzu, die die besonderen Eigenschaften des elektrischen Antriebs denen der übrigen mechanischen Antriebe gegenüberstellen und die Wertschätzung wiederum erheblich zu beeinflussen in der Lage sind. Bei der Beurteilung einer Kraftmaschine sind zu berücksichtigen: Die Art des Antriebs, die Geschwindigkeitsregelung, Größe, Schwere, Raumbedarf, Wirkungsgrad, Einfluß auf die Umgebung durch Geräusch und Geruch, Anschaffungs- und Betriebskosten. In allen diesen Punkten unterscheidet sich der Elektromotor wesentlich von seinen Mitbewerbern, und zwar meistens zum Vorteil des Verbrauchers. Die allgemeine Wertschätzung der Kraftmaschine wird also in vielen Fällen noch erhöht, und zwar in dem Maße, in dem auf den einen oder anderen der erwähnten Vorzüge Gewicht gelegt wird. Freilich werden die genannten Eigenschaften weder in allen Fällen eine Erhöhung der Wertschätzung herbeiführen können, noch werden sie alle in gleicher Stärke Einfluß haben. So werden z. B. die geringe Raumbeanspruchung und die Leichtigkeit des Anlassens und Abstellens im gesamten Kleingewerbe sehr wesentlich die Wertschätzung erhöhen können; sie werden dagegen weniger in Frage kommen, wo die Kraftmaschine mit gleichbleibender Last Tag und Nacht laufen muß und wo kein Platzmangel herrscht, wie z. B. beim Betrieb von Wasserwerkpumpen. Hier wird vielmehr die Rücksicht auf die Betriebssicherheit und den hohen Wirkungsgrad in den Vordergrund treten. Die endgültige Wertschätzung ist also gewissermaßen das Mittel aus mehreren Teilschätzungen, die in jedem einzelnen Falle genau zu untersuchen sind. Welche Gesichtspunkte im einzelnen zu beachten sind, ist am einfachsten an einem Beispiel zu zeigen. Hierfür seien die Verhältnisse der Papierfabrikation in der Darstellung eines Papierfabrikanten wiedergegeben. Wenn auch die hieraus zu schöpfenden Erkenntnisse dem neuzeitlich eingestellten Industriellen der großen Kulturländer längst in Fleisch und Blut übergegangen sind, so sollen doch die Ausführungen im Wortlaut wiederholt werden, weil sie ein besonders einprägsames Bild von den Erfolgen der Verwendung des elektrischen Antriebs geben:

„Vor Einführung des elektrischen Betriebes durchzogen umfangreiche Transmissionsanlagen die Räume; Seil-, Riemen- und Winkelradantriebe übertrugen die von den verschiedenen Dampfmaschinen erzeugte Kraft an zahlreiche Verwendungsstellen. In mancher größeren Papierfabrik konnte man neben einer Hauptdampfmaschine noch zehn andere kleinere Dampfmaschinen mit denkbar ungünstigem Dampfverbrauch arbeiten sehen.

Die immer steigenden Ausgaben für Kohlen, Instandhaltung der Transmissionen, für Riemen, Schmiermaterial, Löhne ließen den vom Wettbewerb bedrängten Fabrikanten Umschau halten nach Verbilligung und Modernisierung seines Betriebes. Hierbei fand sich als Helferin die Elektrizität.

An Stelle der vielen verschiedenen, vom Kesselhause entfernt liegenden Dampfmaschinen trat jetzt eine Kraftzentrale, von der aus große und kleine Elektromotoren gespeist wurden, wie sie für Maschinengruppen oder einzelne Maschinen erforderlich waren.

Durch die Einführung des elektrischen Betriebes wurden neben einer erheblichen Verminderung des Kohlenverbrauches noch weitere Vorteile erreicht: so z. B. Fortfall großer Transmissionsanlagen, Riementriebe und Dampfleitungen, Ersparnis an Raum, Bedienung und Öl; der Betrieb wurde übersichtlicher und gefahrloser; bequeme Zufuhr von Kraft an entlegene Stellen, z. B. auf Böden, für Aufzüge, ferner für Ausrüstungs- und Bearbeitungsmaschinen usw.

Ganz besonderen Vorteil bietet der elektrische Antrieb für Papiermaschinen. Er gestattet bei geringstem Raumbedarf die feinste Regelung der Geschwindigkeit in weiten Grenzen und sichert gleichmäßigen Gang. Bei dem Antrieb durch Dampfmaschinen konnte eine Regelung nur in den engen Grenzen erfolgen, die in der Veränderung der Umlaufzahl der Dampfmaschinen lagen. Erst durch Zwischenschaltung von kraftverbrauchenden konischen Trommeln und Wechselrädern wurde der Übergang von großen auf kleine Geschwindigkeiten oder umgekehrt ermöglicht. Hierbei mußten aber die Papiermaschinen noch abgestellt werden. Diese teuren Stillstände werden durch die große Regelfähigkeit beim elektrischen Antrieb ganz vermieden.

Bei großen Bleichholländern, auch Mahlholländern, ist der elektrische Einzelantrieb mit Vorteil verwendbar. Außer Raumersparnis gibt er die Möglichkeit einer dauernden Überwachung des Kraftverbrauches dieser Maschinen, was bei Aufstellung von Berechnungen sehr wichtig ist.

Durch seine große Regelfähigkeit ist der elektrische Einzelantrieb der einzig richtige für Kalander. Nur hierdurch ist es möglich, einen Kalander voll und zweckmäßig auszunutzen, d. h. ein Papier mit der zur Erzielung der verlangten Glätte geeigneten höchsten Geschwindigkeit zu satinieren. Bei Gruppenantrieb der Kalander kommen neben der Einführungsgeschwindigkeit höchstens noch zwei weitere Geschwindigkeiten, die durch ein besonderes Vorgelege erreicht werden, in Betracht. Der elektrische Einzelantrieb gestattet aber außer der Einführungsgeschwindigkeit die Anwendung von Geschwindigkeiten von 30 bis 150 Umdrehungen/min und darüber hinaus ohne Zwischenschaltung von besonderen Vorgelegen. Zudem erfolgt beim Einzelantrieb der Übergang auf höhere Geschwindigkeiten allmählich, ohne Stoß, während bei Gruppenantrieb mit zwei festgelegten Geschwindigkeiten der Übergang von einer zur anderen ruckweise vor sich geht und Veranlassung zum Abreißen der Papierbahn geben kann.“

Was hier für die Papierfabrikation geltend gemacht wird, kann mit geringfügigen Änderungen auch für andere Industrien als zutreffend bezeichnet werden.

In ähnlicher Weise kann auch auf dem Gebiete des Verkehrswesens die Wertschätzung des elektrischen Antriebes durch bestimmte Vorteile erhöht werden. So ist es von Wichtigkeit, daß die Geschwindigkeit der Beförderung und die Verkehrsdichte gegenüber anderen Betriebsformen regelmäßig erhöht werden kann, daß die Einrichtungen dem Fördergut genau angepaßt werden können, daß die Kosten für die Beförderung herabgehen und Betriebsersparnisse erzielt werden können. Außerdem werden durch den elektrischen Antrieb mittelbar noch ganz besondere Vorteile erreicht, die namentlich bei öffentlichen Unternehmungen die Wertschätzung wesentlich zu erhöhen in der Lage sind. So ist durch Einführung des elektrischen Betriebes bei den Straßenbahnen eine bessere und billigere Beförderungsgelegenheit geschaffen worden, die die Trennung der Arbeits- und Wohnstätten und damit das Aufblühen der Vororte der größeren Städte ermöglicht hat. Dadurch war wiederum der Industrie Gelegenheit gegeben, sich an den Rand der Städte zurückzuziehen, wo sie günstigere Erzeugungsverhältnisse vorfand. Daß heute das Automobil in dieser Hinsicht in schärfstem Wettbewerb mit den elektrischen Straßenbahnen steht und sie zum Teil ersetzt hat, kann an dem historischen Verdienst des elektrischen Antriebs nichts ändern.

Bei den genannten beiden Gruppen: Beförderungswesen und Großindustrie ist besonders zu beachten, daß der Verkäufer elektrischer Arbeit nicht bloß mit dem Wettbewerb anderer mechanischer Arbeitskraft, sondern auch mit dem selbsterzeugter elektrischer Arbeit zu rechnen hat. Die genannten Verbraucherkreise sind vielfach in der Lage, sich die sämtlichen Vorteile des elektrischen Antriebes zunutze zu machen, ohne auf den Bezug der elektrischen Arbeit angewiesen zu sein. Die Wertschätzung der angebotenen elektrischen Arbeit ist in diesem Falle nur durch die Selbstkosten der eigenen Erzeugung bestimmt. Freilich sind bei der Berechnung dieser Selbstkosten noch gewisse Umstände in Betracht zu ziehen, die die Wertschätzung der gekauften oder der erzeugten elektrischen Arbeit erheblich zu beeinflussen in der Lage sind. So ist es z. B. von besonderem Wert, daß die Unternehmungen durch Ankauf der elektrischen Arbeit die Festlegung großer Kapitalien für eigene Kraftwerke ersparen und sie anderweitig nutzbringender anlegen können. Weiterhin sind beim Bezug der elektrischen Arbeit Ersparnisse durch zweckmäßige Betriebseinteilung möglich, sei es, daß der Betrieb auch in wesentlich vermindertem Umfang ohne Kraftverschwendung durchgeführt werden kann, sei es, daß durch Einschränkung des Betriebes in bestimmten Zeiten besonders billige Einkaufspreise für die elektrische Arbeit erzielt werden können. Ferner gibt es viele Industriezweige, die durch den Bezug elektrischer Arbeit von großen Elektrizitätswerken eine größere Gleichmäßigkeit im Gange ihrer Arbeitsmaschinen und damit eine Vermehrung und Verbesserung der Erzeugnisse erreichen können. So ist z. B. in Spinnereien und Webereien festgestellt, daß unter sonst gleichen Verhältnissen beim Anschluß an Elektrizitätswerke die Erzeugung um 5—12% gesteigert werden kann, so daß allein schon hierdurch die gesamten Einkaufskosten für die elektrische Arbeit aufgewogen werden. Alle diese Tatsachen werden die Wertschätzung in erheblichem Maße zu beeinflussen in der Lage sein.

Auf einer anderen Grundlage baut sich die Wertschätzung des elektrischen Antriebs bei dem Handwerk und in der Landwirtschaft (70—73) auf. Selbsterzeugung der elektrischen Energie kommt dort seltener in Frage, dagegen handelt es sich meist um den Vergleich mit Wärme-, Wind- und Wasserkraftmaschinen. Hier wird die Wertschätzung durch die Vorteile des elektrischen Antriebes bestimmt; sie wird sich auf Grund eines Vergleiches verschieden ergeben, je nach der Antriebsart, die mit dem Elektromotor in Wettbewerb steht.

Wo schließlich der mechanische Antrieb in Haus, Küche und Büro Verwendung findet und meist zur Befriedigung eines Luxusbedürfnisses dient, ist die Wertschätzung der elektrischen Arbeit gleichbedeutend mit der Wertschätzung der mechanischen Kraft. Der Antrieb von Ventilatoren, Staubsaugern, sonstigen Haushaltungs-, Küchen- und Büromaschinen ist im allgemeinen nur mittels Elektrizität möglich. Eine andere mechanische Antriebsart kommt in den seltensten Fällen in Frage; die Wertschätzung des elektrischen Antriebs ist somit in diesem Falle gleich der des mechanischen Antriebs überhaupt.

C. Die Wertschätzung der elektrischen Arbeit bei der Erzeugung von Wärme (74—78) und chemischen Vorgängen (79).

Wie das Verlangen nach Beleuchtung und mechanischer Arbeitskraft ist auch das Bedürfnis nach künstlich erzeugter Wärme gewaltig gestiegen. Nicht bloß zahlreiche längst bekannte technische Vorgänge erfordern entsprechend ihrer erweiterten Anwendung immer größere Wärmemengen, sondern auch zu Verbesserungen und namentlich zur Beschleunigung der Erzeugung werden stets neue Arbeitsweisen ersonnen, **die Wärmemengen in großem Umfange erfordern, wie z. B. zahlreiche** Trocknungs-, Brenn- und Metallverhüttungsverfahren und die künstliche Wachstumsbeschleunigung.

Bei der Verwertung elektrischer Arbeit zur Erzeugung von Wärme ist zwischen der Verwendung zu gewerblichen und häuslichen Zwecken zu unterscheiden. Im Gewerbe ist die Wertschätzung lediglich durch den wirtschaftlichen Erfolg begrenzt, gleichgültig ob der mit der elektrischen Arbeit beabsichtigte Zweck schon auf anderem Wege erreicht worden ist, oder ob die Elektrizität bei bestimmten Arbeitsvorgängen erst die Anwendung künstlicher Wärme gestattet hat, wie bei der Getreidetrocknung in Mühlen; es kommt hierbei stets darauf an, daß die Selbstkosten durch die Anwendung der elektrischen Arbeit nicht oder nur in dem Maße der durch sie erreichten Vorteile erhöht werden. Als solche Vorteile, die nicht immer in Geldwert auszudrücken sind, sind in erster Linie zu nennen: Feuersicherheit, Erzielung höchster Wärmegrade, genaue Regelung der Wärmezufuhr und damit Verbesserung und Vermehrung der Erzeugnisse (Elektrostahl, Backwaren im elektrischen Backofen, elektrisches Brüten), Erleichterung und Verbilligung der Bedienung (elektrisches Schweißen), Beschleunigung der Gütererzeugung (elektrische Trocknung). In allen diesen Fällen ist das Maß der Wertschätzung durch den Nutzen gegeben, der durch die Anwendung der elektrischen Arbeit erzielt wird.

Anders liegen die Verhältnisse bei der Anwendung elektrischer Arbeit zu Wärmezwecken im Hause: zum Kochen, zur Raumheizung und Gesundheitspflege. Hierbei erfreut sich die Elektrizität ganz besonderer Vorzüge und somit auch gesteigerter Wertschätzung. Allein, da es sich meist um die Befriedigung von Kulturbedürfnissen handelt, hängt es lediglich von der Leistungsfähigkeit des Verbrauchers ab, ob dieser Wertschätzung entsprochen werden kann. Zunächst gibt es hierbei eine Anzahl Fälle, bei denen die in Frage kommenden Opfer so gering sind, daß sie sich innerhalb der Leistungsfähigkeit weitester Kreise halten, so daß diese ihrer Wertschätzung durch entsprechenden Gebrauch Ausdruck geben können. Es handelt sich hierbei um häusliche Anwendungen, bei denen Heizung auf anderem Wege überhaupt nicht oder nur unter großen Unbequemlichkeiten oder Gefahren möglich ist, wie bei Fußwärmern, Wärmekissen, Heißluftduschen, Brennscherenwärmern, Bügeleisen usw.

Weiterhin kommt häufig die gelegentliche Verwendung der elektrischen Arbeit zu Wärmezwecken in Frage. Infolge der steten Bereitschaft, der Feuersicherheit, der großen Bequemlichkeit und der Möglichkeit, den gewünschten Zweck vollständig zu erreichen, wird der elektrischen Arbeit hierbei eine sehr große Wertschätzung entgegengebracht. Dies trifft besonders bei der Raumheizung in Übergangszeiten und in vorübergehend benutzten Räumen zu, ferner bei der Zubereitung heißer Getränke und Speisen zu Zeiten und an Orten, wo die gewohnte Herstellung auf anders beheizten Apparaten unbequem und nur unter Aufwendung besonderer Mittel möglich ist, und schließlich beim Plätten der Wäsche. Wenn auch bei allen diesen Vorgängen die Opfer der Bereitstellung größer sind als in den zuerst genannten Fällen, so erreichen sie immerhin nur selten eine solche Höhe, daß die Leistungsfähigkeit die Befriedigung des Bedürfnisses auf elektrischem Wege nennenswert verhindern würde. Die Vorteile, die der Gebrauch der elektrischen Arbeit hierbei bietet, werden vielmehr so hoch geschätzt, daß ihre Verwendung zu diesem Zwecke immer mehr an Umfang gewinnt.

Das gleiche gilt auch für die dauernde Verwendung der elektrischen Arbeit zu Kochzwecken. Wiewohl es sich hierbei um Beträge handelt,

die im Haushalt jedes einzelnen eine wesentliche Rolle spielen, so daß
in erster Linie die Leistungsfähigkeit des Verbrauchers in Betracht zu
ziehen ist, sind die Vorzüge der Elektrizitätsverwendung und infolgedessen auch die ihr entgegengebrachte Wertschätzung so groß, daß die
Ausbreitung der elektrischen Küche unaufhaltsam fortschreitet. Die
Elektrizitätswerke bemühen sich dauernd, Wege der Preisstellung zu
finden, die es dem Abnehmer ermöglichen, der Wertschätzung innerhalb
seiner Leistungsfähigkeit Ausdruck zu geben.

Was über die Wertschätzung für die Wärmeerzeugung gesagt wurde,
gilt auch für die Kältebereitstellung in Gewerbe und Haushalt.
Wiewohl es sich hierbei meist nicht um unmittelbare Umwandlung der
elektrischen Arbeit in Kältegrade handelt, sondern oft um die Zwischenschaltung von Elektromotoren, ist doch gewöhnlich die Verbindung
zwischen dem Kälteerzeugungsvorgang und der Elektrizität so eng und
namentlich im Haushalt dem Auge entzogen, daß der Abnehmer den
Eindruck hat, als ob es sich um unmittelbare Umwandlung der elektrischen Arbeit in Kälte handelt. Bei der Beurteilung der Wertschätzung hierfür sind daher genau die gleichen Gesichtspunkte maßgebend wie bei der Wärmeerzeugung, so daß sich eine besondere Betrachtung erübrigt.

Bei der Verwendung der elektrischen Arbeit zu chemischen und
metallurgischen Arbeitsverfahren handelt es sich fast ausnahmslos
um industrielle Verwertung, die in einzelnen Fällen einen gewaltigen
Umfang angenommen hat, so bei der Aluminium- und Karbidfabrikation,
bei der Stickstoffgewinnung, bei der Wasserstoff- und Sauerstoff-
bereitung, bei der Elektrostahlerzeugung u. a. m. Die Wertschätzung,
die hierbei der elektrischen Arbeit entgegengebracht wird, ist durch ihren
Anteil an den Gestehungskosten bestimmt, der bei den meisten der angeführten Verfahren, z. B. bei der Stickstoffgewinnung, überwiegt. Der
Wert der Erzeugnisse ist hierbei je Verkaufseinheit im allgemeinen
niedrig und der Anteil der elektrischen Arbeit an der Erzeugung so hoch,
daß nur Einkaufs- und Gestehungskosten in Frage kommen, wie sie erst
in neuester Zeit durch weitgehende Zusammenfassung der Elektrizitätserzeugung unmittelbar an den Kraftquellen selbst möglich geworden
sind. Die Wertschätzung wird sich auch in diesem Falle auf einen einfachen Rechenvorgang stützen.

D. Ausdruck und Maß der Wertschätzung (80—94).

Nachdem in den vorausgehenden Abschnitten diejenigen Umstände
erörtert sind, die die Wertschätzung der elektrischen Arbeit beeinflussen,
ist zu untersuchen, wieweit diese Wertschätzung einen Ausdruck findet.
Für Dinge, die wir „wertschätzen", sind wir bereit, Opfer zu bringen;
die Größe dieser Opfer, gibt ein Maß für die Höhe der Wertschätzung,
Im vorliegenden Falle wird das Opfer durch die Ausgaben dargestellt,

die vom Verbraucher für die elektrische Arbeit aufgewendet werden. Sie entsprechen im allgemeinen der Wertschätzung, die der Verbraucher der elektrischen Arbeit entgegenbringt. Nur wenn die Wertschätzung nicht durch die Leistungsfähigkeit beschränkt ist, bleibt das Opfer hinter der Wertschätzung zurück.

Dabei muß eines im Auge behalten werden, wenn man nicht zu Trugschlüssen verleitet werden soll: die Wertschätzung gilt letzten Endes nicht der elektrischen Arbeit als solcher, sondern ihren Wirkungen: dem Licht, der Kraft, der Wärme, der Kälte usw. Diese Wirkungen sind nicht einfach meßbar, wohl aber die zu ihrer Hervorbringung erforderlichen elektrischen Einheiten, die Kilowattstunden (kWh). Da aber das Verhältnis zwischen der Zahl der verbrauchten kWh und ihrer Wirkung nach Art und Höhe verschieden ist, folgt, daß auch der Einheit der elektrischen Arbeit, je nach ihrem Verwendungszweck, eine verschieden hohe Wertschätzung entgegengebracht werden muß. Freilich wirkt dieser unterschiedlichen Wertung bei dem Verbraucher das Bewußtsein entgegen, daß es sich scheinbar in allen Fällen um Kilowattstunden genau gleicher Erzeugung handelt. Diese Anschauung trifft jedoch nur in physikalischem, nicht in wirtschaftlichem Sinne zu, worüber in anderem Zusammenhange noch ausführlich zu sprechen sein wird.

1. Zusammenhang zwischen Wertschätzung und einmaligen Ausgaben beim Gebrauch elektrischer Arbeit.

Die für die Verwendung elektrischer Arbeit vom Verbraucher aufzuwendenden Kosten zerfallen in einmalige und laufende. Die einmaligen Kosten bestehen in den Ausgaben für die Erstellung der Leitungsanlage und der Verbrauchseinrichtungen innerhalb des Grundstückes und hängen von Art und Umfang der Anlage ab. Hierzu treten an manchen Orten noch die Kosten des Hausanschlusses, d. h. des Verbindungsstücks zwischen Straßenleitung und Hausanlage und ferner sog. Abnahmegebühren, die für die Prüfung und das Anschließen der Hausanlagen an das Straßenleitungsnetz erhoben werden.

Die Entscheidung, ob der Verbraucher diese Kosten aufwenden will, ist von der Wertschätzung des Nutzens bedingt, den er von der elektrischen Arbeit erwartet und von dem Verhältnis zwischen dieser Aufwendung und seiner Leistungsfähigkeit. Da die Befriedigung der zugehörigen Bedürfnisse sich im allgemeinen über eine längere Zeit erstreckt, muß der aufgewendete Betrag auf diese Zeit verteilt werden. Das ist dann angenähert möglich, wenn so viel freies Kapital zur Verfügung steht, daß dessen Aufwendung im Augenblick nicht drückend empfunden wird und durch jährliche Beträge für Verzinsung und Abschreibung ausgeglichen werden kann. Im allgemeinen ist dies bei gewerblicher Verwendung der elektrischen Arbeit der Fall; die Ausgaben für die Einrichtungen werden dem Anlagekapital zugeschlagen, dessen

Aufwendung in der Jahresrechnung des Geschäftsmannes durch Verzinsung und Abschreibung Rechnung getragen wird.

In allen anderen Fällen, und zwar meist bei der Anwendung der elektrischen Arbeit im Haushalt, bedeutet der für die Einrichtung aufzuwendende Betrag eine einmalige, unwiederbringliche Ausgabe; ob sie tragbar ist, hängt von der Leistungsfähigkeit, also in der Regel von dem Einkommen des Verbrauchers ab.

Hierüber gibt die moderne Wirtschaftsforschung mancherlei fruchtbare Auskünfte. Aus Zahlentafel 4 (S. 30), die aus einer umfangreichen Untersuchung des Statistischen Reichsamts zusammengestellt ist (21), ist die Verteilung der Ausgaben von zahlreichen Arbeiter-, Angestellten- und Beamtenhaushaltungen ersichtlich. Die laufenden Ausgaben für elektrische Arbeit, die hier wohl ausschließlich zu Beleuchtungszwecken verwendet wird, betragen im höchsten Falle 0,8%. Nimmt man an, daß in den untersten Einkommensstufen für die erstmalige Einrichtung elektrischer Beleuchtung etwa 80.— bis 100.— RM aufzuwenden sind, also etwa 3—4% des jährlichen Einkommens, so legen die Ziffern der Zahlentafel den Schluß nahe, daß eine solche Ausgabe ohne die Beeinträchtigung anderer Bedürfnisse nicht geleistet werden kann, daß sie aber selbst in den untersten Einkommensstufen erschwinglich wird, wenn sie durch Teil- oder Mietzahlungen auf mehrere Jahre erstreckt wird. In gleicher Weise und in weiterem Umfange gilt diese Feststellung für die Beschaffung elektrischer Hausapparate, insbesondere der elektrischen Kocheinrichtung. Diese Aufstellungen zeigen die Notwendigkeit und bilden gleichzeitig die beste Rechtfertigung für die Einführung von Zahlungserleichterungen, insbesondere von Teilzahlungen für die Beschaffung elektrischer Einrichtungen und Apparate. Sie widerlegen gleichzeitig die Behauptung, daß die Verbraucher hierdurch wirtschaftlich gefährdet werden, da sie zeigen, wie gering die Beanspruchung der Leistungsfähigkeit der Verbraucher ist. Die verständnisvolle Auswertung der Zahlenangaben ermöglicht auch die Beurteilung, ob und in welchem Maße die Überbürdung zusätzlicher Kosten für Hausanschluß und Prüfungsgebühren möglich ist oder zur Belebung der Anschlußtätigkeit unterbleiben soll. Die Angaben der Zahlentafel stellen zwar nur einen kleinen Ausschnitt aus einer großen Volksgemeinschaft dar, sie umfassen aber Stadt und Land, alle Gegenden Deutschlands und vielerlei Berufe. Sie können daher als typisch angesehen werden und ihre genaue Untersuchung und sachkundige Anwendung auf bestimmte Versorgungsgebiete kann wertvolle Fingerzeige für Maßnahmen zur Ausbreitung der elektrischen Arbeit und für die Gestaltung der Werbetätigkeit geben.

Leider sind ähnlich ausführliche Zusammenstellungen für gewerbliche Unternehmungen nicht veröffentlicht, so daß zahlenmäßige Unterlagen über das Verhältnis der Erstellungskosten elektrischer Kraft-

Zahlentafel 4. Verteilung der Ausgaben in deutschen Haushaltungen.

Art der Haushaltungen	Einkommen RM	Zahl der untersuchten Haushaltungen	Kopfzahl je Haushalt	Es entfallen in % auf											
				Ernährung	Be-kleidung	Wohnungs-miete	Ver-sicherungen	Heizung und Beleuchtung			Ein-richtungen	Steuern	Verbands-beiträge	Bildung	Sonstiges
								im ganzen	Gas	Elek-triz.					
Arbeiter . . .	bis 2500	86	3,6	47,9	10,4	11,9	8,8	4,3	1,4	0,4	3,1	1,7	2,2	1,8	7,9
	2500—3000	255	3,9	47,3	11,6	10,6	8,3	4,0	1,2	0,4	3,2	2,4	2,4	1,8	8,4
	3000—3600	293	4,2	45,6	12,7	10,2	7,9	3,7	1,2	0,4	3,6	2,5	2,3	2,0	9,5
	3600—4300	178	4,4	44,5	13,4	9,4	7,5	3,5	1,2	0,4	4,1	2,5	2,2	2,0	10,9
	4300 und mehr	84	4,9	41,5	14,6	8,8	7,0	2,8	1,0	0,4	5,3	2,6	2,1	2,4	12,9
Insgesamt und im Mittel . .	3325	896	4,2	45,3	12,7	10,0	7,9	3,6	1,2	0,4	3,9	2,5	2,3	2,0	9,8
Angestellte . .	bis 3000	36	3,1	41,6	11,0	14,4	8,5	4,3	1,3	0,7	3,5	3,2	1,6	1,9	10,0
	3000—3600	87	3,3	39,8	12,5	11,9	8,3	4,0	1,5	0,5	4,5	3,8	1,3	2,2	11,1
	3600—4300	133	3,5	37,6	12,0	11,8	8,5	3,7	1,3	0,6	4,6	4,3	1,5	2,8	13,2
	4300—5100	131	3,6	35,0	12,9	11,5	7,9	3,6	1,3	0,7	5,3	4,4	1,3	3,2	14,9
	5100—6100	83	3,9	33,6	12,8	11,3	7,7	3,4	1,1	0,6	6,4	4,6	1,2	2,7	16,3
	6100 und mehr	76	4,1	28,1	13,1	11,0	6,9	3,1	1,0	0,7	6,7	4,7	1,0	3,4	22,0
Insgesamt und im Mittel . .	4712	546	3,6	34,5	12,6	11,5	7,8	3,5	1,2	0,6	5,5	4,4	1,3	2,9	16,0
Beamte. . . .	bis 3000	28	3,1	43,2	11,8	13,0	3,4	4,1	1,3	0,7	4,4	3,5	1,1	1,5	14,0
	3000— 3600	68	3,6	40,9	13,4	12,9	3,4	4,5	1,3	0,7	5,1	3,7	0,9	2,9	12,3
	3600— 4300	96	3,8	39,6	15,3	12,1	2,9	3,8	1,3	0,7	5,6	3,9	1,0	2,8	13,0
	4300— 5100	81	3,9	36,5	15,8	11,3	3,4	3,6	1,0	0,7	5,4	4,3	0,9	3,5	15,3
	5100— 6100	81	4,0	33,7	14,1	12,5	3,3	3,8	1,1	0,8	7,0	4,7	0,8	3,6	16,5
	6100— 7300	79	4,3	32,0	13,8	10,9	3,4	3,6	1,1	0,7	7,3	5,0	0,9	4,2	18,9
	7300—10000	40	4,1	25,6	12,7	11,7	3,1	3,5	1,0	0,8	6,3	5,3	1,1	4,6	26,1
	10000 und mehr	25	4,7	22,3	11,9	13,2	2,5	3,5	0,9	0,8	7,5	5,3	0,9	4,3	28,6
Insgesamt und im Mittel . .	5349	498	3,9	33,2	13,9	12,0	3,2	3,7	1,1	0,7	6,4	4,6	0,9	3,7	18,4

anlagen zum gesamten Anlagekapital oder Umsatz nicht vorhanden sind. Die einmaligen Einrichtungskosten sind hier in den meisten Fällen so beträchtlich, daß der hierdurch entstehenden Verminderung des Barvermögens durch entsprechende Verzinsung und Abschreibung Rücksicht getragen werden muß. Die einmaligen Kosten sind so in eine jährlich wiederkehrende feste Ausgabe umgewandelt, die vom Verbrauch unabhängig ist; dazu kommen die laufenden Kosten, und zwar wiederum die Ausgaben für die tatsächlich verbrauchte Arbeit und zusätzliche Kosten für die Verrechnungsgebühr sowie für Bedienung, Ölverbrauch, Bürstenersatz und Unterhaltung der Motoren und Schaltapparate.

Die einmaligen Einrichtungskosten setzen sich aus den Ausgaben für die Antriebsmotoren für die erforderlichen Schaltapparate und die Zuleitungen zusammen. Daneben bedingt der Übergang zum elektrischen Betrieb meist auch die Beschaffung neuer Arbeitsmaschinen, die oft ein Vielfaches der Ausgaben für den motorischen Antrieb erfordern. Bei der gegenwärtigen Lage des Kleingewerbes werden die Anschaffungskosten oft die Leistungsfähigkeit übersteigen, so daß ihre Umwandlung in laufende Ausgaben, die weniger schwer empfunden werden, notwendig ist. Wenn man daher dem Verbraucher die Aufbringung der Anschaffungskosten in einer Summe erspart und ihm Teil- oder Mietzahlungen ermöglicht, wird man in vielen Fällen erreichen können, daß die Wertschätzung noch innerhalb der Leistungsfähigkeit bleibt. In welchem Verhältnis diese Ausgaben zur Wertschätzung stehen, läßt sich meist leicht bestimmen. Da, wie oben ausgeführt, die Wertschätzung auf dem durch den elektrischen Antrieb erreichten Gewinn beruht und dieser sich in Geldeswert ausdrücken läßt, ist die äußerste Grenze der Wertschätzung durch eine einfache Rechnung gegeben. Die Gesamtausgaben für die Einführung des elektrischen Betriebes dürfen nicht höher sein, als die Ausgaben für den bisherigen Kraftantrieb abzüglich der voraussichtlichen Ersparnis und des erwarteten Gewinns durch schnellere und bessere Gütererzeugung.

Ähnliche Erwägungen sind bei den Anwendungen der elektrischen Arbeit zu Wärmezwecken anzustellen. Hier spielen die Anschaffungskosten der elektrischen Einrichtungen häufig eine noch größere Rolle als bei der Licht- und Kraftversorgung. Die Wertschätzung der elektrischen Wärme mag noch so groß sein: die Anschaffungskosten der erforderlichen Apparate übersteigen häufig die Leistungsfähigkeit der Verbraucher so sehr, daß nur ihre Umwandlung in wesentlich geringere laufende Belastungen den Übergang zur Elektrowärme ermöglicht. Der kapitalkräftige Industrielle und Gewerbetreibende vermag dies durch jährliche Abschreibung, wobei die Ersparnisse und Mehreinnahmen gegenüber der früheren Betriebsart berücksichtigt werden müssen. In anderen Fällen, namentlich im Haushalt, muß das Elektrizitätswerk oder ein unter seiner Mitwirkung zu diesem Zweck gebildetes Unternehmen dem Abnehmer ermöglichen, daß sich seine Leistungsfähigkeit durch die Einführung von Miet- oder Teilzahlungen der Wertschätzung anpassen kann. In welchem Umfang das zu geschehen hat, darüber kann nur sorgsame und eingehende Untersuchung der wirtschaftlichen Verhältnisse des Versorgungsgebietes, im besonderen der sozialen Gliederung der Abnehmer Aufklärung verschaffen.

2. Zusammenhang zwischen Wertschätzung und laufenden Ausgaben beim Gebrauch elektrischer Arbeit.

Der Zusammenhang zwischen den laufenden Kosten und der Wertschätzung der Beleuchtung ist verschieden bei der Erwerbs- und bei der Wohnungsbeleuchtung. Bei der Erwerbsbeleuchtung werden die Ausgaben als Geschäftsunkosten angesehen, während sie bei der Wohnungsbeleuchtung von dem Gewinn oder dem Einkommen abgezogen werden müssen. Abgesehen davon, daß jeder ordentliche Kaufmann die Betriebsunkosten nach Möglichkeit zu verringern sucht, werden im allgemeinen die Ausgaben für Beleuchtung der Wertschätzung entsprechen. Die Wertschätzung ist abhängig von dem Verhältnis dieser Unkosten zu den übrigen Betriebsausgaben, das bei den einzelnen Gewerbezweigen sehr verschieden ist. Leider bestehen keine zuverlässigen Erhebungen, aus denen ein zutreffendes Bild über die Höhe der Beleuchtungsausgaben im Vergleich zu den übrigen Geschäftsunkosten (Löhne, Gehälter, Steuern, Rohstoffe usw.) zu gewinnen ist. Angaben über das Verhältnis der Ausgaben für elektrische Arbeit zu dem gesamten Umsatz (nicht zu den übrigen Unkosten), liegen in geringem Umfang beim Statistischen Reichsamt vor, doch sind die Ausgaben für Licht, Kraft und sonstige Zwecke hierbei nicht getrennt. Immerhin kann bei einigen Gruppen, ohne wesentliche Fehler, angenommen werden, daß es sich um Beleuchtungsausgaben handelt. So betragen die Ausgaben für elektrische Arbeit in Hundertstel des Gesamtumsatzes bei den Gewerbezweigen:

Handelsgewerbe. 0,15%
Freie Berufe 0,92%
Gast- und Schankwirtschaften . . 1,6%
Gewerblicher Unterricht . . . . . 1,8%.

Bei Geschäftsräumen ohne offene Verkaufsstelle bilden die Ausgaben für Beleuchtung einen äußerst geringen Anteil der Gesamtunkosten. Dagegen sind die Aufwendungen bei Läden, Gastwirtschaften usw. wesentlich höher, namentlich wenn ausgiebig von Werbebeleuchtung Gebrauch gemacht wird. Im ersten Falle können die Ausgaben für Beleuchtung viel eher gesteigert werden als im zweiten, da die Wertschätzung der besonderen Vorteile der elektrischen Beleuchtung bei jener Verbrauchergruppe in höherem Maße zum Ausdruck kommen kann als bei den offenen Verkaufsstellen. Es folgt hieraus, daß die gleiche

Beleuchtung unter sonst ähnlichen Verhältnissen für Läden und Gasthöfe nur geringere Preise tragen kann als bei den übrigen Erwerbsgruppen, auch aus dem Grunde, weil die zur Beleuchtung erforderlichen Arbeitsmengen bei der ersten Gruppe wesentlich höher sind als bei den letztgenannten.

Bei der Wohnungsbeleuchtung können die Ausgaben der Wertschätzung nur insoweit entsprechen, als die Leistungsfähigkeit nicht überschritten wird. Das Verhältnis zwischen den Ausgaben für Beleuchtung und dem Einkommen ist angenähert aus Zahlentafel 4 zu ersehen, in der für jede Gruppe die Durchschnittsziffern ermittelt sind. Da jedoch namentlich in der unteren Einkommensstufe zahlreiche Haushaltungen noch ohne elektrischen Anschluß sind, ergeben sich für den Anteil der elektrischen Beleuchtung zu niedrige Durchschnittswerte. Um völlig einwandfreie Zahlen zu erhalten, wurden in einer neuen Berechnung nur die Haushaltungen berücksichtigt, die elektrische Arbeit verwenden. Die Ergebnisse, die in Zahlentafel 5 enthalten sind, zeigen, daß der prozentuale Anteil der Beleuchtungskosten von der Höhe des Einkommens praktisch unabhängig ist, wie Abb. 3 unmittelbar vor Augen führt.

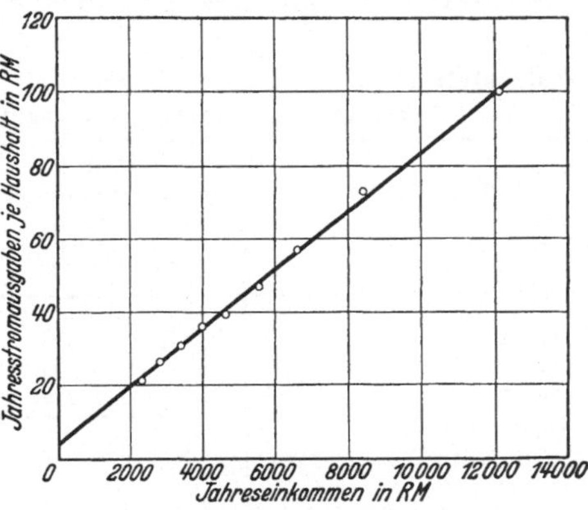

Abb. 3. Jahresstromausgaben in deutschen Haushaltungen in Abhängigkeit vom Einkommen der Abnehmer (nach Zahlentafel 5).

Zahlentafel 5. Gliederung der Jahresstromausgaben nach Einkommensgruppen in Deutschland.

Einkommensgruppe RM	Zahl der Haushaltungen	Mittleres Jahreseinkommen je Haushalt RM	Mittlere Jahresstromausgaben je Haushalt	
			Gesamtbetrag RM	Anteil am Einkommen %
bis 2500	48	2295,—	21,20	0,9
2500— 3000	151	2772,—	26,13	0,9
3000— 3600	234	3319,—	31,03	0,9
3600— 4300	249	3932,—	35,75	0,9
4300— 5100	198	4667,—	39,32	0,8
5100— 6100	151	5557,—	47,24	0,9
6100— 7300	110	6586,—	56,81	0,9
7300—10000	52	8399,—	72,79	0,9
10000—15000	53	12154,—	99,90	0,8
Insgesamt und im Mittel	1226	4576,—	40,27	0,9

Ein Vergleich mit Zahlentafel 4 läßt erkennen, daß, wie schon bei Erörterung der Einrichtungskosten hervorgehoben wurde, in der unteren
Einkommensstufe die Ausgaben für Beleuchtung den Höchstbetrag
darstellen, der überhaupt für Wohnungsbeleuchtung ausgegeben werden
kann. Bei höheren Einkommen ist dagegen eine Verschiebung des Ausgabenverhältnisses zugunsten der Beleuchtung durchaus möglich. Der
Verbraucher könnte gegebenenfalls höhere Kosten hierfür in Kauf
nehmen, weil sich auch dann die Wertschätzung immer noch innerhalb
der Grenzen der Leistungsfähigkeit bewegen würde. Diese Annahme wird
auch durch die folgende Zusammenstellung gestützt:

Zahlentafel 6. Einkommen, Wohnfläche und Stromausgaben in deutschen
Arbeiter-, Angestellten- und Beamtenhaushaltungen.

Haushaltungen		Mittleres Jahreseinkommen je Haushalt		Mittlere Wohnfläche je Haushalt		Mittlere Jahresstromausgaben je Haushalt	
Art	Zahl	RM	%	m²	%	RM	%
Arbeiter	435	3381,—	100	45,85	100	28,51	100
Angestellte. . .	386	4931,—	146	61,98	135	43,89	154
Beamte	405	5521,—	163	71,59	156	49,46	173
Insgesamt und im Mittel . .	1226	4576,—	—	59,43	—	40,27	—

Hieraus ergibt sich, daß die Ausgaben für elektrische Arbeit stärker
steigen als die Einkommen und als die Wohnfläche, alles bezogen auf die
entsprechenden Durchschnittswerte bei dem Arbeiter. Auch dies ist ein
sicheres Anzeichen dafür, daß sich die Wertschätzung bei den höheren
Einkommen von der durch die Leistungsfähigkeit bedingten Grenze
entfernt hält.

Die laufenden Kosten umfassen neben den Ausgaben für die elektrische
Arbeit noch weitere Posten, so in erster Linie die Verrechnungsgebühren,
d. h. einen monatlich oder vierteljährlich erhobenen Betrag für die zur
Messung des Verbrauches der elektrischen Arbeit vorgesehenen Einrichtungen (früher fälschlich „Zählermiete“ genannt) und für die Abrechnung.
Weiter kommen noch die Ausgaben für den Ersatz der Beleuchtungsmittel hinzu. Im allgemeinen fällt dieser Betrag heute nicht sehr ins
Gewicht und vermag auf das Verhältnis der Wertschätzung zum Preis
kaum einen Einfluß auszuüben.

Zur Bestimmung des Verhältnisses der laufenden Ausgaben bei der
Verwendung elektrischer Arbeit zu den Gesamtunkosten jedes Betriebes
wären ähnliche Zusammenstellungen, wie sie in Zahlentafel 4 enthalten
sind, von besonderem Wert, der Gewerbetreibende ist aber mit derartigen
Angaben ganz besonders zurückhaltend, so daß solche Zusammenstellungen
nur vereinzelt vorhanden sind. Über den Anteil der Ausgaben für elektrische Kraft an dem Gesamtumsatz einer Anzahl deutscher Unter-

nehmungen sind, wie bereits oben erwähnt, vom Statistischen Reichsamt einige Ziffern ermittelt. Für das Jahr 1929 ist der Anteil der
jährlichen Stromkosten in Hundertstel des Gesamtumsatzes in der
folgenden Tabelle zusammengestellt:

Zahlentafel 7. Anteil der Stromkosten am Gesamtumsatz verschiedener
Gewerbezweige.

Gewerbezweig	%
Verkehrswesen	4,97
Industrie der Steine und Erden	3,28
Gesundheitswesen und hygienisches Gewerbe	2,05
Theater-, Musik- und Schaustellungsgewerbe	1,98
Bergbau und Salinenwesen	1,79
Kautschukindustrie und Asbestindustrie	1,77
Eisen- und Metallgewinnung	1,33
Holz- und Schnitzstoffgewerbe	1,23
Land- und Forstwirtschaft	1,11
Textilindustrie	1,11
Elektrotechnische Industrie, Feinmechanik und Optik	1,07
Herstellung von Eisen-, Stahl- und Metallwaren	0,95
Wasser- und Gasgewinnung und -Versorgung	0,90
Papierindustrie und Vervielfältigungsgewerbe	0,86
Lederindustrie und Linoleumindustrie	0,70
Maschinen, Apparate und Fahrzeugbau	0,63
Nahrungs- und Genußmittelgewerbe	0,56
Bekleidungsgewerbe	0,51
Musikinstrumenten- und Spielwarenindustrie	0,28

Um darzutun, daß es sich hierbei nicht etwa um vereinzelte Unternehmungen handelt, sei noch folgende Gesamtübersicht für eine Reihe
von Jahren angefügt.

Zahlentafel 8. Anteil der Stromkosten am Jahresumsatz deutscher
gewerblicher Unternehmungen.

Erhebungsjahr	Zahl der untersuchten Fälle	Jahresumsatz	Anschlußwert	Jahresstromverbrauch		Anteil am Jahresumsatz	Durchschnittsstrompreis
		Mill. RM	1000 kW	Mill. kWh	Mill. RM	%	Rpf/kWh
1928	4409	4464	324	451	32,0	0,72	7,10
1929	4409	4595	338	486	34,3	0,75	7,01
1930	4409	4136	343	456	31,8	0,77	6,98
1931	4409	3419	349	422	28,9	0,84	6,85

Wie hieraus hervorgeht, steigt infolge des verminderten Gesamtumsatzes der Anteil der Stromkosten, gleichzeitig gehen aber die durchschnittlichen Strompreise zurück. Mit anderen Worten: Je höher der
Anteil der Stromausgaben an den Unkosten oder dem Umsatz, um so
höher muß die Wertschätzung der elektrischen Kraft sein, um so mehr

wird aber auch der Verbraucher als Wirtschaftssubjekt bemüht sein, diese Ausgaben herabzudrücken.

Ähnliche Untersuchungen wurden im Jahre 1927 von der Vereinigung der Elektrizitätswerke in Berlin und für ein begrenztes Sondergebiet (Maschinenbau) von dem Verein Deutscher Maschinenbau-Anstalten (*83, 84*) durchgeführt. Wiewohl es sich hierbei um eine beschränkte Zahl von Unternehmen handelt, seien einige Ergebnisse in Zahlentafel 9 wiedergegeben.

Bei der Beurteilung der Ergebnisse aus Zahlentafel 9 ist zu beachten, daß einmal die Stromkosten auf den Fabrikumsatz bezogen sind, der vermutlich niedriger als der Geschäftsumsatz ist, wie er den Zahlentafeln 7 und 8 zugrunde liegt, und daß ferner der Beschäftigungsgrad zur Zeit der Untersuchung sehr niedrig war, so daß die Ausgaben für elektrische Arbeit stärker hervortreten als bei voller Ausnutzung.

Auch für die Landwirtschaft finden sich in der Tages- und Fachpresse mancherlei Angaben, die aber meist unvollständig sind und sich auf ein eng begrenztes Verbrauchsgebiet beziehen. Von der Wiedergabe solcher Zusammenstellungen sei hier abgesehen.

Alle derartigen Veröffentlichungen zeigen, einen wie kleinen Anteil die Ausgaben für elektrische Kraft an dem Umsatz beanspruchen. Mit Sicherheit kann daraus geschlossen werden, daß diese Ausgaben nicht bis an die Grenze der Wertschätzung heranreichen. Diese Tatsache wird aber für die Strompreisfestsetzung wirkungslos gemacht durch den Wettbewerb anderer Energiequellen, namentlich der Eigenerzeugung und außerdem durch die Gewöhnung, die den Verbraucher oft sehr schnell vergessen läßt, welche Vorteile die Anwendung der elektrischen Arbeit durch Ersparnisse, Verbesserung und Vermehrung der Erzeugnisse ihm ursprünglich gebracht hat.

Bei den meisten Verwendungsarten der Elektrowärme handelt es sich um verhältnismäßig große, laufende Kosten, d. h. um einen recht beträchtlichen Anteil an den Haushaltungs- oder Erzeugungsausgaben. Bei oberflächlicher Betrachtung wird häufig zunächst der Wärmeinhalt der Verkaufseinheit der Wertschätzung zugrunde gelegt und da dieser physikalisch begrenzt und bei der Elektrizität (kWh) weit niedriger ist als z. B. bei der Verkaufseinheit des Gases (m^3) oder der Kohle (kg), wird behauptet, daß die Wertschätzung nur dem Energieinhalt entsprechen könne. Die rasche Verbreitung der Elektrowärme zeigt jedoch, daß die Wertschätzung nicht nur von dem Wärmepreis abhängt, sondern auch von den bereits früher erörterten zahlreichen gewichtigen Vorteilen, die mit der Elektrizität als Wärmequelle verbunden sind. Bei der gewerblichen Verwendung sind diese Vorteile fast stets zahlenmäßig ausdrückbar und eine genaue Berechnung erlaubt in jedem Einzelfall die Höchstgrenze der Wertschätzung anzugeben. Sie ist verschieden bei der Stickstoffgewinnung, bei metallurgischen Verfahren, beim Schmelzen, Schweißen,

Zahlentafel 9. Monatliche Kosten für elektrische Arbeitskraft in verschiedenen deutschen Gewerbebetrieben.

Art des Betriebes	Jahr	Arbeiterzahl	Fabrik-umsatz	Produktive Lohn-summe	Stromkosten			Beschäfti-gungsgrad
					im ganzen	Anteil am Umsatz	Anteil am produktiven Lohn	
		etwa	1000 RM	1000 RM	1000 RM	%	%	%
Mittel- und Kleinmaschinen-bau mit Warmwerkstätten	1924	942		50,3	5,7		11,4	72
	1925	1020		72,6	7,9		10,9	85
	1926	800		60,0	7,5		12,4	60
Eisen- und Stahlgießerei mit Groß- und Mittel-maschinenbau	1924	471	259,0	38,8	7,8	3,02	20,4	72
	1925	519	357,1	64,4	10,8	3,03	16,8	87
	1926	420	175,8	43,1	7,6	4,3	17,5	52
Mechanische Werkstätte für Groß- und Mittel-maschinenbau	1924	113		6,9	4,1		60,5	71
	1925	98		9,3	3,3		35,5	70
	1926	83	58,6	6,4	2,5	4,33	39,8	44
Armaturenfabrik ohne Gießerei	1924	190	286,0	10,9	1,4	0,53	13,2	70
	1925	180	225,0	15,5	1,2	0,55	8,0	70
	1926	158	160,0	11,2	1,0	0,61	8,7	48
Präzisionskleinmaschinenbau mit Metallgießerei	1924	419	66,2	15,4	1,7	2,52	10,8	70
	1925	407	104,5	22,6	1,7	1,59	7,3	74
	1926	317	65,7	18,2	1,3	1,96	7,1	57
Mittelmaschinenfabrik	1924	165	94,0	13,5	2,6	2,82	19,6	100
	1925	110	85,0	11,2	2,6	3,06	23,2	64
	1926	75	40,0	5,0	1,5	3,63	29	37
Mechanische Holz-bearbeitung	1924	71		7,4	1,6		21	73
	1925							
	1926	25		2,5	0,6		26	20
Schmiede	1924	80		8,4	1,3		15,2	73
	1925							
	1926	76		8,3	1,1		13	60
Waggonmittelmaschinenbau, **Holzbau**	1924	1300	703,3	136,5	6,5	0,92	4,7	73
	1925	**1664**	**970,0**	**185,0**	**12,4**	1,28	6,7	80
	1926	600	402,0	62,6	2,0	0,51	3,25	26
Warmwerkstätten mit mechanischer Abteilung	1924						35,2	83
	1925						28,6	100
	1926						23,5	78
Großfirma für mittlere Werk-zeugmaschinen und Werk-zeugbau	1924						15,7	
	1925					3,33	11,4	
	1926					4,36	8,58	
Maschinenfabrik mit Eisengießerei	1924	93	29,2	6,2	0,6	2,24	10,5	61
	1925	103	46,2	10,4	1,0	2,14	9,5	75
	1926	76	24,0	6,0	0,7	3,1	12,3	37
Durchschnitt	1924					2,00	20,2	75
	1925					1,94	15,8	78
	1926					2,35	16,2	49

Nieten und Trocknen — immer wird die benötigte elektrische Arbeit äußerstenfalls so hoch bewertet werden, als dem Unterschied zwischen den erzielbaren Verkaufspreisen abzüglich Gewinn und den übrigen Herstellungskosten entspricht, wobei die erreichbare Vermehrung und Verbesserung der Erzeugnisse berücksichtigt werden müssen.

Ähnliche Gesichtspunkte sind bei der Beurteilung der Elektrowärme im Haushalt maßgebend: hier spielen jedoch die in Geld nicht ausdrückbaren Vorteile, wie Sauberkeit, Bequemlichkeit, stete Bereitschaft, gesundheitliche Vorzüge eine viel größere Rolle, deren Bewertung nur durch die Leistungsfähigkeit des Abnehmers begrenzt ist. Einige Fingerzeige hierfür können durch Auswertung der Zahlentafel 4 in Verbindung mit Zahlentafel 6 gewonnen werden. Es ergibt sich, daß bei den drei untersuchten Verbrauchergruppen vom gesamten Einkommen durchschnittlich etwa 1,2% für Gas und außerdem etwa 2% für Kohlen und sonstige Heizstoffe ausgegeben werden. Bei normalen Lebensgewohnheiten und Temperaturverhältnissen darf angenommen werden, daß der gesamte Wärmebedarf für Kochzwecke zu etwa $^3/_5$ durch Gas gedeckt wird, da im Winter, namentlich in den kleineren Haushaltungen, die Raumheizung, die, wie die Aufstellungen ergeben, fast ausschließlich durch die übrigen Heizungsmittel bewerkstelligt wird, gleichzeitig als Kochgelegenheit benutzt wird. Aus den Zahlentafeln 4 und 6 lassen sich folgende Ausgaben ermitteln:

Zahlentafel 10. Kochausgaben verschiedener Haushaltungen.

| Art der Haushaltungen | Jahreseinkommen RM | Ausgaben für Gas | | Kopfzahl je Haushalt | Ausgaben für Gas je Kopf und Jahr RM | Kochausgaben je Kopf und Jahr RM |
		Anteil des Einkommens %	Gesamtbetrag RM			
Arbeiter . .	3325,—	1,2	40,0	4,2	9,60	16,0
Angestellte.	4712,—	1,2	57,0	3,6	15,80	26,30
Beamte . .	5349,—	1,1	59,0	.3,9	15,20	25,40

Die letzte Spalte (Kochausgaben je Kopf und Jahr) ist unter der Annahme errechnet, daß die vorletzte Spalte $^3/_5$ der gesamten Jahreskochausgaben darstellt. Rechnet man bei dem Elektrowärmebedarf zum Kochen mit der erreichbaren Zahl von 0,8 kWh je Kopf und Tag, also mit einem Jahresbedarf von rund 300 kWh je Kopf, so dürfte der Strompreis ohne Erhöhung der Ausgaben betragen

$$\text{in der Arbeitergruppe} \ldots \ldots \frac{1600}{300} = 5{,}33 \text{ Rpf/kWh}$$

$$\text{in der Angestelltengruppe} \ldots \frac{2630}{300} = 8{,}77 \quad ,,$$

$$\text{in der Beamtengruppe} \ldots \ldots \frac{2540}{300} = 8{,}47 \quad ,,$$

Das sind die nackten Ausgabengleichwerte; hierbei sind noch keinerlei Zuschläge für größere Bequemlichkeit, Sauberkeit, Ersparnisse an Fett und sonstigem Kochgut berücksichtigt, die eine 10—20%ige Erhöhung der oben errechneten Preise zulassen. Vergleicht man diese Ziffern mit den von der Mehrzahl der Versorgungsunternehmungen erhobenen Kochstrompreisen von 8—12 Rpf/kWh, so sieht man, daß diese sich bei den höheren Einkommensstufen durchaus im Rahmen der Wertschätzung und Leistungsfähigkeit halten, daß aber bei der untersten Gruppe im Durchschnitt noch nicht das gleiche behauptet werden kann. Dabei darf nicht übersehen werden, daß es sich um Mittelwerte aus stark streuenden Einzelzahlen handelt und daß sich in manchen Fällen beträchtliche Abweichungen ergeben können; zeigt doch die Erfahrung, daß die elektrische Küche gerade in Arbeiterkreisen eine steigende Verbreitung findet, ein Zeichen, daß sich die Wertschätzung unter bestimmten Verhältnissen innerhalb der Leistungsfähigkeit auch dieser Kreise bewegt.

3. Einfluß von Preisänderungen auf die Wertschätzung und den Verbrauch *(85—94)*.

Nach den bisherigen Darlegungen kann der Zusammenhang zwischen Wertschätzung, Verbrauch und Ausgaben im allgemeinen durch den Satz dargestellt werden: der Verbrauch entspricht der Wertschätzung, solange die Ausgaben die Leistungsfähigkeit nicht übersteigen; eine Einschränkung findet statt, wenn die Ausgaben über die Wertschätzung oder über die Leistungsfähigkeit hinausgehen, eine Erhöhung des Verbrauches im Rahmen der Bedürfnisbefriedigung, wenn die Ausgaben unter die Wertschätzung und die Leistungsfähigkeit sinken (s. Abb. 2, S. 16).

Da die Wertschätzung von Bedürfnissen abhängt, die zumeist unabhängig von der Preisstellung sind, folgt zunächst, daß sie selbst von einer Preisänderung nicht berührt wird, wohl aber wird der Verbrauch innerhalb der Wertschätzung durch den Preis bedingt, d. h. Preisänderungen wirken von einem bestimmten Ausmaß ab auch bei gleichbleibender Wertschätzung auf die Größe des Verbrauches ein.

Preiserhöhungen, sofern sie nicht als Ausgleich einer Geldentwertung erfolgen, bewirken, daß Abnehmer, bei denen die erhöhten Preise die Wertschätzung übersteigen, den Gebrauch der elektrischen Arbeit einschränken oder aufgeben, soweit nicht die Gewöhnung eine Rolle spielt. Diese kann sich jedoch nur insoweit auswirken, als durch die Preiserhöhung die Leistungsfähigkeit nicht überschritten wird. Wenn dagegen die erhöhten Preise die Wertschätzung nicht erreichen, wird eine Verminderung des Verbrauches nicht eintreten.

Preisermäßigungen werden von den meisten Unternehmungen, die sich mit dem Verkauf elektrischer Arbeit befassen, immer von neuem verlangt und häufig gewährt. Da das Licht-, Kraft- und Wärmebedürfnis — wie früher ausgeführt — in stetem Ansteigen begriffen ist, wird eine

Preisermäßigung, die wie die Beseitigung eines wirtschaftlichen Hindernisses wirkt, eine Vermehrung des Verbrauches zur Folge haben. Eine Preisherabsetzung wird sich somit in normalen Zeiten in mehrfacher Weise bemerkbar machen. Einmal werden die Abnehmer, die elektrische Arbeit bereits benutzen, sie in ausgedehnterem Maße verwenden, ohne aber im allgemeinen über die Gesamtsumme der bisherigen jährlichen Ausgaben hinauszugehen, weil jeder, zumal bei geringerer wirtschaftlicher Leistungsfähigkeit immer nur den Betrag für Beleuchtung, Kraft, usw. aufwendet, der ihm im äußersten Falle nach Befriedigung aller anderen wichtigeren Bedürfnisse übrig bleibt. Dies ist insbesondere in Zeiten wirtschaftlichen Tiefstandes zu beachten: die Preisverminderungen werden dann, wie die Erfahrung bestätigt hat, lediglich zu Einsparungen benutzt, ohne daß eine nennenswerte Steigerung des Verbrauches damit verknüpft ist. — Ferner wird bei einer Preisermäßigung für eine Anzahl Anwärter die erforderliche Ausgabe unter die Grenze ihrer Wertschätzung oder ihrer Leistungsfähigkeit herabsinken, so daß sie sich jetzt dem Gebrauch der elektrischen Arbeit zuwenden können; die Anzahl dieser neuen Verbraucher kann aber nur dann nennenswert sein, wenn die Preisermäßigung so groß ist, daß die in Wettbewerb stehenden Energieträger unterboten werden. Schließlich werden sich neue Anwendungsgebiete eröffnen, wenn die Preisherabsetzung die elektrische Arbeit anderen Verfahren und anderen Energieformen wirtschaftlich überlegen macht. Ein besonders eindrucksvolles Beispiel hierfür bietet die Einführung des elektrischen Kochens.

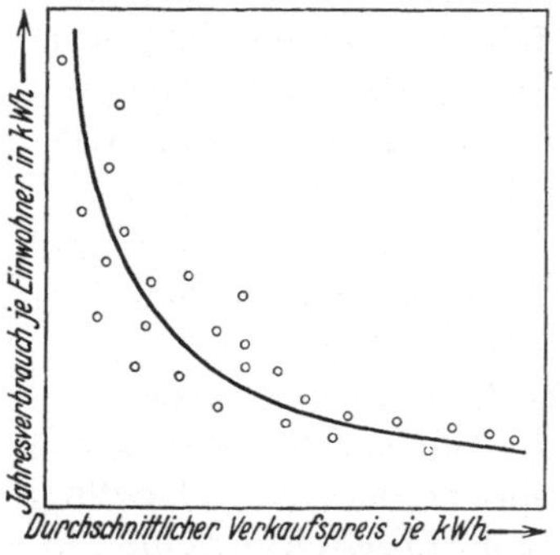

Abb. 4. Jährlicher Stromverbrauch je Einwohner in Abhängigkeit vom Strompreis.

Aber auch bei der weitestgehenden Preisermäßigung kann der Verbrauch nur so weit gesteigert werden, als dem Bedürfnis entspricht. Dies ist namentlich bei der Verwendung der elektrischen Arbeit zu Kraftzwecken zu berücksichtigen. Kein Gewerbetreibender wird infolge einer Preisermäßigung mehr Kraft verbrauchen als seine Betriebsverhältnisse verlangen, es sei denn, daß hierdurch der elektrischen Arbeit neue Verwendungsgebiete erschlossen werden. — Auch das Lichtbedürfnis wird zu Zeiten, in denen es an sich gering ist, durch eine Preisermäßigung nicht erhöht werden können. Daher können Preisherabsetzungen für Lichtverbrauch im Sommer oder am Tage keinen wesentlichen Erfolg haben. Jedoch gibt es nennenswerte Ausnahmen, wie z. B. in Städten mit häufigem Nebel oder mit enggebauten, lichtarmen Häusern, oder in Läden mit großer Tiefe und abgeschlossenen Schaufenstern. In allen diesen Fällen ist aber die Beleuchtung eine Notwendigkeit und ihre Wertschätzung fast ebenso hoch wie die der abendlichen Beleuchtung. Preisermäßigungen werden daher nur dann eine Verbrauchssteigerung hervorrufen, wenn mit der Beleuchtung besondere Zwecke verfolgt werden. In ähnlicher Weise ist die Preisherabsetzung in den Nachtstunden und im Sommer nur dort von Wirkung auf den Verbrauch, wo die Möglichkeit zu einer zweckvollen Ausnützung besteht, z.B. zur Werbung, zur Lüftung, zur Kältebereitung, zur Wärmespeicherung oder zur Beleuchtung von Räumen, die nur im Sommer benutzt werden und bei denen das Bedürfnis nach Beleuchtung an und für sich gering ist. Da bei allen diesen Verwendungsarten die Wertschätzung verschieden ist, ist eine gleichmäßige Behandlung der Preisermäßigung nicht am Platze. Vielmehr ist in jedem einzelnen Falle eine eingehende Untersuchung über das Ausmaß der Preissenkung unter Berücksichtigung der Wertschätzung und Leistungsfähigkeit der Verbraucher notwendig.

Man hat wiederholt versucht, den Zusammenhang zwischen Preisänderung und Verbrauch rechnerisch zu erfassen (*85, 87, 89*). Auf Grund von Erfahrungswerten zahlreicher Werke wird die Abhängigkeit des Stromverbrauches in kWh je Kopf der

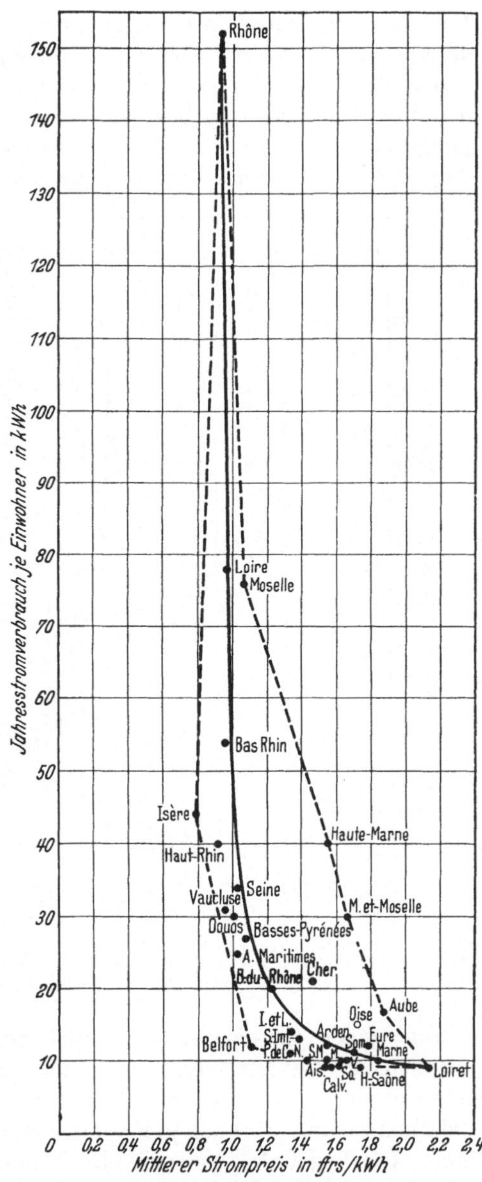

Abb. 5[1]. Jahresstromverbrauch je Einwohner für Kraftzwecke (Niederspannung) in Abhängigkeit vom Strompreis in Orten mit weniger als 80 000 Einwohnern, in Departements mit wenig ausgebreiteter Landwirtschaft (Frankreich).

---

[1] Die Abb. 5—7 sind mit geringen Änderungen der Arbeit von Genissieu (*94*) entnommen.

Versorgungsgebiete von dem durchschnittlichen Strompreis ermittelt und
daraus eine Gleichung abgeleitet. So ergibt sich meist eine hyperbel-
artige Linie (s. Abb. 4) mit stark streuenden Einzelwerten. Auch in
neuester Zeit sind verschiedene Untersuchungen über diese Zusammenhänge durchgeführt worden. Unter Verwendung umfangreicher statistischer
Angaben prüft Genissieu (94) für zahlreiche Gebiete Frankreichs von

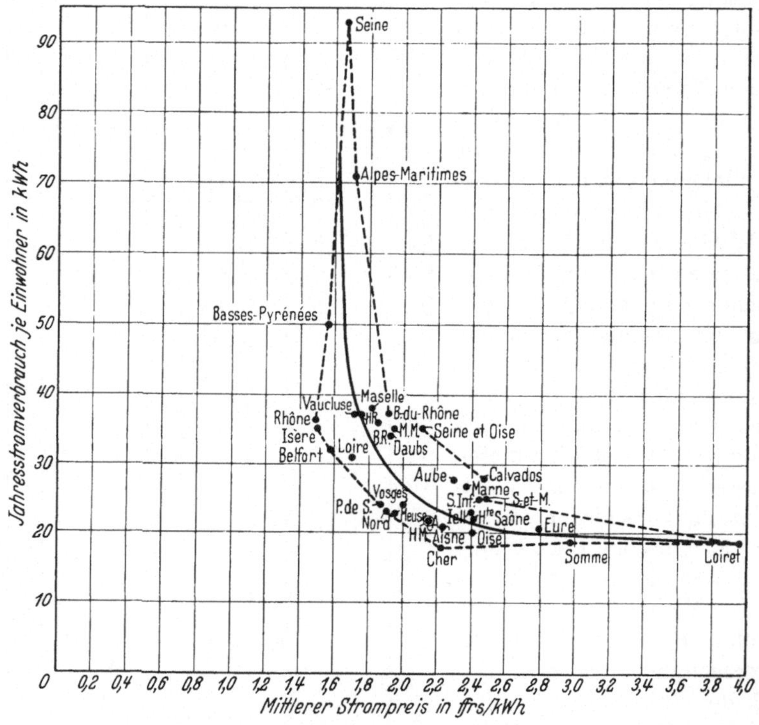

Abb. 6. Jahresstromverbrauch je Einwohner für Licht- und Haushaltszwecke in Abhängigkeit vom Strompreis in Orten mit weniger als 80 000 Einwohnern, in Departements mit
wenig ausgebreiteter Landwirtschaft (Frankreich).

verschiedener elektrizitätswirtschaftlicher Beschaffenheit (Großstädte,
Mittelstädte, Gebiete mehr und minder landwirtschaftlichen Charakters)
getrennt für Haushalt- und Kraftstromlieferung den Zusammenhang
zwischen Stromverbrauch je Kopf der Bevölkerung und mittlerem Strompreis. Die Ergebnisse seiner Untersuchungen sind in zahlreichen Schau-
bildern niedergelegt, von denen Abb. 5 und 6 als Beispiele wiedergegeben
seien. Die Kurven wurden von Genissieu „Courbes de demande" = Nach-
fragekurven genannt. Hieraus wird der Schluß gezogen, daß zwischen
Stromverbrauch je Kopf und durchschnittlichem Strompreis der einzelnen Abnehmergruppen ein einfacher, gesetzmäßiger Zusammenhang
bestehe, der mit hinreichender Genauigkeit die Vorausberechnung der

Verbrauchszunahme bei einer bestimmten Strompreisherabsetzung und umgekehrt die Festsetzung des erforderlichen Durchschnittspreises für die Erzielung einer bestimmten Verbrauchserhöhung gestatte.

Als weiteren Beweis für die Richtigkeit seiner Schlüsse führt Genissieu die Ergebnisse ähnlicher Unternehmungen in verschiedenen anderen Ländern an, die in Abb. 7 zusammengestellt sind.

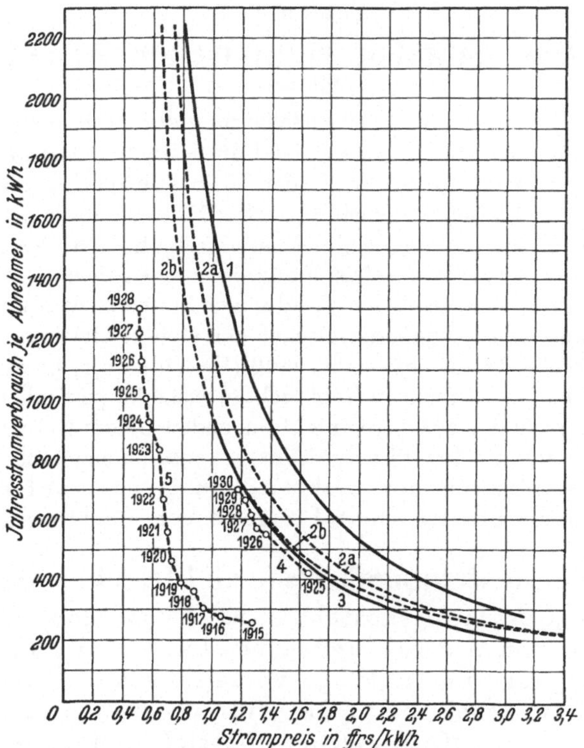

Abb. 7. Jahresstromverbrauch je Abnehmer in Abhängigkeit vom Strompreis: 1. Vereinigte Staaten von Amerika (136 Netze 1929/30). 2a. England (355 Netze ohne Landwirtschaft 1928/29). 2b. England (221 landwirtschaftliche Netze 1929/30). 3. Norwegen (Gesamtdurchschnitt). 4. Milwaukee Electric Railway and Light Co. (USA.). 5. Hydro-Electric Power Comm. of Ontario (Kanada).

Daß ein Zusammenhang zwischen Verbrauch und Durchschnittsstrompreis bestehen muß, läßt sich schon daraus erkennen, daß — wie die Erfahrung lehrt — die Ausgaben des einzelnen Abnehmers für Licht, Kraft und Wärmezwecke in ihrer Gesamthöhe über gewisse Zeiträume hin mit einiger Annäherung gleichbleiben. Man kann folgern, daß dies auch für die Gesamtzahl der Abnehmer in einem bestimmten Gebiet der Fall ist. Ohne daß daraus mathematisch sichere Schlüsse gezogen werden dürfen, da die in Frage kommenden wirtschaftlichen Einflüsse mathematisch nicht erfaßt werden können und zum Teil — wie die

Erfahrungen während der Wirtschaftskrise zeigen — eine gegenteilige Wirkung ausüben, dürfte es doch für jedes einzelne Unternehmen von Wert sein, den Zusammenhang zwischen Stromverbrauch und Durchschnittspreis bei einzelnen Abnehmergruppen statistisch zu untersuchen, um so unter Umständen zu wertvollen Schlüssen für das Versorgungsgebiet zu gelangen (*12*, S. 33f.).

Zweiter Teil.

Das Angebot elektrischer Arbeit.
(100—216.)

Wie die Nachfrage in der Wertschätzung der Verbraucher, so finden die Erscheinungen, die auf das Angebot bestimmend einwirken, ihren zusammenfassenden Ausdruck in der Wertschätzung, die der Erzeuger der elektrischen Arbeit beilegt. Während aber bei der Nachfrage diese Wertschätzung bedingt ist durch die Art der Bedürfnisse und durch den Grad ihrer Befriedigung, kann der Erzeuger den Wert des erzeugten Gutes nicht nach dem Grad seiner Brauchbarkeit und Nützlichkeit (Gebrauchswert), sondern nur nach den Opfern, die er zur Erzeugung der elektrischen Arbeit aufwenden muß (Verkaufswert) bemessen. Diese Opfer bestehen meist nicht in Gebrauchsgütern oder persönlicher Arbeitskraft, sondern in den für diese aufzubringenden Geldmitteln, und werden unter dem Namen „Gestehungskosten" zusammengefaßt. Somit ist die Wertschätzung der elektrischen Arbeit auf seiten des Erzeugers durch die Gestehungskosten bestimmt.

I. Die Gestehungskosten elektrischer Arbeit.

Unter „Gestehungskosten" wird nicht bloß die Summe aller einzelnen Aufwendungen verstanden, die unmittelbar zur Erzeugung, Fortleitung, Verteilung und Übergabe der elektrischen Arbeit und zur Aufrechterhaltung des technischen und kaufmännischen Betriebes notwendig sind, sondern auch derjenige Teil des Ertrages, der unter allen Umständen vorhanden sein muß, um eine bestimmte Mindestverzinsung des angelegten Kapitals und diejenigen Rückstellungen zu bestreiten, die zu einer ordnungsmäßigen und auf sicheren Grundlagen beruhenden Geschäftsführung notwendig sind.

Nach dieser Begriffsbestimmung hat die Untersuchung der Gestehungskosten zunächst die Frage zu klären, aus welchen Teilen sie sich zusammensetzen, mit anderen Worten, sie hat die „Kostenbestandteile" zu ermitteln. Da ein Elektrizitätswerk aus mehreren Anlagen mit verschiedenen wirtschaftlichen Aufgaben besteht, wird sich bei der Untersuchung der Kostenbestandteile stets die Frage erheben, in welchem Anlageteil der Unternehmung die Kosten entstehen;

es ist daher zweckmäßig, zuerst die Hauptentstehungsorte der Kosten, d. h. die „Kostenstellen" zu erörtern. Die Gestehungskostenermittlung ist nicht Selbstzweck; sie soll es vielmehr ermöglichen einen gerechten Ausgleich zwischen den Anforderungen der Abnehmer und den hierfür nötigen Opfern herbeizuführen. Dazu ist es weiter erforderlich, die wesentlichen Merkmale des Verbrauches aufzufinden, die die Gestehungskosten beim Verkäufer hervorrufen und beeinflussen, d. h. es sind schließlich die „Kostenursachen" festzustellen.

A. Die Kostenstellen.

Die Erörterung der Gestehungskosten nach dem Ort ihrer Entstehung geschieht zweckmäßig anhand eines Beispiels. Abb. 8 stellt das Versorgungsgebiet eines Elektrizitätsunternehmens in den Hauptzügen dar, dessen Energiebedarf zum Teil in dem eigenen Kraftwerk A erzeugt, zum Teil von einem fremden Werk bezogen und in der Übergabestelle B übernommen wird. Die Erzeugung in A erfolgt mit einer Spannung von 6 kV, der Fernstrombezug mit 100 kV. Sowohl die selbsterzeugte wie auch die bezogene Energie werde in A und B auf 60 kV umgespannt und mit dieser Spannung über einen Fortleitungsring den beiden Umspannwerken C und D zugeführt. In A, B, C und D werde die Energie weiter auf 20 kV umgespannt und mit dieser Spannung dem Mittelspannungsnetz zugeleitet. Aus diesem werden die Großabnehmer unmittelbar mit 20 kV versorgt, die Belieferung der Kleinabnehmer erfolgt über die Netzumspannwerke und die von diesen gespeisten Niederspannungsnetze mit 380/220 V.

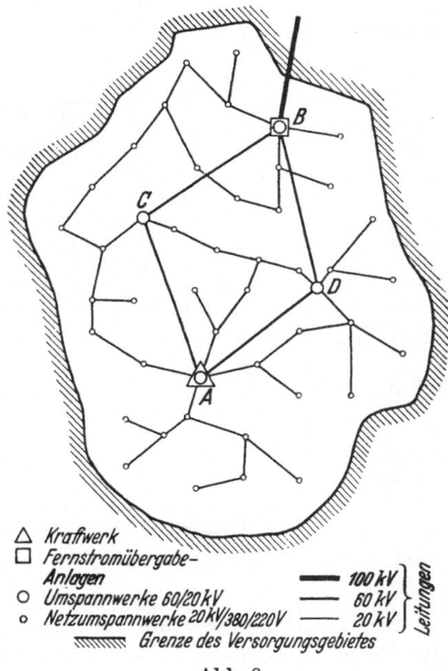

Abb. 8.
Versorgungsgebiet eines Elektrizitätswerkes.

Hiernach ergibt sich das in Abb. 9 dargestellte Schaltbild. Auf der linken Seite sind die Anlageteile einzeln nach ihren technischen Merkmalen bezeichnet, auf der rechten Seite nach Kostenstellen zusammengefaßt. Demnach kommen als Entstehungsorte der Kosten in Frage:

1. Strombeschaffung, 2. Fortleitung, 3. Verteilung, 4. Übergabe; geleitet und geregelt wird der gesamte Betrieb von einer oder mehreren übergeordneten Stellen aus, die zusammengefaßt die letzte Kostenstelle bilden, und zwar: 5. Verwaltung.

1. Strombeschaffung.

Als Anlagen für die Strombeschaffung sind die Kraftwerksanlagen selbst und etwa räumlich hiervon getrennte Schalt- und Umspanneinrichtungen zu betrachten, die der Aufspannung der erzeugten Energie auf die Fortleitungsspannung des Hochspannungsnetzes dienen. Zur Strombeschaffung gehören ferner die Übernahmeeinrichtungen beim Strombezug, d. h. die Schalt- und Meßgeräte und die Umspanner zur Umwandlung der bezogenen Energie auf die Spannung des Fortleitungsnetzes. Ebenso sind etwaige Aufwendungen für Leitungsanlagen für die Zuführung der bezogenen Elektrizität bis zur Übergabestelle als Strombeschaffungskosten zu werten; desgleichen eine etwaige Telephonverbindung mit dem Fernstromlieferer u. a. m. Nur bei dieser Handhabung erhält man richtige Unterlagen für den Vergleich zwischen Eigenerzeugung und Fernstrombezug, die es ermöglichen, die Gestehungskosten auf die gleiche Spannung (in vorliegendem Falle 60 kV) und den gleichen Ort (Anfangspunkt des werkeigenen Hochspannungsnetzes) zu beziehen. Die Abgrenzung der Anlagen

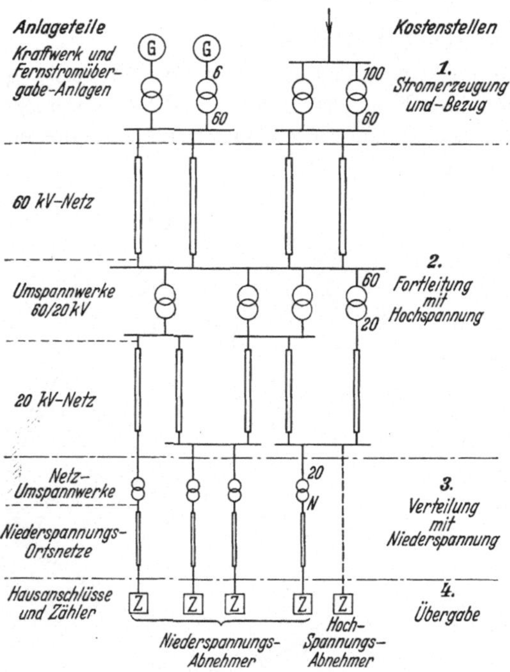

Abb. 9. Schaltbild einer Elektrizitätsversorgung.

für Stromerzeugung und -bezug von den der Fortleitung mit Hochspannung dienenden Teilen ist nicht immer einfach, z. B. wenn Einrichtungen für doppelseitige Umspannung vorhanden sind, wenn Stromerzeugung oder Bezug mit verschiedenen Spannungen erfolgt, usw.; doch wird sich stets bei sachgemäßer Überlegung eine zweckdienliche Trennung durchführen lassen.

2. Fortleitung.

Die Anlagen zur Fortleitung mit Hochspannung beginnen an dem Kabelendverschluß oder an der Freileitungsdurchführung des Kraftwerkes und der Fernstromübergabestelle. Sie reichen bis zur Einführung in die Netzumspannwerke und in die Hochspannungsübergabeeinrichtungen der Großabnehmer oder bei Niederspannungsverteilung mittels Gleichstrom bis zur Einführung in die Umformer- oder Gleichrichterwerke. Wird die elektrische Arbeit bis zu diesen Punkten nur mittels einer Spannung übertragen, so umfassen diese Anlagen nur das mit dieser Spannung betriebene Hochspannungsnetz. Erfolgt die Fortleitung unter mehrmaliger Umspannung, wie im vorliegenden Beispiel, so gehören die Netze der verschiedenen Hochspannungen und die Zwischenumspannwerke zu den Fortleitungseinrichtungen. Werden einzelne Großabnehmer mit der oberen Fortleitungsspannung versorgt — was in dem dargestellten Beispiel nicht angenommen ist —, so sind die Aufwendungen für das Oberspannungsnetz (60 kV) auf der einen und für die Umspannwerke nebst Unterspannungsnetz (20 kV) auf der anderen Seite getrennt zu ermitteln, um die zuständigen Kostenstellen für diese Abnehmer einwandfrei feststellen zu können.

3. Verteilung.

Die Verteilungsanlagen sind in technischer Hinsicht durch die Höhe der Gebrauchsspannung (Niederspannung) gekennzeichnet. Demgemäß umfassen diese Anlagen im wesentlichen die Ortsnetze bis zu den Abzweigungen in die Grundstücke der Abnehmer (Hausanschlüsse). Bei Niederspannungsversorgung mit Gleichstrom gehören hierzu auch die Umformer- oder Gleichrichterwerke, bei Wechsel- und Drehstrom die Netzumspannwerke, die die Hoch- oder Mittelspannung auf die Gebrauchsspannung umwandeln. Auch die Straßenbeleuchtungseinrichtungen sind, soweit sie nicht für bestimmte Feststellungen besonders erfaßt werden, hierzu zu rechnen. Dagegen gehören die Hausanschlüsse, entgegen dem vielfach geübten Gebrauch, nicht zu den Ortsnetzen, sondern zu den Übergabeeinrichtungen. Bei gemischter Gleich- und Drehstromversorgung kann, falls die Gleichstromanlagen lediglich der allgemeinen Stromversorgung dienen, eine von den Drehstromanlagen getrennte Erfassung unterbleiben, soweit nicht die Betriebsverhältnisse nennenswert verschieden sind und eine besondere tarifliche Behandlung beabsichtigt ist. Handelt es sich jedoch um Bahnstromanlagen, so müssen sie gesondert erfaßt werden, um die Ermittlung der Kosten für die Bahnstromlieferung im einzelnen zu ermöglichen.

4. Übergabe.

Der Übergabe dienen die Hausanschlüsse und die Übernahmeeinrichtungen bei den Hochspannungsabnehmern, sowie die Zähler einschließlich der zu ihrer Instandhaltung und Eichung notwendigen Anlagen. Weiter entstehen Kosten der Übergabe durch die Prüfung der Hauseinrichtungen, ferner durch die Buchhaltung, die Abrechnung und den sonstigen Verkehr mit den Abnehmern. Eine gesonderte Ermittlung dieser Ausgaben für Hoch- und Niederspannungsabnehmer ist mit

Rücksicht auf die verschiedenartigen Abnahmeverhältnisse notwendig. Nicht zu den Kostenstellen der elektrischen Arbeit ist eine etwaige Installations- oder Verkaufsabteilung elektrischer Maschinen und Geräte zu rechnen. Dienen Einrichtungen oder Angestellte gleichzeitig diesem Geschäftszweig und anderen Abteilungen, so ist eine strenge Trennung auf Grund der tatsächlichen Verhältnisse erforderlich.

5. Verwaltung.

Alle Einrichtungen, die der Leitung, Regelung, Abwicklung, Überwachung oder Belebung der technischen, rechtlichen und kaufmännischen Geschäftsvorgänge dienen, und die nicht unmittelbar einer der unter 1—4 behandelten Kostenstellen zuzuordnen sind, werden unter der Bezeichnung „Verwaltung" zusammengefaßt; die Ausgaben hierfür werden zunächst als besondere Kostenstelle geführt, dann aber meist auf die vier anderen Kostenstellen verteilt. Der Verteilungsschlüssel ist in möglichster Annäherung an die tatsächlichen Verhältnisse zu schätzen. Es handelt sich hierbei um die dem Gesamtbetriebe dienenden baulichen und sonstigen Einrichtungen, aber auch um die Leistungen für den allgemeinen Geschäftsbetrieb, für Versicherungen, für Steuern und für die Werbung. — Zu den Anlagen, die dem Gesamtbetrieb dienen, zählen Verwaltungsgebäude, Beamtenwohnhäuser, Telephonanlagen, Fuhrpark, Werkstätten, Lager, usw. Die Aufwendungen, die hiermit zusammenhängen, werden gewöhnlich unter der Bezeichnung „Handlungsunkosten" zusammengefaßt. Hierzu gehören: die Gehälter der Geschäftsleitung, die Ausgaben für kaufmännische Verwaltung, Bürobedarf, Postgebühren, die Kosten für Prozeßführung und sonstige rechtliche Verfahren u. dgl., soweit diese Beträge nicht der Übergabe zuzurechnen sind. Inwieweit die Ausgaben für Versicherungen zu den Handlungsunkosten und damit zur Verwaltungskostenstelle zu rechnen sind, entscheidet sich in jedem einzelnen Falle nach dem Gegenstand und dem Zweck der Versicherung. In ähnlicher Weise sind Steuern und Abgaben zu behandeln. Zum Zweck der Unterteilung unterscheidet man kapital-, umsatz- und erfolgabhängige Steuern; sie lassen sich auf die verschiedenen Kostenstellen bei einiger Überlegung und fachmännischer Schätzung leicht umlegen, im übrigen wird noch an anderer Stelle hiervon die Rede sein. Abgaben auf Grund von Verträgen beziehen sich meist auf den Umsatz oder Reingewinn; sie sind der Verwaltungskostenstelle zuzurechnen, jedoch nicht auf die anderen Kostenstellen aufzuteilen, sondern nach besonderen Schlüsseln (Einnahmen oder Reingewinn) unmittelbar auf die Gestehungskosten je kWh umzulegen. Schließlich werden von der „Verwaltung" als Kostenstelle auch noch sämtliche Anlagen und Leistungen umfaßt, die der Werbung dienen, also Ausstellungsräume, Schaustellungen, Wanderwagen, Werbeunterlagen und sonstige Werbekosten, soweit sie nicht zur Belebung des Installations- und Verkaufsgeschäftes bestimmt sind.

B. Die Kostenbestandteile.

Schon die Begriffsbestimmung der Gestehungskosten läßt erkennen, daß zwei große Hauptgruppen der Kostenbestandteile zu unterscheiden sind: die Ausgaben, die nur mit dem Bestand des Unternehmens als Kapitalanlage verknüpft sind und die Aufwendungen, die durch den Betrieb hervorgerufen werden. Die erste Gruppe wird unter der Bezeichnung „Kapitalkosten", die zweite unter der Bezeichnung „Betriebskosten" zusammengefaßt.

1. Die Kapitalkosten.

Wie bei jeder Unternehmung, ist das in der Elektrizitätsversorgung festgelegte Kapital zunächst als eine Arbeitsgröße zu betrachten und hat als solche Anspruch auf einen bestimmten Ertrag, die Zinsen. Es stellt weiterhin ein Vermögen, einen Wert dar und erleidet als solcher durch mannigfache Ursache Einbußen, die jeder Unternehmer nach Möglichkeit auszugleichen bestrebt sein muß. Dies geschieht dadurch, daß man gewisse Beträge aus dem Rohgewinn herauszieht und sie zum Ausgleich der vorhandenen oder erwarteten Wertminderungen verwendet. Diese Beträge sollen als· „Rückstellungen" bezeichnet werden. Demzufolge sind die Bestandteile der Kapitalkosten die Zinsen und die Rückstellungen.

a) Die Zinsen. Der für die Verzinsung des Anlagekapitals aufzuwendende Betrag wird bestimmt durch die Größe des Anlagekapitals und die Art und Weise seiner Beschaffung, die wiederum die Höhe des Zinsfußes bedingt. Im allgemeinen wird das Anlagekapital entweder als Unternehmerkapital, dessen Verzinsung vom Betriebserfolg abhängig ist, oder als Leihkapital mit vorher vereinbarter fester oder in seltenen Fällen auch veränderlicher Verzinsung aufgebracht. Als Unternehmerkapital sind etwaiges eigenes Vermögen des Unternehmers, ferner die durch Aktien, Gesellschafts- oder Genossenschaftsanteile aufgebrachten Beträge, sowie die im Unternehmen mitarbeitenden Rücklagen zu betrachten, als Leihkapital kurz- oder langfristig gegebene Darlehen, Obligationsanleihen u. dgl. Zur Ermittlung der Gestehungskosten muß auch für das Unternehmerkapital im voraus eine Verzinsung angenommen werden, und zwar eine Verzinsung, die höher ist als der landesübliche Zinsfuß für langfristige Anleihen, da andernfalls Unternehmerkapital für die Elektrizitätsversorgung auf dem Kapitalmarkt nicht zur Verfügung stehen würde. Für die Ermittlung der Gestehungskosten wird daher derjenige Zinssatz in Rechnung gesetzt werden müssen, der sich auf Grund der zu erreichenden Dividende, des Leihzinses und dem Verhältnis von Unternehmer- und Leihkapital ergibt. Wenn z. B. ein Unternehmen das Anlagekapital zu $^2/_3$ durch Ausgabe von Aktien und zu $^1/_3$ durch eine Anleihe beschafft hat und für jene eine Dividende von 8% erwirtschaften will, diese mit 5% verzinsen muß, so ergibt sich der für die Gestehungskostenberechnung zugrunde zu legende Zinssatz zu: $\frac{2 \cdot 8 + 1 \cdot 5}{3} = 7\%$. Die Verzinsung muß sich auf das gesamte Anlagekapital beziehen, nicht nur auf das von fremder Seite aufgebrachte, sondern auch auf die aus dem Ertrag für Abschreibung usw. zurückgestellten Summen; auch diese Beträge stellen Arbeitsgrößen, volkswirtschaftliche Werte dar, die auf eine Verzinsung Anspruch haben.

Die beiden Arten der Verzinsung (für Unternehmerkapital und für Leihkapital) unterscheiden sich noch in anderer Beziehung. Nach den gesetzlichen Bestimmungen ist der Unternehmer berechtigt, die Zinsen gewerblicher Schulden, also die Zinsen für Leihkapital, als nicht versteuerbar vom Reingewinn abzuziehen, während die Zinsen des Unternehmerkapitals als Geschäftsgewinn gelten und daher als Einkommen zu versteuern sind.

Folgt man hierbei den Erwägungen des Gesetzgebers, so muß man die Frage aufwerfen, ob denn die Kapitalzinsen ohne jede Einschränkung als Gestehungskosten aufzufassen sind. Zwar kann kein Zweifel bestehen, daß sie in gewissem Umfang erwirtschaftet werden müssen und daß ein Elektrizitätswerk ebensowenig lebensfähig ist, wenn nicht eine bestimmte Mindestverzinsung erzielt wird, wie wenn z. B. die Löhne oder die Brennstoffe oder sonstige Betriebskosten nicht bezahlt werden können. Und doch besteht ein Unterschied zwischen den Gestehungskosten für die Betriebsführung und denjenigen für die Verzinsung. Während jene unmittelbar Betriebsausgaben sind, sind diese Betriebszweck, Betriebserfolg. Ferner sind die Ausgaben für die Verzinsung mit dem Betrieb an sich nicht verknüpft. Eine Anlage kann ganz oder zum Teil stillstehen und trotzdem müssen die Zinsen aufgebracht werden. Oder aber die Anlage ist, was bei Elektrizitätsunternehmungen nicht selten vorkommt, zu groß gebaut; es müssen dann auch für die Verzinsung mehr Kosten aufgewendet werden, als dem wirklichen Bedarf entsprechen. Diese Umstände können die Auffassung nahelegen, daß die Zinsen nicht unmittelbar zu den Gestehungskosten zu rechnen sind, woraus wichtige Folgerungen zu ziehen sein werden, wenn es sich bei der Preisbildung als notwendig erweist, mit Rücksicht auf die Wertschätzung der Abnehmer gewisse Kosten von einer Abnehmergruppe auf eine andere abzuwälzen.

b) Die Rückstellungen[1]. Einen weiteren wichtigen und daher viel umstrittenen Teil der Gestehungskosten bilden die „Rückstellungen". In dem hier vorliegenden Falle müssen drei verschiedene Arten berücksichtigt werden.

---

[1] Es kann sich in vorliegendem Zusammenhang nicht um eine erschöpfende Behandlung der Rückstellungen in tatsächlicher, rechtlicher und steuerlicher Beziehung handeln; hierzu muß auf das außerordentlich reichhaltige Schrifttum (insbesondere *120—130*) verwiesen werden.

1. Durch Verträge wird häufig bestimmt, daß die von dem Unternehmer erstellten Anlagen nach einer Reihe von Jahren schuldenfrei und betriebsfähig an den Konzessionsgeber, d. i. in den meisten Fällen eine öffentliche Körperschaft, übergehen sollen (Heimfall). Der Unternehmer würde in diesem Falle durch die Übergabe der Anlagen das aufgewendete Kapital verlieren, wenn er nicht durch geeignete Rückstellungen (Heimfalltilgung) Fürsorge getroffen hat.

Anders ist die Tilgung zu beurteilen, die zur Rückzahlung geliehenen Kapitals dient (Schuldentilgung). Ist die Aufnahme des zur Erstellung der Anlagen nötigen Kapitals auf dem Wege der Anleihe erfolgt, so muß dieses Kapital in längerer oder kürzerer Zeit zurückgezahlt werden. Man hat es hierbei mit einer reinen Geldmaßnahme zu tun, die mit der Betriebswirtschaft keinerlei Zusammenhang hat. Es liegt dann keine „Rückstellung“ vor, da der hierfür bestimmte Betrag nicht mehr der Verfügung des Unternehmers untersteht. Die für diese Art der Tilgung aufgewendeten Beträge können nicht zu den Gestehungskosten gerechnet werden, wenn daneben noch Beträge für Abschreibung und Erneuerung vorgesehen sind. Die Einrechnung dieser Tilgung in die Gestehungskosten würde einer doppelten Werterhaltung gleichkommen und eine ungerechtfertigte Erhöhung der Gestehungskosten bedeuten.

2. Für die Erstellung der zum Betriebe nötigen Anlagen ist das Kapital verbraucht und die damit beschafften Gegenstände stellen seinen Gegenwert dar. Der Unternehmer wird und muß bestrebt sein, den vollen Wert des aufgewendeten Kapitals zu erhalten. Durch den Gebrauch und durch den Einfluß der Zeit nützt sich aber die gesamte Anlage fortwährend ab, verliert ständig an Wert und würde nach einer bestimmten Reihe von Jahren wertlos sein, d. h. das aufgewendete Kapital wäre verloren. Um dies zu verhindern, wird alljährlich ein Teil des Ertrages zurückgestellt, dessen Größe so bemessen wird, bzw. bemessen werden soll, daß nach völliger Werteinbuße der Anlagen wieder das gesamte ursprüngliche Kapital vorhanden ist. Man sagt, der Wert der Anlage ist „abgeschrieben“.

3. Bei technischen Betrieben und insbesondere in elektrischen Anlagen ist die Gefahr vorhanden, daß technische Neuerungen, größere Betriebsunfälle usw. mit einem Schlage unvermutet einen Teil der Gesamtanlage entwerten können. Dadurch würde den Unternehmer ein empfindlicher Schaden treffen. Will er gegen solche Zufälligkeiten geschützt sein, so wird er aus dem Ertrag einen gewissen Teil zurückstellen, der die ausschließliche Bestimmung hat, im Falle derartiger Geschehnisse verwendet zu werden; diese Rückstellungen dienen der „Erneuerung“.

Abschreibungen und Erneuerungen sind vom Gesetz vorgeschrieben. § 40 Abs. 2 HGB. bestimmt:

„Bei der Aufstellung des Inventars und der Bilanz sind sämtliche Vermögens-gegenstände und Schulden nach dem Werte anzusetzen, der ihnen in dem Zeit-punkt beizulegen ist, für welchen die Aufstellung stattfindet."

Für Aktiengesellschaften kommt außerdem § 261 Abs. 1 HGB. (in der Fassung der „Verordnung des Reichspräsidenten über Aktienrecht, Bankenaufsicht und über eine Steueramnestie vom 19. Sept. 1931" RGBl. I, S. 493) in Frage:

„Anlagen und andere Vermögensgegenstände, die dauernd zum Geschäfts-betrieb der Gesellschaft bestimmt sind, dürfen ohne Rücksicht auf einen geringeren Wert zu den Anschaffungs- oder Herstellungskosten angesetzt werden, wenn der Anteil an dem etwaigen Wertverlust, der sich bei seiner Verteilung auf die mut-maßliche Gesamtdauer seiner Verwendung oder Nutzung für den einzelnen Bilanz-abschnitt ergibt, in Abzug oder in Form von Wertberichtigungskonten in Ansatz gebracht wird..."

Im Gegensatz zur früheren Fassung des Gesetzes (HGB. § 261, 3) das nur „einen der Abnutzung gleichkommenden Betrag in Abzug zu bringen oder einen ihr entsprechenden Erneuerungsfonds in Ansatz zu bringen" vorschrieb, sind die jetzigen Vorschriften umfassender und genauer. Das Gesetz sieht jetzt zwei Arten von Wertminderungen vor, den Wert-verlust, der sich während der Gesamtdauer der Verwendung und den, der sich während der Gesamtdauer der Nutzung ergibt. Jene wird durch die Abnutzung, den Gebrauch, diese durch Veralten, Aufkommen neuer und besserer Verfahren usw. hervorgerufen. Ent-sprechend diesen verschiedenartigen Ursachen der Wertminderung spricht das Gesetz von „Wertberichtigungskonten" in der Mehrzahl, offenbar in Anlehnung an den meistgeübten Gebrauch, der Wertminde-rung infolge von Abnutzung durch „Abschreibung", der infolge von Veralten usw. durch einen „Erneuerungsfonds" Rechnung zu tragen. In diesem, in engster Anlehnung an die Gesetzesbestimmungen sich ergebenden Sinn stellt der Erneuerungsfonds ebenso wie die Abschreibung den Ausgleich einer Wertminderung, eine Wertberichtigung dar. Darüber hinaus sollen ihm aber auch Beträge zugeführt werden, die die Neu-beschaffung veralteter und unwirtschaftlich arbeitender oder durch größere Betriebsunfälle zerstörter Anlageteile ermöglichen[1].

Nach diesen Erklärungen sind die Ursachen und der Zweck jeder der drei Kapitalrückstellungen durchaus verschieden. Die Tilgung ist durch vertragliche Bedingungen festgelegt und ist eine reine Geldmaß-nahme, sie bezweckt die über eine Reihe von Jahren verteilte Rück-erstattung des aufgewendeten Kapitals; die Abschreibung ist durch

---

[1] Hierfür sieht zwar die oben angeführte Verordnung über das Aktienrecht ge-mäß dem neuen § 260a einen besonderen Passivposten (III. Rückstellungen) vor; in Hinsicht auf den Zweck der vorliegenden Erörterungen, die Klärung des Begriffs Gestehungskosten, können beide Arten der Erneuerungsrücklagen zusammen-gezogen werden. Der Ausdruck „Rückstellungen" wird hier entsprechend dem ursprünglichen Wortsinn in wesentlich weiterer Bedeutung als in der Verordnung gebraucht.

Abnutzung hervorgerufen und bezweckt die Werterhaltung des Vermögens; der Erneuerungsfonds beruht auf Vorsichtserwägungen und bezweckt die Vermeidung neuer Kapitalsanlagen.

Von diesen drei Arten der Werterhaltung ist hinsichtlich ihrer Höhe nur die Tilgung unumstritten. Sie hängt lediglich von den Aufnahmebedingungen bzw. der Konzessionsdauer ab; danach richtet sich die Tilgungsdauer und der Tilgungsplan. Dagegen bildet die Höhe der beiden anderen Arten der Werterhaltung bis in die jüngste Zeit eine oft und lebhaft erörterte Frage. Diese Verschiedenheit der Ansichten rührt einmal davon her, daß man über die Lebensdauer der einzelnen Teile der Anlagen auch heute noch auf Schätzungen angewiesen ist, und daß man vielfach Erneuerung und Abschreibung zusammenwirft. — Die Höhe der vom Gesetz vorgeschriebenen Abschreibung ergibt sich aus der Bestimmung, daß der durch die Abnutzung eintretende Wertverlust „auf die mutmaßliche Gesamtdauer der Verwendung" verteilt wird. Die Gesamtdauer der Verwendung ist abgelaufen, wenn die Anlage so weit abgenutzt ist, daß sie für den Betrieb als solchen wertlos ist und nur noch einen gewissen Stoffwert besitzt. Nach dem Sinn des Gesetzes und nach allgemeinem Gebrauch wird daher die Abschreibung so bemessen, daß nach völliger Abnutzung ein dem ursprünglichen Anschaffungswert gleichkommender Betrag, vermindert um den voraussichtlichen Altwert, vorhanden ist. Streng genommen müßte für jeden einzelnen Anlageteil eine seiner Lebensdauer entsprechende Abschreibung vorgesehen werden. Die nachfolgende Zusammenstellung gibt die auf Grund bisheriger Erfahrungen geschätzte Lebensdauer für die hauptsächlichsten Anlageteile an:

Zahlentafel 11. Lebensdauer von Anlageteilen eines Elektrizitätswerkes.

Anlageteil	Geschätzte Lebensdauer Jahre
Grundstücke	∞
Gebäude	30
Tiefbauten und Wasserbauten	50
Talsperren, Stollen, Kanäle	100
Anschlußgleise	20
Bekohlungseinrichtungen	10
Dampfkraftanlagen und Zubehör	12
Verbrennungskraftmaschinen	10
Wasserturbinen	20
Umlaufende elektrische Maschinen und Zubehör	15
Schaltanlagen	15
Umspanner	15
Sammler	10
Holzmaste (imprägniert)	20
Eisenmaste	30
Leitungsmaterial (Kupfer) und Zubehör	30

Zahlentafel 11. Lebensdauer von Anlageteilen eines Elektrizitätswerkes.
(Fortsetzung.)

Anlageteil	Geschätzte Lebensdauer Jahre
Kabel	40
Meßeinrichtungen und Zubehör	10
Eicheinrichtungen	10
Betriebstelephon	15
Werkzeuge	2
Fahrzeuge	5
Sonstige Einrichtungsgegenstände	10

Die vorstehenden Zahlen sind Mittelwerte, die in Wirklichkeit nach
oben und unten erhebliche Abweichungen zeigen können, da die Lebensdauer einzelner Anlageteile nur mit Unsicherheit geschätzt werden kann
und auch von zahlreichen örtlichen Umständen abhängig ist. Für eine
genaue Gestehungskostenermittlung ist es notwendig, die Rücklagen für
die einzelnen Anlageteile getrennt festzustellen; da es sich aber bei der
Abschreibung nicht so sehr um die Werterhaltung einzelner Teile als
um die des gesamten Vermögens handelt, wird die Abschreibung in dem
der Öffentlichkeit unterbreiteten Zahlenwerk der Unternehmungen meist
auf den gesamten Anlagewert bezogen, wodurch gleichzeitig die Übersichtlichkeit der Bilanz und die Einfachheit der Buchführung erhöht
werden. Die gebräuchlichsten Mittelsätze der Abschreibung liegen
zwischen $2^1/_2$ und 5%. Diese Sätze sollen sich auf das ursprüngliche
Anlagekapital und nicht wie in anderen Geschäftszweigen vielfach üblich,
auf den durch die jeweiligen Abschreibungen verminderten Buchwert
beziehen. Die zuletzt genannte Abschreibungsart wird heute bei Elektrizitätsunternehmungen selten angewendet, weil die Abschreibung auf
den Anlagewert ein klareres Bild der Vermögensverhältnisse ergibt, eine
der Betriebseigenart besser angepaßte Verteilung der Abnutzung auf die
einzelnen Betriebsjahre ermöglicht und sicherere Grundlagen für die
Berechnung der Gestehungskosten bietet.

Eine weitere Meinungsverschiedenheit betrifft die Frage, ob die
Abschreibungssätze unter Berücksichtigung von Zins und Zinseszins
festgesetzt werden können. Ein solches Verfahren wird in dem Fachschrifttum zum Teil als rechtmäßig nicht anerkannt, weil die Abschrei-
bungsposten keinen wirklichen Wert, sondern im Gegenteil, das Fehlen
von Werten feststellten („Wertberichtigung"), und weil als Folge der
Zins- und Zinseszinsrechnung der jährliche Abschreibungssatz von
Anfang an niedriger bemessen würde, als es der während der einzelnen
Jahre wirklich eintretenden Entwertung entspräche. Wenn auch beide
Gründe widerlegbar sind, so ist doch zu bedenken, daß bei der Berücksichtigung von Zins- und Zinseszins die Abschreibungsbeträge, zu denen

auch die Zinsen und Zinseszinsen hinzugezählt werden müssen, mit dem Alter der Unternehmung so stark anschwellen, daß sie bei schwankender Wirtschaftslage nicht mehr erarbeitet werden können. Für die Berechnung der Gestehungskosten ist es zweckmäßiger und einfacher von der Berücksichtigung von Zins- und Zinseszins abzusehen.

Bei der Festsetzung der Erneuerungsrückstellung ist man völlig auf Schätzungen angewiesen, da sich weder das Veralten, noch das Eintreten von Betriebsunfällen, noch das Aufkommen von zweckmäßiger arbeitenden Anlageteilen voraussehen läßt. Die gesetzliche Bestimmung, daß der Wertverlust, dem die als Erneuerung bezeichnete Wertberichtigung begegnen soll, auf die Dauer der „Nutzung" verteilt werden soll, ist in Elektrizitätsversorgungsunternehmungen nicht durchführbar, da sich die wahrscheinliche Dauer der Nutzung überhaupt nicht absehen läßt. Gebräuchlich sind Sätze von 1,5—5%, zwischen denen sich der Unternehmer je nach dem Geschäftsergebnis bewegen mag. Für Vorausberechnungen wird vielfach für Abschreibung und Erneuerung zusammen ein Satz von 5% angewendet. — Die Ermittlung des Erneuerungssatzes auf Grund von Zins- und Zinseszinsen ist nicht angängig, weil der Erneuerungsrücklage in Abhängigkeit von dem Ertrage des Unternehmens jährlich ungleiche Beträge zugeführt und zur Durchführung von Erneuerungsarbeiten entnommen werden können. Aus der Möglichkeit und der Notwendigkeit solcher Entnahmen ergibt sich die Frage, ob die Erneuerungssätze nach dem tatsächlichen Anlagewert oder von dem sog. Wiederbeschaffungswert berechnet werden sollen. Nach dem Wesen der Erneuerung scheint das zweite geboten. Da aber auch die Wiederbeschaffungskosten schwanken und da der Zeitpunkt der Festsetzung der Erneuerungsquote und der Zeitpunkt der Wiederbeschaffung kaum zusammenfallen, ist es zweckmäßiger, etwaigen Bewegungen der Wiederbeschaffungskosten durch entsprechende Veränderung der Erneuerungssätze Rechnung zu tragen.

Bezüglich der Kapitalrückstellungen als Kostenbestandteil sei auf das bei der Besprechung der Zinsen gesagte verwiesen (s. S. 50). Auch sie sind weniger Betriebsmittel als Betriebsvoraussetzung und Betriebsfolge, was — wie bei den Zinsen — bei der etwa durch die Wertschätzung der Abnehmer bedingten Kostenabwälzung von einer Abnehmergruppe auf eine andere zu berücksichtigen sein wird.

Dies ist um so wichtiger, als die Rückstellungen einen beträchtlichen Teil (20—40%) der Gesamtaufwendungen ausmachen; daraus ergibt sich, daß Mißgriffe in ihrer Bemessung schwerwiegende Folgen nach sich ziehen müssen. Nach zwei Richtungen hin wird häufig gefehlt. Einmal werden die Abschreibungen ganz oder teilweise unterlassen, in der Absicht, einen höheren Reingewinn ausweisen zu können; wird ein solches Verfahren in den ersten Jahren auch nicht immer zu Mißerfolgen führen, so wird doch die gesicherte Fortführung des Unternehmens in Frage gestellt, und unter Umständen müssen die Gewinne der ersten Jahre mit empfindlichen Vermögenseinbußen späterhin bezahlt werden. — Ebenso bedenklich ist es aber auch, die Rückstellungsbeträge im voraus zu hoch anzusetzen. Von der vermeintlichen Tatsache ausgehend, daß die hohen Rückstellungen notwendige Betriebsausgaben darstellen, müssen die Verkaufspreise entsprechend hoch angesetzt werden; die Folge ist ein kleiner Absatz, das Unternehmen entwickelt sich nicht und statt der erwarteten Beträge für Rückstellungen weist der Jahresabschluß Verluste auf. Dies alles kann vermieden werden. Ist die Größe der Anlagen dem wirklichen Bedürfnis angepaßt, werden die notwendigen Rückstellungen richtig bemessen, so werden sich bei gerechter und zweckmäßiger Tarifgestaltung stets Überschüsse erzielen lassen. Dann allerdings ist darauf zu sehen, in den Rücklagen möglichste Deckung gegen Unvorhergesehenes zu haben. Verkehrt wäre es dann — wie dies in städtischen Betrieben nicht selten vorkommt — alle Überschüsse in anderer Weise zu verwerten. Ersatzanschaffungen, technische Verbesserungen werden dann selten mehr bewilligt, weil neue Kapitalien hierzu nicht mehr aufgenommen werden sollen oder können; das Unternehmen steht nicht mehr auf der Höhe der Zeit, geht zurück und kann seine wirtschaftlichen Aufgaben nicht mehr in vollem Umfange erfüllen.

2. Die Betriebskosten.

Die Kapitalkosten sind die Aufwendungen, die erforderlich sind, um eine Unternehmung ins Dasein zu rufen und am Dasein zu erhalten; die Betriebskosten dagegen müssen aufgewendet werden, um sie lebendig, um sie in Bewegung zu erhalten, „Bewegung" auch im übertragenen Sinne verstanden. Betriebskosten sind erforderlich, um die elektrische Arbeit zu erzeugen oder von anderer Seite her zu beschaffen, um sie fortzuleiten, zu verteilen, zu übergeben und alle damit zusammenhängenden Vorgänge zu regeln. Damit sind die Betriebskosten aufs engste mit den Kostenstellen verknüpft, an denen sie ebenso wie auch die Kapitalkosten entstehen. Bevor hierauf eingegangen wird, müssen sie aber noch nach anderen Gesichtspunkten untersucht werden.

Zunächst können die Betriebskosten nach den Betriebsvorgängen in folgenden Hauptgruppen zusammengefaßt werden:

Betriebskosten im engeren Sinne,

Instandhaltungskosten,

Verwaltungskosten.

Die Betriebskosten im engeren Sinne umfassen alle Aufwendungen, die erforderlich sind, um den technisch-physikalischen Vorgang der Elektrizitätsversorgung in Gang zu halten, d. h. um die elektrische Arbeit regelmäßig und laufend zu erzeugen und bis zu den Übernahmestellen hinzuleiten.

Die Instandhaltungskosten werden für die rein stoffliche Erhaltung aller Anlageteile in betriebsfähigem Zustande aufgewendet. Es handelt sich dabei um zwei verschiedene Arten von Aufwendungen: die einen, für Instandsetzung, dienen zur Behebung kleiner, unvermuteter Betriebsunfälle, wie z. B. Zerstörung von Isolatoren, Umbruch von Masten, Reißen von Leitungen usw., während die Unterhaltung den Ausgleich des normalen Verschleißes bezweckt. (Auswechslung von Rostgliedern, von Kessel- und Kondensatorröhren, von Dynamobürsten, Anstricherneuerung bei Leitungsmasten usw.) Auch regelmäßige Prüfung und Untersuchung wichtiger Anlageteile, z. B. Abgehen von Leitungen, Öffnen von Turbinen usw. gehören hierher. Ein Teil dieser Aufwendungen ist von der Beanspruchung durch den Betrieb unabhängig, wie z. B. fast alle Arbeiten an den Leitungsnetzen, die zum größten Teil durch die Witterungsverhältnisse bedingt sind. Eine scharfe Trennung beider Kostenbestandteile ist nicht immer möglich; deshalb werden die Ausgaben meist unter dem Namen Instandhaltung oder Unterhaltung zusammengefaßt. Ihre Höhe ist, abgesehen von der Betriebsbeanspruchung, von zahlreichen Umständen abhängig, so von der Güte und Beschaffenheit der Neuanlagen, von ihrem Alter, von den klimatischen Verhältnissen, von der Aufmerksamkeit der Bedienung, von der Beschaffenheit der Brennstoffe und des Wassers u. a. m. Unter Hinweis auf diese verschiedenartigen Einflüsse können für einige Hauptteile elektrischer Anlagen folgende Erfahrungssätze für die Instandhaltung angenommen werden.

Zahlentafel 12. Instandhaltungssätze von Anlageteilen eines Elektrizitätswerkes.

Anlageteil	Gebräuchliche Sätze für Instandhaltung %
Grundstücke	—
Gebäude	1—2
Wehrbauten	3—5
Sonstige Wasserbauten	1—2
Kohlenzuführung	3—5
Dampfkessel und Zubehör	3—5
Dampfturbinen und Zubehör	1—2
Verbrennungskraftmaschinen	3—5
Wasserturbinen	1—2
Umlaufende elektrische Maschinen und Zubehör	1—2
Schaltanlagen	1—2
Umspanner	1—2
Sammler	6—8
Freileitungen mit Holzmasten	1—2
Freileitungen mit Eisenmasten	1,5—3
Kabel	0,5
Meß- und Eicheinrichtungen	1—2
Fahrzeuge	3—5
Sonstige Einrichtungsgegenstände	2—3

Bezogen auf das gesamte Anlagekapital werden für Vorausberechnungen vielfach Sätze von 1—2% angewendet.

Streng zu trennen von den Aufwendungen für Instandhaltung sind die Ausgaben für Erneuerung, insbesondere muß vermieden werden, die Aufwendungen für Instandhaltung dem Erneuerungsfonds zu entnehmen. Zwar ist die Grenze nicht immer leicht zu ziehen, wo die Instandhaltung aufhört und die Erneuerung beginnt; der sorgsame und verantwortungsbewußte Betriebsleiter wird aber meist entscheiden können, wo es sich um vollwertigen Ersatz durch Erneuerung wichtiger Anlageteile oder um Ausbesserung und Instandsetzung im laufenden Betriebe handelt; in Zweifelsfällen wird er sich aber für die Betriebsaufwendung statt für die Entnahme aus dem Erneuerungsfonds entschließen und wird diesen solange als möglich für unvorhergesehene Fälle und für den Ersatz lebenswichtiger Anlageteile aufsparen. Er wird sich dabei auch von der Überlegung leiten lassen, daß der Erneuerungsfonds um so mehr geschont werden kann und um so weniger Zuführung benötigt, je besser und umfangreicher die laufende Instandhaltung ist.

Die Verwaltungskosten schließlich entstehen durch die planvolle Eingliederung des Elektrizitätsversorgungsunternehmens in die übrige Volkswirtschaft. Sie umfassen alle Aufwendungen, die sich aus der Leitung des Betriebes, aus dem Verkehr mit den Abnehmern, den Behörden und den Lieferanten ergeben.

Mit der Unterteilung der Betriebskosten in die genannten Gruppen ist die letzte Übersicht über ihre Bestandteile noch nicht gewonnen; sie ist aber notwendig, wenn man den Einfluß betriebsfremder Vorgänge auf die Gestaltung der Gestehungskosten (z. B. Lohntarifänderungen, Steuererhöhungen usw.) rasch überblicken will. Von diesem Standpunkt aus ergibt sich folgende Unterteilung:

    a) Gehälter und Löhne.
    b) Betriebsstoff- und Strombezugskosten.
    c) Sonstige Sachaufwendungen.
    d) Steuern und Abgaben.
    e) Versicherungen.
    f) Sonstiges.

a) Gehälter und Löhne. Zur Gruppe der Personalausgaben gehören die festen Bezüge von Aufsichts- oder Verwaltungsräten, die festen Gehälter der Direktion, der technischen und kaufmännischen Angestellten und die Löhne der in den verschiedenen Teilen des Unternehmens tätigen Arbeiter. Nicht hierzu zu rechnen sind Gewinnanteile von Aufsichtsräten und leitenden Beamten; derartige Beträge können nicht als Gestehungskosten im engeren Sinne gelten, sie sind vom Reingewinn abhängig und gegebenenfalls von diesem abzuziehen. Der Anteil der

Personalkosten ist um so größer, je kleiner die Unternehmung und je geringer die Ausnutzung ist. Er ist ferner abhängig von der Art der Strombeschaffung und z. B. wesentlich höher bei Unternehmungen mit eigener Erzeugung als bei solchen mit Strombezug. Auch die räumliche Ausdehnung des Unternehmens, seine landschaftliche Gestaltung, die Bevölkerungsdichte, die Art der Leitungsverlegung u. a. m. sind von bestimmendem Einfluß auf die Höhe der Personalkosten. Einen größeren Anteil hieran beanspruchen die Personalausgaben für die Stromübergabe, d. h. für die Zählerablesung, das Rechnungsausschreiben, den Geldeinzug, das Mahnwesen und für die übrige kaufmännische Verwaltung. Zwar hat hier, namentlich bei Unternehmungen großen Umfanges, eine weitgehende Mechanisierung der kaufmännischen Arbeiten im Sinne einer Personalverminderung gewirkt, doch ist nicht zu vermeiden, daß die Personalausgaben mit wachsender Anzahl der Abnehmer ansteigen. Von Einfluß hierauf ist auch die Form der Tarife und die Art des Geldeinzugs.

Wie wichtig auch die Auswahl sachkundigen, zuverlässigen und daher gut bezahlten Personals ist, so spielen doch die Ausgaben für Gehälter und Löhne bei den Elektrizitätswerken nicht die große Rolle, die ihnen häufig von Außenstehenden zugeschrieben wird. Ihr Anteil an den gesamten Gestehungskosten bewegt sich zwischen 5 und 20%, ihr Anteil an den Betriebsausgaben allein zwischen 10 und 40%. Eine Herabsetzung der Personalausgaben, z. B. um 10% kann sich im Durchschnitt, wie die Erfahrungen gelegentlich der Anordnungen des Reichskommissars für Preisüberwachung gezeigt haben, nur mit etwa 1% bei den Strompreisen auswirken.

b) Betriebsstoff- und Strombezugskosten. Die Betriebsstoffkosten umfassen alle Aufwendungen für den Sachbedarf, der zur laufenden Beschaffung, Fortleitung und Verteilung der elektrischen Arbeit erforderlich ist. Demgemäß bilden diesen Kostenbestandteil im wesentlichen die Aufwendungen für die Betriebsstoffe im Kraftwerk oder, falls der Strom nicht selbst erzeugt wird, die Ausgaben für den Fremdstrombezug. Diese ergeben sich auf Grund vertraglicher Abmachungen **meist in Abhängigkeit von der beanspruchten Höchstleistung und der Zahl** der bezogenen kWh. Bei Eigenerzeugung ist die Höhe der Betriebsstoffkosten von der Art der Energiequelle abhängig. In Deutschland herrscht immer noch die Wärmekraftmaschine, insbesondere die Dampfturbine weit vor. Im Jahre 1932 (Arch. Wärmewirtsch. 1933 S. 256) wurden von den 45 größten Kraftwerken, die etwa 70% der gesamten öffentlichen Elektrizitätserzeugung bestreiten, erzeugt durch

Steinkohle	40,2%	Gas und Öl	0,1%
Braunkohle	41,7%	Wasserkraft	18,0%

Bei den Dampfkraftwerken bedingen die Kosten des Brennstoffbedarfs in weitem Maße die Höhe der Betriebsausgaben, von denen sie 40—60%, im Mittel etwa 50% beanspruchen. Bei regelmäßiger Entwicklung wächst dieser Anteil mit den Jahren an, ein Zeichen für die fortschreitende Mechanisierung der Bedienung und für die bessere Ausnutzung der Betriebsmittel. Im Einzelfalle ist die Höhe der Brennstoffkosten von der Art der Kohle und der Lage des Kraftwerkes zur Grube, von der Größe der Maschinen und ihrer Ausnutzung und von der technischen Ausgestaltung des Kraftwerkes abhängig.

Zu den Betriebsstoffkosten rechnen ferner Schmier-, Putz- und Dichtungsmittel, die jedoch nur einen sehr geringen Bruchteil der Aufwendungen für Betriebsstoffe erfordern. Am niedrigsten sind die Ausgaben für diese Stoffe bei Dampf- und Wasserturbinen, erheblich höher bei Kolbendampfmaschinen, die jedoch für die öffentliche Elektrizitätsversorgung fast nirgends mehr in Frage kommen, ebenso bei Diesel- und Gasmotoren, was sich ohne weiteres aus den baulichen und betrieblichen Eigenschaften dieser Maschinen ergibt. Weiter gehören zu den Aufwendungen für Betriebsstoffe noch die Kosten für die Beschaffung und Reinigung von Kesselspeise- und Kühlwasser; diese Kosten sind nicht unbeträchtlich, namentlich wenn die Wasserbeschaffung durch besondere Einrichtungen (Tiefbrunnen, Kühltürme usw.) oder durch Einkauf erfolgen muß, und wenn eine weitgehende Reinigung von schädlichen Bestandteilen im Interesse der Betriebssicherheit notwendig ist. Zu den Betriebskosten des Kraftwerks sind endlich die Ausgaben für Beleuchtung des Kraftwerkes und die Aufwendungen für den Betrieb der Hilfsmaschinen innerhalb des Kraftwerks zu rechnen. Diese Ausgaben werden vielfach unter der Bezeichnung „Eigenverbrauch" oder „Selbstverbrauch" zusammengefaßt.

Auch außerhalb des Kraftwerkes entstehen bei ausgedehnten Überlandwerken laufende Betriebsstoffkosten, so für die Ölfüllung und in manchen Fällen für die Wasserkühlung der Umspanner, für die Beleuchtung und Heizung anderer Betriebsstätten u. a. m.; diese Ausgaben können im Einzelfalle eine beträchtliche Höhe erreichen, treten aber im Vergleich zu den übrigen Betriebsstoffkosten zurück.

c) Sonstige Sachaufwendungen. Hierher gehören die Ausgaben für den Sachbedarf des Fuhrparks, für Beleuchtungsmittel der verschiedenen Anlageteile, für Dienstkleidung, Schutzanzüge, Drucksachen für die Werbung und insbesondere die Aufwendungen für Bürobedarf. Alle diese Ausgaben wachsen mit dem Umfang des Unternehmens, namentlich die letztgenannten mit der Anzahl der Abnehmer. Wenn sie auch im Rahmen des Gesamthaushaltes nicht von wesentlicher Bedeutung sind, so kann gerade hier eine zielbewußte und energische Geschäftsleitung beträchtliche Ersparnisse erzielen. Größere Unternehmungen haben daher vielfach eine besondere Einkaufsabteilung, die sich durch sorgsame Bearbeitung der Angebote und Aufträge leicht bezahlt machen kann.

d) Steuern[1] **und Abgaben.** Die Steuern spielen in der deutschen Elektrizitätswirtschaft nicht nur in geldlicher Hinsicht als Bestandteil der Gestehungskosten, sondern auch in wirtschaftspolitischer Hinsicht eine wichtige Rolle. Die Elektrizitätsunternehmungen im Besitze der öffentlichen Hand sind weitgehend von den wichtigsten Steuern befreit und haben damit einen erheblichen Vorsprung vor den privaten und den gemischtwirtschaftlichen Betrieben[2]. Im vorliegenden Zusammenhang kann auf diese sachlich nicht gerechtfertigte Bevorzugung nicht eingegangen werden, es muß auf die zahlreichen Sonderveröffentlichungen hierüber hingewiesen werden (*131, 132*, sowie viele Aufsätze im Öffentl. Elektr.-Werk und in den Tageszeitungen, besonders Berliner Börsenzeitung).

Wie bereits an anderer Stelle erwähnt (S. 48), werden die Steuern mit Rücksicht auf die Verteilung und Umlegung der Gestehungskosten zweckmäßig in kapitalabhängige, umsatzabhängige und ertragsabhängige eingeteilt.

Zu den **kapitalabhängigen** Steuern gehören die Vermögenssteuern, die Industriebelastung, ferner einzelne Landessteuern, wie die Grundsteuer, ein Teil der Gewerbesteuer usw. Der Bemessung der wichtigsten dieser Steuern liegt das Betriebsvermögen zugrunde, zu dem alle Anlageteile gehören, die dem Betrieb als Hauptzweck dienen. Für die Bewertung des Betriebsvermögens ist der gemeine Wert maßgebend, d. h. der bei einer Veräußerung zu erzielende Preis abzüglich der Betriebsschulden. Ihrem Wesen nach können daher diese Steuern zu den Kapitalkosten gerechnet werden. — Vom **Umsatz abhängig** ist, wie schon der Name sagt, die Umsatzsteuer, die von der gesamten, an den Abnehmer weiterberechneten Energiemenge erhoben wird. Ihre Höhe ist in den letzten Jahren wiederholt geändert worden und betrug zwischen 0,5 und 2,5% der Stromrechnungsbeträge. Bei dieser Steuer kommt vielen Elektrizitätswerken die Bestimmung zugute, daß sie nur einmal, und zwar vom ersten Lieferer erhoben wird. Das **Unternehmen also, das die von ihm** benötigte elektrische Arbeit nicht selbst erzeugt, sondern im ganzen Umfang bezieht, hat beim **Weiter**verkauf hierfür keine Umsatzsteuer zu entrichten. — **Erfolgsabhängig** sind die Körperschaftssteuer und die Gewerbeertragssteuer. Die Körperschaftssteuer, eine Reichssteuer, ist die Einkommensteuer der Körperschaften. Sie beträgt einheitlich 20% des Gewinnes, so wie er von

---

[1] Während der Drucklegung sind in Deutschland neue Steuergesetze erlassen worden, die nicht unerhebliche Abweichungen und Vereinfachungen von den bisherigen Bestimmungen enthalten; die Berücksichtigung dieser Änderungen war aus drucktechnischen Gründen nicht mehr möglich.

[2] Die Befreiung der Betriebe der öffentlichen Hand von der Körperschaftssteuer ist nach den neuen Gesetzen aufgehoben.

der Steuerbehörde festgesetzt wird; er wird meist beträchtlich höher angenommen als der in der Bilanz ausgewiesene Gewinn. Es wird daher vielfach eine besondere Steuerbilanz aufgestellt, die oft nicht unwesentlich von der Handelsbilanz abweicht. — Eine andere Berechnung des Gewinns wird der Gewerbeertragssteuer, einer Landessteuer, zugrunde gelegt; hier werden dem Gewinn noch die Zinsen des Leihkapitals hinzugezählt. Im übrigen kann auf die unterschiedliche Festsetzung der Gewerbesteuer in den einzelnen Ländern und Gemeinden hier nicht eingegangen werden; lediglich die Form der Lohnsummensteuer möge noch erwähnt werden, die teils die Gewerbekapitalsteuer ersetzt, teils daneben erhoben wird und von der Gesamtsumme der bezahlten Löhne abhängig ist. In diesem Falle handelt es sich um eine Aufwendung, die der für Gehälter und Löhne gleichzusetzen ist.

Neben diesen drei Hauptgruppen der Steuern werden noch eine Anzahl anderer Steuern, je nach dem Sitz, der Gliederung und dem Umfang des Unternehmens erhoben, so Grund-, Hauszins-, Kirchenbausteuern, die Automobilsteuern, die Stempelsteuer u. a. m. Darüber hinaus haben sogar manche Gemeinden versucht, die Elektrizitätsunternehmungen noch mit anderen Steuern zu belegen, z. B. mit einer Steuer abgestuft nach der Zählergröße oder nach der Länge der im Gemeindegebiet verlegten Leitungen, doch sind bisher derartige Steuern, die unter Umständen den Ruin des Unternehmens herbeiführen können, von den vorgesetzten Behörden nicht genehmigt worden. Auch eine Steuer auf die verkaufte Elektrizität, wie sie in verschiedenen anderen Ländern, z. B. Italien und Spanien, schon seit langem gebräuchlich ist, ist in Deutschland nicht zur Einführung gelangt. Eine solche Steuer kommt meist als Gestehungskostenanteil nicht in Frage, sie wird gesondert von der Endsumme der Stromrechnung erhoben und an den Staat abgeführt. Die dem Unternehmer hierdurch entstehenden Unkosten werden ihm vergütet. Im Gegensatz hierzu müssen die oben besprochenen Steuern in die Gestehungskosten eingerechnet werden. Ihre Bedeutung für die Berechnung der Gestehungskosten erhellt daraus, daß sie in Deutschland im ganzen durchschnittlich etwa 10—12% der Stromeinnahmen erfordern (auch in V.St.A. etwa 10%), daß ihre Gesamtsumme nicht selten dem ausgeschütteten Reingewinn gleichkommt, in vereinzelten Fällen, wenn z. B. Steuern noch nachträglich erhoben werden, den Reingewinn noch übersteigt. Dabei fällt für die Aufstellung genauer Gestehungskostenberechnungen erschwerend ins Gewicht, daß die Steuern oft erst mehrere Jahre nach ihrer Entstehung endgültig festgesetzt werden.

Während die Steuern durch Gesetz oder Verordnung bestimmt sind, werden die Abgaben meist durch Vertrag geregelt. So werden z. B. von Behörden oder auch von Privaten bestimmte Gebühren für die Benutzung ihres Eigentums zur Leitungsführung vertraglich verlangt; handelt es sich hierbei um einmalige Beträge, so sind sie nicht den Gestehungskosten der elektrischen Arbeit, sondern dem Anlagekapitel zuzurechnen. Laufende Gebühren, z. B. je Mast oder je km Leitungslänge oder je Eisenbahnüberführung oder je km Walddurchquerung u. dgl. werden zwar selten in unmittelbarer Abhängigkeit vom Anlagekapital angesetzt, stehen aber hiermit doch in einem gewissen Zusammenhang und können daher wie kapitalabhängige Steuern behandelt werden. In ähnlicher Weise kann man auch umsatz- und gewinnabhängige Abgaben unterscheiden. Es wird z. B. durch Vertrag festgesetzt, daß ein Unternehmer einen bestimmten Anteil der gesamten Stromeinnahmen, der nach der Höhe der Gesamteinnahmen oder auch nach der Höhe der Strompreise oder nach der Verwendungsart des Stromes abgestuft wird, an eine Gemeinde als Konzessionsabgabe oder an einen anderen Unternehmer als Entgelt für Betriebsführung zu entrichten hat. In anderen Fällen wird die Abgabe in Abhängigkeit vom Rohgewinn oder häufiger vom Reingewinn berechnet; falls die Abgabe vom Reingewinn zu entrichten ist, der über der landesüblichen Verzinsung liegt, kann man sie nicht zu den Gestehungskosten rechnen, während sie im Regelfall den Kapitalkosten gleichzuachten ist. Dies gilt auch von den sog. Pachtabgaben, sofern sie für die Überlassung der Anlagen an einen Unternehmer gezahlt werden und einen Ausgleich für die Aufwendung von Zinsen und Abschreibungen des Besitzers darstellen.

e) **Versicherungen.** Man kann Personal- und Sachversicherungen und bei beiden wiederum behördlich vorgeschriebene und freiwillige Versicherungen unterscheiden. Zu den vorgeschriebenen Personalversicherungen gehören in Deutschland die Sozialversicherungen, wie Kranken-, Unfall-, Invaliden-, Alters- und Angestelltenversicherung, deren Beiträge meist zum Teil vom Versicherten und zum Teil vom Unternehmer aufzubringen sind. Freiwillig sind die Unfallversicherungen höherer Angestellten, sowie z. B. die Beraubungsversicherung der Kassenboten. **Vorgeschriebene** Sachversicherung ist die Feuerversicherung von Gebäuden, freiwillig die Feuerversicherung aller übrigen Anlagewerte einschließlich der beweglichen Einrichtungen und ferner die Maschinenbruchversicherung. Diese letzten beiden Arten der Versicherung erfordern recht beträchtliche Aufwendungen, weshalb es notwendig ist, bei jedem einzelnen Anlageteil die Zweckmäßigkeit der Versicherung durch Abwägung des möglichen Schadens im Verhältnis zu den Versicherungsprämien nachzuprüfen. Manche Unternehmungen sind im Verfolg solcher Erwägungen dazu übergegangen, an Stelle der Versicherung besondere Rücklagen vorzusehen oder sich mit wenigen gleichartigen Betrieben zu einer Selbstversicherung zusammenzuschließen. — Neben den genannten Hauptversicherungen sind noch andere, wie die Haftpflicht-, Einbruchsdiebstahl-, Wasserschaden-, Autoschädenversicherung usw. gebräuchlich. — Alle Versicherungen bezwecken den Schutz von

Personen und Sachen oder die Abwälzung fremder Ansprüche; die Aufwendungen sind von der Betriebsbeanspruchung unabhängig und wie die Ausgaben für das Personal oder für die Anlageteile, deren Schutz beabsichtigt ist, zu behandeln.

f) Sonstige Betriebskosten. Bei einem so vielseitigen Wirtschaftsgebilde wie einer Elektrizitätsversorgungsunternehmung treten neben den genannten Hauptausgabenposten noch zahlreiche kleinere Aufwendungen auf, die nach besonderen Gesichtspunkten nicht zusammengefaßt werden können. Hierzu gehören die Ausgaben für Werbung, für Rechtsberatung und Prozeßführung, soweit sie nicht in den Personal- und Sachausgaben bereits enthalten sind; ferner die Ausgaben für Mieten, soweit sie nicht als Kapitalkosten (z. B. Miete für ein Verwaltungsgebäude) oder als Bestandteil der Personalkosten (z. B. Miete für Dienstwohnungen) zu werten sind; die Aufwendungen für Reisen, für Vereinsbeiträge, für freiwillige Wohlfahrtsspenden, für Postgebühren, für Zeitungen, Zeitschriften, Bücher usw. Es handelt sich hierbei um allgemeine Unkosten im engeren Sinne, die keinem der übrigen Kostenbestandteile zugerechnet werden können und gewöhnlich als Verwaltungskosten zusammengefaßt und auf die einzelnen Kostenstellen verteilt werden müssen.

Einen ungefähren Überblick über die Verteilung der Gestehungskosten nach den verschiedenen Gesichtspunkten für einen gedachten Normalfall mit Dampfkrafterzeugung geben die folgenden Zahlentafeln, und zwar Zahlentafeln 13a—c die Verteilung der Betriebskosten, Zahlentafeln 14a und b die Verteilung der gesamten Gestehungskosten einschließlich Kapitalkosten. (Daß sich hierbei nicht immer ganze Zahlen ergeben können, liegt auf der Hand, da sie gegenseitig abgestimmt werden müssen.) Die Zahlentafeln sind zur besseren Übersicht in Abb. 10a—c, und 11a und b bildlich dargestellt.

Zahlentafel 13a. Verteilung der Betriebskosten (= 100%) nach Betriebsvorgängen und Kostenbestandteilen.

Kostenbestandteile	Betriebsvorgänge			Insgesamt
	Betrieb im engeren Sinne %	Instandhaltung %	Verwaltung %	%
Gehälter und Löhne	8,0	5,0	7,0	20,0
Betriebsstoffe	53,0	—	—	53,0
Sonstige Sachaufwendungen	0,5	1,0	0,5	2,0
Steuern und Abgaben	—	—	20,0	20,0
Versicherungen	—	—	4,0	4,0
Sonstige Aufwendungen	0,2	0,3	0,5	1,0
Insgesamt	61,7	6,3	32,0	100,0

Zahlentafel 13b. Verteilung der Betriebskosten (= 100%) nach Kostenstellen und Kostenbestandteilen.

Kostenbestandteile	Kostenstellen				Insgesamt
	Strombeschaffung %	Fortleitung %	Verteilung %	Übergabe %	%
Gehälter und Löhne	7,0	2,5	2,5	8,0	20,0
Betriebsstoffe	48,0	2,5	2,5	—	53,0
Sonstige Sachaufwendungen .	0,5	0,2	0,2	1,1	2,0
Steuern und Abgaben . . .	5,0	1,5	1,5	12,0	20,0
Versicherungen.	2,5	0,5	0,5	0,5	4,0
Sonstige Aufwendungen. . .	0,2	0,1	0,1	0,6	1,0
Insgesamt	63,2	7,3	7,3	22,2	100,0

Zahlentafel 13c. Verteilung der Betriebskosten (= 100%) nach Betriebsvorgängen und Kostenstellen.

Kostenstellen	Betriebsvorgänge			Insgesamt
	Betrieb im engeren Sinne %	Instandhaltung %	Verwaltung %	%
Strombeschaffung	56,0	2,2	5,0	63,2
Fortleitung	2,7	1,6	3,0	7,3
Verteilung	2,8	1,5	3,0	7,3
Übergabe	0,2	1,0	21,0	22,2
Insgesamt	61,7	6,3	32,0	100,0

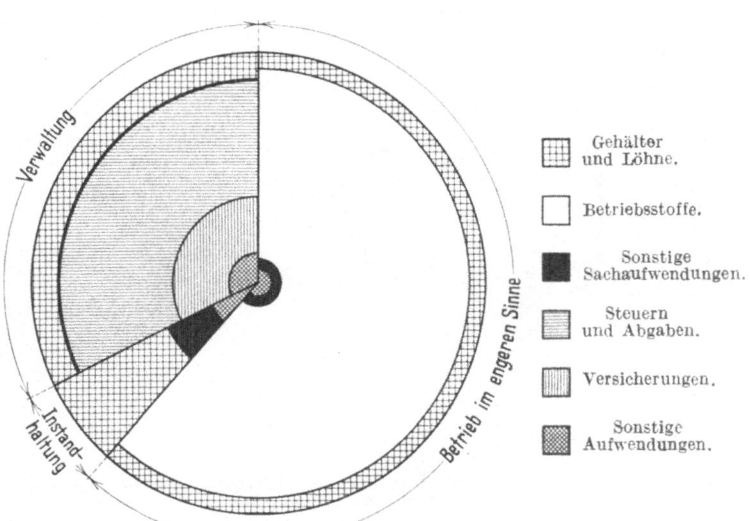

Abb. 10a. Verteilung der Betriebskosten nach Betriebsvorgängen und Kostenbestandteilen (nach Zahlentafel 13a).

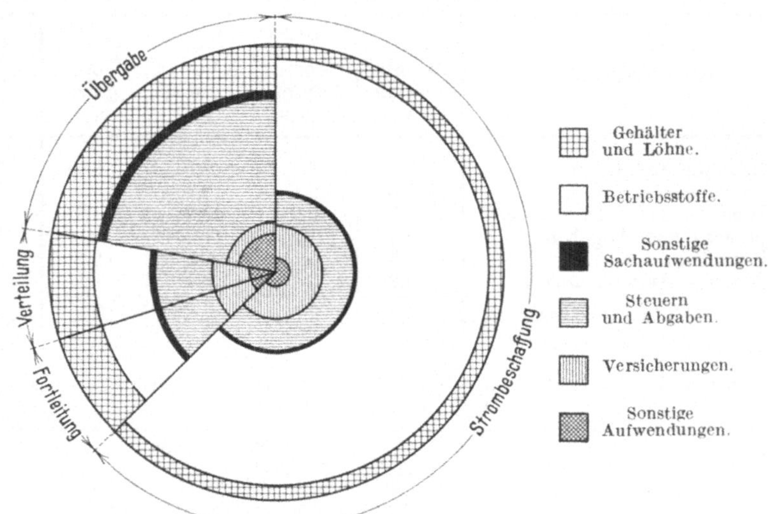

Abb. 10b. Verteilung der Betriebskosten nach Kostenstellen und Kostenbestandteilen (nach Zahlentafel 13 b).

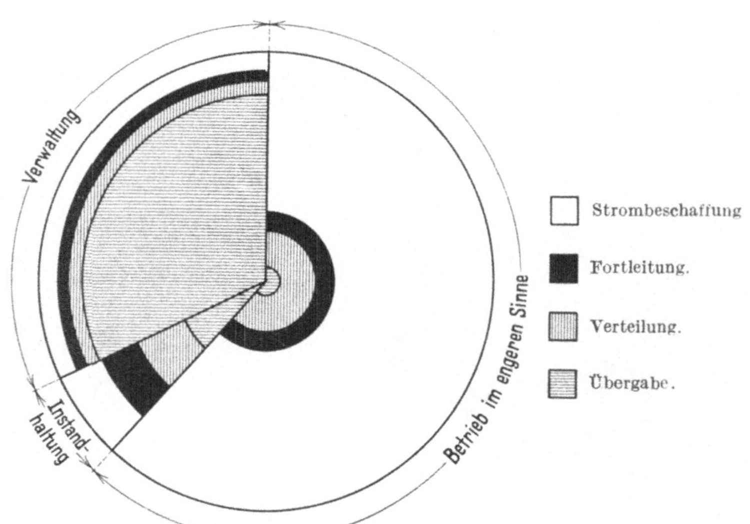

Abb. 10c. Verteilung der Betriebskosten nach Betriebsvorgängen und Kostenstellen (nach Zahlentafel 13 c).

Zahlentafel 14a. Verteilung der Gesamtgestehungskosten (= 100%) nach Kostenstellen und Kostenbestandteilen.

| Kostenbestandteile | Kostenstellen | | | | Ins-gesamt |
	Strombe-schaffung %	Fort-leitung %	Ver-teilung %	Über-gabe %	%
I. Kapitalkosten:					
Zinsen........	6,0	8,0	8,0	3,0	25,0
Rückstellungen. . .	4,0	4,5	4,5	2,0	15,0
Summe I	10,0	12,5	12,5	5,0	**40,0**
II. Betriebskosten:					
Gehälter und Löhne.	4,2	1,5	1,5	4,8	12,0
Betriebsstoffe . . .	28,8	1,5	1,5	—	31,8
Sonst. Sachaufwand.	0,3	0,2	0,2	0,5	1,2
Steuern und Abg. .	3,0	0,9	0,9	7,2	12,0
Versicherungen . . .	1,5	0,3	0,3	0,3	2,4
Sonst. Aufwendungen	0,2	0,1	0,1	0,2	0,6
Summe II.	38,0	4,5	4,5	13,0	60,0
Gesamtsumme	48,0	17,0	17,0	18,0	100,0

Zahlentafel 14b. Verteilung der Gesamtgestehungskosten (= 100%) nach Kostenstellen und Betriebsvorgängen.

| Kostenbestandteile | Kostenstellen | | | | Ins-gesamt |
	Strombe-schaffung %	Fort-leitung %	Ver-teilung %	Über-gabe %	%
I. Kapitalkosten:					
Zinsen........	6,0	8,0	8,0	3,0	25,0
Rückstellungen . . .	4,0	4,5	4,5	2,0	15,0
Summe I	10,0	12,5	12,5	5,0	40,0
II. Betriebskosten:					
Betrieb im engeren Sinne	33,6	1,62	1,68	0,12	37,02
Instandhaltung. . .	1,4	0,96	0,9	0,52	3,78
Verwaltung	3,0	1,92	1,92	12,35	19,2
Summe II.	38,0	4,5	4,5	13,0	60,0
Gesamtsumme	48,0	17,0	17,0	18,0	100,0

In diesen Zusammenstellungen ist angenommen, daß der Kapital-dienst etwa 10% des gesamten Anlagekapitals beträgt; da dieser Anteil 40% der Gesamtgestehungskosten beansprucht, so entsprechen diese 40% dem zehnten Teil des Anlagekapitals, d. h. bei den angenommenen Verhältnissen betragen die Anlagekosten 400% oder das Vierfache der Gestehungskosten oder mit anderen Worten: Das Anlagekapital der Elektrizitätsversorgungsunternehmungen wird im Durchschnitt nur einmal innerhalb von 4 Jahren umgesetzt. Diese

5*

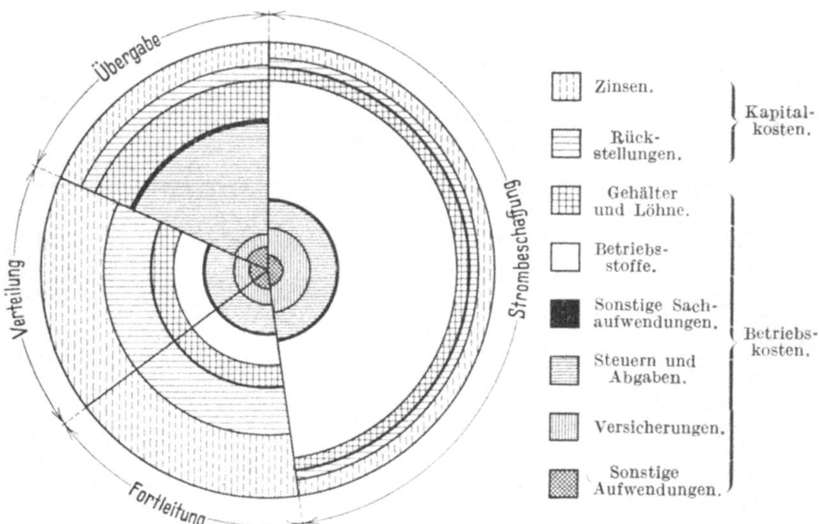

Abb. 11a. Verteilung der Gesamtgestehungskosten nach Kostenstellen und Kostenbestandteilen (nach Zahlentafel 14a).

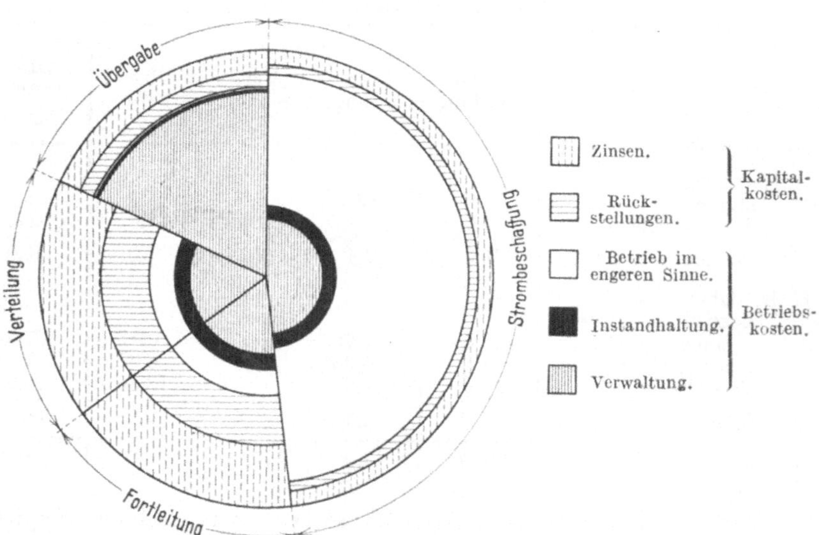

Abb. 11b. Verteilung der Gesamtgestehungskosten nach Kostenstellen und Betriebsvorgängen (nach Zahlentafel 14b).

hier rechnerisch festgestellte, durch die Erfahrung bekannte Tatsache ist eine der wesentlichsten Eigentümlichkeiten des Elektrizitätsverkaufs und darf bei der Beurteilung der Preisbildung nicht außer acht gelassen werden.

C. Die Kostenursachen.

Die Gestehungskosten werden durch die Anforderungen der Abnehmer verursacht. Diese Anforderungen bestimmen sowohl die Größe der Anlagen und damit die Kapitalkosten als auch den Betriebsumfang und damit die Betriebskosten. Für die Bemessung der Anlagen ist

Abb. 12[1]. Belastungsgebirge (*149*).

ausschlaggebend, daß die elektrische Arbeit in nennenswertem Umfang nicht gespeichert werden kann. Das ausgleichende Bindeglied zwischen Erzeugung und Verbrauch, das bei anderen Wirtschaftsgütern in Gestalt des Lagers vorhanden ist, fehlt hier, so daß die elektrische Arbeit in jedem Augenblick in dem beanspruchten Umfang erzeugt werden muß. Die Belastung der Anlagen ist daher in jedem Augenblick gleich der Summe der Anforderungen der Stromabnehmer, die von Minute zu Minute erheblich schwankt und im Regelfall nur einmal im Jahre, und zwar bei den meisten Werken der gemäßigten Zone, in den ersten Dezemberwochen,

[1] Dem Jahrbuch der Verkehrsdirektion der BEWAG (*17*, 1928, S. 5) entnommen.

wenn Licht- und Kraftbelastung sich überschneiden, kurzzeitig einen Höchstwert erreicht (s. Abb. 12). Diese „Belastungsspitze" bestimmt die notwendige Leistungsfähigkeit und damit den Umfang und die Kosten der gesamten Anlagen. Damit sind alle diejenigen Aufwendungen, welche von der Größe der Anlagen und der Unternehmung abhängen, auf das engste mit der Höchstbeanspruchung oder Höchstleistung der Anlage verknüpft; es ist daher üblich geworden, diese Aufwendungen als leistungsabhängige oder kurz „Leistungskosten" zu bezeichnen.

Die Leistung, die der Abnehmer beansprucht, steht ihm jederzeit auf Anfordern zur Verfügung; sie ist zu vergleichen mit dem Pferd im Stall oder mit dem fahrbereiten Auto in der Garage oder mit der betriebsfertigen Lokomotive in der Station; nun soll aber das Pferd Lasten ziehen, das Auto weite Strecken befahren, die Lokomotive die verschiedensten Güter befördern: die Leistung soll Arbeit erzeugen, soll Licht, Kraft und Wärme spenden. Dadurch entstehen zusätzliche laufende Kosten, die „Arbeitskosten", die den größten Teil der Betriebsstoffkosten und einen Teil der Instandhaltungs- und sonstigen Betriebskosten umfassen.

Schließlich muß der Unternehmer die Leistung und die Arbeitsmenge feststellen, die der Abnehmer beansprucht hat, er muß Rechnungen ausstellen und Geld einziehen; hierfür entstehen neue Aufwendungen, die weder durch die Höhe der Leistung noch der Arbeitsmenge bestimmt sind, sondern im wesentlichen von der Zahl der Abnehmer abhängen und daher als „Abnehmerkosten" bezeichnet werden können. Auch der Ausdruck „Vertriebskosten" ist hierfür angewendet worden, doch werden unter diesen Begriff im übrigen geschäftlichen Sprachgebrauch auch Aufwendungen verstanden, die, wie im folgenden noch ausgeführt, zweckmäßiger den Verwaltungskosten zuzurechnen sind.

Bis vor einigen Jahren waren in der Elektrizitätswirtschaft die gleichen Bezeichnungen üblich, die man auf anderen Gebieten der Wirtschaft anwendet: feste und veränderliche Kosten. Als „feste Kosten" werden hierbei nach allgemeinem Gebrauch die Aufwendungen angesehen, die von der Menge der erzeugten Güter, im vorliegenden Fall von der Zahl der erzeugten kWh unabhängig sind. Die veränderlichen Kosten stellen den Teil der Ausgaben dar, der sich mit der Zahl der erzeugten Einheiten ändert. Für die Gesamtkosten innerhalb eines bestimmten Zeitraumes sind diese Bezeichnungen zutreffend. Sie sind jedoch irreführend, wenn man die Kosten auf die erzeugte oder verkaufte Arbeitseinheit bezieht, wie das vielfach üblich ist. In dieser Darstellung sind die als „veränderlich" bezeichneten Kosten der „feste" Bestandteil je kWh, während der „feste" Anteil mit der Benutzungsdauer „veränderlich" ist. Um diesen Widerspruch zu beseitigen, suchte man nach anderen Ausdrücken. Ausgehend von der Tatsache, daß die festen Kosten in einer — allerdings nicht völlig proportionalen — Abhängigkeit von der Leistungsfähigkeit der Anlagen stehen, worauf bereits hingewiesen wurde, bezeichnete man sie als Leistungskosten. Für die veränderlichen Kosten ergab sich aus den gleichen Erwägungen die Bezeichnung Arbeitskosten.

Als dritte Ursache, durch die bei der Elektrizitätsversorgung Kosten entstehen, kommt, wie erwähnt noch die Zahl der Abnehmer hinzu. Folgerichtig nennt man die hierdurch verursachten Aufwendungen daher Abnehmerkosten.

Die Unterteilung in Leistungs-, Arbeits- und Abnehmerkosten ist für die Ermittlung der Gestehungskosten und für die richtige Verteilung der Gesamtaufwendungen unerläßlich. Eine besondere Bedeutung kommt ihr noch dadurch zu, daß sie bei der Preisbildung einen Ausgleich zwischen Angebot und Nachfrage erleichtert.

1. Die Leistungskosten.

Da das Anlagekapital im wesentlichen durch die Leistungsfähigkeit bestimmt wird, sind zunächst alle Kosten die mittelbar oder unmittelbar von dessen Höhe abhängen, zu den Leistungskosten zu rechnen. Den Hauptposten machen daher die Kapitalkosten (soweit sie nicht durch die Anlagen für die Übergabe verursacht werden) und die kapital-abhängigen Steuern und Abgaben aus.

Da die Abnehmer jederzeit die von ihnen benötigte Leistung anfordern können, müssen alle Anlagen stets betriebsbereit sein, auch wenn nur wenig oder gar keine Energie entnommen wird. Die hierdurch ent-stehenden „Bereitschaftskosten" die zu den Betriebskosten gehören und durch einen Teil der Löhne und Betriebsstoffkosten gebildet werden, sind von der Arbeitsmenge unabhängig. Sie stehen zwar auch in keinem unmittelbaren Zusammenhang mit der Höchstbelastung, folgen jedoch in einem gewissen Verhältnis der Leistungsfähigkeit des Kraftwerkes und der Ausdehnung der Netzanlagen (Leerlauf-, Umspann-, Strahlungs-verluste usw.). Sie rechnen aus diesen Gründen zu den Leistungskosten.

Ein weiterer wichtiger Teil der Leistungskosten sind die Gehälter des Betriebspersonals, die ebenfalls von der Größe und Ausdehnung, d. h. der Leistungsfähigkeit der Anlagen abhängen, sowie beim Kraft-werk der größte Teil, bei den Leitungsnetzen die gesamten Löhne der für den reinen Betrieb verwendeten Arbeiter. Die Instandhaltungskosten sind bei den Leitungsanlagen, bei denen sie hauptsächlich von Witte-rungseinflüssen abhängen, vollständig, beim Kraftwerk, bei dem sie auch vom Umfange der Stromerzeugung beeinflußt werden, teilweise als Leistungskosten anzusehen.

Die Versuche, über den Anteil der Leistungskosten an den Betriebs-kosten, d. h. über die Trennung zwischen Leistungs- und Arbeitskosten Klarheit zu schaffen, reichen bis in die erste Zeit der öffentlichen Elek-trizitätsversorgung zurück. Mannigfache Verfahren und scharfsinnige

Überlegungen sind im Laufe der Jahre bekannt geworden, ohne daß die Aufgabe einwandfrei gelöst wurde. Meist führen sorgfältige Schätzungen unter Beachtung der besonderen Verhältnisse eines jeden Einzelfalles eher zu einem brauchbaren Ergebnis, als die schematische Anwendung rechnerischer oder zeichnerischer Verfahren.

Bei der Strombeschaffung ist im Falle des Strombezuges die Trennung einfach, wenn die Verrechnung nach Leistung und Arbeit gesondert erfolgt. Die Leistungskosten sind in diesem Falle durch den Strombezugsvertrag gegeben. Hierzu werden die Kapitalkosten für die etwa vom Bezieher erstellten Umspann-, Schalt- und sonstigen Übernahmeanlagen, sowie deren Bedienungs- und Unterhaltungskosten gerechnet, einschließlich der hierauf entfallenden Steuern und Versicherungen. Auch bei der Stromerzeugung durch Wasserkraft läßt sich mit großer Annäherung an die Wirklichkeit feststellen, daß die Personal- und Instandhaltungskosten einschließlich der kapitalabhängigen Steuern und Versicherungen fast gänzlich unabhängig von der erzeugten Arbeitsmenge sind. Sie stehen vielmehr in einem gewissen Verhältnis zur Leistungsfähigkeit der Anlagen und sind daher ebenso wie der Kapitaldienst als Leistungskosten zu betrachten.

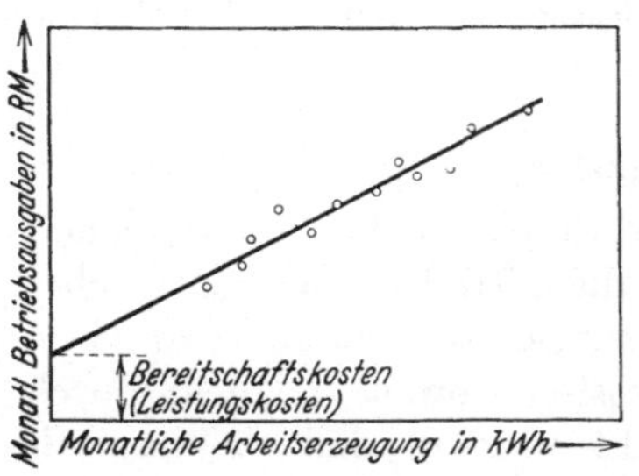

Abb. 13. Ermittlung der Bereitschaftskosten [nach Agthe (101)].

Weniger summarisch kann man bei Dampfkraftwerken verfahren. Hier zeigt bereits eine oberflächliche Betrachtung, daß der größte Teil der Betriebsstoffe von der erzeugten Arbeitsmenge abhängig ist. Zur Ermittlung der anteiligen Leistungskosten bei Wärmekraftwerken sind verschiedene Verfahren angegeben worden, von denen der zeichnerische Lösungsversuch von Agthe (101) nach dem Vorgange von Wright (111) am bekanntesten ist. Nach diesem werden in ein Koordinatensystem als Abszissen die monatlich erzeugten kWh und als Ordinaten die zugehörigen Betriebskosten für ein Jahr eingetragen. Durch die so bestimmten 12 Punkte (Abb. 13) kann angenähert eine Gerade gezogen werden, die auf der Ordinatenachse eine Strecke abschneidet, die die Aufwendungen bei der Erzeugung Null, also die Bereitschafts- oder leistungsabhängigen Betriebskosten darstellt. Man hat diese Gerade die Betriebskostencharakteristik genannt.

Versucht man dies Verfahren auf Grund tatsächlicher Betriebsergebnisse anzuwenden, so wird es meist aus folgenden Gründen versagen: einmal ist, namentlich bei überwiegender Kraftstromabgabe, die Erzeugung in den einzelnen Monaten nicht so verschieden, daß die Betriebskostencharakteristik mit einiger Genauigkeit zu bestimmen ist. Ferner kann eine geringe Erhöhung oder Ermäßigung des Kohlenpreises, eine

unwesentliche Abweichung im Heizwert der Kohle, die Inbetriebnahme
anderer Maschinen- oder Kesseleinheiten beträchtliche Veränderungen
hervorbringen, so daß die erwähnte zeichnerische Darstellung meist ein
unzulängliches Bild ergibt. Der Gedanke, statt der Monatsziffern eines
Jahres die mehrerer aufeinanderfolgender Jahre dem Verfahren zugrunde
zu legen, ist zwar bestechend, führt aber meist auch nicht zu richtigen
Ergebnissen, da sich die Betriebsgrundlagen in dem Zeitraum mehrerer
Jahre oft beträchtlich verschieben. Es ist einleuchtend, daß die
leistungsabhängigen Betriebskosten sich wesentlich ändern, wenn größere
oder kleinere Kessel- und Maschineneinheiten, oder gar verschiedene
Systeme sich in den einzelnen Jahren in
Betrieb befinden.

In ähnlicher Weise wie Agthe versuchte
Klingenberg (*98*, S. 12/13) den leistungs- und
arbeitsabhängigen Teil der Betriebskosten zu
trennen. Er legt hierbei jedoch nicht die Beziehung zwischen der Erzeugung und den Betriebskosten eines Monats, sondern während
einer Stunde zugrunde und kommt damit zu
einer Abhängigkeit der Betriebskosten von der
Belastung (die Erzeugung je Stunde ist gleichbedeutend mit der Belastung). Auch er setzt
eine lineare Funktion voraus und nennt die
so erhaltenen Gerade „Wirtschaftliche Charak-

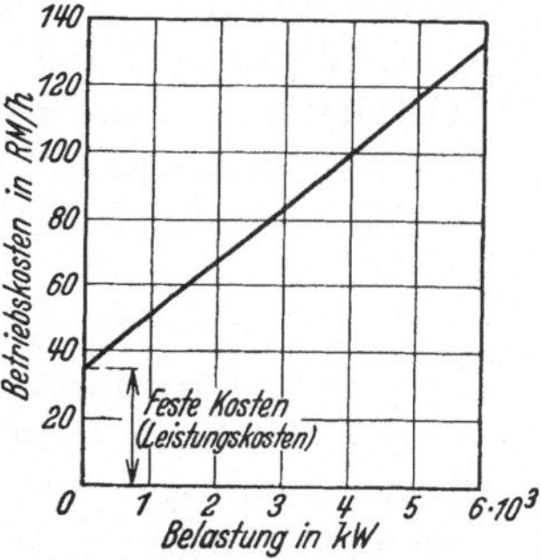

Abb. 14. Wirtschaftliche
Charakteristik (nach
Klingenberg).

teristik" (Abb. 14). Die für die Agthesche Methode angeführten
Schwierigkeiten bei der praktischen Durchführung treffen auch auf
dieses Verfahren in vollem Umfange zu.

Für größere Dampfkraftwerke, bei denen hauptsächlich Turbinen
nach bestimmten Fahrplänen verwendet werden, zeitigt folgendes rechnerische Verfahren brauchbare Ergebnisse. Die von der Belastung, d. h.
der erzeugten Arbeitsmenge unabhängigen Betriebsstoffkosten werden in
erster Linie für die Bereitstellung und Abdeckung der Kessel und für
den Leerlaufverbrauch der Dampfturbinen aufgewendet, und können
durch einen einfachen Versuch festgestellt werden. Sie bilden meist
nur einen kleinen Teil der Betriebsstoffkosten (etwa 10—15%). Dagegen sind die gesamten Gehälter und der größte Teil der Löhne für
das Bedienungspersonal von der Zahl der erzeugten kWh unabhängig; sie
stehen im Zusammenhang mit der Höchstbelastung, da dieses Personal
zur Überwachung und Bedienung der Kessel und Maschinen verfügbar
sein muß, die zur Deckung der Spitze notwendig sind. Vielfach wird das
Personal, soweit es nicht zur Bedienung der Anlagen gebraucht wird, zu
Ausbesserungsarbeiten herangezogen. Soweit dies der Fall ist, können
die hierfür aufgewendeten Löhne im gleichen Maß wie die sonstigen
Instandhaltungskosten als arbeitsabhängig angesehen werden. Eine Regel

läßt sich hierfür nicht angeben, vielmehr muß die Trennung dem verantwortungsbewußten Betriebsleiter anheimgegeben werden, wobei eine Verbuchung der Löhne nach ihrem Verwendungszweck Anhaltspunkte bieten kann. Der weitaus überwiegende Teil der Bedienungskosten ist zu den Leistungskosten zu rechnen, besonders dort, wo lediglich durch die Schichtfolge der schwankenden Inanspruchnahme des Bedienungspersonals Rechnung getragen wird. Dagegen ist von den Instandhaltungskosten je nach den Betriebsverhältnissen ein großer Teil arbeitsabhängig. Man kommt hierbei zu sachgemäßen Ergebnissen, wenn man die Instandhaltungskosten der Kessel und Maschinen, die die Grundlast decken, die also dauernd in Betrieb sind, als leistungsabhängig, die übrigen als arbeitsabhängig ansieht. In jedem Falle muß der Anteil, der zu den Leistungskosten zu rechnen ist, auf Grund genauer Verbuchung der Instandhaltungskosten ermittelt werden.

Die Betriebskosten für die Fortleitung und Verteilung der Energie werden fast ausschließlich von der Art und Ausdehnung der Leitungsnetze bestimmt, zumal die Instandhaltungskosten, die den Hauptausgabeposten darstellen, im wesentlichen von Witterungseinflüssen abhängen. Nur ein verschwindender Teil der Betriebskosten, z. B. für Öl oder Kühlwasser der Transformatoren steigt teilweise mit der durchgeleiteten Arbeitsmenge. Man rechnet meist die gesamten Betriebskosten für Fortleitung und Verteilung, ebenso wie die Kapitalkosten zu den Leistungskosten. Dabei darf man sich nicht verhehlen, daß alle diese Entscheidungen nur mit einer gewissen Willkür getroffen werden können. Fest steht hierbei gewöhnlich nur die Erkenntnis, daß ein Teil der Kosten, z. B. die der Fortleitung und Verteilung nicht von den abgegebenen Arbeitsmengen abhängen. Dagegen fehlen für die einwandfreie Zuteilung die zahlenmäßigen Unterlagen, die vielleicht im Laufe der weiteren Entwicklung durch genaueste Beobachtung zu beschaffen sind.

Die Verwaltungskosten sind, abgesehen von bestimmten Steuern und Abgaben und dem Teil, der auf die Übergabe entfällt, als Leistungskosten zu betrachten. Die Verantwortung der Leitung wächst mit der Größe der Unternehmung, die sich unter anderem auch in dem Ansteigen der Höchstbeanspruchung erweist; damit steigen die Personalausgaben der Verwaltung, die ohnehin aus Zweckmäßigkeitsgründen auf die übrigen Kostenstellen verteilt werden müssen; hierfür Normen anzugeben, ist nicht möglich. Es können nur die besonderen Verhältnisse jeder einzelnen Unternehmung, namentlich die Zusammensetzung des Anlagekapitals und die Schichtung der Abnehmer maßgebend sein. Ebenso wie dieser Teil der Verwaltungskosten müssen alle kapitalabhängigen Steuern und Versicherungen den Leistungskosten zugerechnet werden, ja sogar die erfolgabhängigen Steuern, soweit sie der der Gestehungskostenberechnung zugrunde liegenden Verzinsung entsprechen; die darüber hinausgehenden Erfolgsteuern, ebenso wie die eine angemessene Mindestverzinsung übersteigenden Beträge, dürfen nicht mehr zu den Gestehungskosten gezählt werden. Alle übrigen Verwaltungskosten, mit Ausnahme der Umsatzsteuern und der Werbungsausgaben stehen in mehr oder minder losem Zusammenhang mit der Größe der Unternehmung und können daher ebenfalls den Leistungskosten zugerechnet werden.

2. Die Arbeitskosten.

Durch die Abtrennung der Leistungskosten sind die Arbeitskosten größtenteils bestimmt. Bei den Kostenstellen: Strombeschaffung, Fortleitung und Verteilung sind alle Aufwendungen, die nicht zu den Leistungskosten gehören, als Arbeitskosten zu betrachten. Dies gilt insbesondere im Falle der Stromerzeugung von dem größten Teil der Betriebsstoffe, im Falle des Strombezugs von den zur Berechnung gelangenden Arbeitskosten. Dies gilt ferner von einem wesentlichen Teil der Löhne, Gehälter und Sachkosten für die Instandhaltung der Kessel und Maschinen, sowie von einem kleineren Teil der Löhne der Betriebsarbeiter. Weiter sind hierzu die Umsatzsteuern und ein kleiner Teil der Versicherungsausgaben (z. B. Beraubungsversicherung), die mit dem Umsatz oder mit der Stromabgabe einen Zusammenhang haben, und schließlich die Werbungskosten zu rechnen, soweit sie zur Erhöhung der Stromabgabe aufgewendet werden. — Bei Wasserkraftwerken sind die Arbeitskosten verschwindend im Vergleich zu den Leistungskosten; auch bei den Wärmekraftwerken wird ihre Bedeutung mit der wachsenden Größe der Maschineneinheiten und der stärkeren Vermischung des Verbrauches immer geringer; ihr Anteil an den gesamten Gestehungskosten bewegt sich bei größeren Unternehmen etwa zwischen 10 und 30%.

3. Die Abnehmerkosten.

Als Abnehmerkosten sind alle Aufwendungen anzusehen, die mittelbar oder unmittelbar von der Zahl der Abnehmer abhängen. Sie sind im wesentlichen gleichbedeutend mit den Ausgaben, die bei der Stromübergabe als Kostenstelle entstehen. Demgemäß gehören hierzu die Aufwendungen für Verzinsung und Abschreibung der Hausanschlüsse und Zähler, soweit sie auf Kosten des Unternehmers erstellt sind, ferner die Ausgaben für die Unterhaltung dieser Anlageteile, für die Überwachung und Eichung der Zähler, weiter alle Ausgaben für das Abrechnungswesen, für Zählerablesen, Rechnungsausstellen, Geldeinziehen, für das Mahnwesen, für rechtliche Auseinandersetzungen, sowie für Postgebühren, soweit sie sich aus dem Verrechnungsverkehr mit den Abnehmern ergeben. Zum größten Teil handelt es sich bei allen diesen Aufwendungen um Personalausgaben, doch sind auch die Sachaufwendungen, insbesondere Schreib- und Bürobedarf, nicht unbedeutend. Auch ein Teil der Direktionsgehälter und sonstiger Personalausgaben ist den Abnehmerkosten zuzurechen, doch kann bei dieser Verteilung nur

Schätzung maßgebend sein. Alle die genannten Aufwendungen ergeben bei den meisten Unternehmungen beträchtliche Summen; Beträge von RM 8.— bis 15.— jährlich je Abnehmer sind keine Seltenheit und es ist einleuchtend, daß solche Posten, namentlich bei den Kleinstabnehmern, eine erhebliche Belastung bilden, deren Ausgleich stets eine besonders schwierige Aufgabe darstellt. Hierüber wird in anderem Zusammenhang noch die Rede sein, ebenso über die Unterscheidung in Groß- und Kleinabnehmer, da es sich hierbei nicht um die Frage der Kostenursachen, sondern um die Frage der Kostenverteilung und -aufbringung handelt.

II. Die Verteilung der Gestehungskosten.
(140—190.)
A. Die rechnerische Ermittlung der Gestehungskostengleichung.

Faßt man das Ergebnis der letzten Untersuchungen zusammen, so ist festzustellen, daß die gesamten Gestehungskosten gebildet werden:

1. aus den Leistungskosten, d. h. aus einem Betrag, der von der Höchstleistung abhängig ist, und zwar sowohl bei den Kapitalkosten wie bei einem wesentlichen Teil der Betriebskosten.

2. aus den Arbeitskosten, d. h. aus einem Betrag, der ausschließlich durch die Anzahl der abgegebenen kWh oder — unter Berücksichtigung der Verluste — durch die Höhe des Verbrauchs bestimmt ist; dies ist ein verhältnismäßig kleiner Teil der Betriebskosten, und schließlich

3. aus den Abnehmerkosten, d. h. aus einem Betrag, der durch die Anzahl der Abnehmer bestimmt wird.

Bezeichnet man mit

K_g die Gesamtkosten in RM,
M die Höchstleistung in kW,
A den Arbeitsverbrauch in kWh,
Z die Zahl der Abnehmer,
b die Leistungskosten in RM/kW,
c die Arbeitskosten in RM/kWh,
d die Abnehmerkosten in RM/Abnehmer,

dann ist:

$$K_g = b \cdot M + c \cdot A + d \cdot Z. \tag{1}$$

Auf Grund dieser Gleichung ist von **Eisenmenger** (*141*, s. a. 4, S. 182) ein mathematisches Verfahren ausgearbeitet worden, das ebenso auf rechnerischem wie auf zeichnerischem Wege die Bestimmung der Konstanten der Gleichung gestattet. **Eisenmenger** stellt für drei verschiedene Jahre folgende drei Gleichungen auf:

$$\left.\begin{aligned}
K_{g1} &= b \cdot M_1 + c \cdot A_1 + d \cdot Z_1, \\
K_{g2} &= b \cdot M_2 + c \cdot A_2 + d \cdot Z_2, \\
K_{g3} &= b \cdot M_3 + c \cdot A_3 + d \cdot Z_3,
\end{aligned}\right\} \tag{2}$$

und bestimmt auf Grund dieser drei Gleichungen entweder rechnerisch mittels Determinanten oder zeichnerisch die Ebenen der Gestehungskosten bzw. die Konstanten für die gemeinsamen Schnittpunkte der Ebenen. Um den Einfluß von Zufälligkeiten auszuschalten, schlägt Eisenmenger vor, mehrmals drei Zeitabschnitte zu wählen und statt dreier Jahresabschnitte z. B. 24 Monatsabschnitte zur Grundlage der Gleichungen zu nehmen. Es ergeben sich dann 24 lineare Gleichungen mit drei Unbekannten, für deren Auffindung Eisenmenger die Methode der kleinsten Quadrate vorschlägt.

So fein auch dies Verfahren hinsichtlich seiner Form ist, so selten dürfte es doch in praktischen Fällen Anwendung finden, weil es zu umständlich ist, um sich allgemein einzubürgern. Auch ist bei der Auswahl der Zeiträume, für die die einzelnen Gleichungen aufgestellt werden, große Vorsicht geboten, weil jede grundlegende Änderung der Betriebsverhältnisse auch die Höhe der Konstanten beeinflußt, so daß in seltenen Fällen längere Zeiträume gefunden werden können, innerhalb derer die Verhältnisse beständig genug sind, um eine zutreffende Lösung der Gleichungen zu ermöglichen.

Ein anderes Verfahren ist neuerdings von Vinding angegeben (*12*, S. 27). Er führt den Preis je kWh ein, den ein Elektrizitätswerk durchschnittlich erheben muß — er ist im folgenden mit p bezeichnet — und setzt die notwendigen Einnahmen mit den Gestehungskosten gleich. So geht er von folgender Gleichung aus:

$$K_g = p \cdot A = b \cdot M + c \cdot A + D, \qquad (3)$$

wobei mit D die Abnehmerkosten gemeint sind, die bei seinen weiteren Darlegungen zunächst außer acht gelassen werden. Unter weitgehender Anwendung rein mathematischer Verfahren entwickelt Vinding Kostenflächen und -kurven und ebenso Nachfrageflächen und -kurven und bestimmt durch deren Vergleich für einzelne Abnehmergruppen die Kostengleichungen. Auch das Vindingsche Verfahren ist für die praktische Durchführung schwer anwendbar, weil es nicht nur umfangreiche mathematische Vorkenntnisse voraussetzt, sondern auch höchst langwierige und verwickelte Rechnungen erfordert.

Alle derartigen Versuche, die Kostenzusammensetzung bei Elektrizitätsunternehmungen auf mathematischem Wege zu finden, können schwerlich zum Ziele führen, weil die wirtschaftlich bedingten Zusammenhänge mathematischer Erfassung nur unter weitgehenden Vernachlässigungen und unter fast willkürlichen Annahmen zugänglich sind. Im Einzelfalle können sie jedoch zu einer Prüfung anderweitig erhaltener Ergebnisse herangezogen werden.

B. Die Verteilung der Gestehungskosten auf die Abnehmer.

Mit der Einsicht in den Aufbau der Gestehungskosten ist die wesentlichste Grundlage des Angebotes und die wichtigste Beziehung zur

Nachfrage gewonnen. Jedoch die Feststellung, daß die gesamten Gestehungskosten durch die Höchstanforderung an Leistung, durch die Summe der verbrauchten Arbeitsmengen und durch die Zahl der Abnehmer bestimmt sind, genügt noch nicht zu einer gerechten Verteilung der Gestehungskosten. Hierzu muß weiter festgestellt werden, in welchem Umfang der einzelne Abnehmer durch sein Vorhandensein, durch seinen Leistungs- und Arbeitsbedarf zur Bildung der Gestehungskosten beiträgt; erst in Erkenntnis dieser Verflechtung können die Grundsätze für die Verteilung der Gestehungskosten entwickelt werden.

1. Die Verteilung der Leistungskosten (*140—190*).

Die Ermittlung der Leistungskosten und ihre Verteilung auf die einzelnen Abnehmer und Abnehmergruppen stellt den wichtigsten, aber auch den schwierigsten Vorgang der Gestehungskostenermittlung dar; wichtig deshalb, weil diese Kosten den überwiegenden Teil der Gesamtaufwendungen darstellen, schwierig, weil zwar das Verhältnis zwischen Leistungskosten und Höchstbelastung des Gesamtsystems einwandfrei geklärt werden kann, nicht aber die Beziehung zwischen dieser und den Belastungsverhältnissen der einzelnen Abnehmer. Die Höhe der Belastung, der Zeitpunkt der Höchstlast, die Benutzungsdauer und die sonstigen technischen Einzelheiten der Stromentnahme sind bei den Abnehmern sehr verschieden und im Laufe der Zeit erheblichen Schwankungen unterworfen. Ist daher die Feststellung der Zusammensetzung der Belastung schon sehr erschwert, so ist die Art der Berücksichtigung der Belastungsverhältnisse der Einzelabnehmer bei der Verteilung der Leistungskosten außerordentlich umstritten. Eine Reihe von Sachverständigen vereinfacht die Aufgabe dadurch, daß sie lediglich die Belastung der Abnehmer zur Zeit der Gesamthöchstlast berücksichtigt. Demgegenüber machen andere Fachleute geltend, daß bei diesem Verfahren Abnehmer, die zu dieser Zeit keine Energie entnehmen, keine Leistungskosten zu tragen hätten und auf Kosten anderer Abnehmer die Stromerzeugungs- und Verteilungsanlagen während der übrigen Zeit in Anspruch nähmen. Übereinstimmung herrscht nur darüber, daß ein wissenschaftlich exaktes Verfahren nicht bekannt ist, so daß alle Vorschläge nur Näherungen darstellen.

Die Wichtigkeit der vorliegenden Aufgabe rechtfertigt einen kurzen geschichtlichen Rückblick auf ihre Behandlung im Fachschrifttum. Die Arbeiten im Anfang der öffentlichen Elektrizitätsversorgung verraten keinen klaren Einblick in den Aufbau der Selbstkosten. Zwar wird der Unterschied zwischen festen und beweglichen Selbstkosten von Anfang an erkannt, aber nirgends die naheliegende Folgerung gezogen, diesen Unterschied zu einer entsprechenden Verteilung auf die Abnehmer zu benutzen. Als Verteilungsschlüssel galt meist die Anzahl der abgenommenen kWh oder gar Lampenbrennstunden und daher als Maßstab der Gestehungskosten der durchschnittliche Selbstkostenpreis je Verkaufseinheit; Ausgangspunkt für die Erörterung der Gestehungskosten waren fast stets die Verkaufspreise.

Hopkinson (*110*) war der erste, der, den umgekehrten Weg einschlagend, zu der Einsicht gelangte, daß die festen Kosten gesondert auf die einzelnen Abnehmer verteilt werden müßten. Als Maß hierfür schlug er die Anlagegröße, d. h. den Anschlußwert des Abnehmers vor; er bezeichnete es als „sehr unwahrscheinlich, daß alle Abnehmer den Höchstbedarf im gleichen Augenblick beanspruchen, wodurch eine Herabsetzung der festen Summe ermöglicht wird". Diese Andeutungen, die bereits auf den Begriff des Gleichzeitigkeitsfaktors hinwiesen, fanden in der zeitgenössischen Fachwelt nicht den gebührenden Widerhall; es handelte sich bei der damaligen Elektrizitätsversorgung fast ausschließlich um Lichtbelastung, d. h. um gleichartige Abnehmer, so daß ein tieferes Eindringen in den Aufbau der Gestehungskosten entbehrlich war; auch war man mit rein technischen Aufgaben allzusehr beschäftigt, um über das Verhältnis der Gestehungskosten zu den Verkaufspreisen eingehender nachzudenken.

Fast 10 Jahre vergingen, bis Wright (*111*) nach mehrjähriger praktischer Erprobung seines Höchstverbrauchmessers einen klaren Einblick in den Zusammenhang zwischen Gestehungskosten und Einzelverbrauch vermittelte und zum ersten Male sich die Aufgabe stellte, den Anteil des einzelnen Abnehmers an den Gesamtausgaben ausfindig zu machen. Er ging von dem Grundsatz aus, daß die Bereitstellungskosten (Leistungskosten) von den Abnehmern im Verhältnis ihres Anteils an der Kraftwerkshöchstbelastung unabhängig vom Verwendungszweck der elektrischen Arbeit und unter Berücksichtigung des Verschiedenheitsfaktors getragen werden müssen (s. S. 81). Die Wrightschen Ausführungen fanden die Aufmerksamkeit der gesamten Fachwelt, ohne daß ihnen allgemein Folge geleistet wurde und ohne daß weitergehende Schlüsse für die allgemeine Ausgestaltung der Preisbildung hieraus gezogen wurden. Die Fachwelt war noch allzusehr in der Vorstellung befangen, daß allein die kWh das **Maß für die Verteilung** der Gestehungskosten bilden müsse, als daß sie die Leistung zur Klärung des Verhältnisses zwischen Gestehungskosten und Verbrauch herangezogen hätte.

Im Gegensatz zu Wright stellte Lauriol (*175*) die Forderung, daß nicht nur die Teilnehmer an der Höchstlast, sondern jeder Abnehmer mit Bereitschaftskosten zu belasten sei und entwickelte ein entsprechendes Verfahren, das wenig später von Schwabach (*140*) übernommen und weiter ausgebaut wurde. Auf diese scharfsinnig durchdachten Verfahren wurde bereits in der ersten Auflage dieses Buches (1906) hingewiesen, ohne daß sie im praktischen Gebrauch größere Anwendung gefunden haben. Dort wurde auch [1] zum erstenmal ein Weg gezeigt, um mit Hilfe

---

[1] Siehe 1. Aufl., S. 96f.

eines einfachen Verfahrens ohne erhebliche Messungen und Berechnungen, die Zergliederung der Belastungskurven nach dem Anteil der verschiedenen Verbrauchergruppen und demgemäß die Verteilung der Leistungskosten durchzuführen (vgl. S. 82). Dann wurde es im Fachschrifttum über diese Fragen fast ganz still, befand sich doch die Elektrizitätswirtschaft in einer Zeit der stärksten Ausbreitung und wie überall das Streben nach äußerer Vergrößerung des Wirkungsbereichs die Vertiefung in innere Zusammenhänge nicht begünstigt, so beschäftigten auch auf dem Gebiete der Elektrizitätswirtschaft die Fachwelt mehr Fragen der Außenpolitik und die damit verbundenen technischen Aufgaben als das Selbstkosten- und Preisbildungsproblem. Auch in der Kriegs- und in der ersten Nachkriegszeit fanden aus naheliegenden Gründen nur wenige die Muße zur Beschäftigung mit diesen Fragen.

Erst als mit dem Wiedererwachen normaler Wirtschaftstätigkeit in der ganzen Welt der Zwang zur besseren Ausnutzung der gewaltig angewachsenen Anlagekapitalien immer stärker wurde, setzte auch im deutschen und ausländischen, besonders amerikanischen Fachschrifttum eine außerordentlich lebhafte Beschäftigung mit der inneren Ausgestaltung der Elektrizitätswirtschaft ein, insbesondere mit Fragen der Werbung, der Preisstellung und in diesem Zusammenhang mit der Aufgabe der genauen Ermittlung und Verteilung der Gestehungskosten. Auch die Inhaber der vor einigen Jahren neu errichteten deutschen Lehrstühle für Elektrizitätswirtschaft beschäftigten sich besonders eingehend mit den obengenannten Aufgaben, und so weist denn das Schrifttum gerade der letzten Jahre eine Fülle von Veröffentlichungen, Anregungen, Vorschlägen über die Verteilung der Leistungskosten auf die Einzelabnehmer auf, die alle hier eingehend zu erörtern den gesteckten Rahmen weit überschreiten würden; hier können nur die bemerkenswertesten Verfahren kurz erwähnt werden. Diese Beschränkung dürfte um so mehr gestattet sein, als kein einziges der bis jetzt bekannten Verfahren eine einwandfreie Lösung der vorliegenden Aufgabe ergibt, so daß man sich trotz aller Erörterungen zahlreicher Annahmen und Schätzungen bedienen und schließlich doch mit Näherungsverfahren begnügen muß.

Wie bereits oben angedeutet, sind bei dem Verfahren zur Verteilung der Leistungskosten zwei größere Gruppen zu unterscheiden. Die eine Gruppe will nur die tatsächlich festgestellte Höchstlast des einzelnen Abnehmers oder einer Gruppe in ihrem Verhältnis zur gemeinsamen Höchstlast als Grundlage gelten lassen [Schneider (*167*) nennt diese Verfahren die „leistungsabhängigen" Verfahren], die andere will jeden Abnehmer entsprechend seiner Höchstanforderung belasten, auch wenn diese außerhalb der gemeinsamen Spitze auftritt [von Schneider „zeitabhängige" Verfahren genannt, weil meist die Benutzungsdauer oder der Zeitpunkt der Belastung berücksichtigt wird]. Die hier unten vorgeschlagene Einteilung ist nicht rein zufällig und beruht auch nicht auf der von Schneider zur Kennzeichnung benutzten Äußerlichkeit. Der Unterschied beider Verfahrensarten besteht vielmehr darin, daß sich die erste Gruppe allein auf den sachlichen Maßstab der festgestellten Höchstlast stützt, während die zweite Gruppe in allen Fällen Überlegungen mit heranzieht, die auf persönlichen Werturteilen beruhen, auch wenn diesen Überlegungen rechnerische oder zeichnerische Verfahren angepaßt werden. Die erste Gruppe umfaßt also die objektiven, die zweite Gruppe die subjektiven Verfahren.

a) **Die objektiven Verfahren.** α) Das Verfahren von Wright. Wie schon kurz erwähnt, stellt Wright (*111*) die Forderung auf, daß die Leistungskosten auf jeden Abnehmer nach seinem Anteil an der Höchstbelastung des Kraftwerks während der Wintermonate verteilt werden müßten. Einen theoretisch einwandfreien Weg zur Bestimmung dieses Anteils sieht er in der Ermittlung des täglichen Belastungsverlaufes jedes einzelnen Abnehmers. Da dies jedoch praktisch undurchführbar ist, schlägt er als Ausweg vor, bei jedem Abnehmer einen Höchstbelastungsmesser einzubauen und der Bestimmung des Kostenanteils das Mittel aus den Angaben der sechs Wintermonate zugrunde zu legen. Da aber der so ermittelte Wert nicht bei allen Abnehmern gleichzeitig und nicht immer im Augenblick der Gesamtspitze auftritt, so ergibt die Summe der Einzelhöchstbelastungen einen größeren Wert als die gemeinsame Höchstbelastung; diesem Umstand wird von Wright durch die Einführung des Verschiedenheitsfaktors, d. h. des Verhältnisses der Summe der Einzelhöchstbelastungen zur Gesamtspitze im Kraftwerk Rechnung getragen. Wright betont ausdrücklich, daß Abnehmer, die zur Zeit der gemeinsamen Höchstbelastung keinen Strom verbrauchen, mit den Leistungskosten nicht belastet werden sollen.

Wenn z. B. die Leistungskosten RM 600000.— betragen und eine gemeinsame Spitze von 4000 kW gemessen wird, so entfällt auf jedes kW der Höchstbelastung ein Betrag von $\frac{600\,000}{4000} = $ RM 150.—; die Summe der Einzelhöchstlasten betrage 5000 kW, d. h. der Verschiedenheitsfaktor 1,25, dann ist jedes kW des Höchstbedarfs des einzelnen Abnehmers mit $\frac{150}{1,25} = $ RM 120.— zu belasten, und zwar ohne Rücksicht auf den Verwendungszweck der elektrischen Arbeit. Bei der Weiterverteilung auf den einzelnen Abnehmer weicht Wright von seinen grundsätzlichen Erwägungen ab; er belastet nicht etwa den Höchstbedarf mit einer entsprechenden Summe je kW, sondern berechnet umgekehrt, welche Benutzungsdauer bei einem als normal angesehenen kWh-Preis erreicht werden muß, damit die Leistungskosten gedeckt werden. Würde z. B. der Betrag von 60 Rpf/kWh als ein solcher normaler Preis anerkannt und wären darin bereits die Arbeitskosten mit

10 Rpf/kWh enthalten, so müßte jedes vom Abnehmer beanspruchte
kW $\dfrac{120}{0,6-0,1}$ = 240 h/Jahr oder 20 h/Monat benutzt werden, damit die
Leistungskosten gedeckt werden.

Das besprochene Verfahren liefert nur so lange brauchbare Ergebnisse, als annähernd gleichartige Abnehmer, z. B. lediglich Lichtabnehmer vorhanden sind; die Ergebnisse werden unsicher und ungenau,
wenn es sich um Abnehmer mit sehr verschiedenem Belastungsverlauf
handelt. Zudem erfordert das Verfahren bei größeren neuzeitlichen

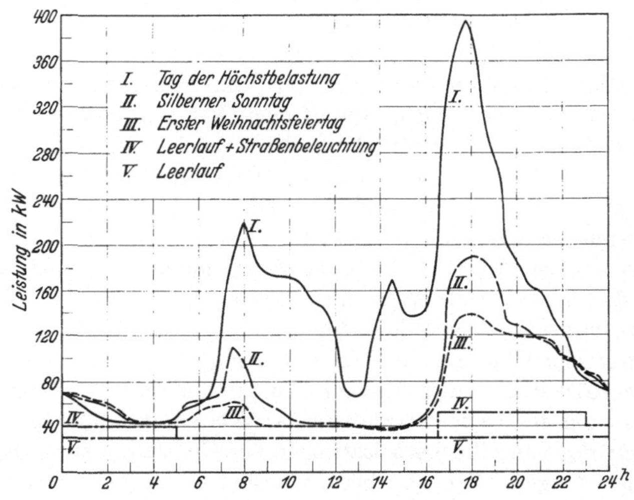

Abb. 15. Belastungskurven eines Elektrizitätswerkes.

Unternehmungen einen zu großen Aufwand an Meßapparaten, an Unter-
haltungs- und Bedienungskosten. Es wird daher in seiner ursprünglichen
Form in Deutschland überhaupt nicht mehr, in England und Amerika
nur noch vereinzelt verwendet, wobei aber der Höchstbedarf des einzelnen
Abnehmers vielfach nicht mehr gemessen, sondern auf Grund von Erfahrungen geschätzt wird. Allgemeine Anwendung finden die Grundsätze
des Verfahrens bei der Verteilung der Gestehungskosten auf Großabnehmer.

β) Das Spitzenanteilverfahren und seine Abänderungen.
Die Erfahrung hat gezeigt, daß es nicht nur praktisch unmöglich, sondern
auch für die Ausbreitung der elektrischen Arbeit hemmend ist, jeden
Kleinabnehmer einzeln mit einem seinem Höchstbedarf entsprechenden
Anteil der Leistungskosten zu belasten. Sofern es sich nicht um
Großabnehmer handelt, die fast immer nach ihrer Eigenart beurteilt
werden können, hat es sich für die Zwecke der Kostenverteilung

vielfach als ausreichend erwiesen, den Anteil jeder Gruppe von
Abnehmern an dem Höchstbedarf (Spitze) festzustellen. Ein einfaches
Verfahren, das für kleinere Versorgungsgebiete mit nicht allzu schwankenden Belastungsverhältnissen ausreichend ist, gestaltet sich wie
folgt[1].

In Abb. 15 ist der Belastungsverlauf der Niederspannungsabnehmer
eines Elektrizitätswerkes für drei verschiedene Tage im Dezember aufgetragen, und zwar für den Tag der Höchstbelastung des ganzen Jahres
(*I*), für einen der sog. Geschäftssonntage vor Weihnachten (*II*) und für
den ersten Weihnachtsfeiertag (*III*). Die Belastung der Straßenbeleuchtung (*IV*) und die Leerlaufbelastung (*V*) wurden rechnerisch ermittelt
und gleichfalls eingezeichnet. Linie *I* stellt die durch alle Licht- und

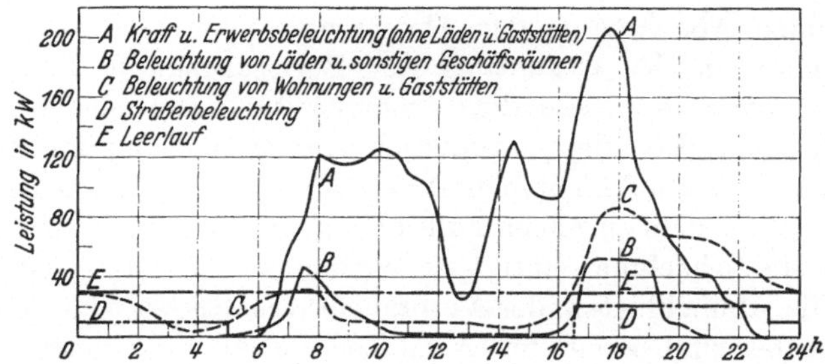

Abb. 16. Belastungskurven der Abnehmergruppen (nach Abb. 15).

Kraftabnehmer hervorgerufene Gesamtbelastung dar, *II* die Lichtbelastung der Läden, Gastwirtschaften und Privatwohnungen, und
Linie *III* die Lichtbelastung der Wohnungen, Gastwirtschaften und
Vergnügungsstätten. Alle drei Kurven enthalten außerdem die Straßen-
beleuchtungs- und Leerlaufbelastung. Da der Bedarf an Licht an diesen
Tagen bei allen Gruppen annähernd gleich hoch ist, so ergibt der Unterschied zwischen den einzelnen Linien die Belastungskurve der verschiedenen Abnehmergruppen. Der Unterschied zwischen *I* und *II* stellt
die Licht- und Kraftbelastung der Fabriken, Werkstätten, Büros,
Schulen und öffentlichen Gebäude dar (Gruppe *A*), der Unterschied
zwischen *II* und *III* die Belastung der Läden und sonstigen Geschäftsräume (Gruppe *B*), der Unterschied zwischen *III* und *IV* die Belastung
der Wohnungen, Gast- und Vergnügungsstätten, Kirchen und Heil-
anstalten (Gruppe *C*), zwischen *IV* und *V* die der Straßenbeleuchtung
(Gruppe *D*) und schließlich zwischen *V* und der Nullinie die Leerlaufbelastung (*E*). Die durch Differenzbildung der Ordinaten erhaltenen
Gruppenbelastungskurven sind in Abb. 16 dargestellt.

---

[1] Siehe 1. Aufl., S. 96f.

Aus diesen Darstellungen läßt sich der Anteil der einzelnen Gruppen an der Höchstbelastung in folgender Höhe ermitteln:

Verbrauchergruppen	Anteil an der Höchstbelastung
A_K (Kraft)	23,4%
A_L (Licht)	26,8%
B	14,5%
C	21,8%
D	5,7%
E	7,8%
	100,0%

Dieses Verfahren kann auf vielfache Weise erweitert und verfeinert werden, sei es durch örtliche Beobachtung, sei es durch Heranziehung weiterer Belastungskurven, sei es durch Messung des Belastungsverlaufs bei einzelnen Abnehmern oder Abnehmergruppen (*10, 155, 159, 160*). Zufälligkeiten in der Gestaltung der Belastungskurve können durch Vergleich von dem ortskundigen Sachverständigen unschwer erkannt und berücksichtigt werden; erforderlich ist stets eine eingehende Kenntnis aller örtlichen Besonderheiten und Gewohnheiten der Abnehmer. Hiervon muß es in jedem einzelnen Falle abhängig gemacht werden, in welche Gruppen die Abnehmer unterteilt werden sollen. Maßgebend hierfür müssen die Ähnlichkeiten der Verbrauchsverhältnisse sein; einige Hinweise hierüber sind bereits im ersten Teil enthalten. Zunächst sind drei große Hauptgruppen zu unterscheiden: Großabnehmer, Wiederverkäufer, Kleinabnehmer; je nach den örtlichen Umständen sind weitere Unterteilungen vorzunehmen, z. B. bei den Großabnehmern Straßenbeleuchtung, Textilindustrie, Mühlen, Ziegeleien u. dgl., bei den Kleinabnehmern Haushalt, Gewerbe und Landwirtschaft. (Über die Unterscheidung von Groß- und Kleinabnehmern S. 189.) Wünschenswert ist weiter bei den Kleinabnehmern getrennte Erfassung der zu Licht-, Kraft- und Wärmezwecken erforderlichen Arbeit, ferner beim Gewerbe die Unterteilung in Verkaufsgewerbe (Läden), Handwerk, Gastwirtsgewerbe, Büros usw. Ob noch weitere Unterteilungen vorteilhaft und notwendig sind, wie z. B. die besondere Erfassung des Nahrungsmittelgewerbes usw., ist nur nach den örtlichen Umständen zu entscheiden. Ausschlaggebend hierfür können allein wichtige und deutlich wahrnehmbare Unterschiede im Gebrauch der elektrischen Arbeit sein. Die Unterteilung allzuweit durchzuführen ist im allgemeinen nicht zweckmäßig (*11*, S. 2—3).

Die Verteilung der Leistungskosten nach dem Spitzenanteilverfahren hat sich für viele praktisch vorkommende Belastungsverhältnisse als sehr brauchbar erwiesen. Ein großer Vorteil gegenüber anderen Verfahren besteht darin, daß die Weiterverteilung der für die Abnehmergruppen ermittelten Gestehungskosten auf die einzelnen Abnehmer einwandfrei möglich ist. Weiter ist es auch für die meisten Fälle zuverlässig und belastet den Dauerabnehmer nach seinem Leistungsanspruch.

Dagegen kann dieses Verfahren in einzelnen Fällen nur mit großer Vorsicht angewendet werden, insbesondere wenn

1. mehrere annähernd gleich hohe Spitzen auftreten, z. B. eine Lichtspitze im Winter und eine Dreschspitze im Sommer oder Herbst;

2. die Spitze zu einer Zeit auftritt, zu der die Belastung einer Abnehmergruppe steil ansteigt, die einer anderen stark fällt; die Verschiebung der Spitze um wenige Minuten infolge einer Zufälligkeit oder einer Ungenauigkeit der Kurvenzerlegung ändert dann das Verhältnis der Spitzenanteile wesentlich;

3. einzelne Abnehmer kaum oder überhaupt nicht an der Spitze beteiligt sind; sie wären nach diesem Verfahren nur sehr wenig oder gar nicht mit Leistungskosten zu belasten, was mit Bezug auf das Kraftwerk vielleicht berechtigt sein kann, jedoch nicht für wesentliche Teile des Netzes;

4. Änderungen der Belastungsverhältnisse eintreten (vgl. hierzu Abb. 17 u. 18, S. 86 u. 87).

Um den Einfluß dieser Zufälligkeiten und Ungenauigkeiten möglichst auszuschalten, schlägt Rückwardt (*100, 147*) eine Abänderung dieses Verfahrens vor, die den Grundsatz, daß der Kostenanteil jeder Gruppe durch die Beteiligung an der Jahresspitze bedingt sein soll aufgibt und an deren Stelle die jeweilige Beteiligung an den Monatsspitzen setzt. Er verteilt je $^1/_{12}$ der jährlichen Leistungskosten nach den monatlichen Spitzenanteilen und erreicht damit, daß Zufälligkeiten oder Ungenauigkeiten sich nur auf $^1/_{12}$ der Kosten auswirken und Abnehmergruppen, deren Verbrauch vorwiegend außerhalb der Jahresspitze fällt, in Monaten, in denen die Spitze z. B. vormittags liegt, in höherem Maße mit Leistungskosten belastet werden. Die Ergebnisse dieses Verfahrens sind, da die absolute Höchstlast der einzelnen Gruppen die Verteilung stark beeinflußt —, wie Rückwardt selbst nachweist — fast die gleichen wie die des weiter unten beschriebenen Verfahrens von Knight (s. S. 86).

Eine weitere Abänderung, die neben dem Spitzenanteil auch die Gruppenhöchstlast berücksichtigt, geht auf Schiff (*143*) zurück. Er faßt seine „Verteilungsregeln" folgendermaßen zusammen:

„In der Selbstkostenrechnung für elektrische Arbeit und betriebswirtschaftlich verwandte Erzeugnisse sind die gemeinsamen Leistungskosten unter eine Anzahl verschiedener beteiligter Abnahmegruppen nach dem Verhältnis der zugehörigen höchsten Leistungsansprüche zu verteilen, wobei Leistungsteile, die mehrere Abnehmergruppen ungleichzeitig beanspruchen, jeder der daran beteiligten Gruppen nur mit einem der Gruppenanzahl entsprechenden Bruchteile zuzuordnen sind; zur Errechnung der maßgebenden Werte der Leistungsansprüche sind demgemäß sowohl die Gesamthöchstlastanteile wie die Einzelhöchstlasten heranzuziehen."

Praktisch wird die Kostenverteilung in zwei Stufen vorgenommen. Zunächst werden in einer „Vorverteilung" die Kosten der von mehreren

Abnehmergruppen ungleichzeitig benutzten Leistung im Verhältnis der Zahl der beteiligten Gruppen aufgeteilt. Hierfür sind, da nicht der Zeitpunkt, sondern nur die absolute Höhe der Belastung berücksichtigt wird, die Gruppenhöchstlasten maßgebend. Verbleibt dann noch ein Rest, so sind die einzelnen Gruppen bis zur Höhe ihres Spitzenanteils nachzubelasten. In vielen Fällen ist das Ergebnis daher übereinstimmend mit dem des ursprünglichen Spitzenanteilverfahrens. Belastet die Vorverteilung jedoch eine Abnehmergruppe höher als ihrem Spitzenanteil entspricht, so sind die Kosten der hierüber hinausgehenden Mehrleistung im zweiten Verteilungsgang zur Hälfte der Abnehmergruppe zu überschreiben, die diese Mehrleistung während der Spitze in Anspruch nimmt. Das Verfahren überträgt also Abnehmergruppen mit niedrigem Spitzenanteil und hoher Gruppenhöchstlast einen größeren Leistungskostenanteil als das reine Spitzenanteilverfahren.

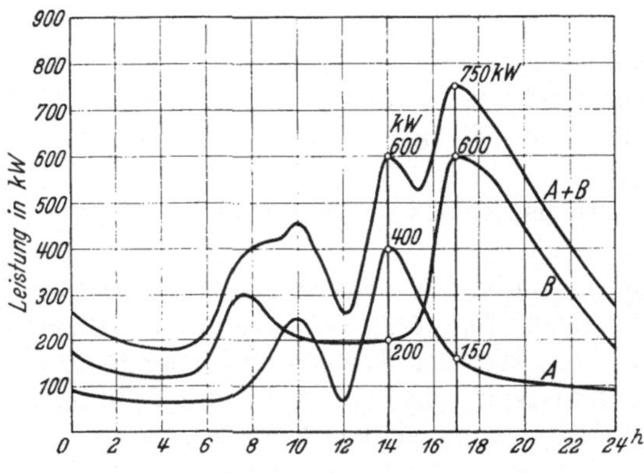

Abb. 17. Zusammensetzung zweier Abnehmerbelastungen mit ungleichzeitigem Höchstbedarf.

Eine andere Abänderung dieses Verfahrens gibt Schwaiger an (170). Auch er führt die Verteilung in zwei Vorgängen durch, nimmt die erste Aufteilung jedoch nach dem Spitzenanteil vor und gesteht dann jeder Abnehmergruppe, die er als Mieter der ihrem Spitzenanteil entsprechenden Leistung ansieht, das Recht zu, diese Leistung außerhalb der Spitze an andere Abnehmer — oder sich selbst — weiterzuvermieten. Er berechnet die „Stunden-Kilowatt", die von den einzelnen Abnehmergruppen beansprucht werden und bemißt hiernach die „Miete". Schwaiger bezeichnet dieses Verfahren, das in manchen Fällen auftretende Nachteile des Spitzenanteilverfahrens mildert, als Mietgesetz[1].

γ) Das Gruppenhöchstlastverfahren (Knight). Während bei dem Spitzenanteilverfahren die Leistungskosten nach der Beteiligung an der Höchstbelastung des Gesamtsystems verteilt werden, betrachtet Knight (179) die absolute Höchstlast der einzelnen Abnehmergruppen unabhängig von dem Zeitpunkt ihres Auftretens als ausschließlich maßgebend für die Beteiligung an den Leistungskosten. Er geht davon aus, daß jede Gruppe eine gewisse Zeit lang die ihrer höchsten Belastung entsprechende Leistung der Anlagen für sich in Anspruch nimmt. Die Verteilung der Leistungskosten hätte daher — ähnlich wie nach dem

---

[1] Vgl. auch das zweite Verfahren von Schwaiger, S. 92.

Vorschlage von Wright, der den Verschiedenheitsfaktor hierbei einführt — im Verhältnis der Einzelhöchstlasten der Abnehmergruppen (Gruppenhöchstlast) zu erfolgen. Bei den in Abb. 17 dargestellten Verhältnissen hätte die Aufteilung auf A und B demnach im Verhältnis von 400 zu 600 kW zu erfolgen, so daß die Kosten für 300 kW auf A und für 450 kW auf B entfallen würden. Verschieben sich die Verhältnisse nach Abb. 18, so hätte jeder Abnehmer die Kosten für 400 kW zu tragen, da die Höchstlast beider gleich hoch geworden ist. Die tatsächliche Spitze spielt also überhaupt keine Rolle.

Nach diesem Verfahren wird jeder Abnehmer mit Leistungskosten belastet, gleichgültig ob sein Bedarf in die Gesamtspitze fällt oder nicht. Dieser Verteilungsmaßstab führt aber nur dann zu brauchbaren Ergebnissen, wenn innerhalb des Belastungsverlaufes nur geringe Verschiebungen während längerer Zeiträume eintreten, andernfalls kann sich leicht eine Fehleinteilung ergeben. Auch kann eine weitere Unterteilung von Abnehmergruppen, z. B. Niederspannungsab-

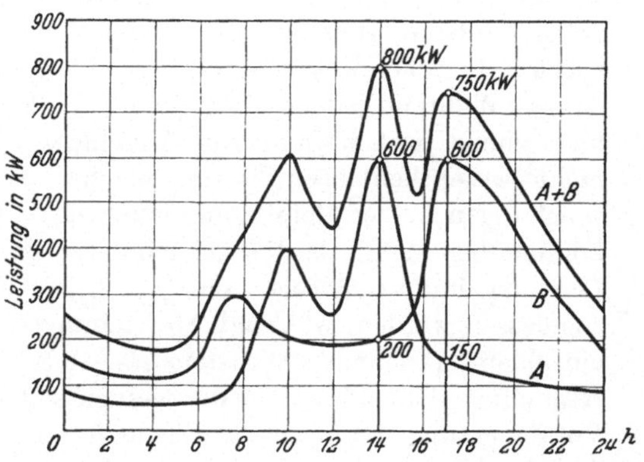

Abb. 18. Zusammensetzung zweier Abnehmerbelastungen bei Änderung des Leistungsbedarfs eines Abnehmers.

nehmer in Licht- und Kraftverbraucher, den Verteilungsschlüssel für alle Abnehmer verändern. Auch durch das Hinzutreten neuer spitzenfreier Abnehmer verschieben sich die Verhältnisse. Eine weitere Eigentümlichkeit dieses Verfahrens besteht darin, daß der Dauerabnehmer um so niedriger belastet wird, je mehr andere Abnehmer vorhanden sind. Ein neu hinzukommender Dauerabnehmer von 200 kW hätte bei den Belastungsverhältnissen nach Abb. 18 nur 143 kW zu bezahlen, während A und B mit je 428,5 kW zu belasten wären, zusammen also mit mehr, als sie tatsächlich in Anspruch nehmen.

δ) Verfahren mit Vorausberechnung des Verschiedenheitsfaktors. In diesem Zusammenhang müssen die Versuche zur rechnerischen Vorausbestimmung des Verschiedenheitsfaktors erwähnt werden. Diese Verfahren haben zwar nicht unmittelbar die Verteilung der Leistungskosten zum Ziel, bezwecken aber rechnerisch den richtigen Schlüssel hierfür aufzufinden. Wie weiter oben erörtert, kann die Brücke zwischen der Gesamtbelastung und der Einzelbelastung der von Wright eingeführte Verschiedenheitsfaktor bilden; während aber Wright den Verschiedenheitsfaktor aus Meßwerten ermitteln wollte, wurde von anderer Seite versucht, diesen oder einen ähnlichen Faktor mittels der Wahrscheinlichkeitsrechnung zu bestimmen. Eingehende Untersuchungen hierüber wurden von Dettmar (*144*), Bergtold (*146*), Schwaiger (*145*), Kummer (*7*) und Prochoroff (*158*) angestellt. Voraussetzung für die Anwendbarkeit der Wahrscheinlichkeitsrechnung ist ungefähre Übereinstimmung der Abnehmer bezüglich Leistung und Benutzungsdauer, sowie Freiheit in bezug auf die Ein- und Ausschaltung innerhalb der „möglichen Verbrauchszeiten“. Diese Voraussetzungen treffen jedoch in Wirklichkeit nicht zu (*163*). Selbst wenn man als „Abnehmer“ hier nicht die über einen Zähler belieferte Anlage, sondern jede einzelne Stromverbrauchseinrichtung (Glühlampe, Gerät, Motor) betrachtet und möglichst ähnliche Abnehmer in Gruppen zusammenfaßt und für sich behandelt, bestehen wesentliche Unterschiede der Leistung und Benutzungsdauer. Während jedoch Unterschiede in der Höhe der Leistung bei einer hinreichend großen Zahl von Abnehmern das Ergebnis der Rechnung nicht wesentlich beeinflussen, machen sich schon geringfügige Abweichungen in der Benutzungsdauer stark bemerkbar. Nach Schnaus können bei mehr als 100 Abnehmern Unterschiede in der Höhe der Leistung im Verhältnis von $^{1}/_{10}$—$^{1}/_{15}$ noch ohne wesentliche Fehler zugelassen werden, während Abweichungen in der Benutzungsdauer der einzelnen Abnehmer höchstens 5—10% betragen dürfen, wenn die Rechnung nicht allzu unsicher werden soll. Auch die dritte notwendige Voraussetzung trifft nicht allgemein zu. Die Inanspruchnahme der Anlagen durch die einzelnen Abnehmer ist nicht willkürlich während der möglichen Verbrauchszeit, vielmehr besteht während bestimmter Stunden eine durch Lebensgewohnheiten, betriebliche Umstände und tarifliche Maßnahmen bedingte Häufung. So weist Schnaus in seiner erwähnten Arbeit (*163*) mit Recht darauf hin, daß kurz nach Geschäftsschluß, wenn die Berufstätigen in die Wohnung zurückkehren, eine rechnerisch nicht erfaßbare Zusammendrängung der Einzelbelastungen eintritt, durch die dann die der Wahrscheinlichkeit widersprechende hohe Spitze verursacht wird.

Ist schon die Feststellung des Gleichzeitigkeits- oder Verschiedenheitsfaktors von Abnehmern ähnlicher Art mit Hilfe derartiger Rechenvorgänge nicht hinreichend genau, so ist die Anwendung auf die Vorausbestimmung des Belastungsausgleichs zwischen Gruppen verschiedenartiger Abnehmer nicht möglich. Man muß hier in jedem Fall die notwendigen Unterlagen durch Messung oder Zergliederung der Belastungslinien ermitteln.

b) Die subjektiven Verfahren. Die subjektiven Verfahren rechnen zwar auch mit der Verteilung der Leistungskosten auf den Höchstbedarf der einzelnen Abnehmer, treffen dabei aber mehr oder weniger willkürliche Voraussetzungen über das Maß der Belastung des einzelnen Abnehmers, wobei diese Voraussetzungen durch bestimmte mathematische, physikalische oder wirtschaftliche Grundsätze gestützt werden.

α) **Das Verfahren von Lauriol und seine Abänderungen.**
Das älteste derartige Verfahren ist von Lauriol (*175*) bereits im
Jahre 1902 veröffentlicht worden. Er vertritt die Ansicht, daß es
ungerechtfertigt sei, mit den gesamten Leistungskosten lediglich die an
der Spitze beteiligten Abnehmer, oder, wie er sich ausdrückt, die während
der Spitze entnommenen kWh zu belasten. Vielmehr sollen alle Abnehmer in gewissem Umfange an diesen Kosten mittragen, wobei die
Spitzen-kWh einen größeren Teil dieser Aufwendungen übernehmen
sollen als die anderen.

Praktisch geht Lauriol von der Leistungsdauerlinie (geordneten Be-
lastungscharakteristik) aus (Abb. 19).
In dieser Abbildung bezeichnen die
Ordinaten die Leistung in kW, die Abszissen die Benutzungsdauer der einzelnen Leistungen in h/Jahr. Lauriol
verlangt nun, daß die gesamten
Leistungskosten nicht nur auf die
Zeit der Spitzenbelastung, sondern
auf die ganze Fläche verteilt werden
sollen. Zu diesem Zweck zerlegt er
die Gesamtleistung in eine Anzahl —
nach seinem Vorschlag 10 — gleich
große „Teilkraftwerke", deren jedes
den gleichen Anteil Leistungskosten
zu übernehmen hat. Die Weiterverteilung der Leistungskosten hat zu

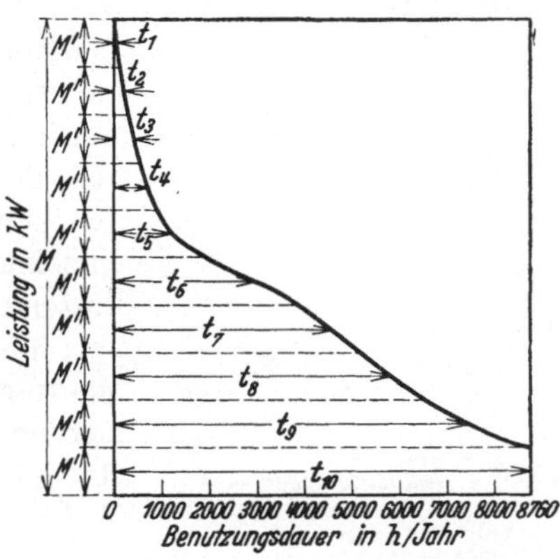

Abb. 19. Zerlegung der Leistungsdauerlinie [nach Lauriol (*175*)].

gleichen Teilen auf alle von den einzelnen Teilkraftwerken erzeugten
kWh zu erfolgen.

Bezeichnet man mit:
> K die gesamten Leistungskosten,
> M die Spitzenleistung,
> n die Zahl der Teilkraftwerke,
> K' die Leistungskosten eines Teilkraftwerkes,
> M' die Leistung eines Teilkraftwerkes,

dann ist
$$K' = \frac{K}{n} \quad \text{und} \quad M' = \frac{M}{n}. \tag{4a u. 4b}$$

Nennt man weiter:
> t ($t_1 \ldots t_n$) die mittlere Benutzungsdauer eines Teilkraftwerkes,
> k ($k_1 \ldots k_n$) die anteiligen Leistungskosten einer kWh,

dann ergibt sich unter Berücksichtigung von Gleichung (4a und 4b):
$$k = \frac{K'}{M' \cdot t} = \frac{K}{M \cdot t}. \tag{5}$$

Setzt man für t in Gleichung (5) die mittleren Benutzungsdauern der einzelnen Teilkraftwerke $t_1 \ldots t_n$ ein, dann kann man die anteiligen Leistungskosten jeder von einem Teilkraftwerk erzeugten kWh bestimmen ($k_1 \ldots k_n$).

Für jede Gesamtbelastung sind die Leistungskosten je kWh dann gleich dem Mittel der so errechneten Leistungskostenanteile der Teilkraftwerke, die zur Deckung der betreffenden Belastung notwendig sind. Entspricht die Belastung in einem bestimmten Augenblick der Leistung von n Teilkraftwerken, dann betragen die Leistungskosten jeder in diesem Augenblick erzeugten kWh

$$k'_n = \frac{k_1 + k_2 + \ldots + k_n}{n} = \frac{K}{M \cdot n}\left(\frac{1}{t_1} + \frac{1}{t_2} + \ldots + \frac{1}{t_n}\right). \tag{6}$$

Auf diese Weise erhält man für jede Leistung den Leistungskostenanteil je kWh, den Lauriol ebenfalls über der Benutzungsdauer aufträgt (Abb. 20). Das sich hieraus ergebende Verhältnis zwischen Leistung und

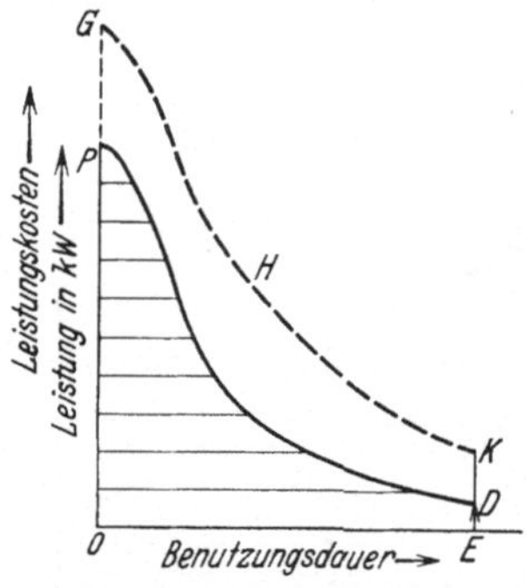

Abb. 20. Leistungskosten (GHK) in Abhängigkeit von der Benutzungsdauer [nach Lauriol (175)].

Leistungskostenanteil je kWh soll dann auf die einzelnen Tagesbelastungskurven übertragen werden, so daß man Tageskostenlinien erhält, aus denen sich durch Vervielfältigung mit dem entsprechenden Verbrauch die auf die einzelnen Abnehmer entfallenden Leistungskosten ermitteln lassen. Lauriol schlug bereits vor, diese Ergebnisse der Bestimmung von Mehrfachtarifen zugrunde zu legen. Es ist bemerkenswert, daß er, über die heute erstrebte Genauigkeit hinausgehend, die Gesamtkosten in fünf Teile zerlegte: Leistungskosten, Abnehmerkosten, feste Bereitstellungskosten, veränderliche Bereitstellungskosten und Arbeitskosten.

Die gleichen Überlegungen haben auf anderem Wege zu einer ähnlichen Lösung des Problems geführt (165, 18, Bd. 2, S. 357). Die Leistungsdauerlinie gibt bekanntlich an, mit welcher Benutzungsdauer jede Leistung innerhalb eines Jahres in Anspruch genommen wird. Trägt man die Gestehungskosten über der Benutzungsdauer auf, so kann man aus der Leistungsdauerlinie und dieser Gestehungskostenkurve für jede Belastung die Gestehungskosten unmittelbar ablesen und das Kostendiagramm für jeden Tag ermitteln (165). Bildet man aus den Tageskostendiagrammen für jeden Augenblick den Kostenmittelwert, so kann man in der oben angedeuteten Weise die auf jeden Abnehmer entfallenden Gestehungskosten feststellen.

Zweckmäßiger ist es, die Leistungskosten allein in Abhängigkeit von der Belastung festzustellen (Abb. 21) und hieraus die mittleren Leistungskosten je kWh zu bilden (Abb. 22, rechts unten). Man kann dann aus den einzelnen Belastungskurven mittels dieser Kurve die mittleren Leistungskostendiagramme für jeden Tag aufzeichnen (Abb. 22). Die Verteilung der Leistungskosten auf die einzelnen Abnehmer erfolgt wie vorher. Es genügt hierbei, wenn das Verfahren unter Zugrundelegung

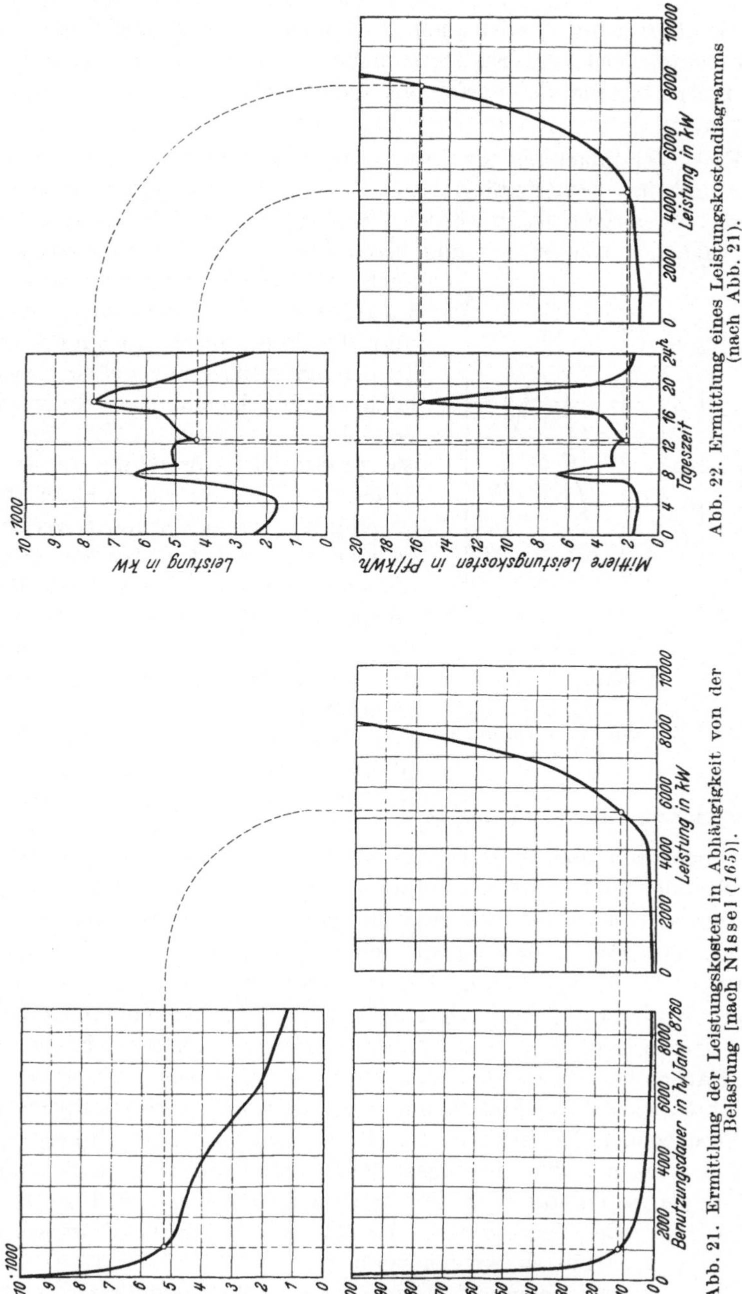

Abb. 22. Ermittlung eines Leistungskostendiagramms (nach Abb. 21).

Abb. 21. Ermittlung der Leistungskosten in Abhängigkeit von der Belastung [nach Nissel (165)].

von zwei, bei steilen Belastungsänderungen von vier Punkten stündlich durchgeführt wird. Es ist auch nicht notwendig, alle 365 Tageskurven auszuwerten, vielmehr erhält man hinreichend genaue Ergebnisse bereits durch Anwendung des Verfahrens auf 12 typische Monatsbelastungskurven.

Eine Vereinfachung des Lauriolschen Verfahrens ist von dem Lehrstuhl für Elektrizitätswirtschaft an der Technischen Hochschule Darmstadt vorgeschlagen worden (*168*), indem es auf die Belastungslinie am Tage der Höchstbelastung beschränkt wird. Die Höchstlast wird auch hier nach dem Vorgange von Lauriol in 10 Teilbelastungen zerlegt und die Belastungskurve durch einen Treppenlinienzug mit einer Stufenhöhe von $^1/_{10}$ M und einer Stufenbreite von $\Delta t = 1$ h ersetzt (Abb. 23). Für die praktische Anwendung dieser Abänderung werden sog. „Gütezahlen" eingeführt, die in folgender Weise gewonnen werden. Die Leistungskosten, die auf die Teilleistung von $^1/_{10}$ M entfallen, werden gleich 100% gesetzt, so daß die gesamten Leistungskosten in der Zeit T ($T =$ Stundenzahl des betrachteten Zeitraumes, also im vorliegenden Falle des Tages) auf die Fläche $M \cdot T = 1000^0/_{00}$ zu verteilen sind. Je nach

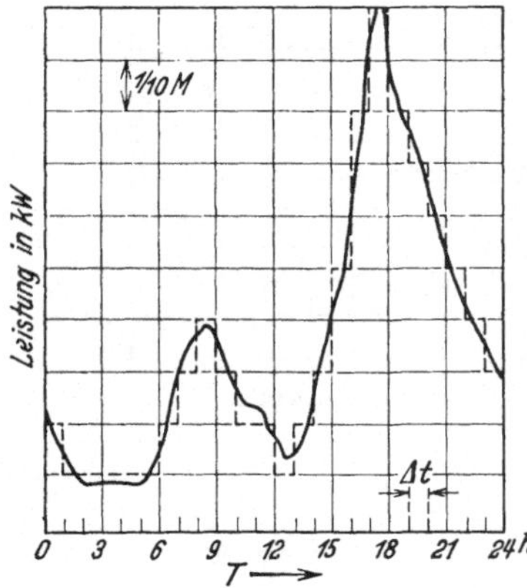

Abb. 23. Zerlegung der Belastungskurve am Tage der Höchstlast [nach Schneider (*168*)].

der Benutzungsdauer t jeder Teilleistung sind in einer Stunde $\dfrac{100}{t}$ $^0/_{00}$ der Leistungskosten aufzubringen. Durch Zusammenzählen dieser Werte für jede Stunde erhält man die Gütezahlen, die vervielfältigt mit der jeweiligen Leistung der einzelnen Abnehmer dessen Leistungskostenanteil ergeben.

Auf eine Weiterbildung des eben beschriebenen Verfahrens hat Schnaus (*174*) hingewiesen. Für die Belastungskurve jeder Abnehmergruppe wird die zugehörige Kostenkurve in enger Anlehnung an andere, auf Lauriol zurückgehende Verfahren ermittelt und durch Bestimmung des Flächeninhaltes die Leistungskosten eines Tages festgestellt. Das Verfahren wird auf mehrere kennzeichnende Tage des Jahres angewendet. In die einzelnen Tageskurven für die verschiedenen Abnehmergruppen werden nicht nur die Leistungskosten, sondern auch die Arbeitskosten eingetragen, so daß die nach den Gestehungskosten notwendigen Strompreise für jede Tagesstunde, wie dies auch Lauriol ursprünglich beabsichtigte, ermittelt werden können.

Ebenfalls auf die von Lauriol angewandten Grundsätze geht ein von Schwaiger gemachter Vorschlag zur Verteilung der Leistungskosten

zurück (*170, 171*). Auch hierbei wird von der Leistungsdauerlinie ausgegangen, die jedoch nicht in gleich große Teilkraftwerke, sondern in
solche verschiedener, der Kurvenform entsprechender Größe zerlegt
gedacht wird. In einem als Beispiel gewählten Fall (Abb. 24) mit stufen-
förmigem Belastungsverlauf wird vorausgesetzt, daß jede Belastungsstufe
durch eine besondere Maschine gedeckt wird, deren jede ein Teilkraftwerk darstellt. Schwaiger bestimmt die Leistungskosten für 1 kW
und 1 h des Jahres und, unter Zugrundelegung der jährlichen Betriebsdauer jeder Maschine, für 1 kW und eine Betriebsstunde[1]. Hieraus werden
für jede Belastungsstufe Zif-
fern ermittelt, die zur Feststellung der auf die Zeitabschnitte
mit verschiedener Belastung
entfallenden Leistungskosten
verwendet werden. Die so gefundenen Ergebnisse werden
wieder auf die ungeordnete
Belastungskurve übertragen
und die Leistungskosten auf
die einzelnen Abnehmergruppen nach Höhe und zeitlicher
Lage ihres Verbrauches verteilt. Da der Grundgedanke
der gleiche wie bei Lauriol,
und nur die Durchführung

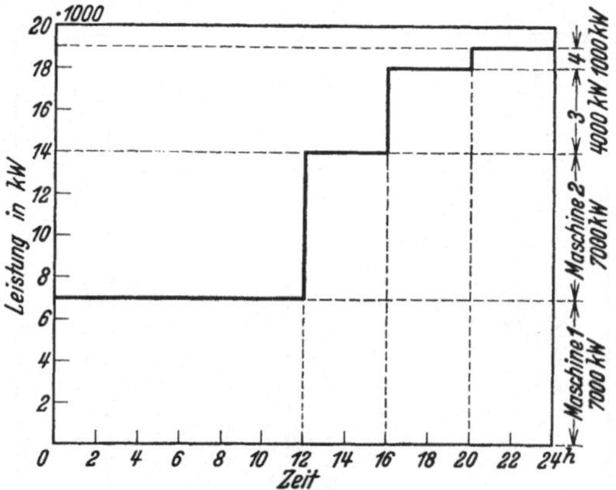

Abb. 24. Leistungsdauerlinie der benötigten
Maschineneinheiten [nach Schwaiger (*169*)].

eine andere ist, sind die Ergebnisse der beiden Verfahren übereinstimmend.

Das Gemeinsame aller dieser nach dem Vorgang von Lauriol entwickelten Verfahren ist die Forderung, daß die Leistungskosten auf alle
kWh mit einem größeren oder geringeren Anteil umzulegen, d. h. auf
die Gesamtfläche unter der Leistungsdauerlinie zu verteilen sind. Dieser
Grundsatz ist vielfach angegriffen worden und seine Richtigkeit läßt sich
nur logisch begründen, nicht jedoch unwiderleglich beweisen. Allerdings
sind — wie betont — auch alle anderen Verfahren nur Näherungen,
deren wissenschaftliche Grundlagen unsicher sind.

Das Lauriolsche Verfahren belastet den Dauerabnehmer höher,
den reinen Spitzenstromabnehmer niedriger als alle andere Verfahren.
Es läßt die Weiterverteilung der Kosten auf Untergruppen oder Einzelabnehmer in beliebiger Wiederholung zu. Weiter machen sich kurzzeitige Änderungen der Belastungsverhältnisse in viel weniger hohem
Maße bemerkbar als bei Verfahren, die sich nur auf Augenblicks-
werte der Belastung stützen, und Sprünge, wie sie etwa das Gruppenhöchstlastverfahren bei Verschiebung der Lastzusammensetzung ergibt,

---

[1] Diese Berechnungsart ist von Schwaiger bereits in einer früheren Arbeit
(*142*) angegeben worden.

werden vermieden. Es ist jedoch nicht zu leugnen, daß alle auf diesem Grundsatz aufgebauten Verfahren in der Durchführung recht umständlich sind, so daß man in vielen Fällen schon aus diesem Grunde zu anderen, einfacheren Verfahren greifen wird.

β) **Das Verfahren von Klingenberg.** Klingenberg benutzt die oben (S. 73) behandelte „Wirtschaftliche Charakteristik", die den Zusammenhang zwischen Betriebskosten und Belastung darstellt, dazu — ähnlich wie Lauriol — Tageskostenlinien zu entwerfen (*98*, S. 12/13, vgl. die hiernach entworfene Abb. 26).

Obgleich Klingenberg dies nicht erwähnt, stellt diese Maßnahme ein Verfahren zur Verteilung der Leistungskosten dar, die später nicht

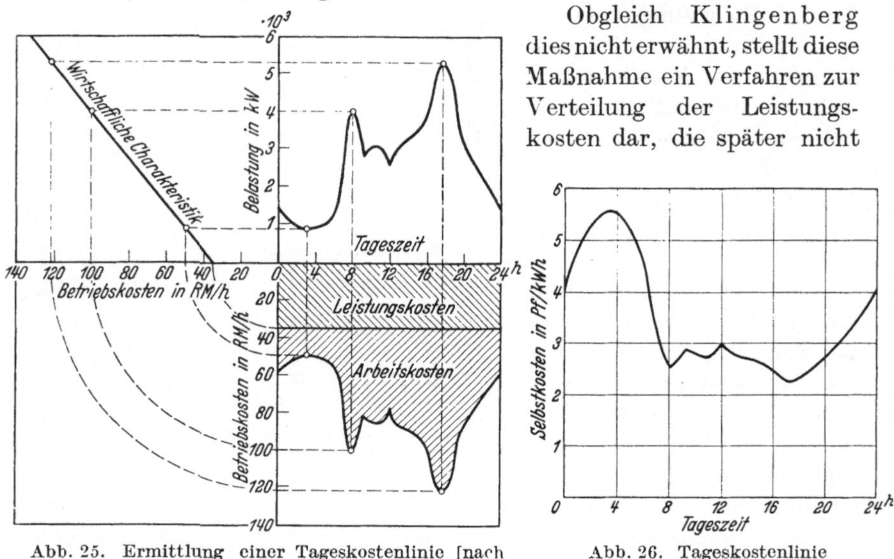

Abb. 25. Ermittlung einer Tageskostenlinie [nach Klingenberg (*98*)].

Abb. 26. Tageskostenlinie [(nach Abb. 25 (*165*).]

nur auf die Betriebskosten des Kraftwerks, sondern auch auf die Kapitalkosten und auf die Kosten der Fortleitung und Verteilung angewendet worden ist (*164*). Im Gegensatz zu Lauriol, der — wie das auch heute noch in der Elektrizitätswirtschaft allgemein üblich ist — jeder Leistungseinheit gleiche Leistungskosten zuordnet, verteilt Klingenberg diese Kosten gleichmäßig auf alle Stunden des Jahres (vgl. Abb. 25).

Bei dieser Art der Behandlung ergeben sich während der Zeiten niedriger Belastung hohe Gestehungskosten je kWh, da die je Zeiteinheit konstanten Leistungskosten sich auf eine kleine Zahl von kWh verteilen und umgekehrt. Das Ergebnis der entsprechenden Umrechnung der Kosten auf die kWh, das für die Tageskostenlinie (Abb. 25) in Abb. 26 dargestellt ist (*165*), steht in Widerspruch zu der allgemeinen Auffassung; es wurde auch von Klingenberg offensichtlich nicht vorausgesehen, doch späterhin von anderen Autoren gefunden (*164, 165, 167*).

γ) **Das Verfahren von Eisenmenger.** Auch Eisenmenger (*3, 4* S. 170, *150, 153*) geht davon aus, daß die Leistungskosten eines Abnehmers nicht in einfachem Verhältnis zu der Leistung stehen, welche dieser während der Höchstbelastung des Kraftwerkes entnimmt und noch weniger zu der Spitzenbelastung des Abnehmers, sondern daß auch dessen Stromabnahme außerhalb der Zeit der Belastungsspitze bei der Verteilung der Leistungskosten berücksichtigt werden muß. Er stützt sich hierbei auf folgende Überlegung: Nehmen zwei Abnehmer A und B die gleichen Leistungen in Anspruch, und zwar A täglich 21 h und B täglich 3 h, so hat die Verteilung der Leistungskosten nach der Zeit der Inanspruchnahme oder, was gleichbedeutend ist, nach dem Arbeitsanteil zu erfolgen. Überschreitet einer der beiden Abnehmer zeitweilig diese Leistung, so hat er die Kosten der Mehrleistung, die ihm allein zur Verfügung steht, auch allein zu tragen. Dies trifft zunächst nur bei gleichbleibender Belastung zu, bei der die Arbeitsmenge in einfachem Verhältnis zu der Zeitdauer der Belastung steht.

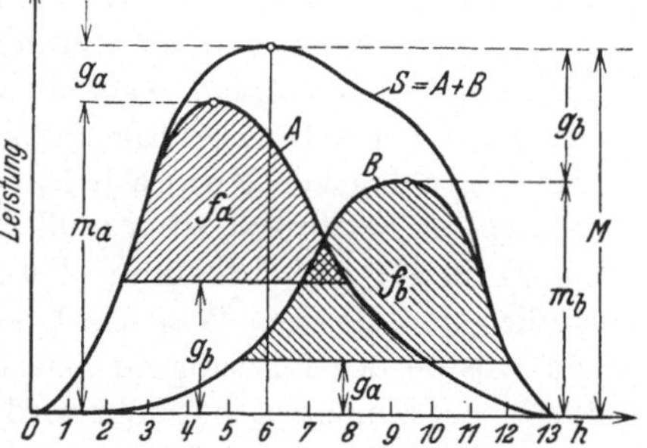

Abb. 27. Anteilige Belastung zweier Abnehmer [nach Eisenmenger-Arnold (*4*) S. 173].

Eisenmenger versucht mittels der Wahrscheinlichkeitsrechnung nachzuweisen, daß auch bei beliebigem Belastungsverlauf für die Leistungskosten des von zwei Abnehmern A und B (Abb. 27) gemeinsam benutzten Teils der Gesamtleistung das Verhältnis der durch diese Leistung für die beiden Abnehmer erzeugten Arbeitsmengen f_a und f_b der richtige Verteilungsschlüssel ist. Dagegen sei die über die Höchstleistung des anderen Abnehmers hinausgehende Leistung g_a und g_b von jedem Abnehmer in **voller Höhe** zu bezahlen, da sie durch ihn verursacht wird und ihm das ganze Jahr uneingeschränkt zur **Verfügung steht**.

Dieses Verfahren belastet auch solche Abnehmer mit Leistungskosten, die keine Erhöhung der Gesamthöchstlast bewirken, und zwar ohne Rücksicht auf die zeitliche Lage des Stromverbrauches; ein Abnehmer von Nachstrom hat daher je kWh die gleichen Leistungskosten zu bezahlen, wie ein anderer Abnehmer außerhalb der Spitze. Diese Eigentümlichkeit des Verfahrens könnte hingenommen werden. Vom Standpunkt der Gestehungskostenverteilung aus ist es bedeutsamer, daß die Weiterverteilung der Kosten auf Untergruppen zu unrichtigen Ergebnissen führt. Eisenmenger erläutert dies selbst an einem Beispiel (*4*, S. 175).

Ein Näherungsverfahren entwickelt Eisenmenger zur unmittelbaren Verteilung der Leistungskosten auf mehr als zwei Abnehmer, das jedoch mit den gleichen grundsätzlichen Mängeln behaftet ist.

Sihle (*169*) schlägt, fußend auf Eisenmengers Verfahren, vor, die von zwei Abnehmern gemeinsam benutzte Leistung auf diese nicht im Verhältnis der Arbeitsmengen, sondern je zur Hälfte zu verteilen. Dies entspricht praktisch dem nachfolgend behandelten Vorschlage von Punga, weshalb ein näheres Eingehen sich hier erübrigt. Auf der gleichen Grundlage will Sihle auch die Leistungskosten auf mehr als zwei Abnehmer angenähert aufteilen.

δ) **Das Treuhandverfahren von Punga.** Punga geht bei seinem Verfahren (*161*) von dem Grundsatz aus, daß der durch die gemeinschaftliche Belieferung zweier Abnehmer erzielbare Mehrgewinn jedem zur Hälfte zufließen soll. Wenn zwei Abnehmer A und B (Abb. 17), von denen A einen Höchstbedarf von 400 kW und B von 600 kW aufweist, bei gemeinschaftlicher Belieferung eine Belastungsspitze von 750 kW hervorrufen, so beträgt gegenüber der einfachen Summierung der Leistungen die Leistungsersparnis 250 kW; von dieser Ersparnis soll nach dem Vorschlag von Punga jedem die Hälfte zugute kommen. Die Verteilung der Leistungskosten muß danach so erfolgen, daß A für 275 kW und B für 475 kW aufkommt. Punga beschreitet damit zunächst grundsätzlich den gleichen Weg wie Eisenmenger. Jeder Abnehmer ist mit den Kosten der Leistung zu belasten, um die die Leistung des anderen durch sein Hinzutreten erhöht wird. Mit dem gemeinschaftlich benutzten Rest, den Eisenmenger im Verhältnis der entsprechenden Arbeitsmengen auf die beiden Abnehmer verteilt, belastet Punga dagegen jeden zur Hälfte. Die Verteilung auf mehr als zwei Abnehmer wird von Punga a. a. O. näherungsweise entwickelt.

Als wesentlichen Vorteil seines Verfahrens sieht Punga die Möglichkeit an, Konkurrenzangebote, d. h. die Wertschätzung des Abnehmers bereits bei der Verteilung der Leistungskosten zu berücksichtigen. Dies ist überaus kennzeichnend für die Subjektivität dieses Verfahrens. Von allen Autoren, die sich mit der Verteilung der Leistungskosten befaßt haben, ist Punga der einzige, der den subjektiven Einfluß der Wertschätzung des Verbrauchers bereits in die Kostenverteilung hineinverlegt. Die anderen Vorschläge sehen zunächst davon ab, diese Einflüsse bei der Kostenverteilung offen zu berücksichtigen; sie wollen alle zunächst ein objektiv möglichst klares Bild von den Gestehungskosten je kWh schaffen, ehe sie unter dem Zwange der Wertschätzung des Abnehmers eine Umschichtung der Kosten vornehmen.

ε) **Der „gedachte Abnehmer" (Phantom Customer), Verfahren von Hills.** Hills (*183, 184*) geht bei seinem Verfahren der Leistungskostenverteilung von folgender Erwägung aus: In einem Stromversorgungsystem, in dem die Gesamtbelastung sich stets auf gleicher Höhe hält, die Benutzungsdauer daher 8760 h im Jahre ist, sind alle kWh gleichwertig, da jede einzelne zur Aufrechterhaltung dieser Benutzungsdauer notwendig ist. Jede kWh ist daher in diesem Falle mit den gleichen Leistungskosten zu belasten, so daß jeder Abnehmer an den gesamten Leistungskosten im Verhältnis seines Arbeitsverbrauches zu beteiligen ist. In Wirklichkeit wird diese vollkommene Ausnutzung jedoch nicht erreicht; es fehlen vielmehr stets eine mehr oder weniger große Anzahl von kWh. Hills läßt den zur ständigen Ausnutzung der Leistungsspitze erforderlichen Verbrauch durch einen „gedachten Abnehmer" (Phantom Customer) F übernehmen (Abb. 28) und beteiligt die Abnehmer $A—F$ an den Leistungskosten zunächst entsprechend ihrem Arbeitsverbrauch. Die auf den gedachten Abnehmer F. entfallenden Leistungskosten müssen dann zusätzlich von den Abnehmern über-

nommen werden, welche die Verschlechterung der Benutzungsdauer
unter 8760 h im Jahre verursachen,
das sind diejenigen, welche während
der Spitze ihre mittlere Belastung
überschreiten. Nur durch die Abweichungen von der mittleren Belastung kommt eine Spitze zustande.
Da diese Voraussetzung auf die Abnehmer A und B zutrifft, sind die
auf den gedachten Abnehmer F entfallenden Leistungskosten auf sie im
Verhältnis der Überschreitung ihrer
mittleren Leistung aufzuteilen. Soweit alle Abnehmer an der Spitze

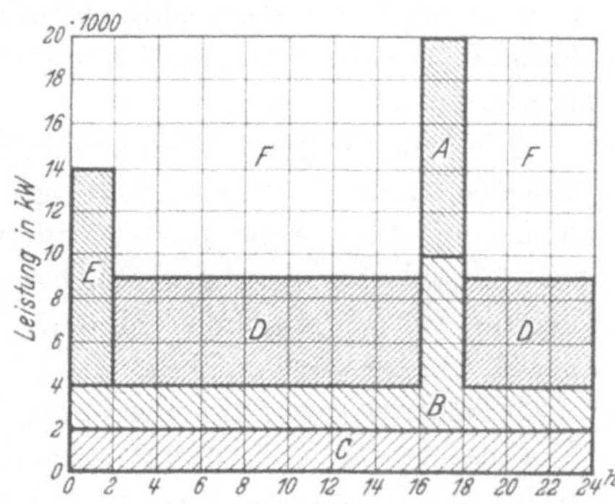

Abb. 28.
Ergänzung einer zusammengesetzten Belastungskurve durch einen „gedachten Abnehmer" [nach Hills (*183/184*)].

mit mehr als ihrer mittleren Belastung beteiligt sind — ein häufig eintretender Fall — zeitigt das Verfahren von Hills die gleichen Ergebnisse wie das Spitzenanteilverfahren.

Als Vorteil dieses Verfahrens ist anzusehen, daß es auch Abnehmer außerhalb der Spitze in gewissem Umfange mit Leistungskosten belastet, und daß der Dauerabnehmer angemessene Leistungskosten zu übernehmen hat. Dagegen ist es als Mangel dieses Verfahrens zu betrachten, daß ausschließlich die die Spitze verursachenden Abnehmer an den zusätzlichen Leistungskosten beteiligt werden. So würde in dem von Hills angenommenen Fall (Abb. 28) der Abnehmer E auch dann keine zusätzlichen Leistungskosten zu tragen haben, wenn seine Stromentnahme in gleicher Höhe nicht zwischen 0 und 2 Uhr, sondern zwischen 14 und 16 Uhr erfolgen würde, da die Gesamtbelastung während dieser Zeit mit 19000 kW noch unter der Spitzenlast von 20000 kW bliebe. Andererseits würde, worauf Eisenmenger (*153*) hinweist, eine Leistungssteigerung des Abnehmers A zu einer Kostenerhöhung auch für den Abnehmer B führen.

Eine Abänderung des Hillsschen Verfahrens wurde von Oram und Robison (*188*) vorgeschlagen. Hiernach werden die auf den gedachten Abnehmer entfallenden Leistungskosten auf alle Abnehmer verteilt, die zu einer Zeit Strom entnehmen, zu der die mittlere Belastung des Gesamtsystems überschritten wird.

c) Beurteilung und Folgerungen. Die eingehende Untersuchung der Leistungskosten in ihrem Verhältnis zum Höchstbedarf hat eine Voraussetzung und zwei Ziele. Die Voraussetzung ist, daß die Leistungskosten im wesentlichen durch den gleichzeitigen Höchstbedarf aller Abnehmer bedingt sind; die Ziele sind einmal die Feststellung, in welchem Maß der einzelne Abnehmer diese Kosten verursacht und weiter die Ermittlung des Umfanges, in welchem der Abnehmer damit belastet werden soll. Diese beiden Aufgaben sind keineswegs gleichbedeutend; während es sich bei der ersten Aufgabe um eine rein zahlenmäßige Feststellung handelt, sprechen bei der Lösung der zweiten Werturteile in erheblichem Umfange mit.

Die erste Aufgabe ist angenähert lösbar, wenn an der oben erwähnten Voraussetzung, daß die Leistungskosten durch die gleichzeitige Höchstbelastung aller Abnehmer bestimmt sind, festgehalten wird. Zwar läßt die Gestaltung der tatsächlichen Verhältnisse eine einwandfreie und genaue Berechnung oder Messung nicht zu, jedoch stehen für eine angenäherte Lösung genügend aufschlußreiche Beobachtungen, Schätzungen und Teilmessungen zur Verfügung. Es bedeutet aber eine Preisgabe der Voraussetzung und damit die Einführung willkürlicher Grundlagen, wenn der Leistungsbedarf des einzelnen Abnehmers oder einer Gruppe zur Zeit der gemeinsamen Spitze nicht mehr als Ursache der Leistungskosten anerkannt wird. Damit wird die einzige Grundlage der Wirklichkeit, die mit einiger Sicherheit ermittelt werden kann, verlassen und an ihre Stelle werden irgendwelche Annahmen oder Werturteile gesetzt, die willkürlich bleiben, auch wenn sie von noch so scharfsinnig erdachten und fein durchgeführten mathematischen oder zeichnerischen Verfahren begleitet sind. Diese Zwiespältigkeit ist vor allem für die im vorhergehenden als subjektiv bezeichneten Verfahren kennzeichnend; sie alle lassen den Grundsatz, daß die gesamten Leistungskosten durch die gemeinsame, gleichzeitige Höchstbelastung bestimmt sind, unangetastet, verneinen aber mehr oder weniger deutlich den Zusammenhang zwischen den Leistungskosten und dem Anteil des Abnehmers an der Höchstbelastung. In dieser Hinsicht sind die als objektiv bezeichneten Verfahren folgerichtiger; sie versuchen mit einer Ausnahme (Knight) den Anteil der Abnehmer an der gemeinsamen Höchstbelastung teils durch Messung oder Beobachtung, teils durch Rechnung festzustellen. Die rechnerischen Verfahren sind verwickelt und nicht für alle Fälle zulässig. Am einfachsten und für die meisten praktischen Zwecke ausreichend ist die Verteilung nach dem Spitzenanteil der Abnehmergruppen, die in den Fällen, in denen dieses Verfahren, wie oben angedeutet unsicher wird, durch das Verfahren von Rückwardt oder Knight ergänzt werden kann.

Bei der Würdigung der einzelnen Verfahren muß auch berücksichtigt werden, daß trotz der großen Verschiedenheit der theoretischen Grundlagen und der Durchführung die Abweichungen der Ergebnisse in der Praxis im allgemeinen klein sind und meist innerhalb der durch Beobachtung und Messung bedingten Ungenauigkeiten liegen (*147, 161, 167, 184*). Weiter ist bei der Beurteilung der Zuverlässigkeit der einzelnen Verfahren zu bedenken, daß sie streng genommen immer nur für eine ganz bestimmte Zusammensetzung der Belastung und damit für kurze Zeit zutreffend sein können. Jeder erhebliche Wechsel in der Belastung, das Hinzutreten neuer, der Ausfall früherer Abnehmer, die Verschiebung der gewerblichen Arbeitszeit u. a. m. bedingt theoretisch die Änderung der Verteilung, so daß sich aus diesem Grunde die Anwendung verwickelter Verfahren nicht empfiehlt.

Es kann keinem Zweifel unterliegen, daß eine möglichst eingehende Kenntnis der Gestehungskosten und ein tiefes Eindringen in ihren Aufbau zweckmäßig und notwendig ist, und daß all die zahlreichen, wohldurchdachten Vorschläge der letzten Jahre in erheblichem Maße hierzu beigetragen haben. Es darf aber nicht aus dem Auge verloren werden, daß es sich hier nicht um eine mathematische, sondern um eine wirtschaftliche Aufgabe handelt, daß die Ergebnisse nur Näherungen sind und schließlich nur einen Faktor darstellen, der die Tarifgestaltung beeinflußt. Man muß sich immer daran erinnern, daß die Gestehungskostenermittlung nicht Selbstzweck ist, sondern dazu dienen soll, eine gerechte, für Lieferer und Abnehmer tragbare Preisstellung für den Verkauf der elektrischen Arbeit zu finden. Eine Preisstellung ist aber, wie in der Einleitung ausgeführt wurde, nur dann gerecht, wenn sie sich nicht nur auf die Verhältnisse des Angebots, also auf die Gestehungskosten, sondern ebenso auf die Umstände der Nachfrage stützt. Mit Rücksicht auf die Wertschätzung und Leistungsfähigkeit gewisser Abnehmer ist es aber häufig notwendig, einen Teil der ermittelten Gestehungskosten auf andere Abnehmergruppen abzuwälzen. Dies kann in der Weise geschehen, daß den einzelnen Abnehmergruppen je nach ihrer Wertschätzung und Leistungsfähigkeit mehr oder weniger Leistungskosten auferlegt werden, als ihnen nach der auf Grund ihrer Belastungsverhältnisse vorgenommenen Verteilung zukommen. Seine Rechtfertigung findet dieses Vorgehen darin, daß man, wie bereits früher angedeutet, den Kapitaldienst, der den größten Teil der Leistungskosten ausmacht, nicht als unmittelbaren Bestandteil der Gestehungskosten auffaßt, sondern als Betriebszweck oder Betriebserfolg, der nur dann zu erzielen ist, wenn jeder Abnehmer nach Wertschätzung und Leistungsfähigkeit belastet wird. Für Art und Umfang dieser etwaigen Umschichtung der Leistungskosten lassen sich bei den verwickelten Einflüssen wirtschaftlicher und psychologischer Natur keine festen Regeln angeben. Solange Wirtschafts- und Seelenkunde mathematischer

Behandlung nicht zugänglich sind, kann hier nur die Erfahrung und die eingehende Sach- und Ortskenntnis in Verbindung mit dem Fingerspitzengefühl des verantwortlichen Fachmanns den richtigen Mittelweg ausfindig machen.

Im Grunde handelt es sich hier genau so um ein Verfahren zur Verteilung der Leistungskosten auf die Abnehmergruppen, wie bei den zahlreichen, vorher erörterten; nur daß als Maßstab nicht objektiv feststellbare Ziffern, sondern zum größten Teil unmeßbare und nur gefühlsmäßig und wirtschaftlich abschätzbare Einflüsse auftreten. Dabei muß aus den vorstehend geschilderten Gründen die begrifflich-theoretische Darstellungsweise, die bei der Erörterung der Verteilung der Leistungskosten angewendet wurde, verlassen und durch die Aufzählung praktischer Einzelfälle ersetzt werden. Nur einige besonders hervorstechende Einzelheiten können in diesem Zusammenhange erwähnt werden. So verbietet die Rücksicht auf die Wertschätzung und die Leistungsfähigkeit, die zu Kochzwecken benötigte elektrische Arbeit im nennenswerten Umfang mit Leistungskosten zu belasten, selbst wenn ein Teil des Bedarfs in die gemeinsame Spitze fällt. Umgekehrt wäre es ebenso unrichtig, einen einzelnen Gewerbetreibenden oder einen Industriezweig nur deshalb nicht bei der Verteilung der Leistungskosten zu berücksichtigen, weil sein Bedarf außerhalb der Spitze auftritt. Hier kann der einzige Vergleichsmaßstab nur in den Kosten der Eigenerzeugung des Abnehmers erblickt werden. Gleichgültig, ob er die elektrische Kraft oder die elektrische Wärme innerhalb oder außerhalb der Belastungsspitze des Elektrizitätswerkes benötigt, er wird stets im Umfang seines eigenen Höchstbedarfs Leistungskosten aufzubringen haben, die auch dann von ihm zu tragen sind und getragen werden müssen, wenn er die elektrische Arbeit von einem öffentlichen Elektrizitätswerk bezieht; in welchem Umfang dies möglich ist, ist Frage des einzelnen Falles.

Weiterhin ist es wichtig zu erkennen, daß gewisse Gruppen von Abnehmern nur mit Verlust beliefert werden können. Dies ist trotz des hohen Verschiedenheitsfaktors bei der großen Zahl der Kleinstabnehmer, bei der Versorgung landwirtschaftlicher Motoren, bei der Beleuchtung von Läden und Büros der Fall. Trotzdem ist es in den meisten Fällen unmöglich, dieser einwandfrei erkannten Tatsache bei der Verteilung der Leistungskosten Rechnung zu tragen, weil die Wertschätzung und vielfach auch die Leistungsfähigkeit eine den Gestehungskosten entsprechende Belastung nicht gestattet. Es mag in diesem Zusammenhang unerörtert bleiben, ob daran die langjährige, unzweckmäßige Preisstellung oder andere Ursachen schuld sind; auf alle Fälle ist es erforderlich, den bei diesen Abnehmern nicht aufzubringenden Teil der Leistungskosten auf andere Abnehmergruppen, deren Wertschätzung und Leistungsfähigkeit es gestatten, umzuschichten. In ähnlicher Weise muß bei der verschiedenartigen Behandlung der Wohnungs- und Erwerbsbeleuchtung vorgegangen werden, worauf in anderem Zusammenhang (S. 11f.) bereits hingewiesen ist.

Diese Beispiele mögen genügen, um darzutun, in welcher Weise grundsätzlich die Wertschätzung und Leistungsfähigkeit der Abnehmer bei der Verteilung der Leistungskosten berücksichtigt werden muß. Der Vorwurf, daß ein solches Verfahren nicht wissenschaftlich ist, kann hingenommen werden, wenn es auf diese Weise glückt, eine gerechte Preisstellung zu finden, die den wichtigsten Erfordernissen der Abnehmer und des Lieferers Rechnung trägt. Wie diese Erkenntnisse bei der Bestimmung der Preisformen verwertet werden sollen, wird später erörtert werden.

2. Die Verteilung der Arbeitskosten.

Während die Leistungskosten, wie im vorstehenden gezeigt wurde, nur näherungsweise und unter bestimmten Annahmen verteilt werden können, ist dies bei den Arbeitskosten theoretisch genau möglich. Nach ihrer Begriffsbestimmung sind die Arbeitskosten derjenige Teil der Gesamtaufwendungen, der in einem einfachen Verhältnis zu der erzeugten oder bezogenen Arbeitsmenge steht. Der Anteil jedes Abnehmers an diesen Kosten entspricht daher dem Verhältnis der für ihn erzeugten oder eingekauften kWh zu der gesamten beschafften Arbeitsmenge. Die für einen bestimmten Abnehmer erzeugte oder eingekaufte Arbeitsmenge ist jedoch in der Regel nicht gleichbedeutend mit der von ihm verbrauchten Arbeitsmenge. Bei der Heranführung von der Ursprungsstelle bis zum Orte des Verbrauchs entstehen Verluste, die auf die Abnehmer verteilt werden müssen. Diese Verluste sind je nach dem Orte der Entnahme verschieden; von Ausnahmen abgesehen, würde es zu praktisch undurchführbaren Folgerungen führen, wenn man jeden Abnehmer mit den auf ihn entfallenden Verlusten belasten würde; es hat sich als ausreichend erwiesen, die Verluste getrennt für Hochspannungs- und Niederspannungsabnehmer zu ermitteln und sie dann gleichmäßig auf die Abnehmer dieser beiden Gruppen zu verteilen.

In einem **Stromversorgungssystem** nach Abb. 8 und 9 (S. 45/46) ergeben sich für einen Hochspannungsabnehmer Verluste in den **Strom**erzeugungs- und -bezugsanlagen und in den Hochspannungsnetzen und Umspannwerken, sowie in den Meßeinrichtungen; für die Niederspannungsabnehmer kommen zu diesen Verlusten noch die Umspannverluste in den Netztransformatoren und im Niederspannungsnetz hinzu. Da hiernach auf die Niederspannungsabnehmer ein größerer Verlustanteil entfällt, ergeben sich für diese, bezogen auf die verkauften kWh auch höhere Arbeitskosten. Die Aufgabe der Arbeitskostenverteilung ist hiernach gleichbedeutend mit der Aufgabe, die anteiligen Verluste der einzelnen Abnehmergruppen zu ermitteln.

Die Gesamtverluste innerhalb eines Stromversorgungssystems werden durch den Unterschied zwischen Stromerzeugung und -bezug auf der einen und dem Stromverkauf auf der anderen Seite dargestellt. Die Summe aller Verluste ist hiernach mit der durch Meßfehler begrenzten Genauigkeit unmittelbar zu bestimmen. Hiervon lassen sich die Leerlaufverluste der Zähler und Umspanner aus der Leistungsaufnahme und der Betriebszeit feststellen. Verluste in einzelnen Leitungssträngen lassen sich errechnen oder aus der Messung des Spannungsabfalls ermitteln, im allgemeinen ist man jedoch für die Bestimmung der zusätzlichen Umspann- und Leitungsverluste auf Schätzungen und Erfahrungswerte angewiesen. Eine rechnerische Ermittlung auf Grund der Belastungskurven ist sehr zeitraubend, ohne genauere Ergebnisse zu versprechen, da eine Verfolgung des Belastungsverlaufes jedes einzelnen Umspanners und Leitungsstranges nicht möglich ist. Im übrigen handelt es sich hierbei nur um einen geringen Teil der Gesamtverluste, so daß etwaige Fehlschätzungen das Ergebnis nicht allzusehr beeinflussen.

Soweit Messungen und genauere Schätzungen nicht möglich sind, errechnet man den nur den Niederspannungsabnehmern zur Last fallenden Leerlaufverbrauch der Netzumspanner und Zähler und die auf alle Abnehmer zu verteilenden Umspannverluste in den Kraft- und Umspannwerken und belastet schätzungsweise mit dem verbleibenden Rest der Verluste anteilig das Hoch- und Niederspannungsnetz. Die so ermittelten Hochspannungsverluste sind dann auf Hoch- und Niederspannungsabnehmer im Verhältnis: Stromverbrauch der Hochspannungsabnehmer zu dem Stromverbrauch der Niederspannungsabnehmer zuzüglich der Niederspannungsverluste zu verteilen. Ist der Verbrauch der Hochspannungsabnehmer A kWh, der der Niederspannungsabnehmer B kWh, die Hochspannungsverluste a kWh und die Niederspannungsverluste b kWh, so ergibt sich für die Verteilung der Verluste folgendes Schema:

Schema der Verlustverteilung.

Bezeichnung der Arbeitsmengen	Arbeitsmenge		
		hiervon entfallen auf	
	insgesamt	Hochspannungs-abnehmer	Niederspannungs-abnehmer
	kWh	kWh	kWh
Stromabgabe an den Abnehmerzählern	$A+B$	A	B
Niederspannungsverluste	b	—	b
Am Ende des Hochspannungsnetzes	$A+B+b$	A	$B+b$
Hochspannungsverluste .	a	$a \cdot \dfrac{A}{A+B+b}$	$a \cdot \dfrac{B+b}{A+B+b}$
Erzeugt und bezogen . .	$A+B+b+a$	$A+a \cdot \dfrac{A}{A+B+b}$	$B+b+a \cdot \dfrac{B+b}{A+B+b}$

Damit ist die Verteilung der erzeugten und bezogenen Arbeitsmengen auf die beiden Hauptgruppen der Abnehmer vollzogen; die Umlegung der Arbeitskosten auf die Hoch- und Niederspannungsabnehmer hat genau in diesem Verhältnis zu erfolgen. Innerhalb der beiden Gruppen sind alle kWh als gleichwertig anzusehen; eine Unterteilung in weitere Untergruppen kommt für die Arbeitskosten nicht in Betracht. Dieser Feststellung widerspricht scheinbar die häufig gebrauchte Abstufung der als „Arbeitspreis" bezeichneten veränderlichen Kostenteile der Verkaufspreise. Hierbei muß jedoch beachtet werden, daß der Begriff „Arbeitskosten" im Rahmen der Gestehungskostenuntersuchung nicht gleichbedeutend ist mit dem Begriff „Arbeitspreis" in den Tarifbestimmungen; diese sind meist nicht reine Arbeitskosten, sondern enthalten noch Teile der Leistungs- und Abnehmerkosten, so daß weitere Abstufungen möglich sind.

3. Die Verteilung der Abnehmerkosten.

Um die Abnehmerkosten, die ausschließlich im Zusammenhang mit den Anlagen und den Leistungen für die Übergabe entstehen, richtig verteilen zu können, ist zunächst wiederum die Trennung in Hoch- und Niederspannungsabnehmer notwendig. Ein Teil dieser Aufwendungen entfällt ausschließlich auf die eine, ein anderer Teil auf die andere Gruppe, und ein dritter ist von beiden Gruppen gemeinsam zu tragen. Nur auf die Hochspannungsabnehmer sind die Kosten der Hochspannungsübergabestationen zu verteilen, und zwar kann hier vielfach der einzelne Abnehmer mit den von ihm besonders verursachten Kosten belastet werden. Dagegen fallen die Aufwendungen für Hausanschlüsse, Prüfung der Inneneinrichtungen usw. ausschließlich den Niederspannungsabnehmern zur Last. Die Ausgaben für Messung und Verrechnung sowie die anteiligen Kosten der Verwaltung und die Handlungsunkosten sind auf beide Gruppen umzulegen. Maßgebend hierfür sind die tatsächlichen Aufwendungen, oder Schätzung, soweit eine klare Trennung der Ausgaben nicht von vornherein möglich ist. Dieser Schätzung können **z. B. die Anlagewerte der Meßeinrichtungen** oder auch, entsprechend der wirtschaftlichen Bedeutung der Abnehmer, die **Anschlußwerte zugrunde** gelegt werden.

Innerhalb der beiden Gruppen muß die Verteilung in der Regel nach der Anzahl der Abnehmer erfolgen. Dabei muß man sich aber über den Begriff „Abnehmer" klar werden. Hierunter kann die Zahl der Abnahmestellen im Netz, die Anzahl der Zähler und die Zahl der natürlichen oder rechtlichen Personen verstanden werden, die dem Unternehmer für die Zahlung der Rechnungsbeträge aufzukommen haben. Bei den Hochspannungsabnehmern liegt es nahe, die Zahl der Abnahmestellen mit der Zahl der Abnehmer gleichzusetzen, weil meistens jeder Hochspannungsabnehmer durch einen besonderen Anschluß an das

Netz versorgt wird. Anders bei Niederspannungsabnehmern, bei denen meist eine größere Zahl von Verbrauchern an einen Hausanschluß angeschlossen ist. Hier ist es üblich, als Abnehmer den rechtlichen Schuldner des Versorgungsunternehmens zu betrachten. Die Zahl dieser „Abnehmer" ist für die Verteilung nicht gleichwertig; der Abnehmer, der z. B. zwei oder mehrere Zähler für Licht, Kraft und Wärme benötigt, oder der Abnehmer mit größeren oder besonderen Meßapparaten, ist mit höheren Kosten zu belasten, als der Abnehmer mit einem normalen Zähler kleinen Meßbereichs.

C. Der Einfluß der Phasenverschiebung auf die Gestehungskosten[1] (201—216).

Bei den vorstehenden Untersuchungen wurde eine Erscheinung außer acht gelassen, die mit der fortschreitenden Verbreitung des Wechsel- und Drehstroms und der zunehmenden Elektrizitätsversorgung der Industrie in wachsendem Maße an Bedeutung gewonnen hat: die Phasenverschiebung. Sieht man von den betriebstechnischen Nachteilen ab, die sich unter anderem in einem vermehrten Spannungsabfall und damit in Schwierigkeiten bei der Spannungsregelung sowie in einer Erhöhung der Kurzschlußströme bemerkbar machen, so sind als unmittelbare Folge der Phasenverschiebung die Notwendigkeit zu verstärktem Ausbau der Anlagen und hiernach erhöhte Anlagekosten sowie zusätzliche Verluste anzusehen, so daß Leistungs- und Arbeitskosten gesteigert werden.

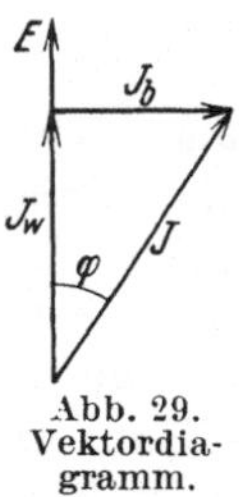

Abb. 29. Vektordiagramm.

1. Die Abhängigkeit der Leistungskosten vom cos φ.

Die Phasenverschiebung, auf deren physikalische Ursachen hier nicht eingegangen werden kann, ist eine Folge der induktiven Belastung, besonders der Umspanner und Motoren. Durch diese wird neben dem Wirkstrom J_w (Abb. 29) ein Blindstrom J_b aufgenommen, der gegen die Spannung E um 90⁰ nacheilt. Die vektorielle Summe von J_w und J_b ergibt den Scheinstrom J, von dessen Stärke die Erwärmung und damit die durch die Erwärmung begrenzte Leistungsfähigkeit der elektrischen Anlagen abhängt. Da die spezifische Erwärmung bei gleicher Stromdichte gleich ist, muß der Kupferquerschnitt, d. h. die Leistungsfähigkeit dem Scheinstrom proportional sein[2]. J eilt gegen E um den Winkel φ

---

[1] Die folgenden Ausführungen sowie die Zahlentafeln 15 und 16 sind den Arbeiten von Nissel (*201*) und (*284*) entnommen. Dort finden sich ausführliche Ableitungen der Formeln und genaue Unterlagen für die Berechnung der Zahlenwerte.

[2] Da hier nur von den grundsätzlichen Zusammenhängen die Rede ist, sind mechanische und andere Rücksichten, die für die Bemessung einzelner Anlageteile maßgebend sind, sowie die Veränderlichkeit der Abkühlungskonstante, zunächst außer Betracht gelassen.

nach. Zwischen Wirk- und Scheinstrom besteht daher folgende Beziehung:

$$\frac{J_w}{J} = \cos \varphi \tag{6}$$

dieses Verhältnis wird „Leistungsfaktor" genannt. Aus Gleichung (6) ergibt sich

$$J = \frac{J_w}{\cos \varphi} \tag{7}$$

Die zur Erzeugung und Übertragung eines bestimmten Wirkstromes und damit einer gegebenen Wirkleistung erforderliche Leistungsfähigkeit der Anlagen steht also im umgekehrten Verhältnis zum Leistungsfaktor.

Die Anlagekosten sind jedoch nicht proportional der Leistungsfähigkeit, d. h. dem Scheinstrom J, da im wesentlichen nur die stromdurchflossenen Anlageteile hiervon beeinflußt werden und bei diesen wieder kein einfacher, linearer Zusammenhang besteht. Die Anlagekosten sind daher nicht nach der Funktion $\frac{1}{\cos \varphi}$, sondern $\frac{f}{\cos \varphi}$ vom Leistungsfaktor abhängig, worin der Faktor f für die einzelnen Anlageteile (Generatoren, Transformatoren, Kabel usw.) verschieden groß ist und jeweils die Abweichung von der linearen Abhängigkeit zwischen Scheinstrom J und Anlagekosten kennzeichnet.

Man kann die Leistungskosten K_l angenähert durch einen mittleren Prozentsatz p der Anlagekosten G ausdrücken und erhält dann unter Berücksichtigung der vorstehend abgeleiteten Beziehungen:

$$K_l = \frac{G \cdot f}{\cos \varphi} \cdot \frac{p}{100}. \tag{8}$$

Bezeichnet man mit $G_1, G_2, G_3 \ldots$ die Anlagekosten der nach verschiedenen Funktionen vom cos φ abhängenden Anlageteile und mit $f_1, f_2, f_3 \ldots$ die entsprechenden Berichtigungsziffern, so erhält man für die Leistungskosten ausgeschrieben die Gleichung:

$$K_l = \left(\frac{G_1 f_1}{\cos \varphi} + \frac{G_2 f_2}{\cos \varphi} + \frac{G_3 f_3}{\cos \varphi} + \ldots \right) \frac{p}{100}. \tag{9}$$

Drückt man $G_1, G_2, G_3 \ldots$ in Prozent von G aus und bezeichnet man diese Prozentsätze entsprechend mit $n_1, n_2, n_3 \ldots$, so läßt sich die Gleichung folgendermaßen schreiben:

$$K_l = (n_1 \cdot f_1 + n_2 \cdot f_2 + n_3 \cdot f_3 + \ldots) \frac{G \cdot p}{\cos \varphi \cdot 100} \tag{10}$$

Für das Gesamtsystem ergibt sich der Faktor f nach Gleichung (8) und Gleichung (10).

$$f = n_1 \cdot f_1 + n_2 \cdot f_2 + n_3 \cdot f_3 + \ldots \tag{11}$$

Für eine Elektrizitätsversorgungsanlage nach Abb. 30 berechnen sich für f aus Gleichung (11) folgende Werte:

Zahlentafel 15. Abhängigkeit der Leistungskosten vom $\cos \varphi$: Werte von f.

$\cos \varphi$	f	$\cos \varphi$	f	$\cos \varphi$	f
1,0	1,000	0,8	0,929	0,6	0,869
0,9	0,961	0,7	0,896	0,5	0,855

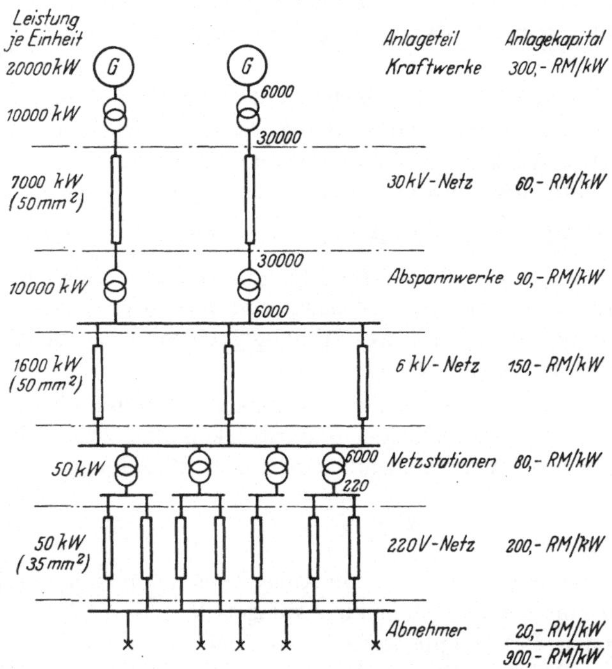

Abb. 30. Schaltbild einer Elektrizitätsversorgungsanlage zur Bestimmung der Abhängigkeit der Leistungskosten vom $\cos \varphi$ (nach *201*).

Für $\cos \varphi = 0,7$ lautet demnach die Leistungskostengleichung:

$$K_l = \frac{0,896 \cdot G \cdot p}{0,7 \cdot 100} = \frac{1,28 \cdot G \cdot p}{100}, \tag{12}$$

d. h. die Leistungskosten werden bei einer Anlage, die zur Zeit der Höchstbelastung mit einem $\cos \varphi = 0,7$ arbeitet, um 28% erhöht.

2. Die Abhängigkeit der Arbeitskosten vom $\cos \varphi$.

Die Stromwärmeverluste v in einem elektrischen Leiter mit dem Widerstand R betragen:

$$v = J^2 \cdot R. \tag{13}$$

Ist R unabhängig vom cosφ, dann ergibt Gleichung (13) mit Gleichung (7):

$$v = \frac{J_w^2 \cdot R}{\cos^2 \varphi} \tag{14}$$

Im vorigen Abschnitt wurde gezeigt, daß die Leistungsfähigkeit der elektrischen Anlagen proportional dem Scheinstrom sein muß. Dieser Notwendigkeit wird bei der Bemessung der Anlageteile in der Praxis Rechnung getragen. Daher ist — abgesehen davon, daß die Kupferquerschnitte infolge der Abnahme der zulässigen Stromdichte rascher zunehmen als die Scheinleistung — der Widerstand R der gesamten Anlagen umgekehrt proportional J, d. h. proportional cos φ. Ist der Widerstand der für cos $\varphi = 1$ bemessenen, also blindstromfreien Anlagen R_w, dann ist:

$$R = R_w \cdot \cos \varphi. \tag{15}$$

Aus Gleichung (14) und (15) wird:

$$v = \frac{J_w^2 \cdot R_w}{\cos \varphi} \tag{16}$$

Bezeichnet man die Verluste in den für cos $\varphi = 1$ bemessenen, also blindstromfreien Anlagen mit v_w, dann ist:

$$v_w = J_w^2 \cdot R_w \tag{17}$$

woraus mit Gleichung (16):

$$v = \frac{v_w}{\cos \varphi} \tag{18}$$

ist. Die zusätzlichen Blindstromverluste v_b ergeben sich zu:

$$v = v - v_w = \frac{v_w}{\cos \varphi} - v_w \tag{19}$$

und demnach:

$$v_b = v_w \left(\frac{1}{\cos \varphi} - 1 \right). \tag{20}$$

Wird v_w und damit v_b in Prozent der Stromerzeugung ausgedrückt und für $v_w = 20\%$ angenommen, so ergeben sich für v_b folgende Werte:

Hieraus ist zu entnehmen, daß bei den angenommenen Wirkstromverlusten und z. B. bei einem cos $\varphi = 0{,}7$ die zusätzlichen Ohmschen Blindstromverluste 8,56% der Gesamterzeugung betragen, oder daß sich die Gesamtverluste von 20% auf 28,56% erhöhen.

Die Arbeitskosten sind daher nach der Funktion $1 + \frac{v_b}{100}$ vom cos φ abhängig, wobei v_b sich in Prozent der Stromerzeugung aus Gleichung (20) ergibt.

Auf S. 76 war die Gestehungskostengleichung (1) wie folgt ermittelt:

$$K_g = b \cdot M + c \cdot A + d \cdot Z.$$

Zahlentafel 16.
Abhängigkeit der Arbeitskosten vom cosφ:
Werte von v_b.

cos φ	$\dfrac{1}{\cos\varphi} - 1$	v_b
1,0	0	0
0,9	0,111	2,22
0,8	0,250	5,00
0,7	0,428	8,56
0,6	0,667	13,33
0,5	1,000	20,00

Diese Gleichung ist nunmehr auf Grund der obigen Ableitungen wie folgt zu berichtigen:

$$K_y = b \cdot M \cdot \frac{f}{\cos \varphi} + c \cdot A \left(1 + \frac{vb}{100} \right) + dZ. \tag{21}$$

Der Einfluß des $\cos \varphi$ ist demnach sehr beträchtlich und vermag die Gestehungskosten dadurch erheblich zu vergrößern, daß die Anlageteile entsprechend größer bemessen und höhere Verluste in Kauf genommen werden müssen. In ganzer Schärfe machen sich diese Einflüsse geltend, wenn die Anlagen bis an die Grenze ihrer Leistungsfähigkeit beansprucht sind. Aber selbst in diesem Falle ist eine Berücksichtigung des Leistungsfaktors bei der Gestehungskostenverteilung in dem besprochenen Rahmen nicht möglich und auch nicht gerechtfertigt, weil jeder Abnehmer in verschiedener Weise auf die Gestaltung des $\cos \varphi$ einwirkt. Es bleibt daher nichts anderes übrig, als bei jedem Einzelfall den Einfluß des Leistungsfaktors zu berücksichtigen, dies aber im wesentlichen auf die Großabnehmer zu beschränken, weil sich bei den Kleinabnehmern der Einbau der hierfür erforderlichen teuren und verwickelten Meßgeräte aus wirtschaftlichen Gründen verbietet (s. S. 171).

III. Die zahlenmäßige Feststellung der Gestehungskosten.

Um die Gestehungskosten in ihren tatsächlichen Beträgen zu erfassen, sind drei Hauptarbeitsvorgänge erforderlich:

A. die Ermittlung der Gesamtkosten auf Grund der Buchungen,

B. die Aufteilung der Kosten auf Grund der Abnahmeverhältnisse und

C. die Zusammenstellung der Kosten für die einzelnen Abnehmergruppen.

Der erste dieser Vorgänge ist ein kaufmännischer, der zweite ein technisch-analytischer und der dritte ein statistischer. Im vorliegenden Zusammenhang kann es sich nicht darum handeln, dieses Verfahren in jeder Einzelheit zu erörtern, weil für die Preisstellung nur das Ergebnis nicht der Weg von Bedeutung ist. Im folgenden werden daher nur die wichtigsten Gesichtspunkte hervorgehoben und die Durchführung an einem Beispiel kurz erläutert. Im übrigen sei auf die in letzter Zeit erschienenen ausführlichen Arbeiten verwiesen (*2, 10, 100*).

Die Gesamtkosten, deren Ermittlung der erste Vorgang ist, ergeben sich im einzelnen aus den Büchern. Mit Rücksicht auf die spätere Aufteilung ist es zweckmäßig, die Buchungen getrennt nach Kostenstellen und Kostenbestandteilen vorzunehmen. Die Rückstellungen sind für die einzelnen Kostenstellen nach ihrer tatsächlichen Höhe einzusetzen, während für die Zinsen entweder ein mittlerer Prozentsatz zu berechnen ist, oder die gezahlte Dividende und die Anleihezinsen im Verhältnis der Anlagewerte auf die Kostenstellen aufzuteilen sind. Hiernach ergibt sich etwa folgendes Schema, das für die Eintragung der einzelnen Ausgabeposten zunächst noch weiter zu unterteilen ist, für die weitere Durchführung der Gestehungskostenermittlung jedoch — wie bei dem folgenden Beispiel gezeigt wird — noch vereinfacht und zusammengezogen werden kann.

Strombeschaffung.

Kapitalkosten:
    Zinsen,
    Tilgung,
    Abschreibung,
    Erneuerung;

Betriebskosten:
    Gehälter und Löhne,
    Betriebstoffe,
    Strombezug,
    Sonstiger Sachbedarf;

Instandhaltungskosten:
    Gehälter und Löhne,
    Sachbedarf.
Sonstige Kosten.

Dieses Schema wiederholt sich mit geringen Abänderungen für die Kostenstellen: Fortleitung, Verteilung und Übergabe. Etwas stärkere Abweichungen ergeben sich für die Kostenstelle

Verwaltung.

Kapitalkosten:
    Zinsen,
    Tilgung ,
    Abschreibung,
    Erneuerung;
Betriebskosten:
    Gehälter und Löhne,
    Sachbedarf;

Instandhaltungskosten:
    Gehälter und Löhne,
    Sachbedarf;
Sonstige Kosten:
    Steuern,
    Versicherungen,
    Verschiedenes.

Da das Ziel der Kostenermittlung die sinngemäße Aufteilung auf die Abnehmergruppen ist, eine einfache Beziehung zwischen diesen und den Verwaltungskosten aber nicht besteht, ist es, worauf bereits hingewiesen wurde (vgl. S. 48), zweckmäßig, die Verwaltungskosten auf die übrigen Kostenstellen umzulegen. Häufig wird hierbei mangels genauerer Unterlagen, die durch entsprechende Verbuchung zu beschaffen wären, rein nach Schätzung verfahren, indem z. B. auf Strombeschaffung, Fortleitung und Verteilung je $1/_5$ und auf die Übergabe, die entsprechend der Anzahl der Abnehmer einen großen Teil der Verwaltungskosten verursacht, $2/_5$ umgelegt werden. Will man genauer vorgehen, dann müssen, wie erwähnt, entweder die einzelnen Ausgaben soweit wie möglich nach ihrem Verwendungszweck verbucht werden (z. B. Autofahrten usw.) oder man kann unter der Annahme, daß die Verwaltungskosten mit der Leistungsfähigkeit der einzelnen Anlageteile wachsen, den größten Teil dieser Kosten im Verhältnis der Anlagewerte der einzelnen Kostenstellen verteilen und den Rest, besonders die Steuern und Versicherungen auf die Anlageteile umlegen, die sie betreffen.

Die weitere Durchführung wird zweckmäßig an einem Beispiel gezeigt, wobei wiederum, um die Übersichtlichkeit nicht zu gefährden, eine allzu weitgehende Behandlung der Einzelvorgänge, die sonst notwendig ist, vermieden wird. Dem Beispiel liegen die Verhältnisse eines mittleren Überlandwerkes zugrunde, dessen Aufbau durch Abb. 8 u. 9 (S. 45 u. 46) gekennzeichnet ist. Die Strombeschaffung erfolgt durch Eigenerzeugung und Strombezug; versorgt werden Wiederverkäufer, Industrie und Pumpwerke als Hochspannungsabnehmer und eine große Zahl von Licht- und Kraftabnehmern als Niederspannungsabnehmer.

A. Die Ermittlung der Gesamtkosten.

Das Anlagekapital, die Kapitalkosten und die Betriebskosten ergeben sich nach den Buchungen unter Zugrundelegung der auf S. 109 angedeuteten Unterteilung, in zusammengefaßter Form aus Zahlentafel 17.

Zahlentafel 17. Anlagekapital,

| | | Kapitalkosten | |
| Kostenstellen | Anlage-kapital | | Betrag |
	RM	%	RM
A. Strombeschaffung			
I. Eigenerzeugung	3 750 000	12	450 000
II. Strombezug	200 000	10	20 000
B. Fortleitung	10 000 000	10	1 000 000
C. Verteilung	6 500 000	10	650 000
D. Übergabe	2 750 000	12	330 000
E. Verwaltung und allgemeine Steuern . .	800 000	10	80 000
Insgesamt	24 000 000	—	2 530 000

Das Anlagekapital für die Strombeschaffungsanlagen ist verhältnismäßig klein, weil der überwiegende Teil des Strombedarfs durch Bezug gedeckt wird. Die Kapitalkosten sind daher verglichen mit den Betriebskosten niedrig. Das Anlagekapital für „Strombezug" stellt den Wert der Anlagen zur Übernahme und Messung des Fernstroms dar. „Fortleitung" enthält die Umspannwerke, das 50- und das 10 kV-Netz, „Verteilung" die Netzumspannanlagen und die Niederspannungsnetze einschließlich der Straßenbeleuchtung und „Übergabe" die Hausanschlüsse, Zähler und Eichanlagen sowie die Außenbüros. Die Anlagen der „Verwaltung" sind im einzelnen aus Zahlentafel 18 (S. 112) ersichtlich. Die Steuern, die bei den Kostenstellen A. bis D. aufgeführt sind, sind lediglich kapitalabhängig und unmittelbar mit den betreffenden Anlageteilen verknüpft. Die Steuern zu E. stellen die umsatz- und ertragsabhängigen Steuern dar.

Wie bereits bemerkt, ist es für die weitere Durchführung der Gestehungskostenermittlung zweckmäßig, die Verwaltungskosten auf die übrigen Kostenstellen aufzuteilen. Dies ist in Zahlentafel 18 geschehen (s. S. 112), wobei die Posten Verwaltungsgebäude, Fuhrpark und Fernsprechanlage sowie die Handlungsunkosten zu je $1/5$ auf „Strombeschaffung", „Fortleitung", und „Verteilung" und zu $2/5$ auf „Übergabe" umgelegt wurden, während mit dem Posten: Werkstätten und Lager, die für die „Übergabe" keine Verwendung finden, „Strombeschaffung", „Fortleitung" und „Verteilung" zu je $1/3$ belastet wurden.

Die umsatz- und ertragsabhängigen Steuern wären, wie früher ausgeführt (s. S. 61), entsprechend ihrem Ursprunge auf die einzelnen Abnehmergruppen nach dem Umsatz oder Ertrage aufzuteilen. Man kann die Verteilung jedoch auch, ohne große Fehler zu machen, mit den übrigen Kosten zusammen vornehmen. Hierzu sind auch die Steuern

Kapital- und Betriebskosten.

Betriebskosten					Gesamt-kosten
Gehälter und Löhne	Betriebstoffe und Sachbedarf	Instand-haltung	Steuern	Insgesamt	
RM	RM	RM	RM	RM	RM
120 000	300 000	70 000	20 000	510 000	960 000
—	1 300 000 [1]	—	—	1 300 000	1 320 000
30 000	5 000	105 000	20 000	160 000	1 160 000
18 000	2 000	150 000	10 000	180 000	830 000
220 000	60 000	130 000	2 000	412.000	742 000
330 000	120 000	48 000	575 000	1 073 000	1 153 000
718 000	1 787 000	503 000	627 000	3 635 000	6 165 000

[1] Leistungspreis: 500 000 RM, Arbeitspreis: 800 000 RM.

zunächst auf die Kostenstellen A. bis D. umzulegen, wobei jedoch zu berücksichtigen ist, daß der Ertrag bei den **Kleinabnehmern** meist höher ist als bei den Großabnehmern, so daß auf die Kostenstellen „Verteilung", die ausschließlich, und „Übergabe", die vorwiegend auf die Niederspannungsabnehmer entfällt, ein entsprechend höherer Steueranteil zu rechnen ist. Eine Verteilung nach den Anlagewerten oder den Gesamtbeträgen der einzelnen Kostenstellen würde zu unrichtigen Ergebnissen führen. Die umsatz- und ertragsabhängigen Steuern sind unter Berücksichtigung dieser Gesichtspunkte ebenfalls in Zahlentafel 18 auf die einzelnen Kostenstellen umgelegt.

In Zahlentafel 19 (S. 113) sind die Gesamtkosten auf Grund der Zahlentafeln 17 und 18 zusammengestellt. Die hier vorgenommene

Zahlentafel 18. Aufteilung der Verwaltungskosten
und allgemeinen Steuern.

Kostenbestandteile	Gesamt-betrag	Hiervon entfallen auf:			
		A. Strom-beschaf-fung	B. Fort-leitung	C. Ver-teilung	D. Über-gabe
	RM	RM	RM	RM	RM
I. Verwaltungsanlagen					
1. Verwaltungsgebäude .	50 000	10 000	10 000	10 000	20 000
2. Fuhrpark	35 000	7 000	7 000	7 000	14 000
3. Fernsprechanlage . .	10 000	2 000	2 000	2 000	4 000
4. Werkstätten	30 000	10 000	10 000	10 000	—
5. Lager	3 000	1 000	1 000	1 000	—
Summe I Verwaltungsanlagen	128 000	30 000	30 000	30 000	38 000
II. Handlungsunkosten					
1. Gehälter und Löhne .	330 000	66 000	66 000	66 000	132 000
2. Sachbedarf	120 000	24 000	24 000	24 000	48 000
Summe II Handlungsunkosten	450 000	90 000	90 000	90 000	180 000
Summe I und II Verwaltungs-kosten	578 000	120 000	120 000	120 000	218 000
III. Allgemeine Steuern . .	575 000	80 000	150 000	180 000	165 000
Summe I bis III	1 153 000	200 000	270 000	300 000	383 000

Trennung nach Kostenursachen erfolgte nach den auf S. 71 f. gegebenen
Grundsätzen.

B. Die Aufteilung der Gestehungskosten.

Die zweite wichtige Aufgabe der Gestehungskostenermittlung besteht
in der Aufteilung der in Zahlentafel 19 ermittelten Kosten auf die
einzelnen Abnehmergruppen. Diese Aufteilung hat, wie auf S. 69 f.
ausgeführt wurde, nach Leistung, Arbeit und Abnehmerzahl zu erfolgen.

Für die Umlegung der Leistungskosten führt im vorliegenden
Falle das Spitzenanteilverfahren zu brauchbaren Ergebnissen. Um
den Spitzenanteil der einzelnen Abnehmergruppen ermitteln zu können,
muß die Gesamtbelastungskurve des Tages der höchsten Jahresbelastung
(Abb. 31, S. 114) zergliedert werden. Zunächst ist die Gesamtbelastung
nach Hoch- und Niederspannungsabnehmern aufzuteilen. Da es sich bei
den hochspannungseitig belieferten Gruppen (Wiederverkäufer, Industrie
und Pumpwerke) um eine beschränkte Zahl von Großabnehmern handelt,
läßt sich deren Belastung, soweit nicht zur Verrechnung — wie heute
vielfach üblich — selbstschreibende Leistungsmesser eingebaut sind,
durch viertelstündliche Ablesung der Zähler ermitteln. Es genügt
hierbei, wenn von jeder Gruppe einige bezeichnende Abnehmer gemessen

Zahlentafel 19. Gesamtkosten.

Kostenstellen und Kostenbestandteile	Gesamt-kosten RM	Hiervon sind		
		Leistungs-kosten RM	Arbeits-kosten RM	Abnehmer-kosten RM
A. Strombeschaffung:				
1. Kapitalkosten	470000	470000	—	—
2. Gehälter und Löhne . .	120000	100000	20000	—
3a. Betriebsstoffe und Sach-bedarf	300000	30000	270000	—
3b. Strombezug	1300000	500000	800000	—
4. Instandhaltung	70000	30000	40000	—
5. Verwaltung.	120000	120000	—	—
6. Steuern	100000	20000	80000	—
Summe A. Strombeschaffung. .	2480000	1270000	1210000	—
B. Fortleitung:				
1. Kapitalkosten	1000000	1000000	—	—
2. Gehälter und Löhne . .	30000	30000	—	—
3. Betriebsstoffe und Sach-bedarf	5000	5000	—	—
4. Instandhaltung	105000	105000	—	—
5. Verwaltung	120000	120000	—	—
6. Steuern	170000	170000	—	—
Summe B. Fortleitung	1430000	1430000	—	—
C. Verteilung:				
1. Kapitalkosten	650000	650000	—	—
2. Gehälter und Löhne . .	18000	18000	—	—
3. Betriebsstoffe und Sach-bedarf	2000	2000	—	—
4. Instandhaltung	150000	150000	—	—
5. Verwaltung	120000	120000	—	—
6. Steuern	190000	190000	—	—
Summe C. Verteilung	1130000	1130000	—	—
D. Übergabe:				
1. Kapitalkosten	330000	—	—	330000
2. Gehälter und Löhne . .	220000	—	—	220000
3. Betriebsstoffe und Sach-bedarf	60000	—	—	60000
4. Instandhaltung	130000	—	—	130000
5. Verwaltung	218000	—	—	218000
6. Steuern	167000	—	—	167000
Summe D. Übergabe	1125000	—	—	1125000
Zusammenstellung				
A. Strombeschaffung	2480000	1270000	1210000	—
B. Fortleitung	1430000	1430000	—	—
C. Verteilung	1130000	1130000	—	—
D. Übergabe	1125000	—	—	1125000
Gesamtsumme	6165000	3830000	1210000	1125000

und hieraus die Belastungskurve der betreffenden Gruppe durch Erweiterung im Verhältnis der Höchstleistungen oder, falls diese nicht festgestellt werden können, der Arbeitsmengen berechnet wird. Hierbei wird bei gleichartigen Abnehmern ähnlicher Belastungsverlauf vorausgesetzt, was für diese Untersuchung in den meisten Fällen hinreichend

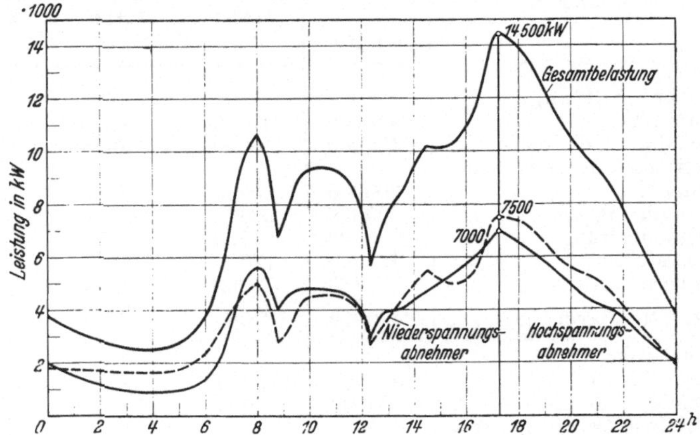

Abb. 31. Tagesbelastungskurve, unterteilt nach Hoch- und Niederspannungsabnehmern.

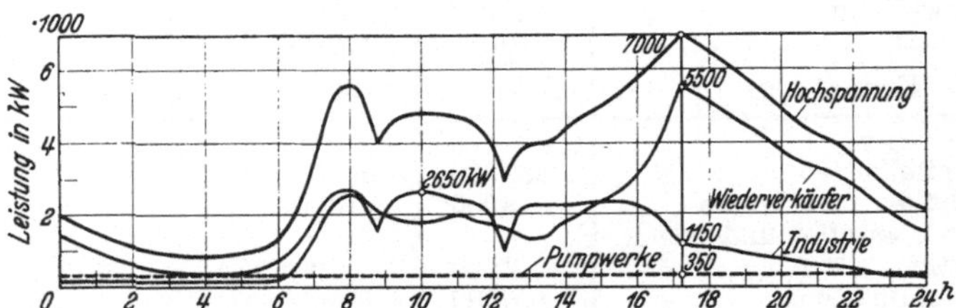

Abb. 32. Zusammensetzung der Belastung der Hochspannungsabnehmer (nach Abb. 31).

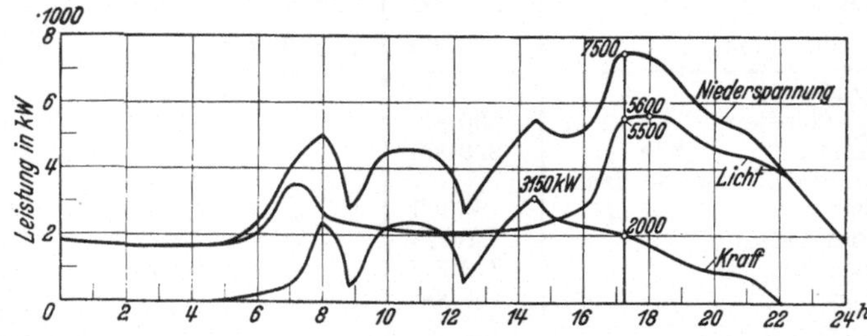

Abb. 33. Zusammensetzung der Belastung der Niederspannungsabnehmer (nach Abb. 31).

genau ist. Abb. 32 zeigt die auf diese Weise ermittelte Belastungskurve der Hochspannungsabnehmer für den Tag der Höchstbelastung. Der Unterschied zwischen der Gesamtbelastungskurve (Abb. 31) und der Belastungslinie der Hochspannungsabnehmer (Abb. 32) ergibt den Belastungsverlauf der Niederspannungsabnehmer für diesen Tag (Abb. 33).

Die weitere Zerlegung der in Abb. 33 dargestellten Kurven ist bei der großen Zahl der Niederspannungsabnehmer auf dem eben beschriebenen

Wege nicht möglich. Hier führt das auf S. 83 erörterte Verfahren der Belastungsanalyse nach Kurven verschiedener Tage im Dezember weiter. Im vorliegenden Falle wurde die Belastungskurve des Niederspannungsnetzes am Goldenen Sonntag durch Abzug der Belastung der Hochspannungsabnehmer in der oben beschriebenen Weise ermittelt. Diese Kurve stellt im wesentlichen die Belastung durch die Beleuchtung der Wohnungen und Läden dar. Der Unterschied zwischen dieser „Lichtkurve" und der Gesamtbelastung des Niederspannungsnetzes am Tage der Höchstlast wird zum weitaus überwiegenden Teil durch Kraftbelastung gebildet. Die so gewonnene Licht- und Kraftbelastungskurve ist ebenfalls in Abb. 33 eingetragen.

Man könnte noch weiter, wie S. 83 gezeigt, durch Feststellung der Wohnungsbelastung allein an einem gewöhnlichen Wintersonntag die Belastungskurven für Wohnungen und gewerbliche Beleuchtung trennen. Man muß hierbei jedoch berücksichtigen, daß diese Zergliederung infolge verschiedener Wetterverhältnisse und der Verschiebung des Sonnenunterganges um so ungenauer wird, je mehr verschiedene und je weiter auseinander liegende Tage der Analyse zugrunde gelegt werden. Unter günstigen Umständen lassen sich aber auf diesem Wege brauchbare Ergebnisse erzielen. Außerdem ist eine beliebige Unterteilung auf Grund weiterer Beobachtungen und Messungen möglich (*10, 155, 159, 160*). — Die Leistungsverluste lassen sich bei einer derartigen Aufteilung der Belastungskurven zwar berücksichtigen, doch können sie meist gegenüber den Meß- und Beobachtungsfehlern und den grundsätzlichen Ungenauigkeiten des Verfahrens vernachlässigt werden.

Die Spitzenanteile der einzelnen Abnehmergruppen ergeben sich nun aus Abb. 31—33. Die Leistungskosten der Strombeschaffung und Fortleitung sind auf alle Abnehmer, die der Verteilung nur auf die Niederspannungsabnehmer im Verhältnis der Spitzenanteile umzulegen. Die entsprechenden Verteilungsschlüssel sind in Zahlentafel 20 errechnet.

Zahlentafel 20. Aufteilungsschlüssel für die Leistungskosten.

Abnehmergruppen		Spitzen-anteil kW	Anteil an den Leistungskosten	
			Strombeschaffung und Fortleitung %	Verteilung %
Hochspannungs-abnehmer	Wiederverkäufer	5500	37,95	—
	Industrie . . .	1150	7,90	—
	Pumpwerke . .	350	2,40	—
Niederspannungs-abnehmer	Licht	5500	37,95	73,30
	Kraft	2000	13,80	26,70
Insgesamt		14500	100,00	100,00
Eigenerzeugung		8000	—	—
Strombezug		6500	—	—

8*

Die Arbeitskosten sind auf die einzelnen Abnehmergruppen, wie oben dargelegt wurde (vgl. S. 101), im Verhältnis der für sie beschafften (nicht abgegebenen) Arbeitsmengen zu verteilen. Zur Ermittlung dieser Zahlen ist die Kenntnis der Verluste nach dem Orte ihrer Entstehung und ihre Umlegung auf die verschiedenen Abnehmergruppen notwendig. Die Gesamtverluste sind durch den Unterschied zwischen der erzeugten und bezogenen Arbeitsmengen auf der einen und die abgegebenen auf der anderen Seite bestimmt (Zahlentafel 21).

Zahlentafel 21. Energiebilanz.

Strombeschaffung und -abgabe		kWh	kWh	kWh
Strombeschaffung	Eigenerzeugung		15 000 000	
	Strombezug		30 000 000	
	Insgesamt Strombeschaffung			45 000 000
Stromabgabe	Hochspannungsabnehmer:			
	a) Wiederverkäufer.	15 000 000		
	b) Industrie	6 000 000		
	c) Pumpwerke.	2 500 000		
	Insgesamt		23 500 000	
	Niederspannungsabnehmer:			
	d) Licht	8 000 000		
	e) Kraft	6 000 000		
	Insgesamt		14 000 000	
	Gesamtabgabe			37 500 000
Verluste				7 500 000

Die Gesamtverluste, deren einzelne Bestandteile (Umspann-, Netz-, Zählerverluste usw.) nach dem oben angegebenen Verfahren ermittelt wurden (vgl. S. 102) verteilen sich nach dem dort angegebenen Schema folgendermaßen:

Zahlentafel 22. Aufteilung der Verluste.

Bezeichnung der Arbeitsmengen	Hochspannungsabnehmer kWh	Niederspannungsabnehmer kWh	Insgesamt kWh
Stromabgabe am Zähler	23 500 000	14 000 000	37 500 000
Verluste im Niederspannungsnetz . .	—	5 500 000	5 500 000
Am Ende des Hochspannungsnetzes .	23 500 000	19 500 000	43 000 000
Verluste im Hochspannungsnetz . . .	1 100 000	900 000	2 000 000
Erzeugt und bezogen	24 600 000	20 400 000	45 000 000
Gesamtverluste	1 100 000	6 400 000	7 500 000
Strombeschaffung . . . . %	54,7	45,3	100,0
Stromabgabe . . . . %	62,7	37,3	100,0
Gesamtverluste . . . . %	4,5	31,4	16,7

Einen schnellen Überblick über die Beschaffung und den Verbrauch der elektrischen Arbeit gibt eine zeichnerische Energiebilanz in Form des Sankeydiagramms Abb. 34.

Die Arbeitskosten sind nach dem Ergebnis der Zahlentafel 22 auf Hoch- und Niederspannungsabnehmer im Verhältnis von 54,7 zu 45,3 aufzuteilen. Auf die einzelnen Abnehmergruppen hat die Weiterverteilung dann im Verhältnis der abgegebenen Arbeitsmengen zu erfolgen (Zahlentafel 23). Eine größere Genauigkeit läßt sich durch rechnerische Verfolgung der auf die verschiedenen Gruppen entfallenden Verluste erreichen; so können die Zählerverluste für Licht- und Kraftabnehmer getrennt erfaßt werden, wodurch sich eine Verschiebung der Kostenverteilung ergeben würde. Eine zu weit getriebene theoretische Genauigkeit ist jedoch bei den in der Praxis unvermeidlichen Fehlern zwecklos.

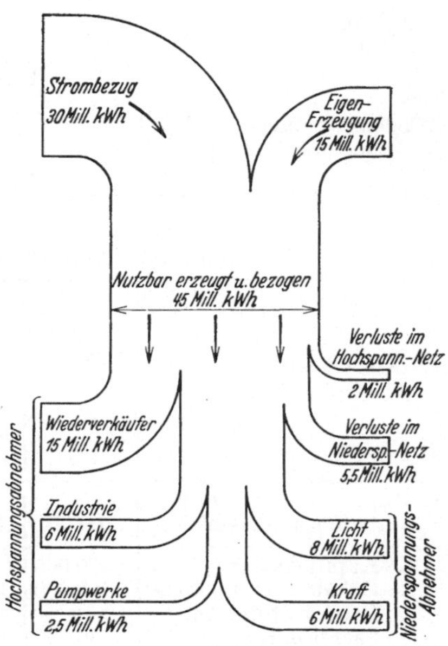

Abb. 34. Energiebilanz (nach Zahlentafel 21 und 22).

Zahlentafel 23. Aufteilungsschlüssel für die Arbeitskosten.

Abnehmergruppen		Abgegebene Arbeitsmenge kWh	Anteil an den Arbeitskosten %	%
Hochspannungs-abnehmer	Wiederverkäufer . . .	15 000 000	34,9	
	Industrie	6 000 000	14,0	
	Pumpwerke	2 500 000	5,8	
	Insgesamt			54,7
Niederspannungs-abnehmer	Licht	8 000 000	25,9	
	Kraft	6 000 000	19,4	
	Insgesamt			45,3
Summe				100,0

Die Abnehmerkosten müssen bereits bei der Verbuchung für Hoch- und Niederspannungsabnehmer getrennt erfaßt werden. Dies ist für die Anlagen zur Stromübergabe und Messung (Hausanschlüsse und Zähler) meist leicht möglich. Dagegen werden die Kosten der Zählerablesung, Rechnungsausstellung und des Geldeinzuges nicht immer

Zahlentafel 24. Anzahl der Abnehmer.

Abnehmergruppen		Zahl der Abnehmer	
Hochspannungs-abnehmer	Wiederverkäufer . . .	30	
	Industrie	60	
	Pumpwerke	10	
	Insgesamt		100
Niederspannungs-abnehmer	Licht	65 000	
	Kraft	25 000	
	Insgesamt		90 000
	Summe		90 100

Zahlentafel 25. Aufteilung der Leistungskosten.

Kostenstellen und Kostenbestandteile	Gesamt-betrag RM	Hochspannungsabnehmer			Niederspannungsabnehmer	
		Wieder-ver-käufer RM	Indu-strie RM	Pump-werke RM	Licht RM	Kraft RM
A. Strombeschaffung Aufteilungsschlüssel %	100,00	37,95	7,90	2,40	37,95	13,80
1. Kapitalkosten . . .	470 000	178 400	37 100	11 300	178 400	64 800
2. Gehälter und Löhne	100 000	38 000	7 900	2 300	38 000	13 800
3a. Betriebsstoffe und Sachbedarf	30 000	11 400	2 400	700	11 400	4 100
3b. Strombezug	500 000	190 000	39 000	12 000	190 000	69 000
4. Instandhaltung . . .	30 000	11 400	2 400	700	11 400	4 100
5. Verwaltung	120 000	45 600	9 600	2 800	45 600	16 400
6. Steuern	20 000	7 600	1 600	500	7 600	2 700
Summe A. Strombeschaffung	1 270 000	482 400	100 000	30 300	482 400	174 900
B. Fortleitung Aufteilungsschlüssel %	100,00	37,95	7,90	2,40	37,95	13,80
1. Kapitalkosten . . .	1 000 000	379 500	79 000	24 000	379 500	138 000
2. Gehälter und Löhne .	30 000	11 400	2 400	700	11 400	4 100
3. Betriebsstoffe und Sachbedarf	5 000	1 900	400	100	1 900	700
4. Instandhaltung . . .	105 000	39 900	8 300	2 500	39 900	14 400
5. Verwaltung	120 000	45 600	9 600	2 800	45 600	16 400
6. Steuern	170 000	64 500	13 400	4 100	64 500	23 500
Summe B. Fortleitung . .	1 430 000	542 800	113 100	34 200	542 800	197 100
C. Verteilung Aufteilungsschlüssel %	100,00	—	—	—	73,30	26,70
1. Kapitalkosten . . .	650 000	—	—	—	477 000	173 000
2. Gehälter und Löhne .	18 000	—	—	—	13 200	4 800
3. Betriebsstoffe und Sachbedarf	2 000	—	—	—	1 500	500
4. Instandhaltung . . .	150 000	—	—	—	110 000	40 000
5. Verwaltung	120 000	—	—	—	87 900	32 100
6. Steuern	190 000	—	—	—	139 400	50 600
Summe C. Verteilung . .	1 130 000	—	—	—	829 000	301 000

getrennt erfaßt. Hier kann dann die Verteilung auf Hoch- und Niederspannungsabnehmer nach ihrer Anzahl erfolgen, wobei jedoch die Hochspannungsabnehmer mit einem vielfachen — etwa 10—20fachen — des auf die Niederspannungsabnehmer entfallenden Betrages zu belasten sind. Die Weiterverteilung auf die Abnehmergruppen kann bei den Hochspannungsabnehmern nach ihrer Anzahl erfolgen. Dagegen ist bei den Niederspannungsabnehmern zu berücksichtigen, daß jeder Kraftabnehmer meist auch gleichzeitig Lichtabnehmer ist und daher mit einem Teil der Übergabekosten, z. B. den anteiligen Verwaltungskosten, den Kosten des Geldeinzuges usw. nicht in gleicher Höhe belastet werden kann, wie ein Lichtabnehmer. Allgemeine Richtlinien lassen sich jedoch für die Berücksichtigung dieser Verhältnisse nicht angeben; vielmehr müssen im praktischen Falle die besonderen Umstände in

Zahlentafel 26. Aufteilung der Arbeitskosten.

Strombeschaffung: Kostenbestandteile	Gesamtbetrag	Hochspannungsabnehmer			Niederspannungsabnehmer	
		Wiederverkäufer	Industrie	Pumpwerke	Licht	Kraft
	RM	RM	RM	RM	RM	RM
Aufteilungsschlüssel %	100,00	34,9	14,0	5,8	25,9	19,4
2. Gehälter und Löhne .	20000	7000	2800	1100	5200	3900
3a. Betriebsstoffe und Sachbedarf	270000	94300	37800	15700	69900	52300
3b. Strombezug	800000	279000	112000	46500	207000	155500
4. Instandhaltung ...	40000	14000	5600	2300	10400	7700
6. Steuern.......	80000	27900	11200	4700	20700	15500
Summe: Arbeitskosten .	1210000	422200	169400	70300	313200	234900

Zahlentafel 27. Aufteilung der Abnehmerkosten.

Übergabe: Kostenbestandteile	Gesamtbetrag	Hochspannungsabnehmer				Niederspannungsabnehmer		
		Insgesamt	Wiederverkäufer	Industrie	Pumpwerke	Insgesamt	Licht	Kraft
	RM	RM	RM	RM	RM	RM	RM	RM
1. Kapitalkosten ...	330000	15000	4500	9000	1500	315000	230000	85000
2. Gehälter und Löhne	220000	10000	3000	6000	1000	210000	170000	40000
3. Betriebsstoffe und Sachbedarf ...	60000	3000	900	1800	300	57000	40000	17000
4. Instandhaltung ..	130000	10000	3000	6000	1000	120000	85000	35000
5. Verwaltung	218000	5000	1500	3000	500	213000	180000	33000
6. Steuern	167000	47000	14100	28200	4700	120000	85000	35000
Summe: Abnehmerkosten	1125000	90000	27000	54000	9000	1035000	790000	245000

Betracht gezogen werden. Die Zahl der Abnehmer, die für die Weiterverteilung der Abnehmerkosten auf die Hochspannungsabnehmer und eines Teiles dieser Kosten auf die Niederspannungsabnehmer maßgebend ist, ergibt sich aus Zahlentafel 24 (S. 118).

In den vorstehenden Zahlentafeln 25, 26 und 27 sind die Leistungs-, Arbeits- und Abnehmerkosten, deren Gesamtbeträge sich aus Zahlentafel 19 (S. 113) ergeben, unter Berücksichtigung der vorstehenden Grundsätze und der Zahlentafeln 20, 23 und 24 auf die einzelnen Abnehmergruppen aufgeteilt, Hierbei wurden die Kostenbestandteile, insbesondere die Kapitalkosten getrennt erfaßt, um eine bei der Preisbildung etwa notwendige Umschichtung der Kosten zu ermöglichen.

C. Die Zusammenstellung der Gestehungskosten.

Im dritten Arbeitsvorgang sind die im vorigen Abschnitt aufgeteilten Kosten für die einzelnen Abnehmergruppen übersichtlich zusammenzustellen. Dies ist in Zahlentafel 28 für die Hochspannungsabnehmer und in Zahlentafel 29 für die Niederspannungsabnehmer geschehen.

Zahlentafel 28. Zusammenstellung der Gestehungskosten für Hochspannungsabnehmer.

Abnehmergruppen und Kostenbestandteile	A. Strombeschaffung		B. Fortleitung (Leistungskosten)	D. Übergabe (Abnehmerkosten)	Insgesamt	
	Leistungskosten RM	Arbeitskosten RM	RM	RM	RM	Rpf/kWh
a) Wiederverkäufer						
1. Kapitalkosten . . .	178400	—	379500	4500	562400	3,75
2. Gehälter und Löhne	38000	7000	11400	3000	59400	0,40
3a. Betriebsstoffe und Sachbedarf	11400	94300	1900	900	108500	0,72
3b. Strombezug . . .	190000	279000	—	—	469000	3,13
4. Instandhaltung . .	11400	14000	39900	3000	68300	0,45
5. Verwaltung . . .	45600	—	45600	1500	92700	0,62
6. Steuern	7600	27900	64500	14100	114100	0,76
Summe a) Wiederverkäufer	482400	422200	542800	27000	1474400	9,83
Dgl. . . . . Rpf/kWh	3,22	2,81	3,62	0,18	9,83	—
b) Industrie						
1. Kapitalkosten . . .	37100	—	79000	9000	125100	2,08
2. Gehälter und Löhne	7900	2800	2400	6000	19100	0,32
3a. Betriebsstoffe und Sachbedarf	2400	37800	400	1800	42400	0,71
3b. Strombezug . . .	39000	112000	—	—	151000	2,52
4. Instandhaltung . .	2400	5600	8300	6000	22300	0,37
5. Verwaltung . . .	9600	—	9600	3000	22200	0,37
6. Steuern	1600	11200	13400	28200	54400	0,90
Summe b) Industrie . .	100000	169400	113100	54000	436500	7,27
Dgl. . . . . Rpf/kWh	1,67	2,81	1,89	0,90	7,27	—

Zahlentafel 28. Zusammenstellung der Gestehungskosten für Hochspannungsabnehmer (Fortsetzung).

Abnehmergruppen und Kostenbestandteile	A. Strombeschaffung		B. Fortleitung (Leistungskosten)	D. Übergabe (Abnehmerkosten)	Insgesamt	
	Leistungskosten RM	Arbeitskosten RM	RM	RM	RM	Rpf/kWh
c) Pumpwerke						
1. Kapitalkosten. . .	11 300	—	24 000	1 500	36 800	1,47
2. Gehälter und Löhne	2 300	1 100	700	1 000	5 100	0,20
3a. Betriebsstoffe und Sachbedarf	700	15 700	100	300	16 800	0,67
3b. Strombezug . . .	12 000	46 500	—	—	58 500	2,34
4. Instandhaltung . .	700	2 300	2 500	1 000	6 500	0,26
5. Verwaltung . . .	2 800	—	2 800	500	6 100	0,25
6. Steuern	500	4 700	4 100	4 700	14 000	0,56
Summe c) Pumpwerke .	30 300	70 300	34 200	9 000	143 800	5,75
Dgl. . . . . Rpf/kWh	1,21	2,81	1,37	0,36	5,75	—

Zahlentafel 29. Zusammenstellung der Gestehungskosten für Niederspannungsabnehmer.

Abnehmergruppen und Kostenbestandteile	A. Strombeschaffung		B. Fortleitung (Leistungskosten)	C. Verteilung (Leistungskosten)	D. Übergabe (Abnehmerkosten)	Insgesamt	
	Leistungskosten RM	Arbeitskosten RM	RM	RM	RM	RM	Rpf/kWh
d) Licht							
1. Kapitalkosten . .	178 400	—	379 500	477 000	230 000	1 264 900	15,81
2. Gehälter und Löhne	38 000	5 200	11 400	13 200	170 000	237 800	2,97
3a. Betriebsstoffe und Sachbedarf . . .	11 400	69 900	1 900	1 500	40 000	124 700	1,56
3b. Strombezug . . .	190 000	207 000	—	—	—	397 000	4,97
4. Instandhaltung .	11 400	10 400	39 900	110 000	85 000	256 700	3,21
5. Verwaltung . . .	45 600	—	45 600	87 900	180 000	359 100	4,49
6. Steuern	7 600	20 700	64 500	139 400	85 000	317 200	3,96
Summe d) Licht . . .	482 400	313 200	542 800	829 000	790 000	2 957 400	36,97
Dgl. . . . . . Rpf/kWh	6,03	3,91	6,79	10,37	9,87	36,97	—
e) Kraft							
1. Kapitalkosten . .	64 800	—	138 000	173 000	85 000	460 800	7,68
2. Gehälter und Löhne	13 800	3 900	4 100	4 800	40 000	66 600	1,11
3a. Betriebsstoffe und Sachbedarf . . .	4 100	52 300	700	500	17 000	74 600	1,24
3b. Strombezug . . .	69 000	155 500	—	—	—	224 500	3,74
4. Instandhaltung .	4 100	7 700	14 400	40 000	35 000	101 200	1,69
5. Verwaltung . . .	16 400	—	16 400	32 100	33 000	97 900	1,63
6. Steuern	2 700	15 500	23 500	50 600	35 000	127 300	2,12
Summe e) Kraft . . .	174 900	234 900	197 100	301 000	245 000	1 152 900	19,21
Dgl. . . . . . Rpf/kWh	2,92	3,91	3,28	5,02	4,08	19,21	—

Diese beiden Tafeln geben die Ziffern unterteilt nach Kostenstellen. Kostenbestandteilen und Kostenursachen. Ihr Ergebnis ist in Abb. 35 (S. 124) zeichnerisch veranschaulicht. Man erkennt hieraus die große Bedeutung der Verteilungs- und Übergabekosten bei den Kleinabnehmern, die von den Abnehmern, aber auch in Fachkreisen, vielfach nicht genügend gewürdigt wird. Diese beiden Posten machen bei den kleinen Kraftabnehmern fast die Hälfte, bei den Lichtabnehmern mehr als die Hälfte der Gesamtkosten aus.

Zahlentafel 30. Aufrechnung

Kostenstellen	RM	Kostenbestandteile	RM
A. Strombeschaffung . . .	2 280 000	1. Kapitalkosten	2 530 000
B. Fortleitung	1 160 000	2. Gehälter und Löhne . .	718 000
C. Verteilung	830 000	3a. Betriebsstoffe und Sach-	
D. Übergabe	742 000	bedarf	487 000
E. Verwaltung und Steuern	1 153 000	3b. Strombezug	1 300 000
		4. Instandhaltung	503 000
		5. Steuern	627 000
Insgesamt	6 165 000	Insgesamt	6 165 000

In Zahlentafel 30 und Abb. 36 (S. 125) sind die Gestehungskosten nach Kostenstellen, Kostenbestandteilen, Kostenursachen und Abnehmergruppen unter Zugrundelegung der Zahlentafeln 17, 19, 28 und 29 aufgerechnet. In der Aufrechnung nach Kostenbestandteilen sind die Verwaltungskosten nicht getrennt erfaßt, sondern entsprechend aufgeteilt.

Zahlentafel 31. Die gesamten Gestehungskosten.

Abnehmergruppen	Leistungs- kosten RM	Arbeits- kosten RM	Abnehmer- kosten RM	Ins- gesamt RM
a) Wiederverkäufer.	1 025 200	422 200	27 000	1 474 400
b) Industrie	213 100	169 400	54 000	436 500
c) Pumpwerke	64 500	70 300	9 000	143 800
Summe: Hochspannungsabnehmer .	1 302 800	661 900	90 000	2 054 700
d) Licht	1 854 200	313 200	790 000	2 957 400
e) Kraft	673 000	234 900	245 000	1 152 900
Summe: Niederspannungsabnehmer	2 527 200	548 100	1 035 000	4 110 300
Gesamtsumme	3 830 000	1 210 000	1 125 000	6 165 000

Zeigt nun das Ergebnis der Gestehungskostenermittlung, daß einzelnen Abnehmern oder Abnehmergruppen mit Rücksicht auf ihre Wertschätzung nicht die gesamten auf sie entfallenden Kosten verrechnet werden können, dann ist zu untersuchen, ob andere Abnehmer mit höheren Kosten belastet werden können, und eine entsprechende Umschichtung der Kosten vorzunehmen. Hierbei sind, worauf bereits hingewiesen wurde (S. 50 und 55), in erster Linie die Kapitalkosten zu berücksichtigen. In manchen Fällen können jedoch auch andere Kostenbestandteile, etwa die Verwaltungskosten auf andere Abnehmergruppen abgewälzt werden. Wieweit hierbei gegangen werden darf, ist von Fall zu Fall genau zu untersuchen, wobei die Ermittlung der Gestehungskosten in der vorstehend gegebenen Unterteilung wertvolle Unterlagen bietet. Abgesehen von dieser Möglichkeit besteht ein wesentlicher Vorteil der

der Gestehungskosten.

Kostenursachen	RM	Abnehmergruppen	RM
I. Leistungskosten . . .	3 830 000	a) Wiederverkäufer . . .	1 474 400
II. Arbeitskosten	1 210 000	b) Industrie	436 500
III. Abnehmerkosten . . .	1 125 000	c) Pumpwerke	143 800
		d) Licht	2 957 400
		e) Kraft	1 152 900
Insgesamt	6 165 000	Insgesamt	6 165 000

nach Kostenbestandteilen getrennten Durchführung der Gestehungskostenermittlung darin, daß man hierbei in der Lage ist, die Änderung der Zins- oder Abschreibungssätze, der Löhne, Betriebsstoffkosten usw. unmittelbar in ihrem Einfluß auf die Gestehungskosten der einzelnen Abnehmergruppen zu verfolgen.

Für die Auswertung der Ergebnisse dieser Untersuchung sind die für die Abnehmergruppen endgültig — nach etwaiger Kostenumschichtung — ermittelten Kostenanteile auf die Verkaufseinheiten zu beziehen. Unterteilt nach Kostenursachen sind die Gesamtkosten für die verschiedenen Gruppen noch einmal in Zahlentafel 31 zusammengestellt.

Die Leistungskosten können bei den Hochspannungsabnehmern auf die Höchstbelastung der Einzelabnehmer bezogen werden, die bei neuzeitlichen Elektrizitätswerken meist gemessen wird. Im vorliegenden Falle haben sich folgende Werte ergeben:

Zahlentafel 32. Höchstbelastungen der Hochspannungsabnehmer.

Abnehmergruppen	Summe der gemessenen Einzelhöchst- belastungen kW	Spitzen- anteil kW	Verschieden- heitsfaktor
a) Wiederverkäufer.	5800	5500	1,055
b) Industrie	1800	1150	1,570
c) Pumpwerke	350	350	1,000
Insgesamt und im Mittel . . .	7950	7000	1,136

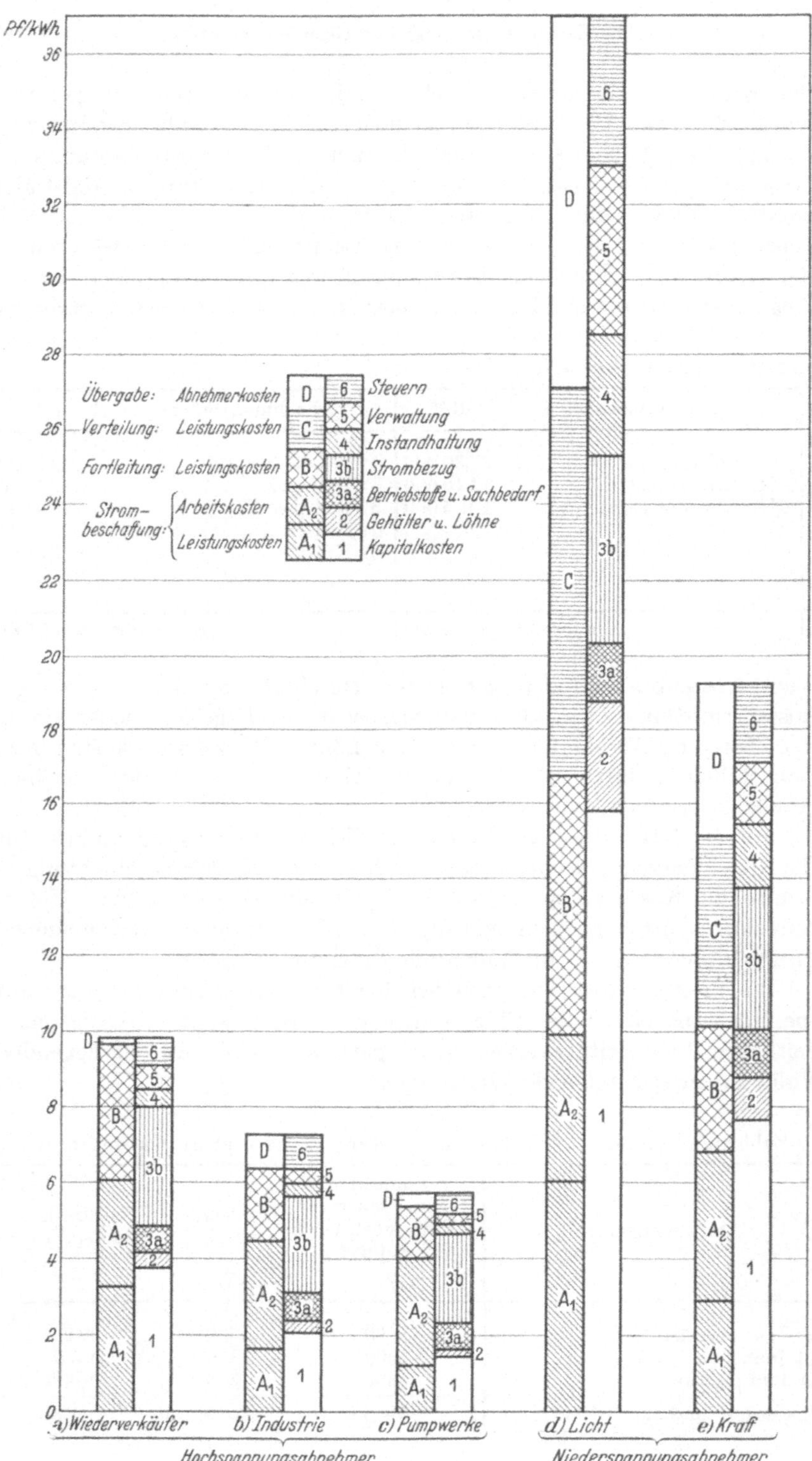

Abb. 35. Gestehungskosten der einzelnen Abnehmergruppen.

Infolge der Abweichungen des Verschiedenheitsfaktors werden hierbei die Beträge je kW Höchstbelastung für die einzelnen Abnehmergruppen nicht gleich hoch. Will man dies vermeiden, dann kann man alle Hochspannungsabnehmer als eine Gruppe behandeln und mit einem mittleren Leistungskostenanteil rechnen.

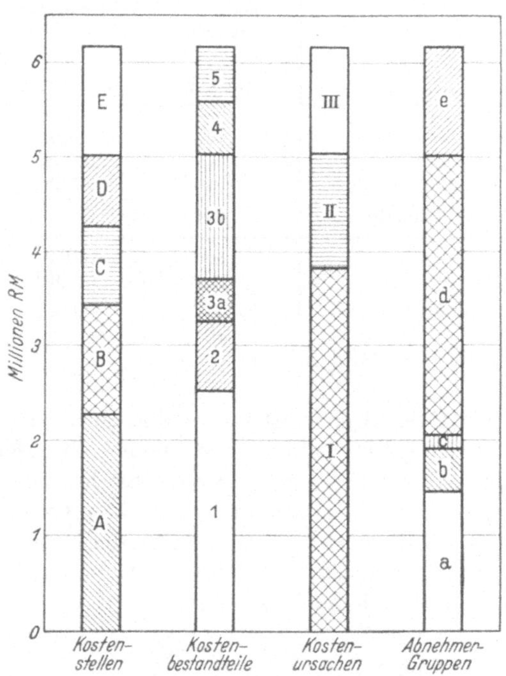

Abb. 36. Zusammenstellung der Gestehungskosten
nach

Kostenstellen	Kostenbestandteilen	Kostenursachen	Abnehmergruppen
A. Strombeschaffung	1. Kapitalkosten	I. Leistungskosten	a) Wiederverkäufer
B. Fortleitung	2. Gehälter u. Löhne	II. Arbeitskosten	b) Industrie
C. Verteilung	3a. Betriebsstoffe u.	III. Abnehmerkosten	c) Pumpwerke
D. Übergabe	Sachbedarf		d) Licht (Klein-
E. Verwaltung	3b. Strombezug		abnehmer)
	4. Instandhaltung		e) Kraft (Klein-
	5. Steuern		abnehmer)

(nach Zahlentafel 30, S. 122/123).

Für die Niederspannungsabnehmer kommt eine derartige Weiterverteilung der Leistungskosten nicht in Betracht, vielmehr sind hier eine Reihe anderer Bezugsgrößen gebräuchlich, auf die im zweiten Buche (S. 193) eingegangen wird.

Die Arbeitskosten je abgegebene kWh und die Abnehmerkosten je Abnehmer lassen sich aus den vorstehenden Unterlagen unmittelbar feststellen. Hiernach ergeben sich unter Berücksichtigung der

Zahlentafel 24, 28, 29, 31 und 32 folgende Werte für die Konstanten b, c und d der Gestehungskostengleichung [Gleichung (1), S. 76]:

Zahlentafel 33. Die Konstanten der Gestehungskostengleichung.

Abnehmergruppen	Leistungs-kosten-Konstante b RM/kW	Arbeits-kosten-Konstante c RM/kWh	Abnehmer-kosten-Konstante d RM/Abnehmer
a) Wiederverkäufer	177	0,0281	900
b) Industrie	118	0,0281	900
c) Pumpwerke	185	0,0281	900
Mittel: Hochspannungsabnehmer .	164	0,0281	900
d) Licht	—[1]	0,0391	12,15
e) Kraft	—[1]	0,0391	9,80
Mittel: Niederspannungsabnehmer .	—[1]	0,0391	11,50

[1] Vgl. zweites Buch, S. 148f. u. 193.

Bei der Preisbildung ist es meist notwendig, einen Teil der Leistungs-kosten in den Arbeitspreis einzurechnen, da bei Grundgebührentarifen so hohe Leistungspreise, wie sie sich aus der Gestehungskostenermittlung ergeben, im allgemeinen nicht bezahlt werden können. Vielfach werden auch die Abnehmerkosten nicht getrennt, sondern mit den Leistungs- oder Arbeitskosten gemeinsam verrechnet. Alle diese Fragen werden noch im zweiten Buch behandelt werden.

Zweites Buch.

Die Gestaltung der Tarife.

I. Der Aufbau der Verkaufspreise.

(217—298.)

Im ersten Buch sind die Umstände der Nachfrage und des Angebotes, die bei dem Verkauf der elektrischen Arbeit von Bedeutung sind, eingehend erörtert; es hat sich eine große Zahl von Tatsachen und Zusammenhängen ergeben, die auf den Verkaufspreis von Einfluß sein müssen. Im folgenden ist nunmehr zu untersuchen, inwieweit bei der Preisstellung diesen Einflüssen Rechnung getragen werden kann. Eines ergibt sich aus den Untersuchungen des ersten Buches mit Sicherheit: ein einheitlicher Preis für alle Zwecke unter Zugrundelegung irgendeiner Verrechnungsgröße der Leistung oder der Arbeit kann in den seltensten Fällen angewendet werden, wenn man nicht wesentliche Belange, sei es des Abnehmers, sei es des Verkäufers, vernachlässigen will. Stets muß versucht werden, mehreren Umständen durch besondere Bestimmungen oder Abstufungen Rechnung zu tragen. Die Zusammenstellung dieser Bestimmungen und Abstufungen nennt man den „Tarif".

Die Tarife werden zunächst in Anlehnung an den Aufbau der Gestehungskosten gebildet; hieraus ergeben sich bestimmte Grundformen, die durch Abstufung den verschiedensten Umständen der Nachfrage und des Angebotes angepaßt werden. Demnach sind im folgenden zuerst die Grundformen und die Abstufungen der Tarife zu untersuchen. Hieraus werden sich die Merkmale ergeben, die für die Beurteilung der Anwendbarkeit und Zweckmäßigkeit der verschiedenen Tarife bei den einzelnen Abnehmergruppen und Anwendungsgebieten der elektrischen Arbeit von Bedeutung sind. Hieran soll sich eine Übersicht über die Tarife in verschiedenen Ländern und schließlich eine kurze Untersuchung anfügen, ob und inwieweit die von Behörden und Abnehmern so dringlich geforderte Vereinheitlichung der Tarife erreichbar ist.

A. Die Grundformen der Tarife (244—254).

Bei der Behandlung der Gestehungskosten der elektrischen Arbeit wurde festgestellt, daß diese aus drei Hauptteilen bestehen (vgl. S. 76):

a) einem Anteil, der durch die höchste Beanspruchung der Betriebsmittel bestimmt wird (Leistungskosten),

b) einem Betrag, der von der Zahl der erzeugten Arbeitseinheiten abhängt (Arbeitskosten),

c) einem von der Anzahl der Verbraucher abhängigen Betrag (Abnehmerkosten).

Dieser Zusammenhang wird durch die Gleichung (1), S. 76 dargestellt:

$$K = b \cdot M + c \cdot A + d \cdot Z\,.$$

Vernachlässigt man den Gleichzeitigkeitsfaktor und die anteiligen Verluste, so können die auf den einzelnen Verbraucher durchschnittlich entfallenden Kosten k wie folgt ausgedrückt werden:

$$k = b \cdot m + c \cdot a + d\,. \tag{22}$$

Hierin bedeutet m die Höhe der Inanspruchnahme der Betriebsmittel von seiten des Abnehmers und a seinen Stromverbrauch in kWh. Unter Hinzurechnung des für alle Abnehmer gleichen Anteils d zu den Leistungskosten vereinfacht sich die Gleichung wie folgt:

$$k = b_1 \cdot m + c \cdot a. \tag{23}$$

Diese Formel kann für die weitere Entwicklung noch umgestaltet werden, indem man den Begriff der Benutzungsdauer (t) einführt. Diese Benutzungsdauer ist keine wirkliche Zeitgröße, sondern eine Verhältnisziffer, die angibt, wieviel Stunden der Höchstbedarf oder der Anschlußwert oder sonst eine Leistungsgröße im ganzen Jahre hätte benützt werden müssen, um den tatsächlichen Verbrauch zu ergeben; man kann dann den Verbrauch a auch darstellen durch das Produkt:

$$a = m \cdot t, \text{ woraus sich } t = \frac{a}{m} \text{ und } m = \frac{a}{t} \text{ ergibt.} \tag{24}$$

Durch Ersatz von a bzw. m nach Gleichung (24) kann die Kostengleichung (23) für den einzelnen Abnehmer wie folgt dargestellt werden:

$$k = \left(\frac{b_1}{t} + c \right) \cdot a \tag{25a}$$

oder

$$k = (b_1 + c \cdot t) \cdot m\,. \tag{25b}$$

An Hand dieser Formeln ergeben sich die Grundformen der Tarife, die im folgenden behandelt werden sollen, und zwar in der Reihenfolge ihrer zeitlichen Einführung in den regelmäßigen Gebrauch. Zwar ist eine strenge zeitliche Festlegung des Aufkommens der einzelnen Tarife nicht möglich, da sie schon von Anfang an nebeneinander gebraucht werden; es läßt sich aber die überwiegende Verwendung von einzelnen Tarifarten in bestimmten Zeiträumen mit Sicherheit feststellen, im Anfang der Entwicklung herrscht der Pauschaltarif vor, dann der Zählertarif und schließlich gewinnt der Grundgebührentarif immer mehr an Boden.

1. Der Pauschaltarif.

Nimmt man an, daß auf die Einheit der Beanspruchung, gleichgültig, in welchem Maße sie gemessen wird, eine vorausbestimmte Anzahl von

Arbeitseinheiten verbraucht wird, d. h. betrachtet man in der Gleichung (25b) die Benutzungsdauer t für alle Abnehmer als gleichbleibend, so wird der Ausdruck in der Klammer unveränderlich und der von dem Abnehmer zu zahlende Preis ist nur von der Höhe seiner Beanspruchung abhängig und wird durch den tatsächlichen Verbrauch nicht mehr beeinflußt. Zu dem gleichen Ergebnis gelangt man, wenn das Arbeitsglied $c \cdot a$ in der Kostengleichung (22) gegenüber dem Leistungsglied verschwindend klein ist und praktisch vernachlässigt werden kann.

Eine derartige Preisstellung heißt „Pauschaltarif". Bei diesem Tarif wird ein fester Jahresbetrag entsprechend der in Anspruch genommenen Leistung erhoben; die Höhe des auf die Leistungseinheit entfallenden Verbrauchs wird im voraus nach der mutmaßlichen Benutzungsdauer geschätzt. Betragen z. B. die Leistungskosten für jedes in Anspruch genommene kW des Höchstbedarfs 240,— RM/Jahr und nimmt man an, daß der Verbrauch an elektrischer Arbeit einer Benutzungsdauer des Höchstbedarfs von 2400 h/Jahr entspricht, so ergibt sich bei 2,5 Rpf/kWh Arbeitskosten ein Jahrespauschalbetrag von

$$k = 240 + 0,025 \cdot 2400 = 300,— \text{RM}$$

je kW des Höchstbedarfs. Auf eine Lampe von 30 W würde demnach ein Pauschalsatz von 9,— RM, auf einen Motor von 5 kW Leistung ein Satz von 1500,— RM im Jahre entfallen.

Die Bezugsgröße für die Preisstellung beim Pauschaltarif ist selten der Höchstbedarf, häufiger der Anschlußwert in kW; vielfach erfolgt auch die Preisstellung nach den Einheiten, nach denen Art und Größe der angeschlossenen Verbrauchsapparate gemessen wird, z. B. in früherer Zeit nach den Kerzenstärken der Lampen oder den Pferdestärken der Motoren. Statt der Maßeinheiten der Verbrauchsapparate legt man auch häufig die Gegenstände oder die Tätigkeiten zugrunde, bei denen die Elektrizität angewendet wird. So kann z. B. im Gewerbe bei Massenherstellung gleichartiger Erzeugnisse der Pauschaltarif auf die Stückzahl der Erzeugnisse (ähnlich wie beim Akkordlohn) oder der erzeugenden Maschinen bezogen werden, oder in der Landwirtschaft auf die Größe der bewirtschafteten Grundfläche oder auf die Menge des Viehes u. a. m.

Der Pauschaltarif war überall dort in großem Umfang verbreitet, wo die Arbeitskosten verschwindend klein sind, also insbesondere bei Wasserkraftanlagen, namentlich in der Schweiz, in Frankreich, in Norwegen und in Kanada; er wurde auch bei Wärmekraftanlagen viel verwendet, solange die Zähler teuer und unzuverlässig waren; man entschied sich vielfach dafür, den voraussichtlichen Verbrauch abzuschätzen und die Arbeitskosten den Leistungskosten zuzuschlagen. Allein es stellte sich häufig heraus, daß die Werke damit nicht auf ihre

Rechnung kamen. Bei dem hohen Verbrauch der Kohlenfadenlampen, bei dem schlechten Wirkungsgrad der Motoren, bei der Unkenntnis über die wirkliche Benutzungsdauer der Verbrauchsapparate übertraf entweder der Verbrauch die Schätzung derart, daß die Werke mit Verlust arbeiteten, oder die Preise mußten so hoch gestellt werden, daß die Verwendung der elektrischen Arbeit dem Verbraucher einen Vorteil nicht bringen konnte. So kam der Pauschaltarif bei Wärmekraftanlagen vielfach in Verruf und verschwand eine Zeitlang fast ganz, da inzwischen die Zähler weitgehend verbessert und verbilligt worden waren. Nachdem jedoch durch langjährige Erfahrungen der wirkliche Verbrauch genauer bekannt geworden und durch die Einführung der Metalldrahtlampen auf einen Bruchteil des früheren vermindert, sowie der Wirkungsgrad der Motoren wesentlich verbessert worden war, kam wiederum eine Zeit — kurz vor dem Kriege —, in der der Pauschaltarif an Boden gewann. Namentlich bei Verwendung der elektrischen Arbeit in kleineren Lichtanlagen und in landwirtschaftlichen Bezirken, wo der Verbrauch verhältnismäßig gering ist, wurde der Pauschaltarif wieder eingeführt und ist in beschränktem Umfang auch heute noch in Gebrauch.

2. Der Zählertarif.

Der Zählertarif ergibt sich zwanglos aus der umgeformten Kostengleichung (25a) (S. 128):

$$k = \left(\frac{b_1}{t} + c \right) a.$$

Unter der Annahme, daß die Beanspruchung der Betriebsmittel seitens der einzelnen Abnehmer ungefähr gleich lange erfolgt, — eine Annahme, die im Anfang der Entwicklung, als es sich hauptsächlich um die Versorgung gleichartiger Beleuchtungsanlagen handelte, annähernd zutreffend war — daß also in der Gleichung die Benutzungsdauer t als gleichbleibend angesehen werden kann, ergibt sich eine Preisstellung, die ausschließlich abhängig ist von der Anzahl der verbrauchten Arbeitseinheiten a, den Kilowattstunden. Ihre Messung erfolgt durch einen Zähler; man hat daher diese Preisstellung den reinen Zählertarif oder kurz „Zählertarif" genannt. Wiewohl diese Benennung nicht eindeutig bezeichnend ist, da auch bei den meisten anderen Tarifarten ein Zähler verwendet wird, hat sie sich eingebürgert und soll beibehalten werden.

Die Erkenntnis, daß die Mehrzahl der Verbraucher zur Bewertung der elektrischen Arbeit sichtbare und nachprüfbare Meßangaben bevorzugt, hat im Laufe der Jahre die meisten Elektrizitätsversorgungsunternehmungen dazu geführt, die Preisstellung nach gezählten Arbeitseinheiten vorzunehmen. Hierbei werden die für alle Verbraucher annähernd gleichen Kosten (Abnehmerkosten) ganz oder zum Teil unmittelbar von jedem Abnehmer in Form einer Zähler- oder Verrechnungsgebühr erhoben. Stellen sich z. B. die Leistungskosten für das angeschlossene kW der Beleuchtung auf 100,— RM/Jahr und die Arbeitskosten auf 5 Rpf/kWh, und nimmt man auf Grund von Erfahrungen an, daß die Benutzungsdauer bezogen auf diesen Anschlußwert im Mittel 250 h/Jahr betrage, dann ergibt sich

$$k = \left(\frac{100}{250} + 0{,}05\right) \cdot a = 0{,}45\,a. \qquad (26)$$

Der Strompreis hätte unter den gemachten Voraussetzungen also 45 Rpf/kWh zu betragen.

Diese Art der Preisstellung, die in ähnlicher Form auch bei den Vorläufern der Elektrizität, bei Gas und Petroleum, eingeführt war, wurde zunächst nur vereinzelt bei größeren Unternehmungen, bei denen die Erzeugung der Elektrizität mittels Dampfmaschinen erfolgte, verwendet. Die Verkaufseinheit war anfangs die Brennstunde einer Kohlenfadenlampe von 16 HK. Der Preis für die Brennstunde ergab sich, indem man die gesamten Aufwendungen für Stromerzeugung und Verteilung, einschließlich Verwaltung, Kapitaldienst und eines angemessenen Gewinnzuschlages, durch die Zahl der voraussichtlich abzusetzenden Lampenbrennstunden teilte. Diese einfache Preisgestaltung war damals gerechtfertigt, da die elektrische Arbeit ausschließlich zu Beleuchtungszwecken verwendet wurde, und da Belastungsverlauf und Benutzungsdauer der Abnehmer annähernd gleich waren. Der Preis für eine Lampenbrennstunde betrug z. B. in Berlin, wo die erste öffentliche deutsche Elektrizitätsversorgungsanlage errichtet wurde, 4 Rpf für die 16kerzige Lampe (d. i. ungefähr der 5fache Preis des heutigen); die Preise für größere Lampen waren entsprechend höher. Später ging man zeitweilig zur Messung durch Amperestunden-Zähler über, verrechnete aber unter Annahme gleichbleibender Spannung Kilowattstunden. Zu diesem Ausweg sah man sich infolge der Unzuverlässigkeit und des hohen Preises der kWh-Zähler veranlaßt, deren Anwendung schon aus diesem Grunde nur in begrenztem Umfang erfolgte. Weiter bildete die geringe Vertrautheit der großen Menge mit den Maßeinheiten der elektrischen Arbeit einen wesentlichen Hinderungsgrund für die allgemeine Einführung der kWh-Zähler und des Zählertarifs. Mit der wachsenden technischen Bildung der Verbraucher, mit der Verbesserung und Vereinfachung der Meßapparate hat schließlich die Tatsache, daß der Verkauf der elektrischen Arbeit nach gezählten Einheiten vom Standpunkt vieler Verbraucher aus das verständlichste Verfahren ist, allmählich die ausgedehnte Anwendung des Zählertarifs herbeigeführt. Da aber die einzelnen kWh abhängig von verschiedenen Umständen des Verbrauchs dem Unternehmer verschiedene Gestehungskosten verursachen und für den Verbraucher je nach ihrem Verwendungszweck einen verschiedenen Wert besitzen, haben sich zahlreiche Abstufungen erforderlich gemacht, wovon weiter unten ausführlich die Rede sein wird.

3. Der Grundgebührentarif.

Bei den bis jetzt behandelten Tarifformen sind einige Annahmen gemacht, die nur unter einfachen Verhältnissen und nur in weiter Annäherung in der ersten Zeit der Elektrizitätsversorgung einigermaßen zutreffend waren. Beide Tarife setzen eine annähernd gleiche Benutzungsdauer und ähnliche Abnahmeverhältnisse bei allen Abnehmern voraus, was um so weniger begründet ist, je mannigfaltiger die Anwendungsgebiete der Elektrizität werden. Aus dem natürlichen Aufbau der Gestehungskosten ergibt sich aber eine Tarifform, die von den erwähnten Voraussetzungen unabhängig ist und damit von vornherein zahlreiche Schwierigkeiten zu vermeiden verspricht. Die Preisstellung kann unmittelbar im Anschluß an den Aufbau der Gestehungskosten erfolgen und dementsprechend drei getrennte Beträge umfassen, einen Betrag für die in Anspruch genommene Leistung, einen zweiten für die verbrauchten kWh und einen dritten Kostenteil, der für alle Abnehmer gleich ist. So entsteht der Dreiaxentarif, wie er in amerikanischen Anlagen unter dem Namen „Doherty-Tarif" und nicht selten auch in anderen Ländern eingeführt ist. Für die große Menge der Abnehmer ist eine solche Preisstellung zu umständlich und daher wenig beliebt.

Von der Annahme ausgehend, daß das letzte Glied der Tarifgleichung (22) [S. 128], das die Abnehmerkosten darstellt, als leistungsabhängig angesehen werden kann, wird dieser Betrag bei der Preisstellung meist den Leistungskosten zugerechnet [Gleichung (23)]. Man gelangt so zu einer Form der Preisstellung, die einmal aus einem Betrag entsprechend der Beanspruchung der Betriebsmittel besteht (meist Grundgebühr oder Leistungspreis genannt) und ferner aus einem Betrag, der von dem tatsächlichen Verbrauch an Arbeitseinheiten (kWh) abhängt (Arbeitspreis). Diese Tarife nennt man „Grundgebührentarife".

Wie bereits angedeutet (S. 79) wurde schon in früheren Jahren eine derartige Preisstellung auf Grund theoretischer Untersuchungen empfohlen. „Die ideale Berechnungsmethode — so hat Hopkinson bereits im Jahre 1892 den wesentlichen Gedanken des Grundgebührentarifs ausgedrückt — besteht in der Festsetzung einer bestimmten Summe je Vierteljahr, die der Anlagegröße des Verbrauchers proportional ist und außerdem in der Bezahlung für den durch den Elektrizitätszähler gemessenen tatsächlichen Verbrauch." Zwar wurde die Tragweite dieses Gedankens zunächst nicht in ihrem ganzen Umfang erkannt, doch versuchten Anfang der 90er Jahre einige Werke, wenigstens in der Form eine hierauf eingestellte Preisstellung einzuführen, so Berlin, Altona, Hamburg, Lübeck, Breslau u. a. m. Da jedoch die Grundgebühr hierbei meistenteils auf den Anschlußwert bezogen wurde, ergab sich bei der verhältnismäßig hohen Leistungsaufnahme der Kohlenfadenlampen und bei der geringen Ausnutzung der Motoren vielfach ein sehr hoher Durchschnittspreis, sodaß dieser Tarif bei den Verbrauchern wenig Anklang fand und überdies die Anschlußbewegung hinderte.

Auf eine andere Grundlage wurde diese Tarifform durch Wright gestellt, der als Maß für die Beanspruchung der Betriebsmittel von seiten des Verbrauchers dessen Höchstbelastung einführte. Die Grundzüge des Verfahrens sind bereits früher angegeben (s. S. 79 und 81). Nach dem dort angeführten Beispiel würde der Tarif zunächst lauten: für jedes kW des Höchstbedarfs 120 RM/Jahr, für jede verbrauchte kWh 5 Rpf. In dieser Form ist der Tarif heute fast in der ganzen Welt für den Stromverbrauch der Großabnehmer gebräuchlich; sein geistiger Urheber Wright hat ihn aber in dieser Gestalt nicht angewendet, sondern, wie an der früher angegebenen Stelle erläutert, als Zählertarif mit Abstufung (s. S. 81). Wenn auch diese Preisstellung, wie sie von Wright vorgeschlagen und nach ihm benannt wurde, in Deutschland in ihrer ursprünglichen Form selten Anwendung gefunden hat, so ist doch das Grundsätzliche dieses Tarifes, d. h. die getrennte Verrechnung von Leistung und Arbeit in steigendem Maß zur Anwendung gelangt und findet bei den Elektrizitätswerken, den Behörden und den Verbrauchern immer mehr Anhänger. Man hat mit der Zeit gelernt, auf Grund von Erfahrungen den Zusammenhang der Höchstbelastung des einzelnen Abnehmers mit anderen Umständen seines Verbrauchs festzustellen und bezieht die Grundgebühr auf diese Umstände; so tritt an Stelle des Höchstbedarfs als Maßstab für die Grundgebühr vielfach der Anschlußwert, der Zählermeßbereich, die Zahl der Anschlußstellen, die Größe der verwendeten Apparate, die Größe der landwirtschaftlich bearbeiteten Grundfläche, die Zimmerzahl, die Fläche der benutzten Räume, der Mietpreis u. a. m.

Von besonderer Bedeutung bei dem Grundgebührentarif ist die Verteilung der Gestehungskosten auf Leistungs- und Arbeitspreis. Hält man sich, wie es grundsätzlich richtig ist, an die Gestehungskostengleichung, so ergibt sich in der Regel ein verhältnismäßig hoher **Leistungspreis und ein sehr niedriger Arbeitspreis**; so würden die Arbeitskosten in dem früher durchgerechneten Beispiel (S. 126) nur 3,91 Rpf betragen. Ein Tarif mit einem solchen Arbeitspreis wäre außerordentlich absatzempfindlich, d. h. die durchschnittlichen Kosten je kWh wachsen sehr schnell mit dem Rückgang des Absatzes oder mit der Verminderung der Benutzungsdauer. Es ist daher erklärlich, daß die Abnehmer in Krisenzeiten sich gegen derartige Tarife wenden, auch wenn sie ihnen in Zeiten guter Wirtschaftslage die Erzielung sehr geringer Durchschnittspreise ermöglicht haben. Da Schwankungen im Bedarf und in der Ausnutzung immer wieder eintreten, ist es vorteilhafter, nicht von vornherein mit dem Arbeitspreis bis zu dem rechnerisch möglichen Mindestbetrag zurückzugehen, sondern einen Teil der Leistungskosten auf den Arbeitspreis umzulegen. Hierbei muß man eine bestimmte

Benutzungsdauer voraussetzen, die ungefähr der erwarteten Durchschnittsbenutzungsdauer der in Frage stehenden Abnehmergruppe entspricht. Auch muß man im Auge behalten, daß bei einer derartigen Umstellung der Kosten jede wesentliche Veränderung der Benutzungsdauer eine Entfernung von den Gestehungskosten bedeutet. Ergibt sich z. B. aus einer Gestehungskostenberechnung für die Leistungskosten ein Betrag von 200,— RM/kW und Jahr und für die Arbeitskosten von 2,5 Rpf/kWh und will man bei einer mittleren Benutzungsdauer von 1000 h/Jahr einen Arbeitspreis von 10 Rpf/kWh einführen, dann findet man unter Verwendung der Gleichung (25b) (S. 128):

$$(200 + 0{,}025 \cdot 1000)\, m = (b_1 + 0{,}10 \cdot 1000)\, m$$

oder aufgelöst nach b_1:

$$b_1 = 200 + 25 - 100 = 125.$$

Der Leistungspreis müßte also unter den gemachten Voraussetzungen 125,— RM/kW und Jahr betragen.

In ähnlicher Weise kann verfahren werden, wenn man von dem normalen Zählertarif auf den Gebührentarif übergeht. Beträgt z. B. der normale Lichtpreis 45 Rpf/kWh und ergibt sich, daß dieser Preis bei einer Benutzungsdauer von 300 h/Jahr bezogen auf den Anschlußwert, die Gestehungskosten deckt, und soll weiterhin der Arbeitspreis 15 Rpf/kWh betragen, so ergibt sich der Leistungspreis für jedes angeschlossene kW wieder unter Zugrundelegung der Gleichung (25b):

$$(0{,}45 \cdot 300)\, m = (b_1 + 0{,}15 \cdot 300)\, m$$

oder aufgelöst nach b_1

$$b_1 = 0{,}45 \cdot 300 - 0{,}15 \cdot 300 = 90\,.$$

Der Leistungspreis müßte daher 90,— RM/kW Anschlußwert und Jahr, d. h. z. B. für eine 25 W-Lampe 2,25 RM/Jahr betragen.

Unter den zur Zeit herrschenden wirtschaftlichen Verhältnissen gestattet ein Arbeitspreis von 15 Rpf/kWh eine ausgiebige Benutzung der Beleuchtung und die Verwendung zahlreicher elektrischer Apparate im Haushalt und Gewerbe; für ausgedehnte Wärmeanwendung im Gewerbe und des elektrischen Kochens im Haushalt muß der Arbeitspreis weiter ermäßigt werden, was sich beim Grundgebührentarif ohne die Verwendung besonderer Meßapparate leicht bewerkstelligen läßt (s. S. 191).

4. Vergleich der Tarifgrundformen.

Ein Blick in das Fachschrifttum zeigt, daß trotz etwa 50jähriger Erfahrung über die Zweckmäßigkeit der Tarifgrundformen immer noch Meinungsverschiedenheiten bestehen. Dies läßt darauf schließen, daß die Beurteilung der Tarifgrundformen von verschiedenen Gesichtspunkten aus erfolgt. Der Verkäufer fordert in erster Linie, daß sich die Verkaufspreise möglichst den Gestehungskosten anpassen. Er verlangt weiter, daß die durch den Tarif bedingten rechnerischen und kaufmännischen Arbeiten, sowie die Geldeinzugskosten niedrig gehalten werden können. Auch muß der Tarif Werbekraft besitzen und den Verbraucher zur zweckvollen Ausnutzung der ihm zur Verfügung gestellten Anlagen anregen. Der Verbraucher hingegen wird denjenigen Tarif als den zweckmäßigsten bezeichnen, der seiner Wertschätzung und Leistungsfähigkeit am nächsten kommt, d. h. der sich der Art und der Wertung seines Verbrauches am meisten anpaßt; ferner verlangt er Einfachheit und Verständlichkeit des Tarifes. Je nach der Wichtigkeit, die man diesen einzelnen Forderungen beilegt, wird das Urteil über die Grundformen verschieden sein müssen.

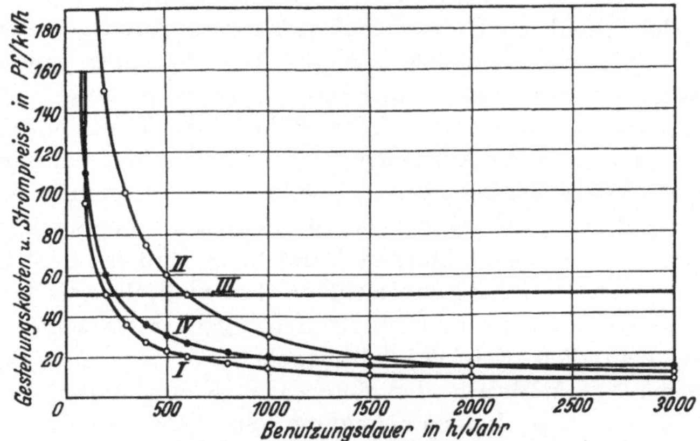

Abb. 37. Gestehungskosten und Strompreise je Kilowattstunde bei den Tarifgrundformen in Abhängigkeit von der Benutzungsdauer: I. Gestehungskosten. II. Pauschaltarif. III. Zählertarif. IV. Grundgebührentarif.

Vom Standpunkt des Elektrizitätsverkäufers aus ist die Forderung der Anpassung der Verkaufspreise an die Gestehungskosten berechtigt, da nur durch diese Anpassung die Gewähr für einen bestimmten Mindestertrag gegeben ist.

In Abb. 37 sind sowohl die Gestehungskosten als auch die bei den einzelnen Tarifgrundformen sich ergebenden Durchschnittspreise in Abhängigkeit von der Benutzungsdauer eingezeichnet.

Leistungs- und Arbeitspreis bei den drei Tarifgrundformen (vgl. Abb. 37).

Grundform	Leistungspreis RM/kW und Jahr	Arbeitspreis Rpf/kWh
Pauschaltarif	300	—
Zählertarif.	—	50
Grundgebührentarif. . .	100	10

Die Gestehungskosten betragen dabei: Leistungskosten 90,— RM/kW und Jahr, die Arbeitskosten 5 Rpf/kWh. Der Pauschalpreis und der

Leistungspreis des Grundgebührentarifs seien auf den Anschlußwert bezogen. Es ergibt sich, wie dies schon aus der Form der Preisstellung hervorgeht, daß der Grundgebührentarif am meisten der Forderung möglichster Anpassung an die Gestehungskosten entspricht. Hierbei ist von wesentlicher Bedeutung, in welcher Form und Art die Grundgebühr erhoben wird; es ist jedoch durch entsprechende Gestaltung und Bemessung der Grundgebühr immer möglich, die Anpassung an die Gestehungskosten zu erreichen. Dies ist auch beim Pauschaltarif, wie aus der Abbildung hervorgeht, angenähert der Fall. Eine vollständige Übereinstimmung mit den Gestehungskosten kann sich dann ergeben, wenn die Arbeitskosten verschwindend klein sind, wie dies mit großer Annäherung bei manchen Wasserkraftanlagen der Fall ist.

Am wenigsten entspricht, wie aus der Abbildung ersichtlich, der Zählertarif der Forderung möglichster Übereinstimmung mit den Gestehungskosten. Man erkennt, daß z. B. bei einem Preis von 50 Rpf/kWh alle Abnehmer, die die Anlagen weniger als 200 h/Jahr ausnutzen, dem Elektrizitätswerk Verlust bringen und daß der Abnehmer um so mehr über die Gestehungskosten bezahlt, je höher seine Benutzungsdauer ist. Es ergibt sich aus der bildlichen Darstellung, daß bei dem Zählertarif der Preis einer Benutzungsdauer entsprechen muß, die von der Mehrzahl der Abnehmer erreicht und übertroffen wird. Stets wird aber dabei die Ungerechtigkeit bestehen, daß manche Abnehmer, z. B. Wohnungen mit hohem Anschlußwert oder Motoren im Kleingewerbe, weit weniger bezahlen, als ihrer Inanspruchnahme der Betriebsmittel entspricht, während andere Abnehmer mit höherer Benutzungsdauer, wie Kleinwohnungen oder Motoren in der Heimarbeit, im Verhältnis zu ihrer Ausnutzung zu hohe Preise entrichten. Dieser Grundmangel des Zählertarifs wird zwar häufig durch Abstufungen gemildert, kann aber nie ganz beseitigt werden. Er wird um so mehr ins Gewicht fallen, je höher der Anteil der Leistungskosten an den Gesamtausgaben ist.

Beim Pauschaltarif andererseits muß der Einheitssatz so hoch bemessen werden, daß auch bei äußerster Ausnutzung die Gestehungskosten durch die Einnahmen nicht unterschritten werden können. Hierbei muß auf die wirklichen Verhältnisse Rücksicht genommen werden, d. h. es darf z. B. nicht die theoretisch mögliche Benutzungsdauer, d. i. 8760 h/Jahr, sondern der in Wirklichkeit in Frage kommende Wert, also z. B. bei Beleuchtung 1500—2000 h/Jahr durchschnittlich zugrunde gelegt werden. Auch darf nicht übersehen werden, daß sich beim Pauschaltarif ganz andere Verbrauchsverhältnisse ergeben als beim Zählertarif. Unter sonst gleichen Umständen, z. B. gleichen Anschlußwerten und gleicher Verbraucherzahl, wird die Höchstbeanspruchung und die Benutzungsdauer wesentlich höher werden als bei Tarifen, bei denen der Stromverbrauch gemessen und berechnet wird. Es bleibt beim Pauschaltarif stets der Mangel bestehen, daß der Abnehmer zur Verschwendung verleitet und lediglich dadurch in die Lage versetzt wird, einen sehr niedrigen Durchschnittspreis zu erzielen, der bei normaler Benutzungsdauer nicht zu erreichen ist. Doch muß beachtet werden, daß der Durchschnittspreis kein Maßstab für den Wert des Tarifes für den Verkäufer ist; für ihn wird derjenige Tarif der günstigste, der ihm unter sonst gleichen Umständen eine ausreichende Einnahme für die in Anspruch genommene Einheit der Leistung erbringt. In dieser Hinsicht ergibt der Pauschaltarif ein sicheres, aber nie zu verbesserndes Ergebnis; erhöhte Ausnutzung kann sogar einen Verlust für den Verkäufer bedeuten, während beim Grundgebührentarif jede mehr abgenommene kWh nicht nur eine Erhöhung des Stromverbrauchs, sondern auch des Ertrages bringt.

Bei dem Vergleich der Tarifgrundformen von der Unternehmerseite aus dürfen auch die Verrechnungs- und Erhebungskosten nicht außer Betracht bleiben. Beim Pauschaltarif entfallen zunächst die recht bedeutenden Ausgaben für den Zähler, seine Instandhaltung, Eichung und Ablesung. Statt dessen werden häufig sog. Strombegrenzer verwendet, deren Eigenverbrauch, Anschaffungs- und Unterhaltungskosten jedoch wesentlich niedriger sind als die von Zählern. Weiter ermäßigen sich bei diesen Tarifen die Kosten für das Ausstellen der Rechnungen, da es sich in den meisten Fällen um feststehende Beträge handelt. Für Zähler- und Grundgebührentarife sind die genannten Kosten annähernd gleich und hängen im wesentlichen von der Gestaltung der Tarife im einzelnen ab. Der Geldeinzug verursacht bei allen drei Tarifformen im allgemeinen die gleichen Kosten. Somit sind die gesamten Abnehmerkosten beim Pauschaltarif niedriger als bei anderen Tarifen; auch wenn dieser Unterschied in vielen Fällen durch die Verrechnungsgebühr ausgeglichen wird, so ist doch zu berücksichtigen, daß oft ganz erhebliche Summen in den Zählern festgelegt sind, die als unmittelbar werbende Anlagen nicht betrachtet werden können.

Die Forderung einfacher Messung und Verrechnung spielt auch bei der Beurteilung der Tarifgrundformen von seiten des Abnehmers eine Rolle. Die große Menge der Verbraucher legt zunächst besonderes Gewicht darauf, daß der Tarif einfach und verständlich ist. Diesem Verlangen entspricht vor allem der Pauschaltarif. Hierbei weiß der Abnehmer genau, welche Leistung er ausnützen kann; er kennt im voraus einwandfrei die ihm aus dem Verbrauch der elektrischen Arbeit entstehenden Kosten, jede Überraschung in dieser Hinsicht ist ausgeschlossen. Er ist somit in jedem Falle in der Lage festzustellen, ob die Verwendung der Elektrizität seiner Wertschätzung und seiner Leistungsfähigkeit entspricht. Auch wird er im allgemeinen den Umstand schätzen, daß ihm die elektrische Arbeit ohne ein besonderes Meßinstrument zur Verfügung gestellt wird, dem namentlich die kleinen Verbraucher mit Mißtrauen gegenüberstehen, schon weil sie die Grundlagen und Gesetze, nach denen die Messung erfolgt, nicht kennen. In dieser Hinsicht ist der Pauschaltarif dem Zähler- und dem Grundgebührentarif überlegen. Der Grundgebührentarif ist überdies dem Verständnis des Durchschnittsverbrauchers noch ferner gerückt, da es seiner Auffassung von Tausch und Kauf nicht entspricht, wenn er zunächst, scheinbar ohne eine Gegenleistung zu empfangen, eine feste Gebühr und weiter noch besondere Kosten für den eigentlichen Verbrauch aufwenden muß. Dazu kommt, daß sich bei ungenügender Ausnutzung hohe Durchschnittspreise ergeben, die zwar nach oben begrenzt werden können, doch häufig dem Verbraucher Anlaß zur Unzufriedenheit geben. Der Abnehmer findet dann noch eher den Zählertarif annehmbar, wenn er auch den unmittelbaren Zusammenhang zwischen den Angaben des Zählers und seinem Verbrauch an elektrischer Arbeit nicht kennt und lediglich den Versicherungen des Verkäufers Glauben schenken muß, daß dieser Zusammenhang einwandfrei besteht. Demgegenüber bildet die Berechnung zweier Preisteile bei dem Grundgebührentarif — im Englischen wird dieser Tarif „Two-part-tariff" genannt — eine nicht zu unterschätzende Erschwerung, und es bedarf einer eindringlichen Werbearbeit, um den Abnehmer von den großen Vorteilen des Grundgebührentarifes zu überzeugen. Diese bestehen für ihn darin, daß er auch ohne eine allzu weitgehende Ausnutzung, wie sie beim Pauschaltarif erforderlich ist, niedrige Durchschnittspreise erlangt, die sich beim regelmäßigen Gebrauch seiner elektrischen Einrichtungen noch weiter ermäßigen. Auch gestattet ihm der Grundgebührentarif ohne weitere Meßeinrichtungen, elektrische Haushaltgeräte und Kocheinrichtungen zu verwenden; er wird finden, daß ein so ausgebildeter Tarif seiner Wertschätzung der elektrischen Arbeit mehr Rechnung zu tragen gestattet als andere Formen der Preisstellung.

Auch beim Pauschaltarif kann durch die Bemessung der Pauschalsätze die Eigenart des Verbrauchers berücksichtigt werden; so können z. B. bei der Beleuchtung für die Wohnzimmerlampen ohne weiteres höhere Preise vorgesehen werden als für die Lampen der Geschäftshäuser, oder bei Kraftstromlieferung für die landwirtschaftlichen Motoren andere als für die gewerblichen. Besonders einfach, vielfach ohne weitere Abstufungen, läßt sich beim Grundgebührentarif hierauf Rücksicht nehmen. So wird sich z. B., wenn die Grundgebühr auf die Ackerfläche, auf den Mietpreis, die Zimmerzahl der Wohnung oder den Anschlußwert der Verbrauchsgeräte bezogen wird, in fast allen Fällen von selbst ergeben, daß derjenige, der die elektrische Arbeit höher schätzt oder leistungsfähiger ist, auch höhere Preise bezahlt. In dieser Eigenschaft des Grundgebührentarifes, sich der Wertschätzung des Verbrauchers anzupassen, liegt eine große Werbekraft, und es muß in diesem Punkte die Bewertung des Tarifes von seiten des Erzeugers und des Verbrauchers übereinstimmen, da derjenige Tarif, bei dem der Abnehmer

Vorteile für sich vermutet, auch dem Verkäufer die Möglichkeit des größten Ertrages verspricht. Der Grundgebührentarif hat weiter den Vorzug, daß die Kosten der elektrischen Einrichtung und elektrischen Geräte, sofern sie das Werk dem Abnehmer gegen Miete oder Abzahlung zur Verfügung stellen will, in einfacher Weise der Grundgebühr zugeschlagen werden können, was sowohl für den Abnehmer als auch für den Verkäufer eine weitgehende Vereinfachung bedeutet. Jedoch ist nicht zu verkennen, daß gerade bezüglich der Anschlußbewegung dem Grundgebühren- und dem Pauschaltarif einige wesentliche Nachteile anhaften, indem diese Tarife unter bestimmten Voraussetzungen die Anschlußbewegung hemmen können. Um das zu verhindern, sind verschiedene Mittel in Vorschlag gebracht worden, die an anderer Stelle erörtert werden sollen.

B. Die Abstufung der Tarife (255—277).

Ein Blick auf das Belastungsgebirge eines Elektrizitätswerkes (Abb. 12, S. 69) zeigt auch dem Laien, daß infolge des wechselnden Bedarfs der einzelnen Abnehmer die Gesamtbelastung zeitlich erheblichen Schwankungen unterliegt. Mit der Verschiedenartigkeit der Anforderungen nach Höhe, Zeitdauer, Zeitpunkt und anderen Umständen ändern sich die Gestehungskosten, die von jedem Abnehmer aufzubringen sind, so daß der Verkäufer die einzelnen Abnehmer nicht gleichmäßig bewerten kann. Auch die Verbraucher beurteilen den Wert ein und derselben Einheit nach zahlreichen Gesichtspunkten verschieden.

Die Elektrizitätsunternehmungen haben sich daher nicht damit begnügen können, unter Anwendung einer der erörterten Preisgrundformen einen für alle Fälle gleichen Strompreis festzusetzen. Es gibt weder einen Pauschaltarif, noch einen Zählertarif, noch einen Grundgebührentarif, der einen für alle Verhältnisse gleichen Preis aufweist. Vielmehr haben die Werke dem Einfluß, den die verschiedenen Besonderheiten des Verbrauchs auf die Gestehungskosten ausüben, sowie den Umständen der Nachfrage, bei der Ausgestaltung der Tarife weitgehend Rechnung tragen müssen, und zwar um so mehr, je größer der Umfang der Elektrizitätsanwendung wurde. Daß hierbei vielfach über das Ziel hinausgeschossen wurde, lag in der Neuheit der Aufgabe begründet.

Die hauptsächlichsten Umstände, die bei der Abstufung der Tarife Berücksichtigung finden, sind:

a) der Verwendungszweck der elektrischen Arbeit,
b) die Größe des Verbrauchs,
c) die Leistungsbeanspruchung,
   1. gemessen durch den Höchstbedarf,
   2. gemessen durch den Anschlußwert,
   3. gemessen durch wirtschaftliche Bestimmungsgrößen,

d) die Zeitdauer der Beanspruchung (Benutzungsdauer),
e) der Zeitpunkt der Beanspruchung,
f) der Leistungsfaktor,
g) die Bestandteile der Gestehungskosten,
h) Besonderheiten technischer und wirtschaftlicher Art.

1. Die Formen der Abstufung.

Die Mittel und Wege zur Veränderung und Abstufung der Strompreise sind mannigfacher Art. Zunächst können die verschiedenen, zu einem Tarif gehörigen Preise durch besondere Preisstaffeln oder durch prozentuale Ermäßigung des Ausgangspreises ausgedrückt werden. Jene mögen im folgenden als Stufenpreise, diese als Rabattpreise bezeichnet werden.

Die Ermäßigung kann sich ferner jeweils auf den Gesamtverbrauch oder nur auf bestimmte Abschnitte beziehen. Die erste Form wird im folgenden als Abstufung nach Staffeln (in amerikanischen Tarifen „step" genannt), die andere als solche nach Zonen (in amerikanischen Tarifen „block" genannt) bezeichnet[1]. Die Abstufungen können entweder auf die Zahl der Verrechnungseinheiten (kW, kWh, HK, PS usw.), oder auf die Benutzungsdauer oder auf die zu bezahlende Geldsumme bezogen werden; sie können auch für verschiedene Zeiträume, z. B. für Monate oder für Jahre festgesetzt werden; schließlich kann sich auch die Zahl der Abstufungen in weiten Grenzen ändern[2]. Folgende Beispiele mögen dies erläutern:

Beispiel 1: **Stufen- und Rabattpreise nach Staffeln.**

Stromverbrauch oder Rechnungsbetrag		Preis oder Rabatt	
kWh	RM	Rpf/kWh	%
0— 1000	0 — 400	40	0
1001— 2000	400,01— 800	36	10
2001— 5000	800,01—2000	32	20
5001—10000	2000,01—4000	30	25
10001 und mehr	4000,01 und mehr	28	30

[1] Der Name „Blocktarif" bezeichnet in Deutschland andere Tarifformen (s. S. 150), weshalb für die hier in Rede stehende Abstufung die Bezeichnung „Zonentarif" beibehalten wird.

[2] Außer den oben erläuterten Preisbezeichnungen werden in diesem Buche noch folgende Benennungen mit eng umschriebener Bedeutung gebraucht: Grundpreis bedeutet Grundgebühr oder Leistungspreis; der Preis, der durch die Abstufungen abgewandelt wird, heißt Ausgangspreis; unter Einheitspreis ist der Preis für die Verrechnungseinheit (kW, kWh, HK, PS usw.) zu verstehen, während ein gleicher Preis für alle Verwendungszwecke einheitlicher Preis genannt wird.

Beispiel 2: **Stufen- und Rabattpreise nach Zonen.**

Benutzungsdauer	Preis oder Rabatt	
h/Jahr	Rpf/kWh	%
die ersten 200	40	0
die nächsten 200	36	10
die nächsten 400	32	20
die nächsten 400	30	25
die weiteren	28	30

Hier und da erfolgt die Abstufung in Form von Prämienrabatten, indem z. B. jeweils für eine bestimmte Anzahl von Benutzungsstunden eine gleichbleibende Rabattermäßigung gewährt wird, so für je 150 h 1% Rabatt; es handelt sich hierbei um eine Rabattgewährung nach Zonen. Zur besseren Übersicht sind in Abb. 38 die Verhältnisse beim Staffeltarif und in Abb. 39 die beim Zonentarif zeichnerisch dargestellt.

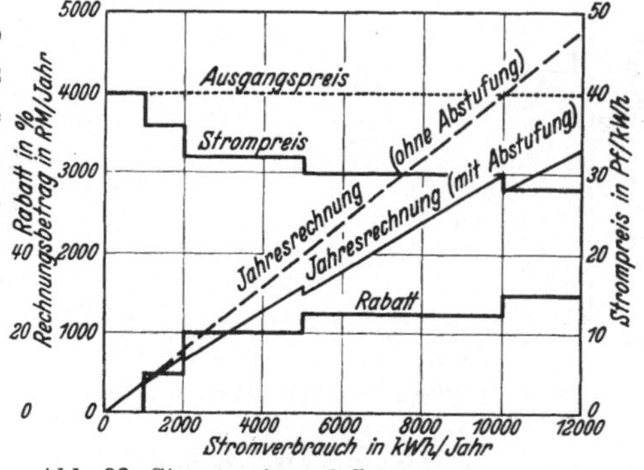

Abb. 38. Strompreis und Jahresrechnung bei Anwendung eines Staffeltarifs.

Obwohl es sich hier scheinbar um Äußerlichkeiten handelt, ist es wichtig, sich hiermit zu befassen. Wie aus Abb. 38 ersichtlich, ergibt sich z. B. bei der Abstufung nach Staffeln, daß bei einer kleinen Überschreitung der Grenze der Gesamtpreis für eine größere Anzahl von Einheiten geringer ist als für eine kleinere Anzahl unterhalb der Grenze. Der Abnehmer wird in einem solchen Falle, wenn er sich am Jahresende mit seinem Verbrauch nahe der Grenze befindet, dazu verleitet, elektrische Arbeit zu verschwenden, um einen

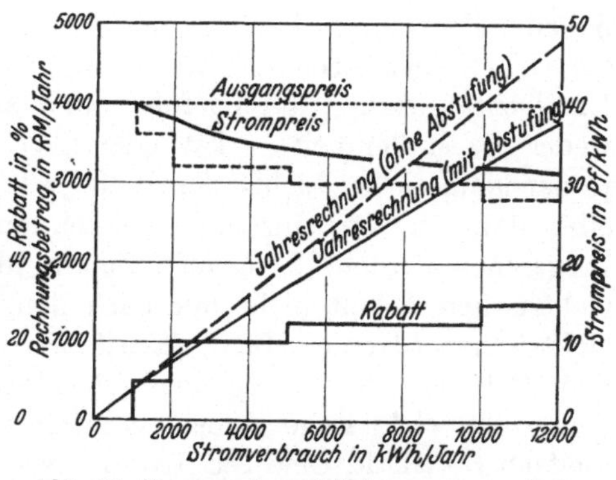

Abb. 39. Strompreis und Jahresrechnung bei Anwendung eines Zonentarifs.

billigeren Preis zu erhalten. Dies kann vermieden werden, wenn bei Überschreitung einer Stufe mindestens der der vorhergehenden Stufe entsprechende Gesamtbetrag zu bezahlen ist (s. Abb. 40).

Dieser Nachteil ist bei der Abstufung nach Zonen nicht vorhanden, da sich die Preisermäßigung hierbei nur auf den Verbrauch innerhalb der angegebenen Grenzen bezieht. Ferner sind im allgemeinen die Stufenpreise den Rabattpreisen vorzuziehen, da sie eine größere Übersichtlichkeit und einfachere Berechnung gestatten. Bei den Stufenpreisen nach Zonen kommt der Abnehmer stets sofort nach Erreichung einer bestimmten Zone in den Genuß des billigeren Preises, während bei der Gewährung von Rabatten die Preisvergünstigung gewöhnlich erst am Jahresende berechnet und somit erst später für den Verbraucher bemerkbar wird. Das Ergebnis kann der Verbraucher nicht immer übersehen, so daß er über die wirkliche Höhe seines Preises häufig im Ungewissen ist.

In der Regel ist es daher vorzuziehen, Stufenpreise nach Zonen, und zwar für den Monats-, nicht für den Jahresverbrauch zu verwenden und der Abstufung die Maßeinheiten, nicht die Rechnungsbeträge zugrunde zu legen.

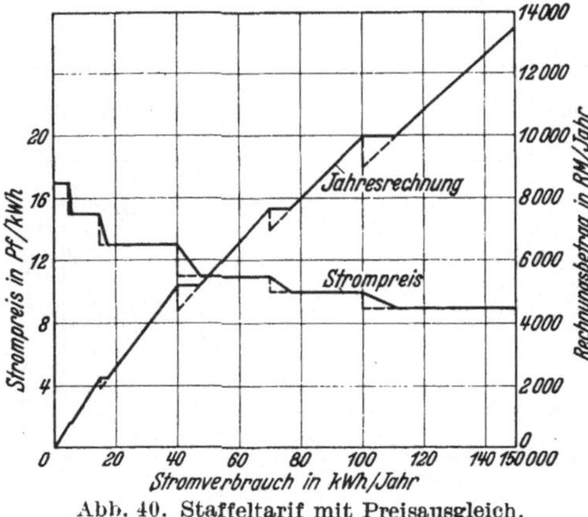

Abb. 40. Staffeltarif mit Preisausgleich.

2. Die Bestimmungsgrößen der Abstufung.

a) Die Abstufung nach dem Verwendungszweck der elektrischen Arbeit. Die Unterscheidung der Preise nach dem Verwendungszweck der elektrischen Arbeit ist allgemein bei allen Tarifformen und bei allen Elektrizitätswerken durchgeführt, und zwar zunächst derart, daß entweder die Maßeinheit — kW oder kWh — verschieden bewertet wird, je nachdem sie zu Licht-, Kraft- oder Wärmezwecken verbraucht wird, oder daß für die einzelnen Verwendungszwecke verschiedene Tarife vorgesehen werden. In neuerer Zeit werden die Anwendungsgebiete der elektrischen Arbeit nicht nur nach den physikalischen Wirkungen des elektrischen Stromes (Licht, Kraft usw.) unterteilt, sondern auch nach dem Ort der Anwendung, nach Berufszweigen und Gewerbearten, bei denen die elektrische Arbeit verwendet wird; so unterscheidet man vielfach Haushalt, Gewerbe, Landwirtschaft oder Wohnungsbeleuchtung, gewerbliche Beleuchtung u. a. m.

Eine Abstufung der Preise zunächst für Licht und Kraft und später für Wärme wurde von Anbeginn der Entwicklung ab in der Absicht angewendet, die Ausnutzung der zuerst für Beleuchtungszwecke errichteten Anlagen durch Kraftabgabe in den schwach belasteten Tagesstunden zu heben. Abgesehen von dieser Veranlassung, die heute meist nicht mehr vorliegt, entspricht diese Unterscheidung der Preise nicht so sehr den Forderungen des Verkäufers als vielmehr des Abnehmers. Sie ist sogar vom Standpunkt der Erzeugung aus ungerechtfertigt, da sich mit Rücksicht auf den Verwendungszweck allein Unterschiede in den Gestehungskosten nicht ergeben. Deshalb ist auch zeitweise ein lebhafter Kampf für die Einführung gleicher Preise für alle Anwendungsgebiete elektrischer Arbeit geführt worden, ohne daß jedoch den Verfechtern des einheitlichen Preises ein greifbarer Erfolg beschieden gewesen wäre. Der zwar sehr hoch zu schätzenden Einfachheit einer solchen Berechnungsweise würde vor allen Dingen der Nachteil gegenüber stehen, daß der einheitliche Preis den heutigen wirtschaftlichen Verhältnissen beim Elektrizitätsverkauf nicht entspricht. Hierüber wird später noch ausführlicher die Rede sein (s. S. 275).

Die Abstufung erfolgt beim Pauschaltarif derart, daß für die gleiche Einheit (gewöhnlich kW) ein verschiedener Preis berechnet wird, je nachdem sie zu Licht-, Kraft- oder Heizzwecken verwendet wird (Beispiel 3).

Beispiel 3: **Abstufung nach dem Verwendungszweck beim Pauschaltarif** (Norwegen).

Verwendungszweck	Verrechnungseinheit	Preis Kr/Jahr
Licht.	50-W Lampe	14
Licht.	1 kW	390
Kraft	1 PS	144
Kraft	1 kW	180
Wärme . . .	1 kW	145

Beim Zählertarif werden die Preise meist unmittelbar nach dem Verwendungszweck festgesetzt (Beispiel 4). Oft werden auch andere Abstufungen vorgesehen, die sich zwar äußerlich auf andere Umstände, in Wirklichkeit aber auf den Verwendungszweck beziehen, und es unter Berücksichtigung der örtlichen Verhältnisse ermöglichen, für Licht-, Kraft- und Wärmezwecke verschiedene Preise zu erzielen (Beispiel 5).

Beispiel 4: **Abstufung nach dem Verwendungszweck (Anwendungsgebiet) beim Zählertarif.**

Anwendungsgebiet	Preis Rpf/kWh
Beleuchtung	50
Kraft	25
Kochen und Heizen	10
Akkumulatorenladung } nur in den	10
Heißwasserspeicher } Nachtstunden	6

Schon aus diesen wenigen Beispielen geht hervor, daß sowohl die Ausgangspreise als auch die Höhe und Zahl der Abstufungen sehr verschieden sind. Man ersieht, daß allgemeine Richtlinien bei der Festsetzung der Einheitspreise nicht bestehen. Ein deutlich übersehbarer Zusammenhang zwischen den Zählertarifpreisen und den Gestehungskosten ist nicht zu ermitteln, wie bereits ausführlich nachgewiesen ist; vielfach ist daher, wie bei den Kraft- und Wärmetarifen die Rücksicht auf die Preise wettbewerbender Energiequellen und auf die Wertschätzung und Leistungsfähigkeit der Abnehmer maßgebend. Hierfür gibt bei den

Licht- und Kraftstrompreisen die langjährige Erfahrung genügend Unterlagen an die Hand, während bei den Wärme- und Kochstrompreisen noch ein gewisses Tasten erkennbar ist.

Eine besonders mannigfache Abstufung nach dem Verwendungszweck der elektrischen Arbeit ist bei dem Grundgebührentarif gebräuchlich. Es finden sich hier Preisunterscheidungen, sowohl des Leistungspreises als auch des Arbeitspreises, abgestuft nach den physikalischen Wirkungen der elektrischen Arbeit und nach dem wirtschaftlichen Verwendungszweck.

Beispiel 5: **Abstufung nach dem Verwendungszweck (Anwendungsgebiet) beim Zählertarif (V.St.A.).**

Anwendungsgebiet	Preis ϱ/kWh
Geschäftsbeleuchtung . . .	10
Wohnungsbeleuchtung . . .	8
Kirchenbeleuchtung	6
Kleingewerbe	5
Straßenbeleuchtung	4
Feuerlöschanlagen	4
Großindustrie	2
Kühleinrichtungen	2

Beispiel 6: **Abstufung nach dem Verwendungszweck (Anwendungsgebiet) beim Grundgebührentarif.**

Anwendungsgebiet	Grundgebühr		Arbeitspreis
	Verrechnungseinheit	RM/Monat	Rpf/kWh
Beleuchtung	1 kW Anschlußwert	1,—	38
Kraft	1 kW Anschlußwert	1,50	28
Kochen	1 kW Anschlußwert	2,—	10
Haushalt	1 kW Anschlußwert	5,—	20
Landwirtschaft und			
Gewerbe	1 kW Anschlußwert	2,—	12
Haushalt	1 Zimmer	1,25	15—8
Landwirtschaft . . .	1 Morgen	1,—	15—8
Gewerbe			
Licht	1 kW Anschlußwert	12,—	15—8
Kraft	1 kW Anschlußwert	3,—	15—8

b) Die Abstufung nach der Größe des Verbrauchs. Die Abstufung der Preise nach der Größe des Verbrauchs ist beim Verkaufe elektrischer Arbeit sehr verbreitet, und zwar in zwei grundsätzlich verschiedenen Arten. Bei den Pauschal- und zum Teil auch bei den Grundgebührentarifen kommt sie dadurch zum Ausdruck, daß der Preis je Leistungseinheit um so höher ist, je größer der mutmaßliche Verbrauch sein wird, wobei die Steigerung der Preise häufig geringer als die des Verbrauches ist. Die Grundlage für die Verbrauchsschätzung ist meist die Annahme einer verschiedenen Benutzungsdauer. So werden z. B. die Pauschalpreise für Lampen gleicher Größe für Wirtshäuser und Bäckereien höher angesetzt als für Wohnungen. In ähnlicher Weise kann auch die Grundgebühr beim Gebührentarif abgestuft werden. Beispiele hierfür werden bei der Erörterung der Abstufung nach der Benutzungsdauer angeführt.

Abweichend von dieser Art der Abstufung, bei der der Jahres- oder Monatspreis nach Schätzung anwächst, besteht die normale und meist gebrauchte Abstufung nach der Höhe des Verbrauches bei Zähler- und Grundgebührentarifen in Ermäßigungen, die von der Anzahl der verbrauchten kWh abhängig gemacht werden.

Eine Abstufung nach der Größe des Verbrauchs kann auch derart erfolgen, daß oberhalb einer bestimmten Verbrauchsgrenze ein besonderer Tarif, z. B. Doppeltarif oder Hochspannungstarif und dergleichen, in Anwendung kommt.

Aus den großen Unterschieden in der Zahl, Höhe und Form der Abstufungen geht hervor, daß sie meist nicht in engerer Anlehnung an die Gestehungskosten, vielmehr nach Gutdünken festgesetzt werden, um dem Drängen der Verbraucher nach Verbilligung zu folgen. Einen nennenswerten Erfolg für die Verkäufer und für die Verbraucher hat aber dieses Verfahren nur dann, wenn bei den Abstufungen auf die örtlichen Verbrauchsverhältnisse Rücksicht genommen wird. Es ist z. B. zwecklos, eine große Zahl von Abstufungen für höheren Verbrauch vorzusehen, wenn der größte Teil der Abnehmer die oberen Verbrauchsgrenzen nicht erreichen kann. Ebenso empfiehlt es sich nicht, z. B. Stufen von 100 zu 100 kWh festzusetzen, wenn es sich ergibt, daß deutlich unterschiedene Abnehmergruppen mit höheren Verbrauchsgrenzen vorhanden sind. Eine den wirklichen Abnehmerverhältnissen entsprechende Abstufung wird sich in jedem Falle leicht feststellen lassen, wenn die Abnehmergruppen nach der Größe und Art ihres Jahresbedarfs zusammengestellt und danach die Stufen festgesetzt werden (277). Dies ist zwar beim Beginn einer Elektrizitätsversorgung nicht möglich, kann aber zunächst in Anlehnung an die Ergebnisse ähnlicher Werke erfolgen, bis eigene Erfahrungen vorliegen.

Beispiele 7—9: Abstufung nach der Größe des Verbrauches bei Zählertarifen.

Beispiel 7: Stufenpreise nach Zonen.
(Eine Stufe mit starkem Preisabfall.)

Stromverbrauch kWh/Jahr	Preis Rpf/kWh
die ersten 450 . . .	40
die weiteren	20

Beispiel 8: Stufenpreise nach Zonen.
(Mehrere Stufen mit allmählicher Preissenkung.)

Stromverbrauch kWh/Jahr	Preis Rpf/kWh
Licht	
die ersten 1200 .	45
die nächsten 1500 .	40
die nächsten 2000 .	35
die weiteren	30
Kraft	
die ersten 2000 .	20
die nächsten 3000 .	18
die nächsten 5000 .	16
die weiteren	14

Beispiel 9: Rabattpreise nach Staffeln.

Rechnungsbetrag RM/Jahr	Rabatt %
über 5000,— . . .	10
über 10000,— . . .	15
über 25000,— . . .	20

Die Abstufung nach der Größe des Verbrauchs entspricht einer allgemeinen Handelsgepflogenheit; jeder Kaufmann gibt auf die Preise seiner Waren bei der Abnahme größerer Posten unter bestimmten Umständen Ermäßigungen, wenn hierdurch seine vom Umsatz unabhängigen Unkosten für das Stück verringert und damit die Gewinnmöglichkeiten gesteigert werden.

Diese Erwägungen können nicht ohne weiteres auf den Verkauf elektrischer Arbeit übertragen werden, denn bei steigendem Verbrauch des Einzelnen verringern sich nur die Abnehmerkosten je kWh und diese bilden nur einen beschränkten Teil der Gestehungskosten. Auch kann sich ein höherer Verbrauch des einzelnen Abnehmers sowohl durch lang dauernde niedrige, als auch durch kurzzeitige hohe Belastung ergeben; in dem zweiten Fall würden die Gestehungskosten meist höher sein, so daß vom Standpunkt des Erzeugers eine Tarifermäßigung nicht gerechtfertigt wäre. Wenn trotzdem der größere Verbrauch in den Tarifen häufig bevorzugt wird, so geschieht dies, weil die Übertragung dieses im Geschäftsleben allgemein eingeführten und beliebten Gebrauches auf den Vertrieb elektrischer Arbeit für den Verkäufer bequem und dem Abnehmer vertraut und verständlich ist. Auch wird der Unternehmer in manchen Fällen im Hinblick auf den Wettbewerb anderer Energiequellen zu einer Abstufung nach der Größe des Verbrauches veranlaßt.

Im übrigen kann die Abstufung nach der Größe des Verbrauches beim Verkauf von Beleuchtungsstrom weder für den Abnehmer noch für den Erzeuger als vorteilhaft bezeichnet werden. Für den Unternehmer hat sie, wie bereits angedeutet, den großen Nachteil, daß sie unter Umständen gerade demjenigen Verbraucher zugute kommt, der die Betriebsmittel in ungünstiger Weise beansprucht. Die Abnehmer andererseits glauben darin vielfach eine Ungerechtigkeit zu erblicken, weil sie unter sonst gleichen Verbrauchsbedingungen auf Grund ihrer wirtschaftlichen Verhältnisse nicht in der Lage sind, einen höheren Verbrauch und damit niedrigere Preise zu erzielen; häufig kommt der wirtschaftlich Stärkere in den Genuß der billigeren Preise, der nach seiner Leistungsfähigkeit und Wertschätzung hierauf keinen Anspruch erheben würde.

Anders liegen die Verhältnisse bei dem Verbrauch von Kraftstrom insofern, als die Abstufung nach der Höhe des Verbrauches vielfach mit der Wertschätzung und Leistungsfähigkeit der Abnehmer übereinstimmt. Denn gerade diejenigen Abnehmer, die die höheren Preise zahlen können, haben einen entsprechend geringen Verbrauch, wie das Nahrungsmittelgewerbe oder die Landwirtschaft, während die Abnehmer mit höherem Verbrauch nicht bloß auf niedrige Preise infolge ihrer Betriebsverhältnisse angewiesen sind, sondern sich auch durch die Verwendung anderer Kraftquellen billige Energie verschaffen können. Bei diesen kann, namentlich wenn es sich um gleichartige Industrien handelt, durch eine Abstufung der Preise nach der Höhe des Verbrauches Übereinstimmung mit ihrer Wertschätzung und Leistungsfähigkeit oder mit den Kosten eigener Erzeugung erzielt werden.

Auch bei Grundgebührentarifen kann der Arbeitspreis nach der Größe des Verbrauchs abgestuft werden (Beispiel 10).

Eine derartige Abstufung gründet sich auf die Wahrnehmung, daß z. B. bei Wohnungen für Beleuchtung im Durchschnitt nur ein bestimmter Verbrauch je Zimmer oder je m² Grundfläche oder je kW Anschlußwert, oder in der Landwirtschaft je Morgen Kulturfläche erreicht werden kann. Dieser Verbrauch ist jeweils auf Grund der örtlichen Verhältnisse statistisch festzustellen (*277*). Wird dieser durchschnittliche Verbrauch wesentlich überschritten, so kann dies in bestimmtem Umfang nur durch die Verwendung elektrischer Haushaltgeräte, wie Plätteisen, Staubsauger, Haartrockner usw. erfolgen. Auch hierfür können in abgegrenzten Versorgungsgebieten Erfahrungszahlen ermittelt werden. Steigt der Verbrauch noch höher, so ist dies meist nur bei regelmäßiger Benützung elektrischer Koch- und Wärmegeräte möglich. Es können also hier Abstufungen des Arbeitspreises nach der Größe des Verbrauchs eingeführt werden, die sich nur in der Form auf den zahlenmäßigen Verbrauch, in Wirklichkeit auf den Verwendungszweck der elektrischen Arbeit, die Benutzungsdauer, sowie auf die Wertschätzung und Leistungsfähigkeit der Abnehmer stützen und dadurch eine besondere Werbekraft entwickeln. Derartige Tarife besitzen nicht nur den Vorzug grundsätzlich richtigen Aufbaues, sondern gestatten auch die unterschiedliche **Bewertung des Verbrauchs für verschiedene Anwendungsgebiete ohne besondere Meßgeräte.**

Als Grenze für den Eintritt der niedrigen Preisstufe wird in neuerer Zeit nicht selten der Verbrauch der Abnehmer in einem früheren Jahre festgesetzt, in dem mit Wahrscheinlichkeit die Verwendung der elektrischen Arbeit nur zu Beleuchtungszwecken in normalen Grenzen stattgefunden hat. Ein nennenswerter Mehrverbrauch kann dann nur entweder durch wesentliche Verstärkung der Beleuchtung, durch längeren Gebrauch der Beleuchtungsanlagen oder insbesondere durch die Verwendung elektrischer Haushaltgeräte eintreten. Dieser Mehrverbrauch wird mit einem wesentlich geringeren Preise belegt. Der Grundverbrauch wird Regelverbrauch genannt und derartige Tarife **Regelverbrauchstarife.** Der Regelverbrauch kann für das ganze Jahr besser oder für die

Beispiel 10: **Abstufung nach der Größe des Verbrauchs beim Grundgebührentarif.**

Stromverbrauch Haushalt: kWh/Brennstelle und Monat	Arbeitspreis Rpf/kWh
die ersten 6	15
die nächsten 6	10
die weiteren	8
Landwirtschaft: kWh/Morgen und Monat	Rpf/kWh
die ersten 7,5	15
die nächsten 7,5	10
die weiteren	8

einzelnen Monate bestimmt werden, er kann für den einzelnen Abnehmer besonders oder aber durchschnittlich für ganze Gruppen festgesetzt werden. Hierbei sind Ungleichheiten und Willkürlichkeiten nicht zu vermeiden; man ist deshalb dazu übergegangen, den Regelverbrauch nach bestimmten Merkmalen einheitlich festzusetzen; da es sich aber hierbei meist um Abstufungen nach verschiedenen Umständen des Verbrauchs handelt, werden weitere derartige Tarife später behandelt (s. S. 153). Dabei ist daran festzuhalten, daß das Kennzeichen des Regelverbrauchstarifes, wie schon der Name sagt, der regelmäßige Verbrauch des Abnehmers ist, nicht etwa derjenige Verbrauch, den das Werk zur Deckung der Leistungskosten benötigt. So ist der Wrightsche Tarif kein Regelverbrauchstarif, obwohl er in der Form diesem gleicht.

c) Die Abstufung nach der Leistungsbeanspruchung. Die Leistungskosten, gewöhnlich der größere Teil der Gestehungskosten, hängen, wie im ersten Buche nachgewiesen, von der Höchstbeanspruchung der Betriebsanlagen ab. Es ist naheliegend, diesen Zusammenhang auch bei der Preisbildung zum Ausdruck zu bringen. Die Abstufung der Preise nach der Leistungsbeanspruchung kleidet sich in die verschiedensten Formen. Zunächst kann der Leistungsbedarf des einzelnen Abnehmers durch besondere Einrichtungen gemessen und der Preisform zugrunde gelegt werden. Er kann ferner geschätzt und durch eine andere elektrische Größe, den Anschlußwert, ersetzt werden. Schließlich hat man aus der Erfahrung gelernt, daß die Leistungsbeanspruchung in vielen Fällen in einem ungefähr gleichbleibenden Verhältnis zu gewissen klar erkennbaren äußeren Umständen des Verbrauchs steht, z. B. zu der Zimmerzahl, zu der beackerten Grundfläche usw. und hat nunmehr diese Umstände zur Grundlage der Preisabstufung gemacht.

α) **Der gemessene Höchstbedarf als Grundlage der Abstufung.** Die Abstufung nach dem gemessenen Höchstbedarf des einzelnen Abnehmers findet sich bei allen drei Grundformen der Tarife; ihre einfachste Form zeigt folgendes Beispiel:

Beispiel 11: Abstufung nach dem Höchstbedarf.

Gemessener Höchstbedarf kW	Pauschaltarif RM/kW und Jahr	Grundgebührentarif Leistungspreis RM/kW und Jahr	Zählertarif Kraftpreis Rpf/kWh
die ersten 10	300,—	100,—	20
die nächsten 20	280,—	95,—	18
die nächsten 40	240,—	90,—	16
die nächsten 80	210,—	80,—	12
die weiteren	200,—	75,—	10

Die Abstufung des Zählertarifs nach der Höhe der Leistungsbeanspruchung in dieser Form vernachlässigt die wichtigsten Zusammenhänge zwischen Gestehungskosten und Verbrauch und ist daher äußerst selten. Dagegen ist diese Abstufung beim Grundgebührentarif in steigender Anwendung; namentlich bei Großabnehmern ist sie die Regel geworden. Hier fällt der Hauptnachteil dieser Preisform, die Notwendigkeit eines besonderen, verwickelt aufgebauten und daher teueren Meßgerätes nicht so sehr ins Gewicht. Dagegen ermöglicht sie die größte Annäherung an die Gestaltung der Gestehungskosten und bietet daher dem Verkäufer, aber auch dem Großabnehmer Vorteile. Jedoch ist mit dieser Art der Abstufung der Nachteil verknüpft, daß eine einmalige oder selten wiederholte Überschreitung der Durchschnittshöchstbelastung eine wesentliche Erhöhung der Gesamtausgaben verursachen kann. Diese Gefahr läßt sich zwar bei gleichbleibender Wirtschaftslage durch zweckmäßige Betriebseinteilung seitens des Abnehmers einschränken, selten jedoch ganz vermeiden; ebenso wird bei Verschlechterung, aber auch bei Besserung der Geschäftslage die jährliche Berechnung des Leistungspreises zu Beschwerden seitens des Abnehmers Anlaß geben. Um diesen Nachteil zu vermindern, kann an Stelle des einmaligen Höchstbedarfs des Abnehmers innerhalb eines Jahres, wie es der Grundsatz dieses Verrechnungsverfahrens verlangt, das Mittel aus mehreren Monatshöchstbelastungen der Abrechnung zugrunde gelegt werden; vielfach ist man auch zur monatlichen Messung und Berechnung der Leistungsbeanspruchung übergegangen, hat aber damit bewußt auf die größtmögliche Übereinstimmung der Verkaufspreise mit den Gestehungskosten verzichtet. Will sich hierbei der Verkäufer angesichts der knappen Preisstellung, die allein heute bei Großabnehmern möglich ist, vor Verlusten schützen, so darf der Monatsleistungspreis nicht etwa gleich dem Zwölftel der Jahresgebühr sein, sondern muß entsprechend den voraussichtlichen Schwankungen höher bemessen werden, indem z. B. statt eines Jahresleistungspreises von 84,— RM/kW ein Monatsleistungspreis von 8,— RM/kW erhoben wird. Auch dieser Preis kann nach der Höhe der Beanspruchung abgestuft werden.

Eine Abstufung nach der Höhe der beanspruchten Leistung liegt auch den Tarifen zugrunde, die auf den Wrightschen Überlegungen beruhen (s. S. 81/133); die Bemessung des Verkaufspreises erfolgt jedoch nach der Höhe der Benutzungsdauer, weshalb diese Tarife bei der Besprechung dieses Abstufungsmaßstabes erörtert werden. Sie benötigen sämtlich zur Feststellung der Höchstbelastung des einzelnen Abnehmers ein besonderes Meßgerät. Um dies zu vermeiden, kann man auch mit dem Abnehmer eine bestimmte Grenze der Leistungsentnahme vereinbaren und überwacht die Einhaltung durch einfachere Mittel. In ganz kleinen Anlagen mit wenig Anschlußstellen kann z. B. eine zwangsläufige Wechselschaltung die Überschreitung der vereinbarten Leistung verhindern. Häufiger wird ein sog. Strom- oder Leistungsbegrenzer verwendet, ein verhältnismäßig einfacher und billiger Apparat, der bei

Überschreitung der vereinbarten und am Apparat eingestellten Grenze wiederholte kurzzeitige oder dauernde Unterbrechung der Stromzufuhr herbeiführt. Eine solche Tarifform stellt eine unliebsame Beschränkung in dem Gebrauch der elektrischen Arbeit dar und ist daher nicht geeignet, ihre Ausbreitung auf den verschiedenen Gebieten zu fördern. Es gibt stets Abnehmer, die dann und wann ihre elektrischen Einrichtungen über den regelmäßigen Bedarf hinaus zu gebrauchen wünschen und es dann als kleinliche Beschränkung empfinden, wenn dies durch den Tarif verhindert wird.

Um für den Regelfall die Begrenzung beizubehalten und dennoch die Überschreitung der vereinbarten Leistung zu ermöglichen, hat man besondere Meßgeräte eingeführt, die den Verbrauch bei Überschreitung einer bestimmten vereinbarten Leistung anzeigen. Für einen solchen Tarif werden die Bezeichnungen „Überverbrauchstarif", „Belastungsdoppeltarif" oder „Blocktarif" gebraucht.

Beispiel 12: **Abstufung nach der Leistungsbeanspruchung beim Überverbrauchstarif (Pauschaltarif mit Arbeitspreis für Überverbrauch).**

Anwendungsgebiet	Pauschale für vereinbarte Leistung RM/100 W und Monat	Arbeitspreis für Überverbrauch Rpf/kWh
Geschäftshäuser	1,50	39
Wohnungen	1,—	35

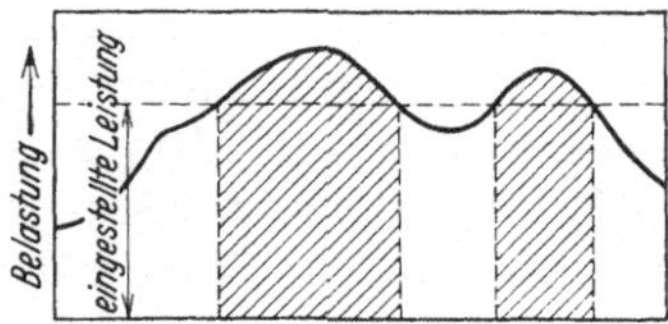

Abb. 41. Verbrauchsmessung beim Überverbrauchszähler.

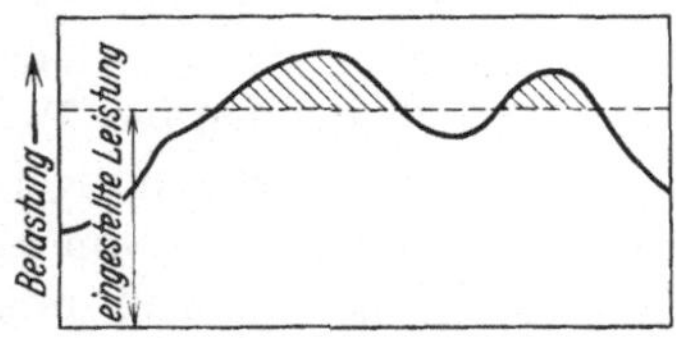

Abb. 42. Verbrauchsmessung beim Spitzenzähler.

(Die jeweils durch das Überverbrauchszählwerk gemessene Arbeitsmenge ist schraffiert.)

Die Meßgeräte für den Überverbrauch können so eingerichtet sein, daß sie während der Überschreitung der vereinbarten Leistung den gesamten Verbrauch messen (einfacher Aufbau, aber ungerechtfertigte Mehrbelastung des Abnehmers [Abb. 41]) oder nur den über die vereinbarte Leistung liegenden Verbrauch (Spitzenzähler, verwickelter Aufbau, gerechtere Belastung des Abnehmers [Abb. 42]). Doch ist diese Preisstellung im ganzen umständlich und stellt an das Verständnis des Durchschnittsabnehmers zu hohe Anforderungen; bei eifriger, mühevoller und langwieriger Aufklärung und Werbearbeit sind damit nur dann Erfolge zu erzielen, wenn mit ihrer Einführung eine wesentliche Verbilligung gegenüber bestehenden Tarifen verbunden ist, was aber meist auf einfachere Weise zu erreichen ist.

β) Der Anschlußwert als Grundlage der Abstufung. Bevor der Begriff des Höchstbedarfs dem Stromverkäufer geläufig und meßbar war, wurde gemäß dem Grundsatz Hopkinsons der Anschlußwert als ungefähres Maß für die Leistungsbeanspruchung angenommen. Solange es sich um einfachere Verbrauchsverhältnisse (fast ausschließlich Lichtbelastung) handelte, war dieser Maßstab einigermaßen zutreffend. Mit der Vermehrung und Ausdehnung der Anwendungsgebiete ergab sich die Notwendigkeit genauerer Feststellung der Leistungsbeanspruchung, bis auch dieses Verfahren für die neuzeitlichen, außerordentlich mannigfaltigen Verbrauchsverhältnisse zu umständlich und kostspielig wurde. Man übersieht nunmehr auf Grund langjähriger Erfahrungen für bestimmte abgegrenzte Versorgungs- und Anwendungsgebiete den ungefähren Zusammenhang zwischen Anschlußwert und Höchstbedarf einzelner Abnehmergruppen und hat wiederum an Stelle des gemessenen Leistungsbedarfs den Anschlußwert oder einen geschätzten Teil desselben der Abstufung zugrunde gelegt. Als Muster einer derartigen Abstufung kann Beispiel 14 gelten; nur müssen dann unter sonst gleichen Verhältnissen unter Berücksichtigung des Verschiedenheitsfaktors die Preise für die Einheit des Anschlußwerts niedriger sein als für die des gemessenen Leistungsbedarfs. Manche Unternehmungen stellen zunächst die Abstufung nach gemessenem Höchstbedarf oder nach Anschlußwert zur Wahl.

Beispiel 13: **Abstufung des Leistungspreises nach Höchstbedarf oder Anschlußwert beim Grundgebührentarif** (Geschäftsbeleuchtung).

Leistung	Leistungspreis		Arbeits-preis
	nach gemessenem Höchstbedarf	nach An-schlußwert	
kW	RM/kW und Monat		Rpf/kWh
das erste	18,—	16,50	
die nächsten 2	13,—	11,50	15
die nächsten 8	4,80	4,30	
die weiteren	4,20	4,—	

Diese doppelte Preisstellung erübrigt sich, sobald sich das Verhältnis des Anschlußwertes zum Höchstbedarf einer Abnehmergruppe ungefähr gleichbleibend eingestellt hat; dann wird entweder der für das kW ermittelte Preis oder der Anschlußwert mit dem voraussichtlichen Gleichzeitigkeitsfaktor vervielfältigt.

Die Abstufung nach dem Anschlußwert hat zwar den Vorteil, daß ein besonderes Meßinstrument nicht benötigt wird, und daß bei der Berechnung der Preisgrundlagen eine gewisse Nachgiebigkeit walten kann, ohne daß der Grundsatz der Berechnung preisgegeben wird; sie hat aber auch einige schwer ins Gewicht fallende Nachteile, einmal die Notwendigkeit einer steten Überwachung und Nachprüfung des Anschlußwertes, die für den Unternehmer einen unnötigen Kostenaufwand und für den Abnehmer eine unerwünschte Belästigung bedeutet und ferner die anschlußhemmende Wirkung. Namentlich bei schlechter Wirtschaftslage wird jeder Abnehmer bemüht sein, seinen Anschlußwert so weit als irgend möglich einzuschränken. Dem sucht man entgegenzuwirken, indem man einen Teil des Anschlusses niedriger bewertet (s. Beispiel 14), oder ganz außer acht läßt, wie meist den Anschlußwert von Haushaltgeräten. Die erwähnten Nachteile vermeidet man, wenn man an Stelle des Anschlußwertes den Zählermeßbereich zur Grundlage des Leistungspreises nimmt. Hier entfallen in gewissem Umfang die Notwendigkeit steter Nachprüfung und der Anreiz zur Anschlußbeschränkung. Doch ist der Zusammenhang zwischen Zählermeßbereich, Anschlußwert und Verbrauch so verschiedenartig, daß sich eine zu ungleiche Behandlung der Abnehmer ergibt. Die Abstufung der Grundgebühr nach dem Zählermeßbereich wird daher nur selten angewendet.

Beispiel 14: Abstufung des Leistungspreises nach Anschlußwert beim Grundgebührentarif.

Leistungspreis RM/kW und Jahr	Als Leistung werden berechnet % des Anschlußwertes	Arbeitspreis Rpf/kWh
Licht: 150,—	60	20
Kraft: 24,—	100 beim ersten Motor 75 beim zweiten Motor 50 bei allen weiteren	15

Beispiel 15: Abstufung der Grundgebühr nach der Zahl der Brennstellen (Haushalt).

Brennstellen	Grundgebühr Rpf/Brennstelle und Monat	Arbeitspreis Rpf/kWh
die ersten 2 . .	35	
die nächsten 5 . .	29	
die nächsten 5 . .	27	
die nächsten 10 . .	21	13
die nächsten 10 . .	16	
die weiteren	12	

Häufiger legt man der Berechnung des Anschlußwertes die durch statistische Erhebungen festgestellte oder geschätzte mittlere Leistung je Lichtanschlußpunkt zugrunde und bemißt dann die Grundgebühr nach der Zahl der Brennstellen oder Lichtanschlüsse (Beispiel 15).

γ) Wirtschaftliche Bestimmungsgrößen als Grundlage der Abstufung. Bei der Versorgung des Kleingewerbes, der Geschäftshäuser und Läden, insbesondere bei Kraftanschlüssen, hat man sich bei der Ermittlung der Leistungsbeanspruchung vielfach mit den geschilderten Notbehelfen abgefunden, bei anderen Anwendungsgebieten hat man, um die Nachteile der steten Überwachung und der Anschlußhemmung zu vermeiden, nach anderen Grundlagen für die Festsetzung des Leistungspreises gesucht, die zwar in engen Beziehungen zur

Leistungsanforderung stehen, aber ihre Messung oder die anderweitige Feststellung elektrischer Größen unnötig machen sollen. Wie schon früher angedeutet, hat die Erfahrung gelehrt, daß namentlich im Haushalt und in der Landwirtschaft gewisse Größen den Verbrauch bedingen, und daß das Verhältnis zwischen diesen und dem Leistungsbedarf und dem Verbrauch als ungefähr gleichbleibend angenommen werden kann. Derartige Größen sind im Haushalt: die Anzahl der bewohnten Räume, die Größe ihrer Grundfläche, der Mietwert der Wohnungen; in der Landwirtschaft: die Größe des beackerten Bodens und seltener der Viehbestand.

Beispiel 16: Abstufung der Grundgebühr nach der Zimmerzahl (Haushalt).

Zimmerzahl	Grundgebühr RM/Monat	Arbeitspreis Rpf/kWh
1	1,10	
2	1,65	
3	2,85	
4	3,70	
5	4,60	15
·	·	
10	8,95	
Jedes weitere	0,90	

Ein Tarif wie in Beispiel 16 wurde zum ersten Male in der Stadt Potsdam eingeführt, weshalb er „Potsdamer Tarif" genannt wurde.

Beispiel 17: Abstufung der Grundgebühr nach der Grundfläche der Räume (Niederlande; Haushalt und Geschäfte).

Grundfläche der Räume m²	Abstufung m²	Grundgebühr hfl/Monat	Arbeitspreis cts/kWh
bis 190	die ersten 70	1,25	
	je weitere 10	0,20	
191—300	die ersten 200	3,70	
	je weitere 20	0,30	3,5
301—450	die ersten 300	5,20	
	je weitere 30	0,40	
über 450	die ersten 450	7,20	
	je weitere 40	0,45	

Beispiel 18: Abstufung der Grundgebühr nach der Grundfläche der Räume und des Arbeitspreises nach der Größe des Verbrauchs (V.St.A.; Hotels).

Grundfläche qfuß	Grundgebühr $/qfuß und Jahr	Stromverbrauch kWh/1000 qfuß und Monat	Arbeitspreis ø/kWh
die ersten 3000 . . .	5,0	die ersten 50 . . .	4,5
die nächsten 1000 . . .	2,0	die nächsten 50 . . .	3,5
die weiteren	0,5	die weiteren	2,5

Beispiel 19: **Abstufung der Grundgebühr nach dem Mietwert** (England; Wohnungen).

Mietwert £/Vierteljahr	Grundgebühr % des Mietwertes	Arbeitspreis d/kWh
bis 60 . . .	$4^1/_2$	} 1
über 60 . . .	$2^1/_2$	

Ein Tarif nach Beispiel 19 wurde zuerst im Jahre 1908 in Norwich eingeführt. Der Mietwert (Rateable Value) ist nicht gleichbedeutend mit dem Mietzins, sondern eine behördlich festgesetzte Besteuerungsgrundlage, die auf den Mietwert der Häuser zurückgeht und die daher ebenso bei Mietern wie bei Hauseigentümern verwendet werden kann. Es bildete sich damals in England eine Vereinigung von Elektrizitätswerksleitern mit dem bezeichnenden Namen „Point Five", d. h. 0,5. Die Mitglieder dieser Vereinigung sollten sich verpflichten, Tarife einzuführen, bei denen der Arbeitspreis nicht höher als 0,5 d (damals etwa 4 Rpf) sein sollte, während sich der Leistungspreis auf den Mietwert stützen sollte. Der Tarif hat im Laufe der Jahre mancherlei Wandlungen durchgemacht, ist aber auch heute noch in England häufig in Gebrauch.

In der Landwirtschaft bildet meist der beackerte Grund und Boden die Bestimmungsgröße für den Kraftbedarf und mit einiger Annäherung auch für den Lichtbedarf. Von der Abstufung des Leistungspreises nach dem Grundbesitz unter dem Pfluge wird daher häufig Gebrauch gemacht.

Beispiel 20: **Abstufung der Grundgebühr nach der Ackerfläche.**

Ackerfläche Morgen	Grundgebühr RM/Morgen/Jahr	Arbeitspreis Rpf/kWh
die ersten 50 . .	1,20	}
die nächsten 250 . .	0,84	} 10
die weiteren	0,48	}

Alle derartigen Abstufungen haben die wertvolle Eigentümlichkeit, daß ihre Grundlagen in engen Beziehungen zu der Leistungsfähigkeit und Wertschätzung der Abnehmer stehen. Unter normalen Verhältnissen werden Anschlußwert, Zahl der Brennstellen, Zimmerzahl, Mietpreis, Ackerfläche usw. geradezu als Maßstab für diese beiden Bestimmungsgrößen der Nachfrage betrachtet werden können. Dies gilt zwar nicht für jeden einzelnen Abnehmer, es gilt auch nicht der gleiche Maßstab für unbegrenzte Gebietsteile, aber in bestimmt umrissenen Versorgungsgebieten werden sich immer Abnehmergruppen ermitteln lassen, bei denen eine gerechte und zutreffende Preisgrundlage der erwähnten Art gefunden werden kann.

Für den Verkäufer ist der wirtschaftliche Erfolg derartiger Tarife davon abhängig, daß die Leistungskosten durch die Grundgebühr gedeckt werden. Die Umrechnung vom Höchstbedarf auf die erwähnten anderen

Bezugsgrößen ist an Hand statistischer Erhebungen meist unschwer zu bewerkstelligen. Hat sich z. B. ergeben, daß auf die Wohnungen des Versorgungsgebietes im Jahr rund 600000,— RM Leistungskosten entfallen, und werden z. B. 20000 Wohnungen mit 60000 Räumen festgestellt, so würde für jedes Zimmer durchschnittlich ein Leistungspreis von 10,— RM zu erheben sein. Die Abstufung dieses Preises nach sozialen Gesichtspunkten unter Berücksichtigung der Wertschätzung und Leistungsfähigkeit der Abnehmer, z. B. nach der Größe der Wohnungen, nach Wohnvierteln usw. ist im Einzelfalle unter Berücksichtigung der örtlichen Verhältnisse leicht durchzuführen.

Wie schon früher betont, rechtfertigt sich diese von der Grundlage der reinen Gestehungskosten abweichende Verteilung durch die Annahme, daß der größte Teil der Leistungskosten, der Kapitaldienst, nicht zu den Gestehungskosten im engsten Sinne, zu den Betriebsmitteln gerechnet zu werden braucht, sondern Betriebserfolg darstellt und daher unter Berücksichtigung der Wertschätzung und Leistungsfähigkeit derer, die der Leistung bedürfen, verteilt werden kann.

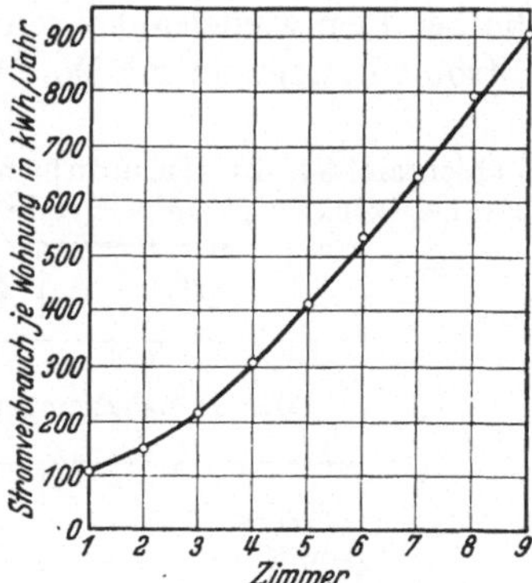

Abb. 43. Mittlerer Stromverbrauch von Wohnungen verschiedener Größe in Berlin (*17*/1932, S. 78).

Angesichts dieser Zusammenhänge ist es von Bedeutung, auch die Wechselbeziehungen der genannten Grundlagen mit den bestimmenden elektrischen Größen, wie Anschlußwert, Höchstbedarf, Stromverbrauch zu untersuchen. Hierzu sind umfangreiche statistische Unterlagen erforderlich, die leider nur vereinzelt vorliegen. Soweit die Abhängigkeit des Anschlußwertes von der Zimmerzahl untersucht worden ist, konnte festgestellt werden, daß ein bestimmter Anschlußwert bei jeder Wohnungsgröße überwiegt, so daß sich hieraus der Ersatz des Anschlußwertes durch die Zimmerzahl als Grundlage der Leistungspreisberechnung rechtfertigt. Auch über den Zusammenhang zwischen Zimmerzahl und Stromverbrauch sind eingehendere Untersuchungen veröffentlicht (*276*, s. auch *17*, 1932, S. 78 u. *308*). Die Abhängigkeit des Stromverbrauchs je Wohnung von der Zimmerzahl wird durch einen schwach nach oben gekrümmten Linienzug dargestellt (Abb. 43), demzufolge im allgemeinen der Stromverbrauch schneller zunimmt als die Zimmerzahl. Die Streuung der Einzelwerte beträgt in einem untersuchten Fall (276) nur bei 1-Zimmerwohnungen 25%, sonst unter 15 und 10%, so daß die gebotene Grundlage für Tarifuntersuchungen als hinreichend genau bezeichnet werden kann. Doch wird betont, daß die in dem Linienzug zutage tretende Gesetzmäßigkeit nur bei größeren Städten, etwa von 20000 Einwohnern aufwärts, vorhanden ist, während bei kleineren

Orten, infolge der geringen Anzahl der einzelnen Werte die Abweichungen zu groß werden. Diese Feststellungen rechtfertigen die Verwendung der Zimmerzahl als Grundlage für die Leistungspreisabstufung oder den Regelverbrauch; ein Hinweis für die ziffernmäßige Entwicklung dieser Beträge ist a. a. O. (*276*, S. 272, s. auch *308*) gegeben.

Auch zwischen der Wohnungsgrundfläche und dem Stromverbrauch für Beleuchtung läßt sich eine einfache Gesetzmäßigkeit nachweisen. In Zahlentafel 6 (S. 34) sind für einige Haushaltungen Wohnfläche und jährliche Ausgaben für Elektrizität enthalten, die der besseren Übersicht halber hier wiederholt seien; gleichzeitig sind in der letzten Spalte die Stromausgaben je m² Wohnfläche berechnet.

Zahlentafel 34. Zusammenhang zwischen Wohnfläche und Ausgaben für Elektrizität bei verschiedenen Einkommensgruppen in Deutschland.

Art	Zahl	Wohnfläche je Haushalt m²	Jährliche Ausgabe für Elektrizität	
der Haushaltungen			je Haushalt RM	je m² Wohnfläche RM
Arbeiter	435	45,85	28,51	0,62
Angestellte . . .	386	61,98	43,89	0,71
Beamte	405	71,59	49,46	0,69

In der folgenden Aufstellung sind die Angaben der Zahlentafel 5 (S. 33) nach der Wohnfläche geordnet; unter Wohnfläche ist dabei die gesamte Grundfläche der bewohnten Räume einschließlich Küche und Nebenräume, jedoch ausschließlich Keller, Boden und der Räume außerhalb der eigentlichen Wohnung verstanden; auch hier sind wieder die Stromausgaben je m² Wohnfläche in der letzten Spalte berechnet.

Zahlentafel 35. Zusammenhang zwischen Wohnfläche und Ausgaben für Elektrizität bei Wohnungen verschiedener Größe in Deutschland.

Wohnfläche m²	Zahl der Haushaltungen	Jährliche Ausgabe für Elektrizität	
		je Haushalt RM	je m² Wohnfläche RM
bis 40	246	28,10	0,87
40— 60	490	34,11	0,69
60— 80	301	43,80	0,64
80—100	110	56,06	0,63
über 100	79	80,98	0,63

Aus den beiden Aufstellungen ergibt sich, wie auch aus der zeichnerischen Darstellung (Abb. 44), daß die Beleuchtungsausgaben je m² Wohnfläche bei den einzelnen Gruppen wenig voneinander abweichen. Nur bei der Gruppe der kleinsten Wohnungen fällt die durchschnittliche Lichtausgabe stärker aus dem Rahmen, was sich zwanglos dadurch erklärt, daß es sich hier um besonders kleine Räume handelt, die — auch wegen der hohen Kopfzahl der Familien — viel mehr benutzt werden als die Zimmer größerer Wohnungen. Unter Außerachtlassung der Werte der kleinsten Gruppe kann mit einem Ausgabenmittelwert von 0,65 RM/m² und Jahr gerechnet werden. Ferner kann unter den der Statistik zugrunde liegenden Verhältnissen unter Einschluß gebräuchlicher Verrechnungsgebühren ein mittlerer kWh-Preis von 45 Rpf/kWh angenommen werden, so daß dem Mittelwert von 0,65 RM/m² und Jahr ein durchschnittlicher Jahresverbrauch von 1,45 kWh je m² der Wohnfläche entspricht. Nach den vorliegenden Unterlagen haben diese Ziffern für Wohnungen von etwa 2—5 Zimmern Geltung; für größere Wohnungen

zeigen die Veröffentlichungen der Berliner Städtische Elektrizitätswerke Akt.-Ges. (*17*, 1932, S. 78) den gleichen Zusammenhang (vgl. Abb. 43). Die Verhältnisse sind nicht in allen Versorgungsgebieten gleich, so daß man nicht ohne weiteres die Ergebnisse verallgemeinern kann. Es lohnt sich aber, für jedes Elektrizitätswerk eine genaue Nachprüfung vorzunehmen, da

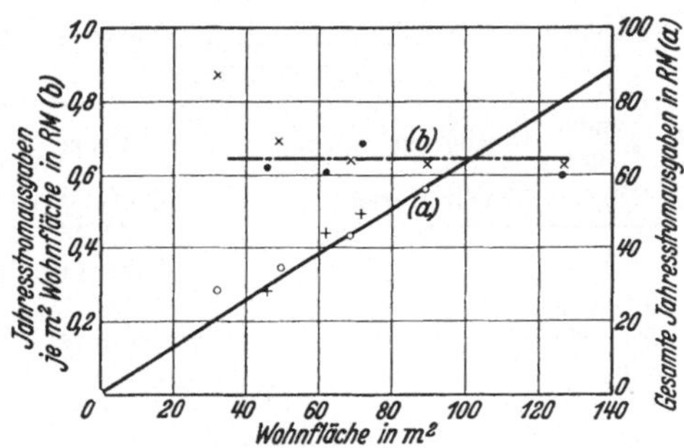

Abb. 44. Jahresstromausgaben im ganzen und je m² Wohnfläche in Abhängigkeit von der Wohnfläche.

solche Untersuchungen nicht nur für Vorausberechnungen und Schätzungen des Bedarfs an elektrischer Beleuchtung eine viel sicherere Grundlage bieten als die viel gebrauchten Durchschnittsziffern je Kopf der Bevölkerung, sondern auch wertvolle Fingerzeige für die zweckmäßige Gestaltung von Haushaltstarifen geben. Soll z. B. im vorliegenden Falle der Arbeitspreis 15 Rpf/kWh betragen, so wäre für jeden m² der Wohnfläche 1,45 · (0,45 — 0,15) = 0,435 RM oder rund 44 Rpf/Jahr als Leistungspreis zu erheben.

Derartige Untersuchungen sind auch zur Aufstellung von **Regelverbrauchstarifen** fruchtbar. Bereits an anderer Stelle (s. S. 147) ist das Wesen dieser Tarife erläutert. Es ist naheliegend, den Regelverbrauch nach den gleichen Bestimmungsgrößen abzustufen wie die Grundgebühr, also nach Zimmerzahl, Grundfläche usw., wie an einigen Beispielen gezeigt werden soll.

Die Einfachheit dieser Tarife ist mit dem Nachteil

Beispiel 21: **Abstufung des Regelverbrauchs nach Zimmerzahl.**

Zimmerzahl	Regelverbrauch kWh/Monat	Preis Rpf/kWh
1—2	5	Regelverbrauch
3	7	40
4	10	Mehrverbrauch in gleicher
5	13	Höhe wie Regelverbrauch
6	16	20
7	21	der weitere Verbrauch
8	27	10

Beispiel 22: **Abstufung des Regelverbrauchs nach dem Mietwert (England; Haushalt).**

Mietwert £/Jahr	Regelverbrauch kWh/Jahr	Preis d/kWh
bis 20	100	Regelverbrauch
20—25	120	5
25—30	140	d. weitere Verbrauch
30—35	160	$^3/_4$
35—40	200	
für je weitere 5	40	

Beispiel 23: **Abstufung des Regelverbrauchs nach der Ackerfläche.**

Ackerfläche Morgen	Regelverbrauch kWh/Morgen/Jahr	Preis Rpf/kWh
1— 20	5	Regelverbrauch
20— 50	5,5	45
50—100	6	der weitere Verbrauch
über 100	6,5	20

verbunden, daß der Abnehmer in den Sommermonaten selten in den Genuß der billigeren Preise gelangen kann, während er in den Wintermonaten auch die normale Beleuchtung zu ungerechtfertigt niedrigen Preisen bezieht. Dieser Nachteil ist leicht dadurch zu vermeiden, daß der Regelverbrauch in den einzelnen Monaten ungefähr nach der Beleuchtungszeit abgestuft wird (s. Beispiel 53, S. 193).

d) Die Abstufung nach der Zeitdauer der Beanspruchung (Benutzungsdauer). Die Abstufung nach der Benutzungsdauer ist ebenso eine Auswirkung des Gestehungskostenaufbaues, wie die Abstufung nach dem Leistungsbedarf. Während diese sich nach Gleichung (25b) [S. 128] auf den Höchstbedarf als Veränderliche stützt, wird bei jener von der Benutzungsdauer als preisändernde Größe ausgegangen. Je länger ein Abnehmer den von ihm beanspruchten Teil der Anlagen benutzt, um so geringer wird der auf die kWh entfallende Leistungskostenanteil, um so niedriger kann der Preis je kWh angesetzt werden. Hieraus erklärt es sich, daß die Abstufung nach der Benutzungsdauer einen großen Umfang angenommen hat.

Je nach der Grundform des Tarifes wird diese Abstufung in verschiedener Weise zum Ausdruck gebracht. Beim Pauschal- und Grundgebührentarif ergibt sich ganz von selbst für den Verbraucher eine weitgehende Abstufung nach der Benutzungsdauer; der Durchschnittspreis je kWh wird um so niedriger, je höher die Ausnutzung der Anlagen ist (s. Abb. 37, S. 135). Darin liegt für ihn der Anreiz, von der elektrischen Arbeit einen möglichst ausgiebigen Gebrauch zu machen. Sind aber die Preise des Pauschaltarifs von seiten des Verkäufers nicht für den äußersten Fall der Ausnutzung bemessen, so würde er Verlust erleiden, während andererseits der Abnehmer bei geringerem Verbrauch zu hohe Durchschnittspreise zahlen würde. Man stuft deshalb auch die Pauschaltarife vielfach nach der voraussichtlichen Benutzungsdauer in der Weise ab, daß der Verbraucher mit größerer Benutzungsdauer im ganzen einen höheren Preis zu entrichten hat, als der Abnehmer mit geringerer Ausnutzung, wobei der Preis gewöhnlich weniger ansteigt als die angenommene Benutzungsdauer.

Beispiel 24: **Abstufung nach der Benutzungsdauer beim Pauschaltarif** (Schweiz).

Lampen-kategorie	Benutzungsdauer h/Jahr	Pauschalpreis Rp/W und Jahr
1	bis 150	15
2	150— 500	30
3	500—1000	42
4	1000—1500	50
5	1500—2000	56
6	über 2000	64

Motorleistung PS	Benutzungsdauer	Pauschalpreis frs/PS und Jahr		
		a)	b)	c)
0,1	a) 10stündige Benutzungszeit außerhalb der Beleuchtungszeit	480	Zuschlag 20% zu a)	Zuschlag 40% zu b)
0,25		350		
0,5	b) Benutzungszeit bis Mitternacht (20 Stunden)	325		
1		300		
2		282		
.	c) 24stündiger Betrieb	.		
.		.		
10		235		
.		.		
.		.		
100		187		

Dieser Krafttarif schließt gleichzeitig eine Abstufung nach der Größe des Anschlußwertes ein.

Die Benutzungsdauer wird selten mittels Stundenzähler gemessen (Betriebsstunden-, Umlaufzähler), vielmehr wird die Einteilung bei Beleuchtung nach den Räumen getroffen, in denen die Lampen benutzt werden oder bei Kraft nach Verwendungsart und -ort der Motoren. In der Landwirtschaft, wo Pauschaltarife noch häufiger verwendet werden, hängt die Benutzungsdauer bei gleicher Motorleistung von der Größe des Grundbesitzes ab, der daher häufig als Maßstab für die Abstufung verwendet wird.

Beispiel 25: **Abstufung nach der Benutzungsdauer beim Pauschaltarif (Anschlußwert und Ackerfläche als Maßstab)** (Schweiz).

An-schluß-wert	Ackerfläche		
	0—12 Joch	10—30 Joch	25—60 Joch
	Pauschalpreis		
PS	sfrs/Jahr	sfrs/Jahr	sfrs/Jahr
1—1,5	45,—	67,50	90,—
2—2,5	67,50	90,—	120,—
3—4	90,—	120,—	140,—
usw.	usw.	usw.	usw.

Auch bei den Zählertarifen, bei denen die Abstufung nach der Benutzungsdauer in einer Verringerung des Ausgangspreises zum Ausdruck gebracht wird, wird häufig von einer rechnerischen Ermittlung der Benutzungsdauer Abstand genommen und diese, wie bei den Pauschaltarifen ungefähr nach den Räumlichkeiten geschätzt, in denen die elektrische Arbeit verwendet wird. So wird z. B. unterschieden: Licht für Wohnungen, Läden und Geschäftshäuser, Gasthöfe und Wirtschaften, Schaufenster- und Reklamebeleuchtung usw.; die Preise werden nach der Benutzungsdauer (zum Teil auch nach dem Zeitpunkt des Gebrauchs) abgestuft oder es werden andere Tarife angewendet, die eine entsprechende Ermäßigung zu erzielen gestatten. Auch bei Kraftstromlieferung werden hie und da Preisunterschiede nach Anwendungsgebieten gemacht, die in Wirklichkeit eine Abstufung nach der Benutzungsdauer darstellen, so z. B. bei Heimindustrie, bei Mühlen und dergleichen. In allen solchen Fällen schließt die Unterscheidung nach dem Verwendungsort gleichzeitig die Berücksichtigung der Wertschätzung und Leistungsfähigkeit der Abnehmer ein.

Will man noch weitere Abstufungen auf der Grundlage der Benutzungsdauer einführen, so wird ihre genauere Feststellung erforderlich. Man bestimmt zunächst als Benutzungsdauer das Verhältnis: Gesamtverbrauch zum gesamten Anschlußwert. Es ist einleuchtend, daß diese Zahl keinen wirklichen Zeitwert darstellt, weil die gleichzeitige Benutzung der gesamten elektrischen Einrichtung bei der weitaus größten Zahl der Abnehmer ausgeschlossen ist. Man gelangt infolgedessen bei dieser Berechnung notwendig zu Ergebnissen, die den wirtschaftlichen Verhältnissen der Abnehmer nicht entsprechen und hat versucht, auf andere Weise die Benutzungsdauer zu ermitteln. So nähert man sich schon um einen kleinen Schritt der Wirklichkeit, wenn man statt des Anschlußwertes die Höchstbelastung jeder einzelnen Anlage der Berechnung zugrunde legt, die etwa nach Wright durch besondere Belastungsmesser bestimmt werden kann.

Beide Grundlagen für die Feststellung der Benutzungsdauer werden häufig angewendet. Bei Kleinabnehmern ist in Deutschland meist der Anschlußwert, bei Großabnehmern die gemessene Höchstlast gebräuchlich. In anderen Ländern, insbesondere in England und Amerika wird auch bei Kleinabnehmern vielfach der gemessene oder geschätzte Höchstbedarf zugrunde gelegt.

Wie bei der Abstufung nach der Höhe des Verbrauches findet man auch bei dieser Tarifform die mannigfaltigste äußere Gestaltung: die Verrechnung mit Preis- oder Rabattstufen, ferner Abstufungen nach Staffeln oder nach Zonen, das Prämiensystem und endlich zahlreiche Unterschiede in der Zahl und der Höhe der Abstufungen.

Beispiele 26—28: Abstufung nach der Benutzungsdauer beim Zählertarif.

Beispiel 26: Der Anschlußwert als Grundlage der Benutzungsdauer-Ermittlung.

Anwendungs-gebiet	Benutzungsdauer des Anschlußwertes h/Jahr	Preis Rpf/kWh	Rabatt %
Licht	bis 300	45	—
(Staffelpreise)	300— 500	42	—
	500— 800	40	—
	800—1500	38	—
	1500 und mehr	36	—
Kraft	bis 500		0
(Staffelrabatte)	500— 750		5
	750—1000		7,5
	1000—1500	20	12,5
	1500—2000		17,5
	2000 und mehr		20
Licht und Kraft .	die ersten 450	45	—
(Zonenpreise)	die weiteren	15	—
Großabnehmer . .	die ersten 1000		0
(Zonenrabatte)	die nächsten 500		10
	die nächsten 500	10	20
	die nächsten 500		30
	die weiteren		40

In allen diesen Fällen könnte an Stelle des Anschlußwertes der gemessene oder geschätzte Höchstbedarf des Abnehmers treten. Vor-

Beispiel 27: Der Höchstbedarf als Grundlage der Benutzungs-dauer-Ermittlung (England).

Benutzungsdauer des Höchstbedarfs h/Tag	Preis d/kWh
die erste	$6^1/_2$
die zweite . . .	3
die weiteren . . .	1

Beispiel 28: Der Höchstbedarf als Grundlage der Benutzungsdauer-Ermittlung (nach der Jahreszeit abgestuft) (England).

Monat	Benutzungs-dauer des Höchstbedarfs h/Monat	Preis d/kWh
Januar	die ersten 60	
Februar . . .	,, ,, 40	
März	,, ,, 30	
April.	,, ,, 20	
Mai	,, ,, 20	
Juni	,, ,, 20	
Juli	,, ,, 20	6
August . . .	,, ,, 20	
September . .	,, ,, 40	
Oktober . . .	,, ,, 50	
November . .	,, ,, 60	
Dezember. . .	,, ,, 70	
Januar bis Dezember. .	die weiteren	1

bildlich für derartige Tarife war in Deutschland vor einigen Jahren die Preisberechnung der Oberschlesischen Elektrizitätswerke, die allgemein für die ersten 500 jährlichen Benutzungsstunden des Höchstbedarfs einen Preis von 40 Rpf und für den weiteren Verbrauch von 4 Rpf/kWh festsetzten. Zahlreicher sind die Fälle, in denen die Preise nach einer gleichbleibenden täglichen oder veränderlichen monatlichen Benutzungsdauer abgestuft werden (Beispiele 27 u. 28).

Für den Verkäufer besteht der Hauptvorzug der Abstufung nach der Benutzungsdauer in der Möglichkeit, die Verkaufspreise den Gestehungskosten zu nähern und denjenigen Verbrauchern, die durch Ausnutzung ihrer Anlage die Gestehungskosten günstig beeinflussen, Preisermäßigungen zu gewähren. Dieser letztgenannten Absicht entspricht mehr die Anwendung einer größeren Anzahl von Stufen mit allmählicher Erniedrigung der Preise, der ersten die Einführung einer einzigen Stufe mit einmaligem großen Preisnachlaß. Der Abnehmer soll hierbei zunächst mit den höheren Preisstufen die auf ihn entfallenden Leistungskosten entrichten, worauf der Preis bis nahe an die Arbeitskosten herabgesetzt werden kann. Alle diese Ziele werden nur angenähert erreicht (s. Abb. 45); einmal kann der Ausgangspreis nie so hoch angesetzt werden, daß die Abnehmer mit ganz geringer Benutzungsdauer den entsprechenden Preis bezahlen. Die Abstufungen müssen daher so bemessen sein, daß die hierdurch entstehenden Ausfälle von den Abnehmern mit höherer Benutzungsdauer mit getragen werden; somit ist der Grundsatz der gerechten Preisstellung — vom Elektrizitätsverkäufer aus ge-

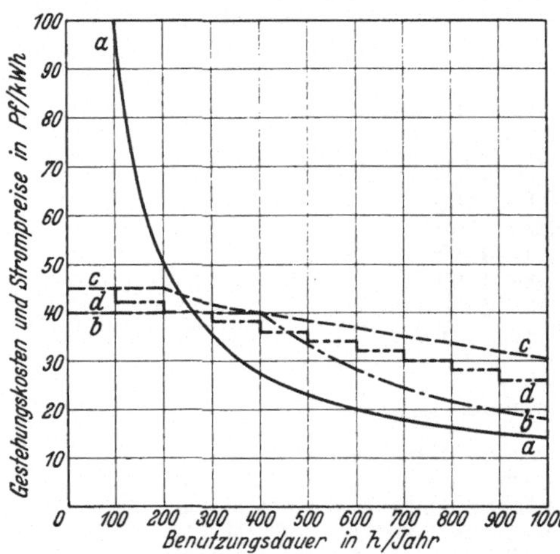

Abb. 45. Gestehungskosten und Durchschnittspreis je Kilowattstunde bei Zählertarifen mit verschiedenen Abstufungen in Abhängigkeit von der Benutzungsdauer:

```
a ——————— a  Gestehungskosten:
               Leistungskosten 90.— RM/kW
               Arbeitskosten 5 Rpf/kWh
b — · — b  Zonentarif mit einer Abstufung:
               die ersten      400 h/Jahr 40 Rpf/kWh
               die weiteren              „      4     „
c — — — c  Zonentarif mit mehreren Abstufungen:
               die ersten    200 h/Jahr  45 Rpf/kWh
               „  nächsten 200    „        35     „
               „     „       200    „        30     „
               „     „       200    „        25     „
               „  weiteren            „        20     „
d — · · — d  Staffeltarif mit mehreren Abstufungen:
               0—100 h/Jahr   45 Rpf/kWh
               100—200    „      42     „
               200—300    „      40     „
               300—400    „      38     „
               400—500    „      36     „
               500—600    „      34     „
               600—700    „      32     „
               700—800    „      30     „
               800—900    „      28     „
               900 und mehr  26     „
```

sehen — bereits durchbrochen. Weiter kommt hinzu, daß die Abstufung der Einfachheit halber meist unter Zugrundelegung des Anschlußwertes erfolgt, während doch die Gestehungskosten zum größten Teil durch den Höchstbedarf bestimmt sind. Will man sich also nicht auf unwirkliche Zahlen stützen, so muß auf das Verhältnis des Anschlußwertes zur Höchstbeanspruchung geachtet werden; das ist wohl für einzelne Abnehmergruppen, nicht aber für jeden Abnehmer allein möglich. Aber selbst, wenn bei der Bemessung der einzelnen Zeitstufen das Durchschnittsverhältnis zwischen der Höchstbelastung und dem Anschlußwert berücksichtigt werden kann, so ist immer noch nicht der Tatsache Rechnung getragen, daß die Höchstbeanspruchung des einzelnen Abnehmers mit der der Betriebsmittel nicht notwendig zusammenfällt. Man sucht diesem Mangel einmal durch die Einführung des Gleichzeitigkeitsfaktors zu begegnen, man hat auch versucht, die Höchstbelastungsanzeiger nur zur Zeit der Höchstbelastung des Kraftwerks einzuschalten, allein es ist dann die Verwendung umständlicher und teurer Meßgeräte und Einrichtungen notwendig, deren Einführung sich nur bei einem verhältnismäßig kleinen Abnehmerkreis, z. B. bei Großabnehmern, rechtfertigen läßt.

Erfüllen somit derartige Abstufungen die Forderung der Anpassung der Verkaufspreise an die Gestehungskosten nur in unvollkommener Weise, so entsprechen sie auch nur in Ausnahmefällen der Wertschätzung und der Leistungsfähigkeit der Verbraucher. Es ist zu bedenken, daß der Abnehmer die elektrische Arbeit im allgemeinen genau so hoch, z. B. in der sechsten Stunde des Gebrauchs einschätzt wie in der ersten, d. h. das Licht oder die Kraft hat für ihn denselben Wert, ob er sie im Jahre 200 h benutzt oder 1000 h. Wenn er 1000 h lang hiervon Gebrauch macht, so sind gewichtige Gründe vorhanden, die ihn dazu veranlassen. Es ist dagegen keine Ursache vorhanden, daß er die elektrische Arbeit etwa in den letzten 100 h des Jahres geringer einschätzen sollte, als in den ersten 200 h. Eine auf die Benutzungsdauer zugeschnittene Preisstellung stimmt also im allgemeinen nicht mit der Wertschätzung der Abnehmer überein. Wenn damit trotzdem einige Erfolge erzielt worden sind, so liegt dies in der werbenden Kraft aller Tarife begründet, bei denen dem Abnehmer mit steigendem Verbrauch niedrigere Preise eingeräumt werden, und zwar oft so niedrige, daß sie im Vergleich zu den Kosten anderer Energieformen wesentlich unter die Wertschätzung der Verbraucher sinken. Der Verkäufer begibt sich durch die allzu weitgehende Rücksichtnahme auf den Aufbau der Gestehungskosten, wenn anders die Einheitspreise richtig bemessen sind, einer Möglichkeit, Gewinne zu erzielen, die ihm von dem Verbraucher zugestanden würden und zum Ausgleich unvermeidlicher Verluste bei anderen Abnehmern verwendet werden könnten. Daß dem Grade der Ausnutzung der Anlagen durch die Verbraucher Rechnung getragen werden muß, ergibt sich aus dem Aufbau der Gestehungskosten. Besteht keine Möglichkeit, durch die Anwendung von Grundgebührentarifen eine selbsttätige Abstufung nach der Benutzungsdauer zu erreichen, so mag eine Staffelung der Preise nach der Benutzungsdauer zwar in Anlehnung an die Gestehungskosten, doch unter Berücksichtigung der mittleren Benutzungsdauer der in Frage stehenden Abnehmergruppen erfolgen.

Eine Abstufung nach der Benutzungsdauer liegt im gewissen Sinne auch vor, wenn die Preise je nach der Anzahl der Jahre ermäßigt werden, für die sich die Abnehmer zum Strombezug verpflichten. Der Verkäufer geht hierbei mit Rücksicht auf die geringe Umschlagsgeschwindigkeit des Anlagekapitals von der Erwägung aus, daß er um so niedrigere Preise fordern kann, je höher die Zahl der Jahre ist, für die der Absatz gesichert ist; insbesondere bei Sonderverträgen mit Großabnehmern werden die Preise nicht selten von der Vertragsdauer abhängig gemacht (s. Beispiel 84, S. 225). Doch begegnen derartige Vereinbarungen, namentlich in Zeiten schlechter Wirtschaftslage, infolge der Unübersichtlichkeit der Verhältnisse oft lebhaftem Widerstand seitens der Abnehmer.

Auf die Benutzungsdauer der Anlagen wird weiterhin in all den Fällen Rücksicht genommen, in denen für vorübergehenden Strombedarf oder für Aushilfszwecke besondere Preise vorgesehen werden. Das Elektrizitätswerk ist nicht in der Lage, ohne Entschädigung Teile der Anlage zur Verfügung zu halten, oder gar besondere, kostspielige Einrichtungen zu erstellen, die selten, unter Umständen nur wenige Stunden im Jahre benutzt werden. Es ist deshalb berechtigt, für vorübergehenden Bedarf bei Ausstellungen, Jahrmärkten usw. und ebenso zur Aushilfe, erhöhte Preise zu verlangen. Bei Aushilfsanschlüssen werden häufig besondere Grundgebühren, je nach der Höhe der erforderlichen Aufwendungen, erhoben und außerdem die normalen Arbeitspreise berechnet; in manchen Fällen werden die von dem Aushilfsanschluß verbrauchten kWh auf die Grundgebühr in Anrechnung gebracht.

e) Die Abstufung nach dem Zeitpunkt der Beanspruchung. Die Abstufung der Verkaufspreise nach dem Zeitpunkt des Verbrauchs gründet sich auf die Wahrnehmung, daß die Beanspruchung der Betriebsmittel, wie schon bei einer oberflächlichen Betrachtung des Belastungsgebirges (Abb. 12, S. 69) ersichtlich wird, mit großer Regelmäßigkeit drei deutlich erkennbare Stufen aufweist: die „Nachtbelastung", die „Tagesbelastung" und die „Spitzenbelastung". Diese drei Stufen entsprechen unter den in Mitteleuropa herrschenden Verhältnissen bei Elektrizitätswerken mit ausgeprägter Lichtbelastung etwa der Zeit von $21—7^h$ für die niedrige, von $9—16^h$ für die mittlere und von $7—9^h$ und von $16—21^h$ für die hohe Belastung. Die hohe Belastung tritt meist nur in den Wintermonaten auf. Mittels eines geeigneten Meßgerätes wird der Verbrauch in den verschiedenen Zeiten getrennt ermittelt und die Abstufung der Preise so vorgesehen, daß der Hauptteil der Gestehungskosten auf die Abnehmer zur Zeit der Höchstbelastung, auf den übrigen Verbrauch in den Tagesstunden ein niedrigerer Kostenanteil und in den Nachtstunden häufig wenig mehr als die reinen Arbeitskosten verrechnet werden.

Die Abstufung nach dem Zeitpunkt des Verbrauchs erfolgt aber nicht nur nach der Tageszeit. Da bei den meisten Werken die Hauptbelastung in den Wintermonaten, die schwächere Belastung in den Sommermonaten auftritt, kann auch eine Abstufung in der Weise vorgenommen werden, daß man die Preise während der ganzen stärker belasteten Jahreszeit erhöht und in den Monaten geringerer Belastung erniedrigt. Diese Abstufung ist namentlich bei Wasserkraftwerken gebräuchlich, die meist im Winter unter Wassermangel leiden und teure Zusatzkraftanlagen benötigen, deren Kosten durch höhere Preise ausgeglichen werden müssen, während im Sommer Wasserüberfluß vorhanden ist, den man durch Preisermäßigung auszunutzen sucht.

Die Unterscheidung zwischen Winter- und Sommerpreisen findet man namentlich bei Pauschaltarifen und bei den Leistungspreisen der Grundgebührentarife, da sich bei diesen eine Abstufung nach den Tagesstunden nicht bewerkstelligen läßt (s. Beispiel 101, S. 234). Bei diesen Tarifformen werden auch die Leistungskosten nicht selten im Verhältnis zur Anzahl der Dunkelstunden auf die einzelnen Monate verteilt; hierbei handelt es sich weniger um eine Abstufung nach dem Zeitpunkt des Verbrauchs, als um eine rechnerische Maßregel, die den Zweck hat, die Ausgaben des Abnehmers mit dem Verbrauch in Übereinstimmung zu bringen.

Bei dem Zählertarif wird dem Zeitpunkt des Verbrauchs häufig nur durch zwei Stufen Rechnung getragen (Hoch- und Niedrigtarif). Ein derartiger Tarif wird „Doppeltarif" genannt und ist namentlich in Deutschland noch stark verbreitet, wo er meist neben anderen Tarifen angewendet wird. Bei folgerichtiger Durchführung der Grundsätze, die zur Anwendung von Doppel- und Mehrfachzeittarifen geführt haben, ist es naheliegend, einen Unterschied nach dem Verwendungszweck des Stromes — von Sonderfällen abgesehen — nicht mehr zu machen; durch die Unterscheidung nach der Zeit des Verbrauchs wird angenähert erreicht, daß auf die Beleuchtungszeit, d. h. die Stunden höchster Belastung (häufig Sperrstunden oder Sperrzeit genannt) höhere Preise, auf die der schwächeren Inanspruchnahme der Betriebsmittel, d. h. in der Regel auf die Stunden des Kraftverbrauchs, niedrigere Preise entfallen. Schließlich können für die Zeit geringsten Leistungsbedarfs, d. h. in den Nachtstunden, die für Wärmespeicherung in Frage kommen, noch besonders weitgehende Ermäßigungen gewährt werden. Diese Art der Abstufung wird zur Förderung des Anschlusses von Heißwasser-

Beispiel 29: Abstufung nach dem Zeitpunkt des Verbrauchs beim Zählertarif.

Zeitabstufung	Preis Rpf/kWh
a) Sperrzeit	
Januar . . . . . $16^{1}/_{2}$—21	
Februar . . . . . $17^{1}/_{2}$—21	
März . . . . . . $18^{1}/_{2}$—21	
April . . . . . . $19^{1}/_{2}$—21	
Mai . . . . 20 —21	
Juni . . . . . . —	45
Juli . . . . —	
August . . . . . 20 —21	
September . . . . $18^{1}/_{2}$—21	
Oktober . . . . . $17^{1}/_{2}$—21	
November . . . . $16^{1}/_{2}$—21	
Dezember . . . . 16 —21	
b) Übrige Zeit	10
c) Nachtzeit	6
Oktober bis März . 21—7	(nur für
April bis September 19—7	Speichergeräte)

speichern im Haushalt und Gewerbe und von Futterdämpfern in der Landwirtschaft in den letzten Jahren in steigendem Umfang angewendet.

Abweichend von dieser am Tag und Abend für alle Zwecke einheitlichen Preisstellung können die Preise für Licht, Kraft und Wärme unter Verwendung des Doppeltarifs auch gesondert abgestuft werden.

Beispiel 30: Abstufung nach dem Zeitpunkt des Verbrauchs und dem Verwendungszweck beim Zählertarif.

Anwendungsgebiet	Sperrzeit	Preis	
		in der Sperrzeit Rpf/kWh	in der übrigen Zeit Rpf/kWh
Beleuchtung	$16^1/_2$—22	50	20
Kraft	7—9, $16^1/_2$—20	35	10
Heißwasserspeicher .	7—22	15	5

Die Zeiten höherer Belastung (Sperrstunden) können (wie in Beispiel 29) in den einzelnen Monaten verschieden angesetzt werden oder gleichbleibend für das ganze Jahr (wie in Beispiel 30) oder nur für die Wintermonate. Auch die Ausdehnung der Sperrstunden ist je nach den örtlichen Verhältnissen verschieden. Hierbei können gleichzeitig die Betriebsverhältnisse des Kraftwerks berücksichtigt werden. Ein plötzlicher Lastanstieg, wie er morgens bei Fabrikbeginn, oder nachmittags bei Eintritt der Dunkelheit sich bemerkbar macht, erfordert die Bereitstellung der notwendigen Dampfmenge. Man wird daher Wert darauf legen, den Anstieg zeitlich genauer festzulegen und nach Möglichkeit abzuflachen. Setzt kurz vor Beginn des Lastanstiegs der höhere Tarif ein, so werden die Abnehmer die vermeidbare Belastung abschalten und der Leistungsanstieg wird langsamer erfolgen. Umgekehrt wird bei Rückgang der Spitzenlast der Leistungsabfall langsamer erfolgen, wenn kurz zuvor eine niedrigere Preisstufe in Kraft getreten ist.

Vielfach wird der Doppeltarif als Sondertarif auf bestimmte Abnehmergruppen oder Anwendungsgebiete beschränkt. Bald wird er nur für Beleuchtung, bald nur für Kraftlieferung vorgesehen; in dem einen Ort wird er nur für Wohnungen, in dem anderen nur für Gastwirtschaften und dergleichen gewährt; seine Anwendung wird hier durch einen bestimmten Mindestverbrauch, dort durch einen Höchstverbrauch bedingt.

Verschiedenartig wie die Anwendungsgrundsätze sind auch die Preisabstufungen. Der Preis während der Sperrzeit muß bei richtiger Preisstellung höher sein als ein normaler Lichtstrompreis, weil dieser sonst überflüssig wäre und nur zur Ersparung der erhöhten Zählergebühr, die für den Doppeltarifzähler in Frage kommt, angewendet würde. Die

Preise außerhalb der Sperrzeit am Tage schwanken zwischen 20 und 60% des Hochtarifs. Der Tarif hat aber nur dann einen Zweck, wenn die Preise während der Sperrzeit mindestens doppelt so hoch sind wie die Tagesstrompreise.

Bei der Unterscheidung nach der Jahreszeit sind die Preisunterschiede gewöhnlich weniger beträchtlich. Es werden im allgemeinen nur zwei Stufen, für Sommer und Winter vorgesehen. Meist sind die Winterpreise höher, doch findet man hier und da, und zwar in Badeorten, auch eine Erhöhung des Preises im Sommer. Auch die Verbindung beider Abstufungen nach Jahres- und Tageszeiten wird angewendet (s. Beispiel 70, S. 213/214).

Folgt man den Erwägungen, die der Abstufung nach dem Zeitpunkt des Verbrauchs zugrunde liegen, so gelangt man zu dem Ergebnis, daß eine Abstufung nur nach der Zeit hoher und der Zeit niedriger Belastung dem Verlauf der Gestehungskosten keineswegs genügend Rechnung trägt. Von diesem Gesichtspunkt aus ist es vielmehr erforderlich, noch weitere Zwischenstufen je nach der Höhe der Belastung einzuführen. Mittels der im ersten Buch angegebenen Verfahren (s. S. 89f.) ist es möglich, die Gestehungskosten für jede Belastung nach dem Verlauf der einzelnen Tagesbelastungslinien zu ermitteln und dementsprechend die Tarife abzustufen und darnach einen Stundenplan und Kalender für die Verteilung der Gestehungskosten und für die Abstufung der Verkaufspreise aufstellen. Es ergeben sich so zunächst Abstufungen der Preise nach den einzelnen Stunden; bei der Tarifgestaltung geht man im allgemeinen über 4 Preisstufen (s. Beispiele 31 und 32) nicht hinaus. Da sich die tägliche Höchstbelastung nach Zeitpunkt und Höhe im Laufe des Jahres ändert, wird neben der Tageszeit auch die Jahreszeit berücksichtigt. Solche Tarife werden z. B. in der Schweiz angewendet. Notwendig ist hierbei der Gebrauch besonderer Vorrichtungen zur Messung des Verbrauchs während der verschiedenen Tarifzeiten.

Beispiel 31: **Abstufung nach dem Zeitpunkt des Verbrauchs (Dreifachtarif).**

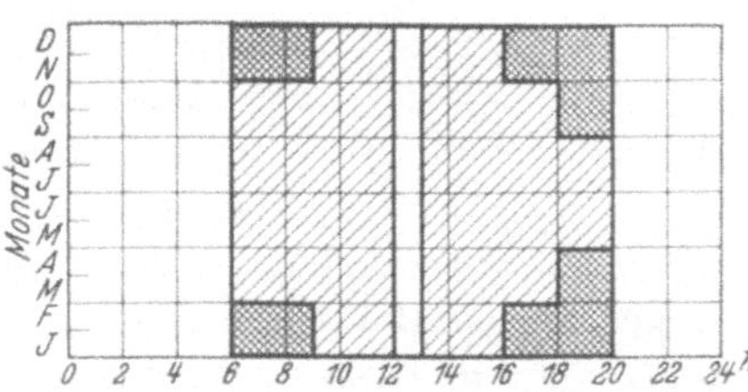

Abb. 46. Schaltzeiten und Strompreisstundenplan bei einem Dreifachtarif.

    Spitzenstrom (Hochtarif), z. B. 50 Rpf/kWh
    Tagesstrom (Mitteltarif)   ,,   25   ,,
    Nachtstrom (Niedrigtarif)   ,,   8   ,,

Beispiel 32: **Abstufung nach dem Zeitpunkt des Verbrauchs (Vierfachtarif).**

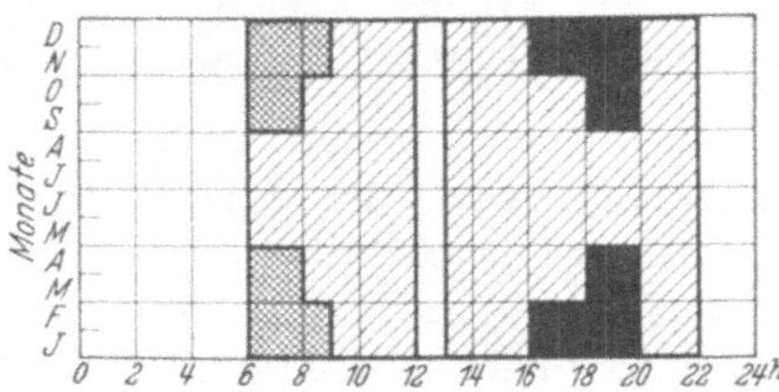

Abb. 47. Schaltzeiten und Strompreisstundenplan bei einem Vierfachtarif.

    ■ Abendspitzenstrom (Hochtarif I), z. B. 60 Rpf/kWh
    ▨ Morgenspitzenstrom (Hochtarif II) ,, 40 ,,
    ▧ Tagesstrom (Mitteltarif)   ,, 15 ,,
    □ Nachtstrom (Niedrigtarif)   ,, 6 ,,

Aus den Abbildungen ist ersichtlich, daß die verschiedenen Tarifstufen im wesentlichen den Verbrauch von Licht, Kraft und Wärme unterscheiden. Um zu zeigen, wieweit der Vierfachtarif sich der Form des Belastungsgebirges anpaßt, ist der in Beispiel 32 wiedergegebene Tarif in Abb. 48 als Tarifmodell dargestellt. Die ungefähre Anpassung an das

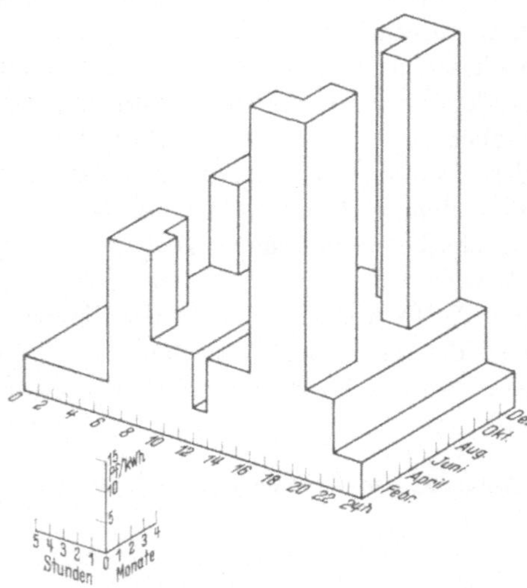

Abb. 48. Tarifmodell eines Vierfachtarifs (nach Abb. 47).

Belastungsgebirge und damit an die Gestehungskosten ist unverkennbar, wenn die notwendige Verzerrung berücksichtigt wird. Wie daraus hervorgeht, lehnt sich zwar eine solche Abstufung weitgehend an die Gestehungskosten an, läßt aber die Umstände des Verbrauchs im wesentlichen außer acht. Man kommt hierbei zu dem Ergebnis, daß ein Verbraucher das gleiche Gut, dem er zu verschiedenen Zeiten genau die gleiche Wertschätzung entgegenbringt, mehrmals am Tage mit verschiedenen Preisen bezahlen muß und daß damit die Gewohnheiten der Abnehmer zwangsweise den Erfordernissen des Erzeugers angepaßt werden sollen. Dies mag im Einzelfall bei einer technisch sehr geschulten Bevölkerung und bei leistungsfähigen Abnehmern zu Erfolgen führen, kann aber, abgesehen von der außerordentlich umständlichen und verwickelten Preisfestsetzung und Messung nicht allen Erfordernissen beim Verbrauch elektrischer Arbeit entsprechen.

In dieser Hinsicht ist bereits die Einführung von nur einer zweiten und dritten Stufe nach dem Zeitpunkt des Verbrauchs bedenklich. Mit den niedrigeren Preisen während der Zeiten geringer Beanspruchung der Betriebsmittel sucht man vornehmlich den Verbrauch an elektrischer Arbeit während dieser Zeit zu steigern; durch den höheren Preis dagegen sollen namentlich die Kraft- und Wärmeverbraucher veranlaßt werden, in der Zeit der Höchstbelastung des Werkes, in der sie zur Erhöhung der Leistungskosten wesentlich beitragen würden, die Betriebsmittel nicht oder nur in geringem Maße zu beanspruchen. Dieses Ziel kann bis zu einem gewissen Grade durch die Preiserhöhung erreicht werden; es ist aber zu erwägen, ob der Verbrauch in den Zeiten geringerer Ausnutzung durch billigere Preise gefördert werden kann und ob die Ermäßigung der Preise einem Bedürfnis und der Wertschätzung der Abnehmer entgegenkommt.

Nach den Ausführungen im ersten Teil (s. S. 40f.) ist der Verbrauch an Licht durch das Lichtbedürfnis bestimmt, das sich mit geringen Ausnahmen auf die Dunkelstunden beschränkt. Im allgemeinen kann daher eine Verbilligung der Preise den Verbrauch außerhalb der Stunden des Lichtbedürfnisses nicht erhöhen. In den Räumen aber, wo Beleuchtung auch am Tage nötig ist, wird sie im großen ganzen der Wertschätzung begegnen, die sie auch am Abend findet, sofern nicht andere künstliche Lichtquellen durch niedrigere Preise das Maß der Wertschätzung beeinflussen. Die Verminderung der Preise am Tage hat also nur dann einen Zweck, wenn damit billigerer Wettbewerb aus dem Felde geschlagen werden kann. Nun hat man aber bei der Verminderung der Preise am Tage nicht den Verbrauch von Licht im Auge, sondern den Kraftverbrauch. Man hält es vom Standpunkt des Erzeugers aus für ungerechtfertigt, den Preis für den Strom nur deshalb zu ermäßigen, weil er zur Krafterzeugung dient; man will vielmehr diese Ermäßigung nur so lange gewähren, als der Verbrauch zur Zeit der Tageshelle, d. h. der schwächeren Belastung, stattfindet. Aus welchem Grunde der Kraftpreis verbilligt wird, ist für den Abnehmer gleichgültig; die Erhöhung des Kraftstrompreises in den Abendstunden wird er aber als eine drückende Last empfinden, zumal es viele Betriebe gibt, denen es nicht ohne große Nachteile möglich ist, den Kraftbedarf in den Abendstunden einzuschränken. Daß dies nicht zur Erhöhung des Verbrauchs beitragen kann, ist naheliegend. Freilich gibt es Gewerbe, die ohne Schädigung die Entnahme von Kraftstrom in die Tages- oder schwach belasteten Nachtstunden verlegen können, wie zahlreiche Arten des Nahrungsmittelgewerbes (Fleischereien, Bäckereien usw.) ebenso auch kleinere landwirtschaftliche Betriebe; andererseits ist dort der Bedarf an elektrischer Arbeit verhältnismäßig gering und seine Wertschätzung sehr hoch, so daß auch ein Doppeltarif nicht immer imstande ist, die Belastung auf die Tageszeit zu verdrängen.

Anders liegen die Verhältnisse, wenn der Mehrfachzeittarif für den Verbrauch in den Nachtstunden niedrigere Preise vorsieht. Hier ist einmal das Bedürfnis nach Beleuchtung allgemein vorhanden, wie z. B. bei Straßen-, Treppen- und insbesondere bei der Werbebeleuchtung. Ferner gibt es verschiedene Industrien, die einen Teil ihres Verbrauchs in die Stunden außerhalb der Hauptbeleuchtungszeit verlegen können. Weiterhin kann durch Bereitstellung von Speichergeräten das Bedürfnis nach billigem Nachtstrom, so für Heißwasserspeicher und Futterdämpfer geweckt werden. Hier sind Preisvergünstigungen am Platze, da sie der Wertschätzung des Verbrauchers entsprechen und somit geeignet sind, den Verbrauch zu erhöhen. Es wäre jedoch verfehlt, für Nachtbeleuchtung die gleichen Preise einzuräumen wie für Wärmespeichergeräte oder für ausschließlich in der Nacht betriebene Kühlanlagen. Hierfür sind mit Rücksicht auf die Leistungsfähigkeit und Wertschätzung der Abnehmer viel größere Preissenkungen notwendig, als für die Beleuchtung in den Nachtstunden und es ist richtiger, in solchen Fällen die Tarife nach dem Verwendungszweck elektrischer Arbeit abzustufen, als schematisch Mehrfachzeittarife einzuräumen.

Von ähnlichen Gesichtspunkten sind auch die Unterschiede zwischen Sommer- und Winterpreisen zu beurteilen. Auch hier kann das Bedürfnis durch niedrigere Preise nur für bestimmte Anwendungsgebiete geweckt oder gesteigert werden. Dies gilt insbesondere für die Einführung des elektrischen Kochens, für Kühleinrichtungen, für die Beleuchtung von Gärten, Ausflugsorten usw. In anderen Fällen bedeutet eine Ermäßigung der Preise in der Sommerzeit häufig nur eine Verminderung der Einnahmen. Auf wirtschaftlichen Grundsätzen beruht die Erhöhung der Lichtpreise im Sommer in Badeplätzen. Hier findet in der Tat eine höhere Wertung der Beleuchtung statt und somit sind höhere Preise am Platze.

Es ist zu verwundern, daß man zur Klarstellung dieser Fragen nicht auch die Verhältnisse anderer ähnlicher Gebiete zum Vergleich herangezogen hat. So ist z. B. bei der Eisenbahn und bei der Post ein großer Teil der Ausgaben ebenfalls durch die größtmögliche Beanspruchung bedingt. Auch hier tritt die höchste Belastung nur kurze Zeit im Jahre auf: bei der Eisenbahn in der Sommerzeit, bei der Post um die Weihnachtszeit und obwohl doch auch hier Gründe vorlägen, zu dieser Zeit höhere Beförderungspreise zu verlangen, hat man nicht versucht, die Tarife hiervon abhängig zu machen, sondern läßt sogar zum Teil recht beträchtliche Ermäßigungen zu.

Nach diesen Erörterungen bedarf es bei der Anwendung der Zeitpunktabstufung der Tarife einer genauen Untersuchung der Verhältnisse, da eine oberflächliche und schematische Anwendung dieser Abstufung zu Erfolgen nicht führen kann. In der Tat ist auch in fortgeschrittenen Industrieländern ein Rückgang in der Anwendung derartiger Tarife zu verzeichnen, weil man erkannt hat, daß die allgemeine, insbesondere zwangsweise Einführung des Doppel- oder des Mehrfachzeittarifs, eine Maßnahme darstellt, die auf die Dauer die großzügige Verbreitung der elektrischen Arbeit hemmen muß.

f) Die Abstufung nach dem Leistungsfaktor[1] *(201, 278—298)*. Im ersten Buch (S. 104) wurde nachgewiesen, daß der Blindstrom für ein Elektrizitätswerk eine erhebliche wirtschaftliche Belastung darstellt und technische Schwierigkeiten verursacht, die letzten Endes ebenfalls eine Erhöhung der Gestehungskosten bedeuten. Der Unternehmer muß danach trachten, von denjenigen Verbrauchern, welche diese Mehrkosten verursachen, einen geldlichen Ausgleich zu erhalten oder er muß sie veranlassen, durch geeignete Einrichtungen den Einfluß des Blindstroms für die der allgemeinen Versorgung dienenden Anlagen unschädlich zu machen. Dies ist aus volkswirtschaftlichen Gründen vorzuziehen, weil so das Anlagekapital niedriger gehalten werden kann. Die Tarifeinrichtungen müssen daher abwälzender oder vorbeugender Art sein. Ein Abnehmer wird jedoch nur dann die Kosten der Einrichtungen, die zum Ausgleich des von seiner Anlage benötigten Blindstroms erforderlich sind, auf sich nehmen, wenn die hierdurch entstehenden laufenden Ausgaben niedriger sind als der Mehrpreis, den das Elektrizitätswerk für die durch ihn verursachte Verschlechterung der Phasenverschiebung von ihm verlangt.

Zunächst ist es notwendig, auf Grund der früher entwickelten Formeln einen Überblick darüber zu erhalten, wie die Phasenverschiebung bei voller Berücksichtigung ihrer Wirkung den Strompreis beeinflußt.

Aus der Gleichung (25a) [S. 128]

$$k = \left(\frac{b_1}{t} + c \right) a$$

ergibt sich der Strompreis je kWh (s) unter Fortlassung der hier entbehrlichen Indexziffern

$$s = \frac{k}{a} = \frac{b}{t} + c \,. \tag{27}$$

Durch Übertragung der im ersten Buch gefundenen Ergebnisse (S. 106 f.) — insbesondere der Gleichung (21) — erhält man für den Strompreis unter Berücksichtigung der Phasenverschiebung folgende Gleichung:

$$s = \frac{b}{t} \cdot \frac{f}{\cos \varphi} + c \left(1 + \frac{vb}{100} \right) . \tag{28}$$

Die entwickelte Tarifform, die dem auf mathematischem Wege ermittelten Einfluß des $\cos \varphi$ genau Rechnung trägt und daher der „theoretische $\cos \varphi$-Tarif" genannt werden möge, ist praktisch nicht brauchbar, da ein Zähler, der die notwendigen Verrechnungswerte ermittelt, nicht hergestellt werden kann. Man muß daher eine in Messung

---

[1] Siehe Fußnote [1] S. 104.

und Berechnung einfachere Tarifform anwenden. Hierfür kommen im wesentlichen drei Verfahren in Frage. Beim ersten wird ein Blindstromzuschlag lediglich zum Leistungspreis, beim zweiten nur zum Arbeitspreis und beim dritten zu beiden verrechnet. Diese drei Verfahren können in folgenden Tarifformen ihren Ausdruck finden:

1. Der Scheinleistungstarif oder kVA-Tarif ist ein Leistungspreistarif, bei dem der Leistungspreis nicht auf die Wirkleistung (kW), sondern auf die Scheinleistung (kVA) abgestellt ist.

2. Der Blindverbrauchstarif, der ebenfalls fast ausschließlich in Form eines Leistungspreistarifs angewendet wird, sieht neben dem Leistungs- und Arbeitspreis für den Wirkverbrauch einen bestimmten Preis für jede verbrauchte Blindarbeitseinheit oder einen prozentualen Zuschlag zum Arbeitspreis bei Verschlechterung des $\cos\varphi$ unter einen gewissen Sollwert vor. Als Sollwert des $\cos\varphi$ wird gewöhnlich 0,8 angenommen. Der Blindstromverbrauch oder der Zuschlag wird nur bei einem unter dem Soll-Leistungsfaktor liegenden $\cos\varphi$ berechnet, während bei darüber liegenden Werten eine Vergütung gewährt wird, die jedoch kleiner sein muß als der Zuschlag. Ein derartiger Tarif wurde zum ersten Male von Bussmann beim Rheinisch-Westfälischen Elektrizitätswerk (*278*) angewendet.

3. Der gemischte $\cos\varphi$-Tarif ist ein Leistungspreistarif, bei dem die Leistung in kVA abgerechnet und außerdem ein Zuschlag für die Blindarbeit erhoben wird.

Diese drei Tarifformen werden hiernach durch folgende Gleichungen dargestellt:

1. Scheinleistungstarif

$$s = \frac{b}{t \cos\varphi} + c. \tag{29}$$

2. Blindverbrauchstarif

$$s = \frac{b}{t} + \mathfrak{f}_1(\cos\varphi)\cdot c. \tag{30}$$

3. Gemischter $\cos\varphi$-Tarif

$$s = \frac{\mathfrak{f}\,b}{t \cos\varphi} + \mathfrak{f}_2(\cos\varphi)\cdot c. \tag{31}$$

Als Beispiel werden im folgenden drei Tarife berechnet mit einem Leistungspreis von 80,— RM/kVA und Jahr und einem Arbeitspreis von 6 Rpf/kWh. Für den Blindverbrauchs- und den gemischten $\cos\varphi$-Tarif ist als Soll-Leistungsfaktor $\cos\varphi = 0,8$ angenommen. Bei dem Blindverbrauchstarif wird die Blindarbeit bei $\cos\varphi < 0,8$ mit 20% des Wirkarbeitspreises in Ansatz gebracht und bei $\cos\varphi > 0,8$ mit 5% dieses Preises vergütet. Hiernach entspricht die $\cos\varphi$-Funktion im zweiten Glied der Gleichung (30) dem Ausdruck:

$$\mathfrak{f}(\cos\varphi) = \frac{a_w + 0,2\,a_{bI} - 0,05\,a_{bII}}{a_w}. \tag{32}$$

Hierin ist a_w die in einem Jahr entnommene Wirkarbeit, a_{bI} die Überschußblindarbeit unter und a_{bII} über $\cos\varphi = 0,8$.

Bei dem gemischten $\cos\varphi$-Tarif wird zu dem Arbeitspreis von 6 Rpf/kWh ein Zuschlag von 1% erhoben für je 2/100 Verschlechterung des $\cos\varphi$ unter 0,8—0,7 und für je 1/100 Verschlechterung unter 0,7; für je 2/100 Verbesserung des $\cos\varphi$ über 0,8—1 ermäßigt sich der Wirkarbeitspreis um 1%. Die $\cos\varphi$-Funktion im zweiten Glied der Gleichung (31) entspricht hiernach folgender Beziehung:

$$\mathfrak{f}(\cos\varphi) = 1 + \frac{0,8 - \cos\varphi}{x}, \tag{33}$$

worin $x = 2$ ist im Bereiche von $\cos\varphi = 1$ bis $\cos\varphi = 0,7$ und $x = 1$ bei den darunter liegenden Werten.

Setzt man in die Gleichungen (29), (30) und (31) die oben genannten Werte für Leistungs- und Arbeitspreis ein und die $\cos\varphi$-Funktionen nach Gleichung (32) und (33), so erhält man für die drei Tarifformen folgende Ausdrücke:

1. Scheinleistungstarif

$$s = \frac{8000}{t \cdot \cos\varphi} + 6\ \text{Rpf/kWh} \tag{34}$$

2. Blindverbrauchstarif

$$s = \frac{10\,000}{t} + \frac{a_w + 0,2\,a_{bI} - 0,05\,a_{bII}}{a_w} \cdot 6\ \text{Rpf/kWh} \tag{35}$$

3. Gemischter $\cos\varphi$-Tarif

$$s = \frac{8000}{t \cdot \cos\varphi} + t\left(1 + \frac{0,8 - \cos\varphi}{x}\right) \cdot 6\ \text{Rpf/kWh} \tag{36}$$

Alle drei Tarife sind von zwei Veränderlichen: t und $\cos\varphi$ abhängig.

Aus dem bisher Gesagten dürfte sich bereits ergeben, daß die Anwendung derartiger Tarife bei den Kleinabnehmern umständlich und verwickelt wäre. Aus diesem Grunde und da auch die von den Kleinabnehmern verursachte Phasenverschiebung — von älteren landwirtschaftlichen Netzen abgesehen — keine ausschlaggebende Rolle spielt, hat man davon abgesehen, die Phasenverschiebung bei der Preisstellung für die Kleinabnehmer zu berücksichtigen. **In vereinzelten Fällen gewährt** man für die Anwendung von Motoren mit Blindstromausgleich einen Rabatt, z. B. 10% auf den normalen Strompreis. Aber auch hiervon wird unter den heutigen Verhältnissen selten Gebrauch gemacht, weil die Phasenverschiebung der Kleinabnehmer unter den gegenwärtigen Wirtschaftsverhältnissen weniger spürbar ist, die Industrie in steigendem Maße Motoren mit geringerem Blindstromverbrauch auf den Markt bringt und die Kleinabnehmermotoren nur zu einem Teil in der Zeit der Spitze in Benutzung sind (*284*).

Die entwickelten Blindstromtarife können daher nur für Großabnehmer in Betracht kommen; bei ihrer Auswahl müssen folgende Gesichtspunkte berücksichtigt werden:

1. die Annäherung an die Gestehungskosten, d. h. an den theoretischen $\cos \varphi$-Tarif,

2. der wirtschaftliche Anreiz für den Abnehmer zum Blindstromausgleich,

3. die Einfachheit der Messung und Verrechnung,

4. die Verständlichkeit für den Abnehmer.

Die Gegenüberstellung der drei Tarife mit dem theoretischen $\cos \varphi$-Tarif in Abb. 49 zeigt, daß der Scheinleistungstarif bei der unter

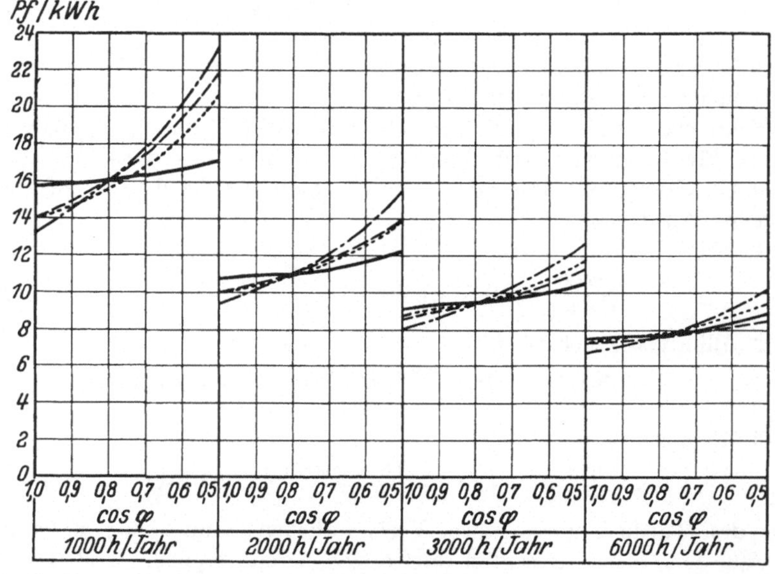

Abb. 49. Strompreise bei verschiedenen $\cos \varphi$-Tarifen [nach (201)] und Benutzungsdauer in Abhängigkeit von $\cos \varphi$.

——— Blindverbrauchstarif.   – – – Theoretischer $\cos \varphi$-Tarif.
– · – Gemischter $\cos \varphi$-Tarif.   · · · · Scheinleistungstarif.

den in Frage stehenden Abnehmern am häufigsten vorkommenden Benutzungsdauer von 2000 h/Jahr sich mit dem theoretischen $\cos \varphi$-Tarif annähernd deckt; bei 1000, 3000 und 6000 h/Jahr ergeben sich zwar Abweichungen, doch sind sie erheblich kleiner als bei den anderen Tarifformen. Eine entsprechende Wahl des Verhältnisses von Leistungs- zu Arbeitspreis könnte diese Abweichungen noch verkleinern.

Der Blindverbrauchstarif bietet meist keinen Anreiz zur Verbesserung des Leistungsfaktors, weil die hierdurch ermöglichten Ersparnisse in keinem angemessenen Verhältnis zu den hierfür notwendigen Aufwendungen stehen. Beim Scheinleistungstarif ist der Blindstromausgleich in jedem Falle wirtschaftlich, da hier auch bei niedriger Benutzungsdauer, wenn der Blindverbrauchstarif nur geringe Ersparnisse ermöglicht, die Zuschläge bei schlechtem $\cos \varphi$ so erheblich sind (vgl. Abb. 49), daß die Ausgleichsanlage in kurzer Zeit abgeschrieben werden kann. Beim gemischten cos φ-Tarif sind die möglichen Ersparnisse noch **größer**; da der wirtschaftliche Anreiz jedoch auch beim Scheinleistungstarif ausreichend ist, der gemischte cos φ-Tarif aber über das durch **die** Gestehungskosten bedingte Maß hinausgeht, ist der Scheinleistungstarif zu bevorzugen; die Gestaltung der Preise bei diesem Tarif ist **aus** dem Tarifmodell Abb. 50 ersichtlich (s. a. *223*).

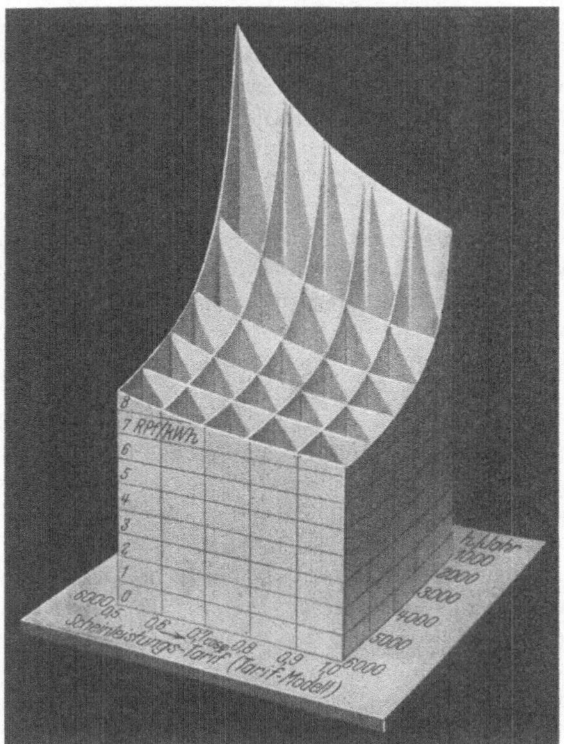

Abb. 50. Tarifmodell des Scheinleistungstarifs [aus (*201*)].

Zunächst führte sich der Blindverbrauchstarif ein, da die **Anwendung** des Scheinleistungstarifs, dessen Zweckmäßigkeit schon lange **anerkannt** war, meßtechnischen Schwierigkeiten begegnete. Bis vor einigen Jahren war kein Meßgerät auf dem Markt, das die unmittelbare **Feststellung** der Scheinleistung gestattete. Die vektorielle Addition der getrennt gemessenen Wirk- und Blindleistung war umständlich und da Zeitgleichheit nicht immer gesichert war, ungenau. Diese Aufgabe ist **jedoch** inzwischen gelöst, es werden in Deutschland, in der Schweiz und in Amerika nach verschiedenen Grundsätzen arbeitende derartige Scheinleistungszeiger hergestellt.

Zur Messung der Verrechnungsgrößen sind bei den drei beschriebenen Tarifen folgende Meßeinrichtungen erforderlich:

1. beim Scheinleistungstarif: ein Scheinleistungszeiger mit Wirkverbrauchszählwerk;

2. beim Blindverbrauchstarif: ein Wirkverbrauchszähler mit Höchstleistungszeiger und ein Blindverbrauchszähler mit Wendepunkt bei $\cos \varphi = 0,8$ und zwei Zählwerken, von denen das eine den Überschußblindverbrauch bei $\cos \varphi < 0,8$, das andere bei $\cos \varphi > 0,8$ mißt;

3. beim gemischten $\cos \varphi$-Tarif: ein Scheinleistungszeiger mit Wirk- und Blindverbrauchszählwerk, wobei der mittlere $\cos \varphi$ zur Bestimmung des Blindverbrauchszuschlags rechnerisch aus den Angaben des Wirk- und Blindverbrauchszählwerks ermittelt wird.

Zur Verrechnung werden benötigt:

1. beim Scheinleistungstarif 2 Größen: Scheinleistungshöchstwert und Wirkverbrauch;

2. beim Blindverbrauchstarif 4 Größen: Wirkleistungshöchstwert, Wirkverbrauch, Blindverbrauch unter und über $\cos \varphi = 0,8$;

3. beim gemischten $\cos \varphi$-Tarif 3 Größen: Scheinleistungshöchstwert, Wirkverbrauch und $\cos \varphi$; zur Ermittlung des $\cos \varphi$ ist weiter noch die Feststellung des Blindverbrauchs notwendig.

Hieraus ergibt sich, daß der Scheinleistungstarif bezüglich Messung und Verrechnung am einfachsten ist, da er die kleinste Zahl von Meß- und Verrechnungsgrößen benötigt. Abgesehen hiervon ist bei diesem Tarif die Abrechnung unmittelbar auf Grund der gemessenen Werte möglich, während bei dem gemischten $\cos \varphi$-Tarif noch besondere rechnerische Arbeiten vorhergehen müssen.

Wie bei jedem anderen Tarif ist auch bei Blindstromtarifen die leichte Verständlichkeit ein wichtiges Erfordernis. Hierauf muß besonders geachtet werden, da es sich um physikalische Zusammenhänge handelt, die den meisten Abnehmern fremd sind. Die Erfahrung hat gezeigt, daß es einfacher ist, dem Abnehmer den Zusammenhang zwischen $\cos \varphi$ und Scheinleistung und die sich hieraus ergebende Steigerung des Anlagekapitals begreiflich zu machen, als ihm die Beziehungen zu erläutern, die zwischen $\cos \varphi$ und der Höhe der Verluste bestehen und die für die Blindstromzuschläge zum Arbeitspreis maßgebend sind. Daher ist dem Abnehmer die Berechnung nach Scheinleistung einleuchtender als eine Blindstromklausel, wie sie der Blindverbrauchstarif vorsieht. Besonders ungerecht wird es hierbei empfunden, daß die Vergütung bei einer Phasenverschiebung von $\cos \varphi > 0,8$ kleiner ist als der Zuschlag darunter. Auch sonst geben die verschiedenen Verrechnungsgrößen: Leistungspreis, Arbeitspreis, Blindstromzuschlag, Blindstromvergütung bei diesem Tarif häufig Anlaß zu Mißverständnissen. Ähnlich liegen die Verhältnisse beim gemischten $\cos \varphi$-Tarif. Bei diesem und dem Blindverbrauchstarif muß es gegenüber dem Scheinleistungstarif als Vorteil gelten, daß der Blindstromzuschlag — beim gemischten $\cos\varphi$-Tarif teilweise — als besonderer Rechnungsposten in Erscheinung tritt, und daß dem Abnehmer dadurch die möglichen Ersparnisse besonders augenfällig werden. Dieser Vorteil wiegt jedoch die Nachteile nicht auf und kann auch durch Beigabe einer Preistafel oder -kurve zum Scheinleistungstarif, aus der der Einfluß des $\cos\varphi$ auf die Strompreishöhe ersichtlich ist, wettgemacht werden. Als besonderer Vorteil des Scheinleistungstarifs gegenüber den beiden anderen Tarifen muß der sehr einfache Aufbau hervorgehoben werden, der dem Abnehmer das Verständnis dieses Tarifs wesentlich erleichtert. Nach Abwägung aller Gesichtspunkte muß man zu dem Schluß kommen, daß der Scheinleistungstarif den beiden anderen Tarifformen gegenüber den Vorzug verdient.

g) Die Abstufung nach Bestandteilen der Gestehungskosten. Im Verfolg des Grundsatzes, daß die Verkaufspreise sich den Gestehungskosten aufs engste anpassen sollen, ist die Forderung naheliegend, daß auch die Schwankungen wesentlicher Bestandteile der Gestehungskosten in den Verkaufspreisen ihren Ausdruck finden müssen. Diese früher fast unbekannte Forderung wurde durch die große Unbeständigkeit der Währungen und der Rohstoffpreise verursacht, die sich in zahlreichen Ländern als unmittelbare Folge des Weltkrieges eingestellt hat. Dem verheerenden Einfluß schwankender Währungen mit rasch und stetig sinkender Kaufkraft, die zur Folge haben, daß bei den vertraglich festgelegten Preisen die Einnahmen dauernd zurückgehen, während die Ausgaben ziffernmäßig anwachsen, kann nur durch eine Preisstellung begegnet werden, die die Veränderungen der wesentlichen Bestandteile der Gestehungskosten berücksichtigt. Das einfachste Mittel zum Ausgleich solcher Schwankungen, die Preise in einer festen Währung, z. B. in Gold, auszudrücken, kann nur selten gewählt werden, weil das Einkommen der Abnehmer sich viel zu langsam und in unzureichendem Maße der Geldentwertung anpaßt. So mußte in zahlreichen Ländern, wie Deutschland, Österreich, Tschechoslowakei, Frankreich, Italien u. a. m. die Gesetzgebung eingreifen, um die Stromverkaufsunternehmungen vor dem wirtschaftlichen Zusammenbruch zu bewahren und andere Wege vorsehen, um die Strompreise der verminderten Kaufkraft der Währung anzupassen. Vielfach wurden Schiedsgerichte eingesetzt, die auf Grund eingehender Untersuchung des Einzelfalles Preisänderungen vorschreiben konnten. Andere Staaten haben bestimmte Formen für die Dauer gesetzlich festgelegt, nach denen unter Zugrundelegung der Preise der Kostenbestandteile die Stromverkaufspreise berechnet werden sollen.

Beispiele 33—36: **Abstufung nach Bestandteilen der Gestehungskosten.**
Beispiel 33: **Belgien** (*19*, Bd. 2, S. 42).

In dem gesetzlich vorgeschriebenen Lastenheft sind über die Höchstverkaufspreise s folgende Bestimmungen enthalten:

I. Niederspannung.

1. Für Licht oder Kraft, die unmittelbar oder mittelbar zur Lichterzeugung dient:

$$s = a + kP \ \text{cts/kWh}.$$

2. Für Kraft, die nicht zur Lichterzeugung dient:

$$s = b + k'P \ \text{cts/kWh}.$$

In obigen Formeln bedeuten:

a und b die Ausgangspreise, die nach dem Stand des Kupferpreises oder einem festzusetzenden Index veränderlich sind;

k und k' die bei der Vergebung der Konzession festzusetzenden Zahlenwerte;

P den vierteljährlich veränderlichen Kohlenpreis je t, der durch den zuständigen Minister festgesetzt wird.

II. Hochspannung.

1. Für Licht:

$$s = \frac{A}{U} + B + yP + zS \ \text{cts/kWh}$$

2. Für Kraft:

$$s = \frac{A'}{U} + B' + y'P + z'S \ \text{cts/kWh}.$$

In diesen Formeln bedeuten:

A und A' die halbjährlich festzusetzende Grundgebühr je kW der mittleren Höchstleistung, die während eines bestimmten Stundenteils — nicht unter 5 min — erreicht wird. Diese Glieder sind entsprechend dem Kupferpreis oder einem festzusetzenden Index veränderlich;

U die jährliche Benutzungsdauer der mittleren Höchstleistung;

B und B' einen Bestandteil des Arbeitspreises je kWh, der entsprechend dem Kupferpreis oder einem festzusetzenden Index veränderlich gehalten werden kann;

P den gleichen Wert wie bei I;

y und y' die bei der Vergebung der Konzession festzusetzenden Zahlenwerte;

S den mittleren vom Minister für Industrie, Arbeit und Sozialpolitik zu bestimmenden Arbeiterstundenlohn;

z und z' Zahlenwerte wie y und y'.

Beispiel 34: **Frankreich** (*19*, Bd. 2, S. 144).

Nach den französischen Gesetzen werden die Höchsttarife nach einem „elektrischen Wirtschaftsindex" bestimmt, der von Zeit zu Zeit durch den Minister der öffentlichen Arbeiten nach den Kohlenpreisen und Löhnen für die einzelnen Departements festgesetzt wird.

Beispiel 35: **Luxemburg** (*19*, Bd 2, S. 699).

Die Preise, zu denen elektrische Arbeit abgegeben wird, werden nach folgenden Formeln errechnet:

1. Für Licht:
   a) Zählertarif: 60 cts/kWh zuzüglich des Wertes von 7 kg Kohle/kWh, — oder
   b) Grundgebührentarif: Grundgebühr 2 frs/hW Zählerleistung und Monat, Arbeitspreis gleich dem Werte von 5 kg Kohle/kWh.

2. Für alle anderen Zwecke:
   a) Zählertarif: 30 cts/kWh zuzüglich des Wertes von 3,5 kg Kohle/kWh, - - oder
   b) Grundgebührentarif: Grundgebühr 8 frs/kW Zählerleistung und Monat, Arbeitspreis gleich dem Werte von 3,5 kg Kohle/kWh.

Beispiel 36: **Türkei** (*19*, Bd. 3, S. 830).

In neueren, vom Staate vorgeschriebenen Lastenheften findet sich folgende Vorschrift über die Festsetzung der Strompreise:

Der Strompreis für die kWh zu Beleuchtungs- und Haushaltungszwecken wird nach folgender Formel bestimmt:

$$s = a \cdot S + b \cdot F + c \cdot M.$$

Hierbei bedeuten:

a, b und c Zahlenwerte, die in jedem einzelnen Falle besonders ermittelt werden;

S den Durchschnittslohn der im Elektrizitätswerk beschäftigten Arbeiter während der der Preisfestsetzung vorangehenden 4 Monate;

F den Gegenwert eines sfrs in Ltqs. nach dem Kurszettel der Istanbuler Börse;

M den Preis eines kg Mazuts oder Kohle frei Elektrizitätswerk.

Die Festsetzung des Preises nach vorstehender Formel erfolgt jeweils, soweit erforderlich, am Ende eines Zeitraumes von 4 Monaten, und zwar durch eine Kommission, bestehend aus 3 Mitgliedern, von denen je eines durch das Ministerium der Öffentlichen Arbeiten, durch die Stadtverwaltung und durch den Konzessionär ernannt wird.

Auch in neueren rumänischen und polnischen Lastenheften werden die Strompreise von Bestandteilen der Gestehungskosten, so von dem Stand der Währung, den Zinsen, den Kohlenpreisen usw. abhängig gemacht.

In all den genannten Fällen handelt es sich nicht unmittelbar um die Feststellung der Tarifform, vielmehr bezieht sich die Vorschrift meist auf die Höchstpreise, wie in Frankreich oder auf die Durchschnittspreise wie in Rumänien. Doch ist auch damit die Abhängigkeit der Verkaufspreise von den Gestehungskostenteilen gegeben.

Die grundsätzlichen Erwägungen, die zur Einführung solcher gesetzlichen Bestimmungen geführt haben, die ebenso den Schutz der Verkäufer wie den der Verbraucher bezwecken, sind auch bei der Preisbildung einzelner Unternehmungen übernommen worden. Namentlich in der Zeit des Währungsverfalls war es üblich, die Strompreise auf eine einigermaßen „wertbeständige" Grundlage z. B. auf die Kohlenpreise **abzustellen**. Hierbei sah man in dem Kohlenpreis weniger einen wesentlichen Bestandteil der Gestehungskosten als vielmehr einen allgemeinen Wertmaßstab, der das Entgelt für den Strom den Schwankungen der Währung und der Preise anpassen sollte. Eine derartige Preisstellung erscheint berechtigt, solange der innere und äußere Wert der Währung gleichmäßig auf allen Gebieten schwankt; sie muß zu Unzuträglichkeiten führen, sobald die einzelnen Kostenbestandteile verschiedenen Preisbildungsgesetzen zu folgen beginnen, z. B. wenn die Kohlenpreise nach anderen Gesichtspunkten von den Behörden festgesetzt werden als die Löhne. Die Abstellung der Gesamtpreise auf einen bestimmten Bestandteil der Gestehungskosten bildet daher heute eine seltene Ausnahme (s. Beispiel 37).

Die Veranlassung zu dieser Preisstellung in dem folgenden Beispiel 37 bildet die Tatsache, daß das Unternehmen, an der Grenze zweier Länder gelegen und an beide elektrische Arbeit liefernd, sich von den ungleichartigen Schwankungen der Währung in beiden Ländern unabhängig machen und dennoch gleichartige Preisstellung beibehalten will. Die Erfahrung hat aber gezeigt, daß diese Absicht nicht verwirklicht werden kann, da die Kohlenpreise in den beiden Ländern verschiedener gesetzlicher Behandlung unterliegen.

Beispiel 37: **Abstufung nach dem Kohlenpreis beim Grundgebührentarif** (Schlesische Elektrizitäts- und Gas-A.G., Gleiwitz).

Anschlußwert kW	Leistungspreis kg Kohle/Jahr	Arbeitspreis kg Kohle/kWh
0,12	2520	
0,14	2940	4
0,16	3360	
usw.	usw.	

Wenn auch die völlige Abstellung der Strompreise auf die Kostenbestandteile nur selten mehr gebräuchlich ist, so zwingt doch die Unsicherheit der Wirtschaftslage in der ganzen Welt und die dadurch hervorgerufenen Schwankungen der Preisgrundlagen zu Vorsichtsmaßregeln, die vor den Folgen allzu großer Preisschwankungen der Kostenbestandteile schützen sollen. Dies ist namentlich dann notwendig, wenn die Strompreise besonders knapp bemessen sind und doch auf Jahre hinaus beibehalten werden sollen, wie dies bei der Stromlieferung an Großabnehmer üblich ist. Hierbei werden die Arbeitspreise vereinzelt noch ganz auf die Kohlenpreise oder auf die Kohlenpreise und die Löhne abgestellt; meist aber wird die Form von Zusätzen (Klauseln) gewählt, in denen bestimmt wird, in welchem Umfang sich der Strompreis in Abhängigkeit von bestimmten Kostenbestandteilen ändern soll. Fast allgemein gebräuchlich sind die Kohlenklauseln, doch werden auch Währungs-, Steuer-, Lohn- und allgemeine Wirtschaftsklauseln verwendet.

Beispiel 38: **Kohlenklausel.**
Der Arbeitspreis von 4 Rpf/kWh gilt bei einem Preis von 20 RM/t westfälischer Nußkohle III frei Kesselhaus des Kraftwerkes. Dieser Preis setzt sich zusammen aus dem Kohlenpreis frei Grube von 15,50 RM/t laut Reichsanzeigernotierung, der Eisenbahnfracht von 3,50 RM/t und einem Betrag von 1 RM/t für Ausladen usw.
Für jede angefangene halbe Mark, um die sich der Kohlenpreis erhöht, steigt der Arbeitspreis um 0,1 Rpf/kWh; für jede volle halbe Mark, um die der Kohlenpreis sinkt, ermäßigt sich der Arbeitspreis um 0,1 Rpf/kWh.
Falls die Kohlenpreise nicht mehr im Reichsanzeiger notiert werden sollten, wird eine entsprechende amtliche Notierung zugrunde gelegt. Bei wesentlichen Änderungen in der Art der Strombeschaffung ist die Kohlenklausel unter sinngemäßer Berücksichtigung vorstehender Bestimmungen zu ändern.

Beispiel 39: **Vereinigte Kohlen- und Lohnklausel.**
Der Arbeitspreis ist zu 75% von dem Preis der verfeuerten Kohle, zu 25% von den im Kraftwerk bezahlten Löhnen abhängig. Dieser Teil des Arbeitspreises beruht auf dem Tarifspitzenlohn eines verheirateten Maschinisten mit allen Zuschlägen von 65 Rpf/h und verändert sich im gleichen Verhältnis wie dieser Betrag.

Beispiel 40: Währungsklausel.

Die Währungsklausel besteht meist aus einem Hinweis auf die Währungsgesetze des Landes oder in der Angabe des Wertes der Währungseinheit in Goldeswert oder im Wert einer anderen Goldwährung, z. B. sämtliche Preise verstehen sich in RM, 1 RM = 1/2790 kg Feingold.

Beispiel 41: Steuerklausel.

Sollte die Erzeugung oder Fortleitung der elektrischen Arbeit durch Erhöhung bestehender oder durch Einführung neuer Steuern unmittelbar verteuert werden, so werden die Preise so weit erhöht, als es zur Deckung des auf die Stromlieferung entfallenden Steueranteils notwendig ist.

Eine andersgeartete Abstufung der Strompreise mit Rücksicht auf die Steuern liegt vor, wenn eine förmliche Besteuerung der elektrischen Arbeit, wie in Italien, Spanien und anderen Ländern eingeführt ist. Dieser Besteuerung ist es gleichzusetzen, wenn gemeindliche Verwaltungen zur Deckung ihrer Finanzbedürfnisse Aufschläge auf die Strompreise verlangen. Zuschläge von 2—5 Rpf/kWh oder 3—10% der Kleinabnehmerpreise sind in Deutschland bei gemeindlichen Unternehmungen nicht selten. Sie bedeuten eine einseitige, ungerechtfertigte Belastung des Stromabnehmers und damit eine Verteuerung des elektrischen Stromes zugunsten Dritter, die an der Stromerzeugung und -verteilung nicht beteiligt sind; sie sollten zur Beschleunigung der Ausbreitung der elektrischen Arbeit so schnell als möglich verschwinden.

Beispiel 42: Allgemeine Wirtschaftsklausel.

Sollten sich während der Vertragsdauer die wirtschaftlichen Verhältnisse oder die Grundlagen der Stromerzeugung derart ändern, daß die Beibehaltung der vereinbarten Strompreise für eine der beiden Parteien eine unbillige Härte bedeutet, dann ist jede der beiden Parteien berechtigt, eine Neufestsetzung der Strompreise zu verlangen. Die Strompreise sind, falls eine Einigung zwischen den Parteien nicht zustande kommt, durch ein Schiedsgericht zu bestimmen.

Alle derartigen Bestimmungen sind Ausflüsse der immer noch bestehenden Unsicherheit der Wirtschaftslage; sie waren vor dem Kriege mit Ausnahme der selten angewendeten Kohlenklausel nicht gebräuchlich und werden, da sie das Stromverkaufsgeschäft nur belasten, nicht vereinfachen, wieder verschwinden, wenn die Wirtschafts- und Währungsverhältnisse sich beruhigt haben werden.

h) Die Abstufung nach Besonderheiten technischer und wirtschaftlicher Art. Bei den bisher besprochenen Abstufungen handelt es sich um Einwirkungen allgemeiner Art, die gleichmäßig bei allen Verbrauchern oder Verbrauchergruppen von Bedeutung sind. Es ist naheliegend, bei denjenigen Abnehmern, bei welchen noch besondere Umstände die Gestehungskosten beeinflussen, auch diese bei der Preisstellung zu berücksichtigen. So ist es z. B. vom Standpunkt des Erzeugers aus nicht gleichgültig, ob der Verbraucher in nächster Nähe des Kraftwerks oder weit entfernt von ihm angeschlossen ist; bei manchen Überlandwerken in Kanada werden daher die Preise nach der Entfernung der Ortschaften vom Kraftwerk abgestuft (s. S. 275). Wenn dies auch im allgemeinen nicht angängig ist, so kann doch in besonderen Fällen hierauf Rücksicht genommen werden, namentlich dann, wenn z. B. von einer Stadt aus weiter entfernte kleinere Ortschaften oder einzelne Abnehmer versorgt werden. Man hat in solchen Fällen bestimmt, daß die außerhalb der Stadt wohnenden Verbraucher andere Preise zu zahlen haben als die innerhalb der Stadt.

Beispiel 43: Abstufung nach der örtlichen Lage des Abnehmers beim Zählertarif.

Anwendungs-gebiet	Preis	
	innerhalb der Stadt Rpf/kWh	außerhalb der Stadt Rpf/kWh
Beleuchtung . .	40	45
Kraft	25—14	30—19

Es braucht aber hierbei nicht immer eine Verteuerung des Strompreises für das Überlandgebiet einzutreten, es ist zweckmäßig, gerade bei solchen Abstufungen der Wertschätzung und Leistungsfähigkeit der Abnehmer Rechnung zu tragen, so daß die Preise auch unter bestimmten Umständen ermäßigt werden (Beispiel 44).

Bei Dreh- und Wechselstromanlagen ist es weiterhin für die Höhe der Gestehungskosten von Bedeutung, ob die Abnahme und Messung der elektrischen Arbeit mit der normalen Verbrauchsspannung oder auf der Hochspannungsseite der Transformatoren erfolgt. Im zweiten Falle kann das Werk die Preise ermäßigen, da die Kosten der Transformierung von dem Abnehmer zu tragen

Beispiel 44: Abstufung nach der örtlichen Lage des Abnehmers beim Zählertarif.

Anwendungs-gebiet	Preis		
	Bezirks-hauptstadt Rpf/kWh	Städte im Überlandgebiet Rpf/kWh	Gemeinden im Überlandgebiet Rpf/kWh
Beleuchtung . .	46	44	49
Kraft	29—15	24—15	34—15

sind. Auch handelt es sich hierbei meist um die Abnahme größerer Arbeitsmengen, so daß für Hochspannungsabnehmer ohnehin besondere Tarife mit niedrigeren Preisen vorgesehen werden.

Ferner werden die Preise dort, wo mehrere Stromsysteme, z. B. Gleich- und Wechselstrom vorhanden sind, bisweilen verschieden bemessen, je nach den höheren oder niedrigeren Gestehungskosten der beiden Stromarten (s. Beispiel 81, S. 224). Ein solcher Unterschied in der Preishöhe ist auch bei einigen Gleichstromwerken mit Bahnbetrieb zu finden, bei denen verschiedene Spannungen vorhanden sind und die Möglichkeit besteht, Kraftabnehmer unmittelbar von der Bahnoberleitung aus zu speisen. Schließlich hat man auch die Preise schon verschieden abgestuft, je nachdem der Strom aus einem oberirdisch oder unterirdisch verlegten Verteilungsnetz entnommen wird.

Wirtschaftlichen Ursprungs ist auch die hie und da namentlich bei genossenschaftlichen Unternehmungen gebräuchliche Abstufung, bei der die Preise für die Zeichner der Anteilscheine niedriger angesetzt werden als für andere Verbraucher. Eine Preisstellung nach diesem Grundsatz ist nur dort am Platze, wo die Verbilligung der Preise die Verzinsung der zum Bau der Anlagen beigesteuerten Gelder ersetzen soll.

Alle die genannten Abstufungen wirtschaftlicher Art sind nur vom Standpunkt des Unternehmers aus zu begründen, da der Verbraucher auf eine Änderung der der Abstufung zugrunde liegenden Verhältnisse keinen Einfluß hat. In ganz anderer Weise ist dies der Fall, wenn die Abstufung auf Grund wirtschaftlicher Umstände erfolgt, die mit dem Verbrauch in irgendeinem Zusammenhange stehen. Hierher gehört z. B. die häufig angewendete und wiederholt besprochene Abstufung der Tarife nach den Räumlichkeiten, in denen oder nach den Zwecken, zu denen die elektrische Arbeit verwendet wird. So gibt es besondere Tarife für Mühlen, Ziegeleien, Molkereien, Heimweber, Kellereien in Weinbaugebieten und dergleichen. Wieder anders geartet sind die Abstufungen für bestimmte Verwendungszwecke, z. B. für Treppenbeleuchtung, Reklamebeleuchtung, für Heißwasserspeicher, Futterdämpfer, für Dreschzwecke, für Klingeltransformatoren u. a. m. Der Zusammenhang mit den wirtschaftlichen Verhältnissen des Verbrauchs ist jedoch hierbei meist nur äußerlich; in Wirklichkeit erfolgt die Abstufung in Anlehnung an die Gestehungskosten mit Rücksicht auf die Leistungsbeanspruchung oder die Benutzungsdauer, doch ist eine solche Form der Abstufung zweckmäßig, weil sie auch der Wertschätzung und Leistungsfähigkeit des Abnehmers und somit gleichzeitig den Erfordernissen des Verkäufers und Verbrauchers entspricht.

i) Gleichzeitige Anwendung mehrerer Abstufungen. Die Erfahrung, daß die Tarifsysteme mit den verschiedenen erörterten Abstufungen den Ansprüchen der Verkäufer oder der Verbraucher trotz der zahlreichen Abänderungsmöglichkeiten nicht genügen, gibt häufig Veranlassung, einer bestehenden Abstufung noch weitere hinzuzufügen. Schon den bisher erörterten Tarifen liegt meistenteils eine doppelte Abstufung, und zwar zunächst einmal nach dem Verwendungszweck der elektrischen Arbeit und dann nach irgendeinem der besprochenen Umstände zugrunde. Weiterhin ist oft in der Erkenntnis, daß bei der Abstufung nach der Größe des Anschlußwertes oder nach der Höhe des Verbrauchs die Rücksicht auf die Gestehungskosten nicht genügend gewahrt ist, die Abstufung nach der Benutzungsdauer oder dem Zeitpunkt der Stromentnahme hinzugefügt werden. Andererseits hat man, um neben dem Aufbau der Gestehungskosten auch anderen wirtschaftlichen Erwägungen Einfluß einzuräumen, außer der Abstufung nach der Benutzungsdauer und dem Zeitpunkt des Verbrauchs weitere Abstufungen angewendet. Vielfach wurde eine bestehende Abstufung durch eine zweite vermehrt, nicht um eine planmäßige Preisentwicklung zu fördern, sondern nur, um dem Drängen der Verbraucher nach weiterer

Verbilligung auf irgendeine Weise nachzugeben. Die am meisten gebrauchten Verbindungen mehrerer Abstufungen sind:

> Leistungsbeanspruchung und Größe des Verbrauchs,
> Leistungsbeanspruchung und Benutzungsdauer,
> Leistungsbeanspruchung und Zeitpunkt des Verbrauchs,
> Leistungsbeanspruchung, Benutzungsdauer und Zeitpunkt des Verbrauchs,
> Größe des Verbrauchs und Benutzungsdauer,
> Größe und Zeitpunkt des Verbrauchs,
> Größe und Zeitpunkt des Verbrauchs und Benutzungsdauer,
> Zeitpunkt des Verbrauchs und Benutzungsdauer.

Hierzu kommt in den meisten Fällen noch eine Abstufung nach dem Verwendungszweck und vielfach nach dem Leistungsfaktor, nach den Bestandteilen der Gestehungskosten oder nach Besonderheiten technischer und wirtschaftlicher Art, so daß eine unübersehbare Zahl von verschiedenen Tarifen möglich ist.

Die gleichzeitige Anwendung vieler Abstufungen ist bei Kleinabnehmertarifen zu vermeiden, da sie eine unnötige Unübersichtlichkeit mit sich bringt und die Abrechnung erschwert. Dagegen kann man bei Großabnehmertarifen, wo diese Gesichtspunkte weniger schwer wiegen, in Fällen, in denen eine einheitliche Tarifgestaltung für verschiedenartige Abnehmer erwünscht ist, mit mehreren Abstufungen eine große Beweglichkeit in der Preisgestaltung erreichen. Fast allgemein ist die gleichzeitige Anwendung mehrerer Abstufungen bei den amerikanischen Großabnehmertarifen üblich (s. S. 267). Da die vorhergehenden Beispiele zum größten Teil bereits mehrere Abstufungen enthalten, soll hier lediglich am Beispiel eines Großabnehmertarifs die Auswirkung derartiger Maßnahmen gezeigt werden.

Beispiel 45: **Abstufungen nach Höchstbedarf, Größe und Zeitpunkt des Verbrauchs, Leistungsfaktor und Kohlenpreis** [Hochspannungs-Großabnehmertarif der Berliner Städtische Elektrizitätswerke Akt.-Ges.] (*17*, 1928, S. 60).

Höchstbedarf kW	Leistungspreis RM/kW u. Monat	Stromverbrauch kWh/Jahr	Arbeitspreis Rpf/kWh
die ersten 100	7,20	die ersten 200 000	5,8
die nächsten 100	6,—	die nächsten 300 000	5,4
die nächsten 100	5,—	die nächsten 500 000	5,0
die weiteren	4,—	die 2. Million	4,9
		.	.
		.	.
		die 10. Million	4,1
		die weiteren	4,0

Die vorstehenden Leistungspreise gelten für den während der Spitzenstunden beanspruchten und durch Leistungszeiger festgestellten halbstündlichen mittleren Höchstbedarf. Für außerhalb der Spitzenstunden entnommene Mehrleistung wird auf diese Preise ein Nachlaß von 30% tagsüber und von 80% während der Nachtstunden eingeräumt. Als Spitzenstunden gelten während der Monate Januar,

Februar, Oktober, November und Dezember die Stunden von 7—9 ^{h}, und von 16—19 ^{h}, als Nachtstunden während des ganzen Jahres die Stunden von 19—7 ^{h}.

Werden innerhalb eines Monats mindestens 10% der elektrischen Arbeit während der Nachtstunden (19—7 ^{h}) entnommen, so werden für den Arbeitspreis des Nachtstromverbrauches auf den mittleren, sich aus vorstehender Arbeitspreisstaffel ergebenden, auf volle zehntel Pfennig aufgerundeten Tagesarbeitspreis folgende Nachlässe gewährt:

Die vorgenannten Arbeitspreise gelten für eine Energieabnahme mit $\cos \varphi = 0,8$. Für jede mittels Zähler festgestellte Überschuß-Blind-Kilowattstunde (BkWh) bei $\cos \varphi < 0,8$ werden 20% des mittleren, auf volle zehntel Pfennig aufgerundeten Tages-Arbeitspreises berechnet. Für jede BkWh zwischen $\cos \varphi = 0,8$ und 1,0 werden 5% des genannten Tages-Arbeitspreises vergütet.

Anteil des Nachtstromverbrauchs am Gesamtstromverbrauch	Nachlaß auf den Arbeitspreis für den Nachtstromverbrauch
%	%
10—15	10
15—20	15
20—25	20
25—30	25
30—35	30
35—40	35
40—45	40
45—50	45
über 50	50

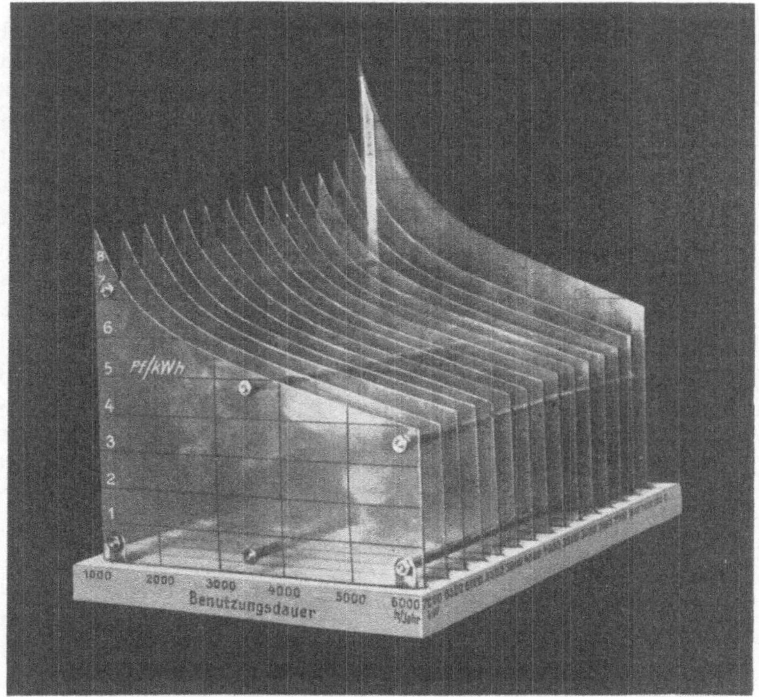

Abb. 51. Tarifmodell des Hochspannungs-Großabnehmertarifs der Berliner Städtische Elektrizitätswerke Akt.-Ges. nach Beispiel 45. (Aus *17*/1928).

Die vorstehenden Arbeitspreise gelten bei einem Preis der mitteldeutschen Roh-Förderbraunkohle, Bitterfelder Revier, von 3,37 RM/t laut Veröffentlichung des Braunkohlensyndikats im Reichsanzeiger Nr. 92 vom 21. 6. 26. Ändert sich dieser Syndikats-Kohlenpreis nach oben oder unten um mehr als 10%, so ändern sich die Arbeitspreise im Verhältnis der tatsächlichen Preisänderung.

Das Modell dieses Tarifs ist unter der Annahme von $\cos\varphi = 0{,}8$ und voll in die Spitze fallender Höchstlast in Abb. 51 abhängig von Höchstleistung und Benutzungsdauer dargestellt.

3. Mindestgewähr und Verrechnungsgebühr.

Im Verlauf der vorliegenden Untersuchung ist wiederholt darauf hingewiesen worden, daß dem Elektrizitätswerk für jeden Abnehmer Kosten entstehen, auch wenn sein Verbrauch sehr niedrig oder gleich Null ist. Es handelt sich hierbei um die Leistungs- und die Abnehmerkosten. Um sich vor Verlusten zu schützen, muß der Unternehmer Maßnahmen treffen, die ihm auch bei ungünstigen Verbrauchsverhältnissen eine gewisse Mindesteinnahme sichern. Dies wird ohne weiteres durch Pauschal- und Grundgebührentarife erreicht, bei denen die Leistungs- und Abnehmerkosten ganz oder zum Teil erhoben werden, auch wenn kein Verbrauch stattfindet. Bei Zählertarifen besteht diese Sicherheit nicht von vornherein. Daher verlangen manche Elektrizitätswerke von den Abnehmern die Zusicherung einer Mindestgewähr, indem die Bezahlung eines bestimmten Verbrauchs, ausgedrückt in Geldwert oder in Kilowattstunden oder in Benutzungsstunden des Anschlußwertes zur Bedingung gemacht wird. Die Form, in der die Mindestgewähr festgesetzt wird, ist sehr verschieden. Es wird z. B. verlangt, daß für jede Anlage ein Mindestbetrag gewährleistet wird, der von ihrer Größe unabhängig ist (Beispiel 46).

Beispiel 46: **Mindestgewähr mit Abstufung nach Verwendungszweck.**

Verwendungszweck	Mindestgewähr RM/Jahr
Licht	40.—
Kraft	15.—

In anderen Fällen wird eine Mindestgewähr je kW, Lampe, HK, PS usw. verlangt (Beispiel 47). Dabei kommen wiederum verschiedene Abstufungen vor.

Bei Pauschaltarifen, namentlich in landwirtschaftlichen Betrieben, wo der Anschlußwert häufig sehr gering ist und die Anschlußkosten hoch sind, werden vielfach bestimmte Mindestgeldbeträge je Jahr und Anlage verlangt.

Beispiel 47: **Mindestgewähr mit Abstufung nach Anschlußwert** (Kraft).

Anschlußwert PS	Mindestgewähr RM/Monat
1/15	1,80
1/10	2,70
1/8	3,15
1/5	3,60
1/4	4,50

Ferner wird die Anwendung bestimmter Sondertarife an Gewährleistungen entweder hinsichtlich der Benutzungsstunden oder der Höhe des Verbrauchs (s. Beispiel 127, S. 262) oder der Dauer der Bezugsverpflichtung geknüpft. Vielfach wird der Anschluß neuer Abnehmer in noch unausgebauten Gebietsteilen von der Gewährleistung einer

Beispiel 48: **Mindestgewähr mit Abstufung nach Verwendungszweck und Benutzungsdauer.**

Verwendungszweck	Art des Tarifes	Mindestgewähr	
		h/Jahr	bezogen auf
Beleuchtung.	Einfachtarif	50	Anschlußwert
Beleuchtung.	Einfachtarif	100	Höchstbedarf
Kraft.	Einfachtarif	125	Anschlußwert
Kraft.	Einfachtarif	250	Höchstbedarf
Beleuchtung.	Doppeltarif	80	Anschlußwert
Kraft.	Doppeltarif	200	Anschlußwert

bestimmten Mindestleistung oder -stromabnahme je km oder Meile Leitungslänge abhängig gemacht (s. Beispiel 139, S. 273).

Die Festsetzung eines Mindestverbrauchs in der zuerst beschriebenen Form ist in Deutschland nicht sehr verbreitet, doch kann die Berechtigung hierzu nicht ohne weiteres bestritten werden. Bei keiner anderen Ware des täglichen Bedarfs kommen, abgesehen von der Höhe der Bereitstellungskosten, so außerordentliche Schwankungen in den Bezugsmengen vor wie bei der elektrischen Arbeit. Der Elektrizitätsverkäufer muß abwägen, ob die Gesamtheit der Abnehmer alle Unkosten tragen wird oder ob er, um verlustbringende Anschlüsse zu vermeiden, die für den Abnehmer unstreitig unangenehme Mindestgewähr, die die Gewinnung manches kleinen Abnehmers erschwert, wenn nicht gar verhindert, in Kauf nehmen soll. Anders liegen die Verhältnisse bei Großabnehmern, für deren Anschluß meist besondere Aufwendungen zu machen sind. Hier muß schon in Anbetracht des gewöhnlich stark erniedrigten Preises Gewähr gegeben sein, daß eine bestimmte Mindesteinnahme erzielt wird. Es ist zwar kein Zweifel, daß ein solches Verlangen den Abschluß von Sonderverträgen erschwert, doch kann mit Rücksicht auf gesicherte wirtschaftliche Grundlagen hierauf nicht verzichtet werden. Es ist jedoch zweckmäßig, den Umfang der Mindestgewähr und deren etwaige Verminderung im Falle höherer Gewalt genau festzulegen und sie auf das unbedingt nötige Maß zu beschränken.

In größerem Umfang ist die Mindestgewähr in den besprochenen Formen in der Schweiz, in England und besonders in den Vereinigten Staaten eingeführt, wo kaum ein Tarif ohne eine solche Vorschrift zu finden ist. In Deutschland ist die Festsetzung einer Mindesteinnahme in einer anderen Form gebräuchlich, und zwar in der Form einer sog. Verrechnungsgebühr. Außer den Preisen für den Strombezug selbst wird bei fast allen Zählertarifen noch ein besonderer Betrag für die Verrechnung erhoben. Dieser Betrag soll der Abgeltung der Kosten dienen, die durch die Bereitstellung der Meßeinrichtung und ihre dauernde Unterhaltung, durch die Ausstellung der Rechnung und den Einzug des Geldes entstehen, kurz derjenigen Ausgaben, die im ersten

Buch (s. S. 47 und 75) als Übergabe- und Abnehmerkosten bezeichnet sind. In Unkenntnis des genauen Aufbaues der Gestehungskosten und in Verkennung der Zusammenhänge hat man früher diesen Betrag „Zählergebühr" genannt und ihn als Miete für den Zähler angesehen. Das Entgelt hierfür bildet jedoch meist nur einen Teil der Verrechnungskosten, die auch bei Beschaffung der Zähler durch den Abnehmer erhoben werden müßten. Die käufliche Überlassung der Zähler an den Verbraucher wird vermieden, weil es sich trotz aller technischen Vervollkommnung um ein empfindliches Gerät handelt, das von dem Werk ständig überwacht und unterhalten werden muß. Dort, wo die Zähler sich im Eigentum der Verbraucher befinden, haben sich vielfach Streitigkeiten zwischen dem Verkäufer und dem Abnehmer ergeben, so daß es heute allgemeine Übung geworden ist, die Meßgeräte nur leihweise zur Verfügung zu stellen.

Die Berechtigung zur Erhebung einer Gebühr für die Benutzung der Zähler ist vielfach bestritten worden; es wird dagegen eingewendet, daß nach der Gewohnheit der Verkäufer die Kosten des Messens trägt, und daß dieses Gewohnheitsrecht Gesetz geworden ist, indem in § 448 BGB bestimmt ist, „daß die Kosten der Übergabe der verkauften Sachen dem Verkäufer zur Last fallen". Indes handelt es sich hier keineswegs in rechtlichem Sinne um die Übergabe einer gekauften Sache, abgesehen davon, daß die elektrische Arbeit nach deutschem Recht überhaupt keine Sache ist. Das Werk stellt vielmehr dem Verbraucher eine unbeschränkte Menge zur Verfügung, aus der sich dieser beliebige Teile zu beliebigen Zeiten entnehmen kann. Aber auch ohne diesen Zusammenhang würde die Erhebung der Verrechnungsgebühr rechtsgültig sein, da der erwähnte Gesetzesparagraph durch besondere Vereinbarung, wie sie durch Anerkennung der von den Werken aufgestellten Bedingungen fast stets vorliegt, außer Wirksamkeit gesetzt werden kann.

Die Höhe der Verrechnungsgebühr wird meist vom Anschlußwert, von der Art der Meßgeräte, ihrem Meßbereich und selten von der Verbrauchsspannung abhängig gemacht. Bei manchen Werken wird sie nicht erhoben, wenn der Verbrauch eine bestimmte Höhe erreicht; sie ersetzt hier die Mindestgewähr. Die Verrechnungsgebühr ist bei allen Tarifen üblich; bei Pauschal- und Grundgebührentarifen wird sie meist in die Pauschal- oder Grundgebühr eingerechnet.

Die Erhebung der Verrechnungsgebühr ist besonders wichtig, wenn die Zahl der kleinen und kleinsten Abnehmer hoch ist. Hat doch bei einzelnen Werken ein beträchtlicher Teil der Abnehmer einen geringeren Jahresverbrauch als 10 kWh, der bei Verwendung eines Zählertarifs weniger Einnahmen erbringt, als die Abnehmerkosten allein ausmachen. Daß andererseits gerade für diese Verbraucher die Verrechnungsgebühr eine unerwünschte Beigabe ist und in vielen Fällen den Anschluß erschwert, ist bereits früher ausgeführt (s. S. 137). Elektrizitätswerke, die mit niedrigen Zählereinkaufspreisen zu rechnen haben, werden daher nicht zu ihrem Schaden die Höhe des Zählertarifs so festsetzen, daß von der Erhebung einer Verrechnungsgebühr Abstand genommen werden kann, oder sie auf andere Weise verrechnen, falls dies, wie beim Grundgebührentarif, möglich ist.

II. Die Anwendung der Tarife.
(300—403.)

Die Anwendung der Tarife kann nach zwei Richtungen untersucht werden, einmal nach den verschiedenen Wirtschaftsgebieten, die sich der elektrischen Arbeit bedienen und ferner nach ihrer Verbreitung in den verschiedenen Ländern.

A. Die Tarife für die verschiedenen Anwendungsgebiete der elektrischen Arbeit.

Aus der schier unübersehbaren Mannigfaltigkeit der Tarife haben sich bestimmte Formen für die einzelnen Anwendungsgebiete der elektrischen Arbeit als besonders geeignet erwiesen und werden demgemäß vorzugsweise gebraucht. Während man früher von diesem Gesichtspunkt aus Tarife für Beleuchtungs-, Kraft- und Wärmezwecke unterschied, ist es heute, da der einzelne Abnehmer in steigendem Maße die physikalischen Wirkungen der elektrischen Arbeit nebeneinander ausnutzt, fruchtbarer, nach den wirtschaftlichen Verhältnissen der Abnehmer zu unterscheiden. Demgemäß unterteilt man die Abnehmer zunächst in zwei große Gruppen: die Kleinabnehmer und die Großabnehmer. Die Grenze zwischen beiden Abnehmergruppen ist nicht immer mit Bestimmtheit zu ziehen. Ganz eindeutig ist die Unterscheidung nur dort, wo alle Großabnehmer hochspannungsseitig beliefert werden, wie es bei vielen Unternehmungen bereits heute der Fall ist. Im übrigen spielen bei der Begriffsbestimmung die örtlichen Verhältnisse, die Größe des Elektrizitätswerkes und andere Umstände eine wesentliche Rolle. So kann für ein kleines Unternehmen bereits als Großabnehmer gelten, wer bei einem großen Werk als Kleinabnehmer angesehen wird. Es ist daher nicht angängig, allgemein einen bestimmten jährlichen Stromverbrauch als Grenze festzusetzen. Vielmehr betrachtet man diejenigen als Großabnehmer, die mit den allgemeinen Kleinabnehmertarifen nicht zu gewinnen sind, weil sie die Möglichkeit anderer Energiebeschaffung haben, oder weil das Elektrizitätswerk im Hinblick auf die Gestehungskosten auf der einen und die Wertschätzung der Abnehmer auf der anderen Seite sich zur Einräumung von Sondertarifen veranlaßt sieht. Will man eine von subjektiven Erwägungen unabhängige Begriffsbestimmung einführen, so könnte man als Großabnehmer diejenigen

Verbraucher bezeichnen, welche die von ihnen benötigte elektrische Arbeit selbst erzeugen und einen durchgehenden Betrieb unterhalten können. Zwar sind heute auch viele der sog. Kleinabnehmer in der Lage, ihren Arbeitsbedarf durch eigene Erzeugung zu decken, wie z. B. ein großer Teil des Handwerks und der Landwirtschaft; es handelt sich hierbei aber zum Unterschied von den Großabnehmern fast niemals um Dauerbetrieb, sondern nur um gelegentliche Inanspruchnahme der Kraftquelle.

1. Kleinabnehmertarife (*300—332*).

Bei den Kleinabnehmern sind nach grundsätzlicher Verschiedenheit der Verbrauchsverhältnisse Haushalt, Gewerbe und Landwirtschaft zu unterscheiden.

a) Haushalttarife (*300—321*). Der Haushalttarif muß auf einfachste Weise den Gebrauch der elektrischen Arbeit zu allen Verwendungszwecken ermöglichen und dem Abnehmer Anreiz geben, sich der elektrischen Arbeit zu den Verrichtungen im Haushalt, wo immer möglich, in steigendem Umfange zu bedienen. Er muß einfach und übersichtlich sein, denn der Privatmann beschäftigt sich nur ungern mit verwickelten und umständlichen Berechnungen für häusliche Ausgaben. Dem Verkäufer muß der Tarif die Gewißheit geben, daß er auch bei starken Schwankungen des Verbrauchs vor Verlusten geschützt ist, oder daß er wenigstens etwaige Verluste innerhalb der Verbrauchergruppen ausgleichen kann. Das ist nur möglich, wenn der Tarif auf die Leistungsfähigkeit und Wertschätzung des Verbrauchers Rücksicht zu nehmen gestattet.

Alle diese Forderungen sind bei dem Grundgebührentarif erfüllt. Zunächst bietet er dem Abnehmer wie dem Verkäufer den Vorteil, daß der Gebrauch von Haushaltungs- und Wärmegeräten ohne besonderen Zähler ermöglicht wird, sei es, daß der Arbeitspreis von vornherein so niedrig festgesetzt wird, daß er die Verwendung der elektrischen Arbeit zu allen Zwecken gestattet, sei es, daß er entsprechend abgestuft ist (s. S. 147). Weiterhin gestattet dieser Tarif schon in seinem Aufbau der Wertschätzung und Leistungsfähigkeit der Abnehmer Rechnung zu tragen. Daher findet der Grundgebührentarif für den Haushalt in allen Ländern mit fortgeschrittener Elektrizitätswirtschaft steigende Anwendung. Freilich darf nicht verkannt werden, daß seine erfolgreiche Ausbreitung auf seiten des Verbrauchers wirtschaftliches Verständnis voraussetzt, das ihn bereit macht, auch die bereits erwähnten Nachteile dieser Tarifform (s. S. 138f.) mit in den Kauf zu nehmen. Besonders empfindlich ist der Abnehmer gegen das starke Ansteigen der Durchschnittspreise bei geringer Ausnützung. Um diesen Nachteil zu mildern, hat man verschiedene Wege eingeschlagen: In manchen Orten werden den Abnehmern für die Grundgebühr eine bestimmte Anzahl Kilowattstunden ohne weitere Berechnung geliefert und nur der darüber hinausgehende Verbrauch ist mit dem Arbeitspreis zu bezahlen (s. Beispiel 128,

S. 262). Nicht selten wird dem Abnehmer neben einem Tarif mit hoher Grundgebühr und niedrigem Arbeitspreis ein solcher mit niedriger Grundgebühr und hohem Arbeitspreis angeboten. Bei der letztgenannten Preisstellung wirkt sich der Rückgang der Ausnützung nicht so stark auf den mittleren Strompreis aus wie bei Anwendung einer hohen Grundgebühr. Will man das übermäßige Ansteigen der Preise ganz ausschließen, so bleibt nichts übrig als die Durchschnittspreise nach oben zu begrenzen (s. Beispiel 49, S. 192). Dabei wird die Grenze meist dem gewöhnlichen Zählertarif gleichgesetzt. Dies Verfahren ist umständlich, bei der Abrechnung zeitraubend und verwischt vor allem das Wesen des Grundgebührentarifs.

Diese Nachteile haben manche Unternehmungen veranlaßt, von dem Grundgebührentarif ganz abzusehen und an seine Stelle im Haushalt den Regelverbrauchstarif zu setzen (s. S. 147). Dieser vermeidet zwar ein übermäßiges Ansteigen der Preise bei niedriger Benutzungsdauer, doch fehlt ihm der für den Verkäufer wichtige Vorteil einer Mindestgewähr; außerdem ist der Anreiz zur Steigerung des Stromverbrauchs so lange geringer als beim Grundgebührentarif, bis der Regelverbrauch überschritten ist. Für den Verbraucher ist ein solcher Tarif ungefähr gleichwertig einem Grundgebührentarif, bei dem der Durchschnittspreis nach oben begrenzt ist. Als Regelverbrauch wird der normale Verbrauch des Abnehmers für Beleuchtung angesehen und meist nach den üblichen Bezugsgrößen des Grundgebührentarifs und häufig nach der Jahreszeit abgestuft (s. Beispiel 53, S. 193).

Die Grundgebühr und die Einnahmen aus dem Regelverbrauch decken die im wesentlichen durch die Beleuchtung entstehenden Leistungskosten; der Arbeitspreis und die niedrige Stufe bei dem Regelverbrauchstarif werden entweder so angesetzt, daß neben reichlicher Beleuchtung die Verwendung der üblichen elektrischen Haushaltgeräte (Bügeleisen, Staubsauger, Haartrockner, Wärmekissen usw.) wirtschaftlich möglich ist (15—20 Rpf/kWh) oder von vornherein so niedrig, **daß auch das elektrische Kochen** durchgeführt werden kann. Einige Fingerzeige für die Tragbarkeit der Preise des Kochstroms, von der Abnehmerseite aus gesehen, vermag eine eingehende Betrachtung von Haushaltaufstellungen zu bieten (s. S. 38f.). Dort ist nachgewiesen, daß Preise von 10 bis 12 Rpf/kWh für den Kochstrom den heutigen wirtschaftlichen Verhältnissen angemessen sind; mit höheren Preisen das elektrische Kochen im größeren Umfang einführen zu wollen, ist zwecklos. — Manchmal sind beim Arbeitspreis mehrere Stufen vorgesehen, deren niedrigste auch die Verwendung von Speichergeräten gestattet; meist wird hierfür im Haushalt wie auch in der Landwirtschaft ein besonderer Sperrstundentarif angewendet. Auch für Kleinwohnungen sind die beiden Tarife am Platze, sofern elektrische Haushaltgeräte in nennenswertem Umfang in Gebrauch sind.

Beispiele 49—51: **Grundgebührentarife für Haushaltungen** (s. auch Beispiele 16—19).

Beispiel 49: **Abstufung der Grundgebühr nach der Zimmerzahl und des Arbeitspreises nach der Größe und dem Zeitpunkt des Verbrauchs.**
(Märkisches Elektrizitätswerk, Berlin.)

Anwendungsgebiet	Zahl der Zimmer[1]	Grundgebühr RM/Monat	Stromverbrauch kWh	Arbeitspreis Rpf/kWh
		Tarif A		
Beleuchtung	1	1,—	die ersten 1000/Jahr	15
Kraft	2	1,25	die nächsten 1000/Jahr	10
Wärme	3	1,50	die weiteren	8
	4	2,—	oder:	
	5	3,—	die ersten 50/Zimmer/Jahr	15
	jedes		die nächsten 100/Zimmer/Jahr	10
	weitere	1,25	die weiteren	8
Speichergeräte[2]			die ersten 300/Monat	5
			die weiteren	4
		Tarif B I		
Beleuchtung	wie A	wie A zuzüglich: 0,20/Zimmer	die ersten 150/Zimmer u. Jahr	10
Kraft Wärme			die weiteren	8
		Tarif B II		
	wie A	wie A zuzüglich: 0,44/Zimmer	Gesamtverbrauch	8

[1] Küche nicht mit eingerechnet.
[2] Von 21h 30m bis 6h 30m.

Der aus Grundgebühr und Arbeitspreis sich ergebende mittlere jährliche Strompreis ist auf 40 Rpf/kWh begrenzt, zuzüglich einer Abnehmergebühr von 6,— RM/Anlage und Jahr für die ersten 500 W Anschlußwert und 1,— RM/Anlage und Jahr für je weitere angefangene 500 W, höchstens jedoch 36,— RM/Anlage und Jahr.

Beispiel 50: **Abstufung der Grundgebühr nach der Zahl der angeschlossenen Lampen und des Arbeitspreises nach Größe und Zeitpunkt des Verbrauchs.**
(Überlandwerk Oberhessen, Friedberg.)

Zahl der angeschlossenen Lampen	Grundgebühr RM/Monat	Stromverbrauch kWh/Monat	Arbeitspreis	
			6—21h Rpf/kWh	21—6h Rpf/kWh
1— 4	2,—	die ersten 100	11	6
5—10	3,—	die weiteren	9	
11—20	4,50			
21—30	7,—			

Beispiel 51: Abstufung der Grundgebühr nach der Wohnfläche und des Arbeitspreises nach der Größe des Verbrauchs (England).

Wohnfläche qfuß	Grundgebühr sh/qfuß und Jahr	Stromverbrauch kWh/Vierteljahr	Arbeitspreis d/kWh
bis 800	36	die ersten 240	$^3/_4$
800—1000	40	die weiteren	$^1/_2$
je weitere 200	5		

Beispiele 52—53: Regelverbrauchstarife für Haushaltungen.

Beispiel 52: Regelverbrauch gleich dem Verbrauch in früheren Jahren (Ostpreußenwerk, Allenstein).

Stromverbrauch kWh/Monat	Preis Rpf/kWh
Regelverbrauch . . . . (entspricht dem Verbrauch des jeweils gleichen Monats im Jahre 1929)	53
Mehrverbrauch.	12

Beispiel 53: Regelverbrauch mit Abstufung nach Zimmerzahl und Monat.
(Städtisches Elektrizitätswerk Frankfurt am Main.)

Monat	Stromverbrauch kWh/Monat Regelverbrauch — Zimmerzahl									Preis Rpf/kWh
	1	2	3	4	5	6	7	8	je 1 mehr	
Januar	4	5	8	11	16	22	29	36	4	
Februar	3	4	7	10	14	19	24	29	4	
März	2	3	5	8	11	16	21	25	3	
April	2	3	4	6	9	13	17	22	3	
Mai	1	2	2	4	7	11	15	20	3	
Juni	1	1	2	3	6	9	12	16	2	45
Juli	1	1	2	4	6	10	13	17	2	
August	1	2	3	5	8	12	16	21	3	
September	2	3	4	6	9	13	18	24	3	
Oktober	2	3	5	8	12	17	22	29	4	
November	3	4	6	9	14	20	27	34	4	
Dezember	5	7	10	14	19	25	32	40	5	
Mehrverbrauch										10

Welche Preisgrundlagen den örtlichen Verhältnissen am meisten gerecht werden, muß in jedem einzelnen Falle untersucht werden. So wird die Zimmerzahl als Grundlage besonders bei ungefähr gleichartigen Wohnverhältnissen in geschlossenen Baublocks, die Wohnungsgrundfläche bei offener Bauart, die Brennstellenzahl als Notbehelf in Kleinwohnungen angemessen sein. Der Mietpreis als Grundlage ist nur dort anwendbar, wo, wie in England, behördlich festgesetzte Unterlagen vorhanden und wesentliche Schwankungen, wie sie sich gerade in den letzten Jahren in fast allen Kulturländern gezeigt haben, nicht zu erwarten sind. Abzulehnen ist beim Kleinverbraucher der gemessene Höchstbedarf als Maßstab für die Grundgebühr. So sehr sich diese Tarifform bei Großabnehmern eingebürgert hat, so wenig kann sie beim Verkauf der elektrischen Arbeit an Kleinabnehmer Fuß fassen. Im Kleinverkauf bedeutet die Anwendung eines derartigen Tarifs lediglich die einseitige Berücksichtigung der Gestehungskosten unter Vernachlässigung wichtiger Belange der Nachfrage, und erfordert daher unter allen Umständen eine mühselige und nicht immer nützliche Werbe- und Aufklärungsarbeit, ganz abgesehen von den beträchtlichen Mehraufwendungen für den Einbau des erforderlichen Höchstbelastungszeigers. Bei Kleinabnehmern in Deutschland wird daher der Grundgebührentarif mit der Bemessung nach der beanspruchten Leistung nur in Ausnahmefällen angewendet, häufiger findet man ihn noch in England, Kanada und in den Vereinigten Staaten, und zwar vielfach in der alten, von Wright eingeführten Form.

Als Übergang von dem normalen Zählertarif für Beleuchtung, der die Anwendung elektrischer Geräte wirtschaftlich kaum gestattet, zu einem ausgesprochenen Haushalttarif findet man die Verwendung sog. Vergütungszähler. Dies sind tragbare Meßgeräte, die entweder die Zeit der Benutzung einzelner Geräte oder deren Verbrauch anzeigen, der dann mit einem billigeren Preis besonders verrechnet wird (Rückvergütung).

Sofern in Kleinwohnungen elektrische Geräte nicht verwendet werden und der Widerstand gegen Grundgebührentarife nicht zu überwinden ist, ist der Pauschaltarif immer noch ein beliebtes Aushilfsmittel.

Beispiel 54: Dreitaxentarif für Haushaltungen mit Abstufung der Grundgebühr nach gemessenem Höchstbedarf. (Städt. Betriebsverwaltung, Bonn a. Rh.)

Abnehmergebühr RM/Jahr	Grundgebühr RM/kW und Jahr	Arbeitspreis Rpf/kWh
36,—	156,—	10

Beispiel 55: Wrightscher Tarif für Haushaltungen (England).

Benutzungsdauer[1] h/Tag	Preis d/kWh
die ersten $1^1/_2$ . . .	6
die weiteren	2

[1] Bezogen auf den gemessenen Höchstbedarf (s. auch Beispiele 27 und 28, S. 161).

Beispiel 56: Zählertarif für Haushaltungen mit Abstufung nach dem Verwendungszweck (Anwendungsgebiet) unter Gebrauch eines Vergütungszählers (Städt. Elektrizitätswerk Bayreuth).

Anwendungsgebiet	Preis Rpf/kWh
Beleuchtung	48/38
Haushaltgeräte[2] . .	20

[2] Verbrauch durch Vergütungszähler gemessen.

Beispiel 57: **Pauschaltarif für Kleinwohungen mit Abstufung nach Anschlußwert und Verwendungszweck** (Amperwerke Elektrizitäts-A. G., München).

Anwendungsgebiet	Abstufung	Rechnungs-einheit	Pauschalpreis RM/Jahr
Beleuchtung	25 W-Lampe	1 Lampe	12,—
	40 W-Lampe	1 Lampe	20,—
	60 W-Lampe	1 Lampe	24,—
	75 W-Lampe	1 Lampe	30,—
	100 W-Lampe	1 Lampe	40,—
Bügeleisen	—	1 W	0.12
Klingeltransformatoren .	—	1 Stück	3,—

In anderen Ländern werden für den Haushalt in größerem Umfang
auch noch Zonentarife (Vereinigte Staaten von Amerika, hier Blocktarife genannt) und Mehrfachzeittarife (Schweiz) verwendet (s. S. 209
und 260).

b) Gewerbliche Tarife (*322, 323*). Auch im Gewerbe handelt es sich
meist um den gleichzeitigen Verbrauch von elektrischer Arbeit zu Licht-,
Kraft- und Wärmezwecken. Diese Verwendungszwecke stehen aber nicht
in so enger gegenseitiger Berührung und Vermischung wie im Haushalt.
Darum haben sich im Gewerbe Grundgebührentarife noch nicht im
gleichen Maße eingeführt wie dort, wiewohl sie auch im Gewerbe den
Anreiz zu gesteigerter Ausnützung geben und für die verschiedenen
Zwecke nur eines Zählers bedürfen. Die Bezugsgrößen für die Grundgebühr müssen bei den gewerblichen Tarifen notwendig andere sein
als beim Haushalt. Die Zimmerzahl kann kaum in Frage kommen, auch
die Größe der Raumgrundfläche steht selten in einem klar erkennbaren

Beispiele 58 und 59: **Gewerbliche Grundgebührentarife.**

Beispiel 58: **Abstufung der Grundgebühr nach Anschlußwert und Verwendungszweck und des Arbeitspreises nach der Größe des Verbrauchs** (Märkisches Elektrizitätswerk, Berlin).

Verwendungs-zweck	Anschlußwert	Grund-gebühr RM/Jahr	Strom-verbrauch kWh/Jahr	Arbeits-preis Rpf/kWh
Beleuchtung	die ersten 100 W	2,—		
	je weitere 10 W			
	bei regelmäßiger Benützung	0,10	die ersten 1000	15
	bei vorübergehender Be-nützung	0,05	die weiteren	10
Kraft und sonstige Zwecke	das erste kVA[1]	2,—		
	jedes weitere kVA[1]	1,—		

[1] Der größte Motor wird mit 100%, der zweitgrößte mit 75% und alle weiteren
Motoren mit 50% des tatsächlichen Anschlußwertes in Ansatz gebracht. Bei
Berechnung der Grundgebühr nach gemessenem Höchstbedarf erhöhen sich die
angegebenen Sätze um 50%. Begrenzung des Strompreises wie Beispiel 61.

13*

Verhältnis zur Leistung oder zum Verbrauch an elektrischer Arbeit. Das gleiche gilt vom Mietpreis der benutzten Räume, insbesondere beim Handwerk (bei Läden wäre der Mietpreis unter gesicherten Wirtschaftsverhältnissen als Grundlage nicht ungeeignet). So wird als Bezugsgröße fast nur der Anschlußwert, und zwar getrennt für Beleuchtung, Kraft und Wärme gewählt, seltener die benützte Bodenfläche.

Beispiel 59: **Abstufung der Grundgebühr nach der Grundfläche der Räume und des Arbeitspreises nach der Größe des Verbrauchs** (Städt. Elektrizitätswerk Gelsenkirchen).

Grundfläche m²	Grundgebühr RM/Monat	Stromverbrauch kWh/Jahr	Arbeitspreis Rpf/kWh
die ersten 20	1,50	die ersten 100	38
je weitere 20	0,30	.	.
		.	.
		über 4000	18

Sofern es sich überwiegend um Beleuchtung — Erwerbsbeleuchtung — handelt, kommen meistenteils größere Einzelbeträge in Frage als bei der Wohnungsbeleuchtung; hier ist deshalb eine Abstufung nach der Größe des Verbrauchs nicht von vornherein abzulehnen, zumal die Mehrzahl der in Frage kommenden Abnehmer den Grundsatz dieser Abstufung für ihren eigenen Geschäftsbetrieb anwendet. Dagegen ist eine Abstufung nach der Benutzungsdauer oder der Zeit der Stromentnahme bei einem großen Teil dieser Abnehmergruppen, insbesondere bei Läden und Büros, zwecklos, weil sie gewöhnlich außerstande sind, ihre Anlagen in einem der Abstufung entsprechenden Umfange auszunutzen; sie empfinden vielmehr den Benutzungsstunden- oder den Doppeltarif meist als unwirksam oder gar drückend, weil sie gezwungen sind, die elektrische Arbeit gerade in den Stunden der höheren Preise in Anspruch zu nehmen und viel mehr die Erhöhung der Preise in dieser Zeit als die Ermäßigung in den Stunden schwacher Belastung fühlen.

Anders liegen die Verhältnisse bei denjenigen Gruppen der Erwerbsbeleuchtung, die durch ihren Betrieb zu langdauernder Benutzung der Beleuchtung gezwungen sind, wie Wirtshäuser, Gasthöfe, Bäckereien, Vergnügungsstätten u. a. m. Diesen Abnehmern werden durch Benutzungsstunden- und Doppeltarife wesentliche Vorteile eingeräumt, so daß sie bei ausreichender Aufklärung mit Erfolg verwendet werden können. Sie sind denn auch in diesen Kreisen noch immer stark verbreitet, vornehmlich der Doppeltarif. Da es sich um klar abgrenzbare Gewerbegruppen handelt, würde das gleiche Ergebnis ohne die Anwendung umständlicher Preisformen durch einfache Zählertarife erzielt werden können. Für Abnehmer mit weit über die normale Beleuchtungszeit hinausgehendem Großverbrauch, wie Straßenbeleuchtung, Warenhäuser, Postämter, Bahnhöfe, Kasernen, Krankenhäuser u. a. m. werden gewöhnlich Sonderpreise festgesetzt.

Eine eigene Behandlung verlangen Schaufenster- und Werbebeleuchtung. Sofern hierbei ein Grundgebührentarif angewendet wird, muß bei Berechnung des Anschlußwertes besondere Bewertung Platz greifen, da sonst ein solcher Tarif gerade im vorliegenden Falle anschlußhemmend wirken kann. Für Schaufenster- und Werbebeleuchtung, die über die normale Geschäftszeit hinaus in Benutzung sind, können Doppel- oder Benutzungsstundentarife oder, bei getrennter Messung des Verbrauchs, Sonderpreise in Frage kommen.

Bei der gewerblichen Verwendung elektrischer Arbeit zu Kraftzwecken wird der Grundgebührentarif, bezogen auf die Nennleistung der Motoren, allen Anforderungen am meisten gerecht (s. Beispiel 58). Der Durchschnittsstrompreis wird hierbei von selbst um so geringer,

Beispiel 60: Zählertarif für Gastwirtschaften und Schaufensterbeleuchtung mit Abstufung nach dem Zeitpunkt des Verbrauchs (Doppeltarif) (Elektrizitätswerk Bernburg).

Tarif	Tageszeit h	Preis Rpf/kWh
Hochtarif . . .	6—20	43
Niedrigtarif . .	20— 6	25

je mehr die Motoren benützt werden. Ein etwa notwendiges Abdrängen der gewerblichen Kraftbelastung aus der Zeit der Spitze läßt sich auch im Rahmen des Grundgebührentarifs erreichen. Der Grundgebührentarif gewährt auch ohne weiteres die Möglichkeit, bei den Gruppen des Nahrungsmittelgewerbes und der Reparaturhandwerker, deren Verbrauch und Benutzungsdauer niedriger sind als bei anderen Gewerbetreibenden, ohne eine besondere Preisstellung höhere Durchschnittspreise zu erzielen. Diese Auswirkung des Grundgebührentarifs entspricht durchaus der Wertschätzung dieser Abnehmergruppen, die aus der Anwendung der Elektrizität besondere Vorteile ziehen.

c) Landwirtschaftliche Tarife (*324—332*). Bei der Preisstellung für Licht- und Kraftzwecke in der Landwirtschaft ist besonders zu beachten, daß dort nur eine sehr niedrige Benutzungsdauer, sehr häufig unter 100 h/Jahr für das angeschlossene kW erreicht wird, während die Anlagekosten für den Anschluß oft erheblich höher sind als bei anderen Abnehmern. Andererseits erwächst dem Landwirt aus der Anwendung der elektrischen Arbeit weit größerer Nutzen als anderen Gewerbegruppen, da er hierdurch an Tier- und Menschenarbeit oft das Vielfache der Ausgaben für Elektrizität erspart, ganz abgesehen von weiteren Vorzügen, die die elektrische Arbeit für ihn mit sich bringt und die nicht ohne weiteres in Geld und Geldeswert ausdrückbar sind. Diesem Umstand ist jedoch früher bei der Einführung der elektrischen Arbeit in die Landwirtschaft, namentlich was die Höhe der Strompreise anlangt, nicht Rechnung getragen worden. Wenn man erwägt, daß in kleineren landwirtschaftlichen Betrieben unter Verwendung des Zählertarifs bei Licht- und Kraftanlagen die Einnahmen für das angeschlossene kW im Jahre den Betrag von 30,— RM selten übersteigen, während die Anlagekosten des Werkes gerade bei solchen Abnehmern oft bis 1000,— RM für das angeschlossene kW betragen, so ist ersichtlich, daß nicht einmal eine mäßige Verzinsung und Abschreibung der Anlagekapitalien erreicht werden kann. Im allgemeinen ist es jedoch, namentlich in neuerer Zeit, mit Rücksicht auf die bedrängte Lage der Landwirtschaft ausgeschlossen, bei Anwendung des Zählertarifs die Einheitspreise in der Landwirtschaft so hoch anzusetzen, daß ein ausreichender Ertrag erwirtschaftet werden kann. Ein Ausweg ist die Einführung einer bestimmten Mindestgewähr, die jedoch, falls sie den normalen Verbrauchsverhältnissen angepaßt ist, kaum eine Verbesserung der Ergebnisse herbeiführt und, falls sie Verluste vermeiden soll, zu fortlaufenden Beschwerden Anlaß gibt.

Beispiel 61: Grundgebührentarif für Landwirtschaft mit Abstufung der Grundgebühr nach der Ackerfläche und des Arbeitspreises nach dem Stromverbrauch je Morgen (Märkisches Elektrizitätswerk, Berlin).

Ackerfläche Morgen	Grundgebühr RM/Monat	Stromverbrauch kWh/Morgen und Jahr	Arbeitspreis Rpf/kWh
die ersten 10	1,50	bis 7,5	15
jeder weitere	0,04	7,5—22[1]	8,5
		darüber	8

[1] Bei 100 Morgen Ackerfläche und mehr tritt der Arbeitspreis von 8 Rpf/kWh bereits bei einem Verbrauch von mehr als 11 kWh/Morgen und Jahr in Kraft.

Der sich aus Grundgebühr und Arbeitspreis ergebende mittlere jährliche Strompreis ist für Licht auf 40 Rpf/kWh und für Kraft auf 20 Rpf/kWh begrenzt, zuzüglich einer Abnehmergebühr von 6,— RM/Anlage und Jahr für die ersten 500 W Anschlußwert und 1,— RM/Anlage und Jahr für jede weiteren angefangenen 500 W, höchstens jedoch 36,— RM/Anlage und Jahr.

Beispiel 62: Regelverbrauchstarif für die Landwirtschaft (Kraft) mit Abstufung nach der Größe des Grundbesitzes (Überlandzentrale Straschin - Prangschin, Danzig).

Grundbesitz ha	Regelverbrauch kWh/ha und Jahr	Preis Danz. Pf/kWh
bis 100	20	
101—150	19	Regelverbrauch 29
151—200	18	Mehrverbrauch in gleicher Höhe wie Regelverbrauch 20
201—250	15	der weitere Verbrauch 12
über 250	12	

Das zweckmäßigste Mittel, sowohl dem landwirtschaftlichen Verbraucher als auch dem Verkäufer gerecht zu werden, ist auch hier die Anwendung des Grundgebührentarifs, und zwar bezogen auf die angeschlossenen Lampen oder die Leistung der Motoren oder besser bezogen auf Maßstäbe, die zu der Landwirtschaft und zu dem Verbrauch an elektrischer Arbeit in enger Beziehung stehen, wie die Größe der bebauten Fläche oder des Viehbestandes; auch der Regelverbrauchstarif läßt sich mit Vorteil verwenden, wobei man sich bewußt bleiben muß, daß hierbei eine Mindesteinnahme, die der Grundgebührentarif von selbst gewährt, entfällt. Doch kann gerade bei der Landwirtschaft der Regelverbrauch so festgesetzt werden, daß er unter normalen Witterungsverhältnissen mit Sicherheit überschritten wird.

Der Grundgebührentarif erleichtert auch die Ausbreitung der Elektrowärme, die in der Landwirtschaft zur Nahrungsbereitung nicht nur für den Menschen, sondern auch für das Vieh angewendet wird. Da für diese Zwecke nur niedrigste Strompreise in Frage kommen, können lediglich Wärmespeichergeräte für Nachtbetrieb benützt werden. Die Verrechnung der elektrischen Arbeit kann bei Anwendung des Grundgebührentarifs durch Abstufung des Arbeitspreises nach der Größe oder dem Zeitpunkt des Verbrauchs (s. Beispiel 61), sonst pauschal, oder mit Doppeltarif oder endlich durch einen besonderen Zähler erfolgen. — Eine Sonderbehandlung erfährt häufig das elektrische Dreschen, sei es, daß ein fester, verbilligter Einheitssatz für die kWh oder für die Dreschstunde eingeräumt wird. Die Pauschalberechnung ist gewöhnlich nur dann gebräuchlich, wenn die Dreschsätze auf gemeinschaftlichem Wege, z. B. durch Genossenschaften, beschafft werden. Hierbei wird manchmal bei Verwendung von Zählertarifen eine Abstufung nach Betriebsstunden (Dreschstunden) angewendet, um damit zu erreichen, daß die Dreschzeit über eine möglichst lange Zeit erstreckt wird. Daneben besteht die Vorschrift, daß in der Spitzenzeit nicht elektrisch gedroschen werden darf.

In bäuerlichen Kleinbetrieben wird außerdem der Pauschaltarif sowohl für Beleuchtung als auch für Kraft verwendet.

Beispiel 63: **Pauschaltarif für Landwirtschaft mit Abstufung nach dem Verwendungszweck, Anschlußwert und der Größe des Betriebes** (Lech-Elektrizitätswerke, Augsburg).

Anwendungsgebiet	Lampengröße W	Pauschalpreis	
		bis zu 3 Lampen RM/Lampe und Jahr	über 3 Lampen RM/Lampe und Jahr
Beleuchtung von Wohnungen, Werkstätten, Stallungen	15	11,30	6,70
	25	15,—	8,60
	40	21,80	12,90
	60	25,60	15,—
	Motorgröße PS	Pauschalpreis	
		bis 25 Tagwerk RM/Motor und Jahr	26—100 Tagwerk RM/Motor und Jahr
Kraft für kleine Motoren (Betrieb nur tagsüber gestattet)	bis 1	45,—	49,50
	1—2	63,—	72,—
	2—3	75,—	94,50
	3—4	111,—	117,—
	4—5	139,50	139,50

2. Großabnehmertarife (*333—337*).

Bei den Großabnehmern kann man nach den Verbrauchsverhältnissen Großgewerbe (Industrie), Verkehrswesen und Wiederverkäufer unterscheiden. Die Trennung dieser drei Abnehmergruppen in bezug auf die

Preisstellung für elektrische Arbeit ist nur hinsichtlich der Höhe des Verkaufspreises geboten, weil der Anteil der Ausgaben für elektrische Arbeit an den Gesamtunkosten für die drei Gruppen in der Reihenfolge ihrer Aufzählung beträchtlich ansteigt. So betragen die Ausgaben für, elektrische Arbeit bei dem Großgewerbe, von Ausnahmen abgesehen, bis zu 5 %, beim Verkehrswesen bis zu 20 % und bei den Wiederverkäufern bis zu 50 % der gesamten Gestehungskosten dieser Gruppen. Ihre gemeinsame Sonderstellung dem Stromverkäufer gegenüber ist dadurch bedingt, daß sie in der Lage sind, sich die erforderliche Energie auf mechanischem oder elektrischem Wege selbst zu beschaffen. Maß und Ausdruck ihrer Wertschätzung sind die hierfür aufzuwendenden Kosten, nach denen sich im allgemeinen die Preisstellung zu richten hat. Eine Unterscheidung nach dem Verwendungszweck der elektrischen Arbeit kommt meist nicht mehr in Frage.

Viele Elektrizitätswerke befanden sich früher in einem schwerwiegenden Irrtum, wenn sie der Meinung waren, der Großindustrie die Preisstellung lediglich nach dem Ermessen des Stromerzeugers vorschreiben zu können, und es ist nicht bloß auf die damals hohen Gestehungskosten, sondern auch auf die unzweckmäßige Preisstellung zurückzuführen, wenn es nur langsam gelungen ist, die Großabnehmer zum Anschluß an die öffentlichen Elektrizitätswerke zu gewinnen. Der Großabnehmer berechnet sich, welche Kosten bei eigener Erzeugung der Kraft entstehen, und tritt erst dann dem Bezug elektrischer Arbeit näher, wenn er hierbei Ersparnisse machen kann. Dies kann er um so leichter übersehen, je mehr sich die Preisstellung auch in ihrer Form der Kostengestaltung bei eigener Erzeugung anpaßt. Auch seine Gestehungskosten bestehen aus Ausgaben für die Verzinsung und Abschreibung des Anlagekapitals und aus den Aufwendungen für den Betrieb. Der Aufbau ist daher ähnlich den Gestehungskosten der elektrischen Arbeit und es liegt nahe, dies bei der Preisstellung zu berücksichtigen. Die natürliche Preisstellung ist daher der Grundgebührentarif, der im Verkehr mit Großabnehmern häufig Leistungspreistarif genannt wird, und zwar bezogen auf die Höchstbeanspruchung der Betriebsmittel. Die Leistung wird vielfach in kVA gemessen und verrechnet, um gleichzeitig den Leistungsfaktor der Stromentnahme zu berücksichtigen. Der Arbeitspreis ist meist sehr niedrig und umfaßt häufig nur mehr die reinen Arbeitskosten. Um gegen die in den letzten Jahren unvermeidlichen Schwankungen der Preise der Betriebsstoffe geschützt zu sein, sind noch besondere Preisklauseln, namentlich Kohlen- und Wirtschaftsklauseln gebräuchlich (s. Beispiele 38—42, S. 180). Abstufungen nach der Höhe der beanspruchten Leistung und nach der Größe, vielfach auch nach dem Zeitpunkt des Verbrauchs, müssen angewendet werden, um den verschiedenen Abnahmeverhältnissen Rechnung zu tragen (s. a. S. 149 u. Beispiel 45, S. 184).

Beispiel 64: Leistungspreistarif für Großabnehmer mit Abstufung des Leistungspreises nach dem Höchstbedarf und des Arbeitspreises nach der Größe des Verbrauchs.

Höchstbedarf kVA	Leistungs- preis RM/kVA	Stromverbrauch kWh/Jahr	Arbeits- preis Rpf/kWh
die ersten 50	96,—	die ersten 100000	4
die nächsten 50	92,—	die nächsten 100000	3,9
die nächsten 100	88,—	die nächsten 300000	3,8
die nächsten 100	84,—	die nächsten 500000	3,6
die nächsten 300	80,—	die weiteren	3,4
die weiteren	76,—		

Für die vorläufigen Monatsrechnungen wird ein Durchschnittspreis von 7 Rpf/kWh angenommen; endgültige Abrechnung erfolgt am Jahresende, wobei für den Leistungspreis das Mittel aus den drei höchsten Monatsablesungen des Jahres zugrunde gelegt wird (siehe auch Beispiel 45 sowie die Ausführungen S. 149).

Derartige Tarife werden für Großabnehmer vielfach angewendet; sie bieten vor allem dem Verbraucher den Vorteil, daß er bei zweckmäßiger Betriebseinteilung zu einem niedrigen Durchschnittspreis gelangen kann. Nun ist aber eine solche Betriebseinteilung nicht in allen Fällen möglich, sei es infolge der Werkserfordernisse, sei es infolge Unachtsamkeit der Maschinenbedienung. Auch fürchtet der Abnehmer oftmals bei diesem Tarif, daß eine einmalige Belastungserhöhung eine dauernde erhebliche Preissteigerung zur Folge haben könnte. Die Einführung des Leistungspreistarifs stößt daher bei denjenigen Betrieben, die eine einigermaßen gleichmäßige Belastung nicht erzielen können, auf Schwierigkeiten. Falls bei diesen der Gesamtverbrauch mit einiger Sicherheit im voraus angegeben werden kann und eine Mindestgewähr in bestimmter Höhe eingegangen wird, kann auch ein Zählertarif angewendet werden, der von seiten des Verkäufers unter Zugrundelegung der Leistungsbeanspruchung und Benutzungsdauer berechnet werden muß. Ist z. B. ein Leistungsbedarf von 150 kW entsprechend 200 kVA bei $\cos \varphi = 0,75$ und eine Benutzungsdauer von 2200 h im Jahre zu erwarten, so könnte unter Zugrundelegung der in Beispiel 64 genannten Preise bei einer Gewährleistung von 330000 kWh/Jahr ein Einheitspreis von 9,4 Rpf/kWh gefordert werden. Können die Betriebsverhältnisse nicht im voraus bestimmt werden, so wird in der Mehrzahl der Fälle eine Abstufung nach der Größe des Verbrauchs vorgesehen oder es werden Zonentarife mit einer Abstufung nach der Benutzungsdauer angewendet. Spielt doch die Form der Preisstellung bei Großverbrauchern nicht eine so wichtige Rolle, wie bei der Masse der Kleinabnehmer, weil es sich hier meistenteils um technisch und wirtschaftlich genügend vorgebildete Kreise handelt, denen im Einzelfall das Ergebnis jeder Preisstellung leichter klarzumachen ist. Bei der Verschiedenheit der Verhältnisse ist ohnedies das Festhalten an einer bestimmten

Tarifform nur möglich, wenn man entweder auf anderem Wege erzielbare Gewinne preisgeben oder auf den Anschluß zahlreicher Betriebe verzichten will. Diese Erwägungen gelten für alle Großabnehmer ohne Ausnahme. Unbedingt an dem Leistungspreistarif sollte festgehalten werden bei der Lieferung von elektrischer Arbeit an Verkehrsunternehmungen und an Wiederverkäufer; denn diese beiden Gruppen haben genau mit denselben Erzeugungsverhältnissen zu rechnen, wie die verkaufenden Elektrizitätswerke selbst.

Eine besondere Behandlung erfordert auch bei den Großabnehmern die Preisstellung für chemische und metallurgische Prozesse und für Elektrowärme. Nicht nur, daß es sich hierbei in der Regel um ungewöhnlich große Arbeitsmengen handelt, auch die Rücksicht auf den Wettbewerb anderer Energieformen verlangt so verbilligte Preise, daß man mit den normalen Großabnehmertarifen für Licht und Kraft nicht auskommt und Sonderabmachungen treffen muß. Dieser Entschluß wird dem Verkäufer häufig dadurch erleichtert, daß es sich bei der Verwendung von Elektrowärme vielfach um Verfahren mit gleichmäßigem und lang dauerndem Energiebedarf handelt, oder um Betriebsvorgänge, die in den Stunden höchster Belastung des liefernden Werkes ausgesetzt werden können.

B. Die Tarife in verschiedenen Ländern[1].

Zeigt schon die große Mannigfaltigkeit der im vorstehenden betrachteten Tarife, welch starken Einfluß die verschiedenen Umstände des Verbrauchs auf die Preisbildung ausüben, so läßt sich schließen, daß sich auch in jedem einzelnen Land die besonderen wirtschaftlichen, kulturellen, klimatischen und geographischen Verhältnisse in der Tarifgebarung geltend machen; es ist daher von Interesse, von diesem Gesichtspunkt aus die Tarife einiger Länder zu betrachten.

1. Deutschland (353).

Die Vielzahl der Tarife in Deutschland ist in erster Linie durch die große Verschiedenheit der einzelnen Versorgungsgebiete in wirtschaftlicher und sozialer Hinsicht bedingt. In keinem anderen Lande findet man in ähnlicher Weise — und zwar sehr oft in engster Nachbarschaft — Orte von gleicher Einwohnerzahl, von denen etwa der eine rein landwirtschaftlichen, der andere ausgesprochenen Wohnungscharakter, der dritte einen stark industriellen Einschlag und der vierte vorwiegend Arbeiterbevölkerung aufweist. Daneben mußte sich der frühere Übergang vom Agrar- zum Industriestaat allenthalben bemerkbar machen. Das damit verbundene Steigen der Lebensmittelpreise und der Arbeitslöhne konnte nicht ohne tiefe Rückwirkung auf die Ausgestaltung der

---

[1] Zur Übertragung der Strompreise von einer Währung in eine andere dient die Kursumrechnungstafel am Schlusse des Buches.

Preise derjenigen Energieform bleiben, die im gesamten Wirtschaftsleben eine gewichtige Rolle zu spielen berufen war. In ähnlicher Weise machte sich auch in jüngster Zeit die Umschichtung der Bevölkerung geltend. Es ist einleuchtend, daß Vorgänge, wie die Siedlungstätigkeit, die Entwicklung eines Landstädtchens zum bedeutsamen Industrieorte, das Erlöschen ganzer Industriezweige oder die allmähliche Ausbreitung neuer gewerblicher Tätigkeit nicht ohne Einfluß auf die Tarifgebarung bleiben können.

Solche Verschiebungen der Verhältnisse, die sich überall in Deutschland auf dem oder jenem Gebiete, in der dem Kriege vorausgehenden Zeit eines ungeheuren industriellen Aufschwungs und in der dem Kriege folgenden wirtschaftlichen Umstellung mehr oder minder bemerkbar machten, mußten vielfach zur Um- und Ausgestaltung der Tarife führen. Man versuchte, den veränderten Verhältnissen durch neue Tarife Rechnung zu tragen, konnte aber nicht ohne weiteres das Alte beiseite schieben, sondern mußte bestrebt sein, durch Umänderungen und Zusätze die bewährten Tarife den neuen Anforderungen anzupassen. Daran hat auch das Fegefeuer der Inflation wenig geändert, wiewohl die Unternehmungen auf dem Höhepunkt der Geldentwertung gezwungen waren, alle verwickelten Berechnungen beiseite zu lassen und mit den einfachsten Tarifen auszukommen. Mit Rückkehr der festen Währung hat sich dann aber infolge der oft erörterten Umstände die Zahl der Tarife wieder vermehrt, doch machte sich im Laufe der Jahre unverkennbar das Bestreben nach Vereinfachung und Vereinheitlichung der Tarife geltend. Ein Beweis hierfür kann schon in der Tatsache erblickt werden, daß in den beiden größten deutschen Versorgungsgebieten, beim Rheinisch-Westfälischen Elektrizitätswerk und dem Märkischen Elektrizitätswerk jeweils nur ein einziges einfaches Tarifsystem für Kleinabnehmer angewendet wird, bei jenem ein Zählertarif, bei diesem ein einheitlicher Grundgebührentarif.

Weitaus der größte Teil aller deutschen Elektrizitätswerke erzeugt die elektrische Arbeit mit Wärmekraftmaschinen, und zwar überwiegend mit Kohle, die häufig — im Vergleich zu anderen Ländern — mit recht beträchtlichen Kosten beschafft werden muß; auch die anderen Brennstoffe bilden, von wenig Ausnahmefällen abgesehen, einen wesentlichen Teil der Betriebsausgaben. Die Folge ist, daß der Pauschaltarif als allgemeiner Tarif selten verwendet wird und nur neben anderen Tarifsystemen für wenige Verbrauchergruppen, namentlich bei Kleinstwohnungen und in der Landwirtschaft, in Frage kommt.

In der Tarifstatistik der Vereinigung der Elektrizitätswerke (jetzt Reichsverband der Elektrizitätsversorgung) nach dem Stand vom Januar 1933 (*353*) sind im ganzen die Tarife von 511 Unternehmungen enthalten, die mehr als 95% des gesamten Stromverbrauchs in Deutschland umfassen. Der Pauschaltarif für Beleuchtung wird nur bei 23 Unternehmungen, für Kraft nur bei 5 angewendet. Nicht berücksichtigt ist hierbei der Gebrauch des Pauschaltarifs für besondere Verwendung der elektrischen Arbeit, z. B. für Treppenbeleuchtung, Heißwasserspeicher und dergleichen.

Die Regel bildet der Verkauf der elektrischen Arbeit nach Zählerangaben, und zwar sowohl nach dem reinen Zählertarif, wie auch nach dem Grundgebühren- oder Regelverbrauchstarif. Diese beiden Arten der Preisstellung haben sich in den letzten Jahren in Deutschland außerordentlich verbreitet. Man kann schätzen, daß heute bereits mehr als die Hälfte der von Kleinabnehmern verwendeten elektrischen Arbeit nach Grundgebühren- und Regelverbrauchstarifen abgerechnet wird. Von den Grundformen der Tarife kommt am häufigsten immer noch der einfache Zählertarif vor, so weisen z. B. 265 Unternehmungen einen Lichtpreis und 148 Unternehmungen einen Kraftpreis ohne Abstufung auf. Hierzu kommen 139 Zählertarife für Licht und 215 für Kraft mit Abstufung nach der Größe des Verbrauchs, und zwar meist in der Form von Stufenpreisen nach Zonen. Staffelpreise und Rabattpreise, ebenso Geldrabatte, finden sich nur noch selten. Auch die früher vielfach gebrauchte Abstufung nach der Benutzungsdauer wird nurmehr in geringem Umfang angewendet. Bei Beleuchtung stufen nur 6 Unternehmungen, bei Kraft allerdings noch 51 Unternehmungen die Strompreise nach der Benutzungsdauer des Anschlußwertes ab. Häufiger findet sich die Abstufung nach dem Zeitpunkt des Verbrauchs, die für Beleuchtung bei 46, für Kraftstromlieferung bei 54 Unternehmungen noch in Gebrauch ist.

Von den 511 in der Statistik enthaltenen Werken verwenden 143 den Zählertarif, ferner 50 Unternehmungen ausschließlich Grundgebühren- und Regelverbrauchstarife ohne andere Tarifformen, die restlichen 318 Werke lassen den Kleinabnehmern die Wahl zwischen einem Grundgebührentarif und einem Regelverbrauchstarif. Dazu treten noch die 50 Unternehmungen, die ausschließlich Grundgebühren- und Regelverbrauchstarife benutzen. Die Grundgebühr wird in der Mehrzahl der Fälle (121) nach der Zimmerzahl bestimmt. Daneben tritt als Bestimmungsgröße der Grundgebühr auch sehr häufig der Anschlußwert auf, und zwar in 93 Fällen bei Beleuchtung und in 153 Fällen bei Kraft. In ähnlicher Weise wird der Regelverbrauch meist nach der Zimmerzahl und nach der Jahreszeit und daneben nach dem früheren Verbrauch festgesetzt. Diese Bestimmungsgröße wird auch bei dem Grundgebührentarif noch häufig angewendet; es handelt sich hierbei um eine Übergangserscheinung, die beweist, daß man der Schwierigkeit der objektiven Festsetzung der Grundgebühr vorläufig aus dem Wege gehen will.

Diese Übersicht kann nur ein verschwommenes Bild von der Anwendung der Tarife in Deutschland geben, weil keine Möglichkeit besteht, die Anzahl der nach den einzelnen Tarifen abgegebenen kWh festzustellen, sie zeigt aber, daß bei der Preisstellung für Kleinabnehmer der Wertschätzung und Leistungsfähigkeit der Abnehmer immer größeres Gewicht beigelegt wird. Dies ergibt sich auch schon daraus, daß neben diesen normalen Tarifen zahlreiche Sonderpreise für bestimmte Anwendungsgebiete, so für Reklame- und Schaufensterbeleuchtung, für Treppen- und Hausnummernbeleuchtung, für Bäckereien und Konditoreien, für Läden, Büros, Gastwirtschaften, Hotels, Gartenlokale, für Ziegeleien, für Hühnerfarmen, für Futterdämpfer usw. in Gebrauch sind. Es muß ferner beachtet werden, daß die Mehrzahl der Unternehmungen verschiedene Tarife gleichzeitig nebeneinander benutzen.

Über die Tarife für Großabnehmer bestehen keine Veröffentlichungen. Doch kann gesagt werden, daß hier der Leistungspreistarif, abgestellt auf die gemessene Höchstbeanspruchung, mit einem niedrigen Arbeitspreis die Regel bildet. Auch wird die Abstufung nach der Größe des Verbrauchs, sowie nach der Benutzungsdauer, ferner nach Tag- und Nachtstrom angewendet. Viele dieser Tarife sehen eine Berechnung des Blindstroms vor.

Was die Höhe der Tarifpreise für Kleinabnehmer anlangt, so bewegten sich die Lichtpreise etwa bis zum Jahre 1896 meist in der Nähe von etwa 70 Rpf/kWh; bemerkenswert ist, daß damals die Preise nicht auf die kWh, sondern auf deren 10. Teil, die Hektowattstunde, bezogen wurden. Bis zum Jahre 1902/03 etwa lagen die Lichtpreise meist bei etwa 60 Rpf/kWh und waren vor dem Kriege mit wenig Ausnahmen auf und unter 50 Rpf/kWh gesunken. Heute entrichtet die Mehrzahl der Kleinabnehmer, auch bei dem einfachen Zählertarif, einen Lichtpreis, der sich um etwa 40 Rpf herum bewegt; man muß dabei im Auge behalten, daß dieser Preis beim reinen Zählertarif in den seltensten Fällen ausreicht, um die Gestehungskosten der Werke zu decken. Die Preise für Kraft haben sich weniger verändert. Die Ausgangspreise von etwa 25 Rpf/kWh sind auch heute noch in vielen Fällen in Gebrauch. Doch wird die kleinste Menge der für Kraftzwecke verwendeten elektrischen Arbeit zu diesem Preise abgegeben, da fast überall bei höherem Verbrauch starke Ermäßigungen eintreten, so daß auch bei Kleinkraft der mittlere Verkaufspreis etwa zwischen 15 und 18 Rpf liegen dürfte. Dort, wo besondere Wärmepreise vorgesehen sind, liegen sie meist zwischen 8 und 10 Rpf. Man kann nach der Häufigkeit des Vorkommens diesen Preis beinahe als Normalpreis bezeichnen. In dieser Höhe wird auch vielfach schon der Arbeitspreis bei Grundgebührentarifen festgesetzt, weil damit die Absicht verbunden wird, das elektrische Kochen ohne besonderen Zähler zu ermöglichen.

Die Entwicklung bewegt sich beim Kleinverbrauch sichtbar in der Richtung wachsender Verwendung von Grundgebühren- und Regelverbrauchstarifen, unter Anwendung eines Arbeitspreises in Höhe von 10 Rpf/kWh.

2. Schweiz (*354, 355, 356, 409*).

Im Zusammenhang mit der raschen und lebhaften Entwicklung der Elektrizitätsversorgung weisen die schweizerischen Tarife eine Mannigfaltigkeit auf, wie kaum ein anderes Land. Es sind nicht bloß alle Zählertarife mit ihren verschiedenen Formen vertreten, sondern auch Pauschaltarife in großer Menge mit zahlreichen Abstufungen. Die Vielzahl und Eigenart der Tarife ist zum Teil dadurch bedingt, daß die elektrische Arbeit in der Schweiz fast ausschließlich aus Wasserkräften gewonnen wird, die infolge der Vielgestaltigkeit der Wasserführung der Energieerzeugung und -verteilung besondere Aufgaben stellen. Über den Anteil der verschiedenen Energiequellen an der öffentlichen Elektrizitätsversorgung gibt die nachfolgende Zahlentafel Aufschluß.

Zahlentafel 36. Energiebeschaffung der schweizerischen Elektrizitätswerke. (Bull. schweiz. elektrotechn. Ver., 1933, S. 118).

Energiequellen	Hydrographisches Jahr				
	1931/32	1930/31	1929/30	1928/29	1927/28
	Millionen kWh				
Wasserkraftwerke	3567	3669	3511	3567	3381
Wärmekraftwerke	11	5	11	9	2
Bahn- und Industriewerke .	76	105	129	174	192
Einfuhr	11	8	31	17	14
Zusammen:	3665	3787	3682	3767	3589
Davon wurden ausgeführt .	926	1012	897	1044	1019
Für den Betrieb der Pumpen zur Füllung der Speicherbecken von den Werken selbst wieder verbraucht .	65	32	78	82	70
Für die Inlandabgabe verwendet.	2674	2743	2707	2641	2500

Die vorwiegende Verwendung der Wasserkraft als Energiequelle und die frühzeitige Entwicklung der schweizerischen Werke hat zuerst zu einer Bevorzugung des Pauschaltarifs geführt. Die Höhe des Verbrauchs an kWh spielte ursprünglich bei der Preisbemessung nur eine untergeordnete Rolle; es genügte meistenteils, die fast ausschließlich von der Leistungsfähigkeit der Anlagen abhängigen Kosten in festen Beträgen auf die Abnehmer zu verteilen. Diese Art der Preisstellung war naheliegend, da die billige Betriebskraft in der Schweiz, selbst in unbedeutenden Orten, schon zu einer Zeit zur Errichtung von Elektrizitätswerken führte, da die Beschaffung von Zählern aus technischen und finanziellen Gründen kaum in Frage kommen konnte. Auch waren die Verbrauchsverhältnisse einfach und ließen eine gleichmäßige und ein-

fache Verrechnung zu. Es ist nicht zu verkennen, daß in der ersten
Zeit der Entwicklung die allgemeine Verwendung des dem Verbraucher
geläufigen Pauschaltarifs der Schweiz einen Vorsprung in dem Verbrauch elektrischer Arbeit anderen Ländern gegenüber sicherte. Wie
der Pauschaltarif allmählich durch den Zählertarif verdrängt wurde,
zeigt die nachfolgende Zahlentafel.

Zahlentafel 37. Anzahl der Pauschal- und Zählerabnehmer in der Schweiz.
(Bull. schweiz. elektrotechn. Ver. 1932 S. 376.)

Jahr	1905	1912	1919	1925	1929	1931
Pauschalab- nehmer . . .	100000	298651	268900	265200	243000	227000
Zählerabnehmer.	35000	151904	530200	837000	1068000	1210000
Insgesamt:	135000	450555	791100	1102200	1311000	1437000
Anteil der Pauschalab- nehmer % . .	70,1	66,3	34,0	24,1	18,5	15,8

Daraus geht hervor, daß im Jahre 1905 noch 74% aller Abnehmer
nach Pauschaltarifen beliefert wurden, im Jahre 1931 nur noch rund 16%;
der Unterschied der nach den beiden Tarifgruppen bezogenen kWh ist
sicherlich noch weit größer. Diese Entwicklung läßt erkennen, daß der
einfache Pauschaltarif mit der wachsenden Ausdehnung der Energie-
versorgung weder den Erfordernissen der Werke noch denen der Abnehmer genügte. Nimmt die Zahl der Abnehmer zu, so ergibt sich bei
Wasserkraftanlagen meist allzu schnell eine Erschöpfung der zur Verfügung stehenden Leistung gerade im Winter, also namentlich dann,
wenn sie am nötigsten gebraucht wird. Auch dem Abnehmer ist vielfach
mit dem einfachen Pauschaltarif dann nicht gedient, wenn ihn die
wirtschaftlichen Verhältnisse zu Einschränkungen zwingen.

Im Laufe der Jahre wurden verschiedene Wege eingeschlagen, um
den veränderten Verhältnissen Rechnung zu tragen. Teilweise wurden
bei den Pauschaltarifen zahlreiche Abstufungen nach Ort, Art und Zeit
der Benutzung eingeführt. Meist ging man jedoch ganz oder teilweise
zum Verkauf nach Messung über, indem man neben dem bestehenden
Pauschaltarif oder statt seiner vielfach abgestufte Zählertarife ver-
wendete, die einerseits den Werken noch eine vom Verbrauch unabhängige
Einnahme sicherten, andererseits dem Abnehmer die Möglichkeit
gaben, seine Ausgaben für Beleuchtung und Kraft dem tatsächlichen
Verbrauch mehr als bisher anzupassen. Die heutigen schweizerischen
Pauschaltarife für Beleuchtung weisen meistenteils mehrere Stufen nach
der voraussichtlichen Benutzungsdauer, oder nach der Art der Räume
auf, in denen die Beleuchtung verwendet wird. Die Zahl der Stufen
wechselt zwischen 2 und 8 und beträgt in der Regel 3 oder 4, und zwar
unterscheidet man:

a) selten und unregelmäßig,
b) selten und regelmäßig,
c) dauernd während der Hauptbeleuchtungszeit,
d) noch länger beleuchtete Räume.

Dabei werden die Preise auf die Nennleistung der Lampen in W bezogen, ohne daß sie im Verhältnis der Wattaufnahme ansteigen (s. Beispiel 56, S. 195).

Weitere Abstufungen finden sich bei Pauschaltarifen nach der Höhe des gesamten Jahresumsatzes zur Begünstigung größerer Anlagen, ferner nach der Jahreszeit. Einige Unternehmungen führen noch Übergangstarife, indem den Abnehmern ein Pauschaltarif zur Wahl angeboten wird, bei dem jedoch nur eine bestimmte Anzahl kWh verbraucht werden darf, während der Mehrverbrauch nach Zählern bezahlt werden muß. In anderen Fällen wird der Pauschalbetrag nach Schätzung und auf Grund eines bestimmten Einheitspreises für die kWh in jedem einzelnen Falle festgesetzt.

Bei Verwendung des elektrischen Stromes zu Kraftzwecken werden die Pauschaltarife regelmäßig nach der Größe des Anschlußwertes und der voraussichtlichen Benutzungsdauer abgestuft. Dabei werden meist folgende Unterschiede gemacht:

1. Motoren für Fabrikbetriebe, deren Arbeitszeit in der Schweiz gesetzlich geregelt ist (Fabrikkraft).

2. Motoren für ausschließliche Benutzung während der Tagesstunden (Tageskraft).

3. Motoren mit unbeschränkter Arbeitszeit (Permanentkraft).

Die Abstufung nach der Größe des Anschlußwertes bezieht sich auf die Nennleistung der Motoren und sieht mit steigendem Anschlußwert oft sehr beträchtliche Ermäßigungen vor. Meistenteils werden die Pauschalpreise für die verschiedenen Motorgrößen für „Fabrikkraft" festgesetzt und die Preise für „Permanent-" und „Tageskraft" durch prozentuale Erhöhung oder Erniedrigung jener zum Ausdruck gebracht (s. Beispiel 24 [Kraft], S. 159).

Auch für landwirtschaftliche Kraft sind Pauschaltarife in Verwendung.

Beispiel 65: **Pauschaltarif mit Abstufung nach Anschlußwert, Benutzungsdauer und Größe des Grundbesitzes.**

Anwendungsgebiet	Motorleistung	Größe des Grundbesitzes in Joch				
		0—12	10—30	25—60	50—100	über 100
		Pauschalpreis				
	PS	sfrs/Jahr	sfrs/Jahr	sfrs/Jahr	sfrs/Jahr	sfrs/Jahr
Kraft in der Landwirtschaft	1—1,5	45,—	67,50	90,—	120,—	—
	2—2,5	67,50	90,—	120,—	140,—	160—180,—
	3—4,0	90,—	120,—	140,—	160,—	180—200,—
	4—5	120,—	140,—	160,—	180,—	200—240,—

Die Benutzungsdauer kann durch Stundenzähler nachgeprüft werden. Überstunden werden folgendermaßen berechnet:

Motorleistung	Benutzungsdauer h/Jahr			
	150—600	601—800	801—1000	über 1000
	Pauschalzuschlag			
PS	Rp/Jahr	Rp/Jahr	Rp/Jahr	Rp/Jahr
bis 1,5	18,5	17,5	16,5	14,5
über 2	18,0	17,0	16,0	14,0
über 3	17,5	16,5	15,5	13,5
über 4	17,0	16,0	15,0	13,0
über 7	16,5	15,5	14,5	12,5
über 12	16,0	15,0	14,0	12,0

Für Motoren, die während der Beleuchtungszeit in Betrieb sind, 30% Zuschlag.

Mit der steigenden Ausbreitung der Elektrizitätsverwendung nach der Breite und Tiefe haben sich die Werke mehr und mehr von den Pauschaltarifen ab- und den Zählertarifen zugewendet. Auch hierbei wurden und werden diejenigen Formen bevorzugt, die auf die mit der Wasserkrafterzeugung verbundenen Eigentümlichkeiten Rücksicht zu nehmen gestatten. Man benutzt daher Tarife, die den Verbrauch in den wasserarmen oder hochbelasteten Zeiten, d. h. meist im Winter und während der Beleuchtungszeit verteuern und dadurch drosseln, in den wasserreichen oder schwachbelasteten Zeiten, insbesondere also im Sommer und in den Nachtstunden dagegen verbilligen und fördern. Demgemäß werden vielfach verschiedene Sommer- und Winterpreise und Mehrfachtarife verwendet, die wechselnde Preise für die einzelnen Tagesstunden vorsehen, und zwar niedrige in den schwachbelasteten Zeiten zur Erleichterung des elektrischen Kochens und besonders ermäßigte während der Nachtstunden für elektrische Speichergeräte.

Beispiel 66: Bern. Zählertarif mit Abstufung nach Tages- und Jahreszeit.

An-wendungs-gebiet	Tarif	Tarifzeit		Preis
		Winter (Oktober bis März) h	Sommer (April bis September) h	Rp/kWh
Haushalt	Hochtarif	16,30—22,00	19,00—22,00	50
	Niedrigtarif I	22,00—16,30	22,00—19,00	20
	Niedrigtarif II			7

In Haushaltungen mit ständigem Gebrauch von Elektrowärmegeräten wird die gleiche Anzahl kWh, die nach dem Hochtarif verbraucht wurde, mindestens aber 10 kWh/Monat zum Niedrigtarif I, der Rest zum Niedrigtarif II berechnet.

In weitgehender Verfolgung dieses Grundsatzes sind in verschiedenen Städten der Schweiz die Strompreise mehrmals täglich nach einem Stundenplan veränderlich (s. Beispiel 31 u. 32, S. 167/168). Um nicht jeden Zähler mit einer besonderen Schaltuhr zur Steuerung der verschiedenen Zählwerke ausrüsten zu müssen, verlegt man Steuerleitungen, mittels derer die Zähler ganzer Straßenzüge durch eine Uhr betätigt werden. Oder man läßt durch eine derartige Uhr oder eine andere Fernsteuereinrichtung die Spannungsspulen der Zähler je nach der Höhe des gerade geltenden Strompreises zeitweise für eine mehr oder weniger große Zahl von Sekunden unterbrechen. Der Zähler zeigt dann nicht den gesamten Verbrauch an, sondern nur eine jeweils im Verhältnis des augenblicklich gültigen zum höchsten Strompreis des Tarifs geringere Arbeitsmenge. Der gesamte angezeigte Verbrauch wird dann zum höchsten Strompreis des Tarifs berechnet. Neben dieser Abstufung nach dem Zeitpunkt werden die Preise häufig auch noch nach der Größe des Verbrauchs abgestuft.

Beispiel 67: Dürnten. Zählertarif mit Abstufung nach Zeitpunkt und Größe des Verbrauchs (Doppeltarif).

Anwendungsgebiet	Hoher Tarif		Niedriger Tarif	
	Stromverbrauch kWh/Jahr	Preis Rp/kWh	Stromverbrauch kWh/Jahr	Preis Rp/Jahr
Beleuchtung	die ersten 500	40	die ersten 500	20
	die nächsten 500	35	die nächsten 500	16
	die nächsten 1000	30	die weiteren	14
	die weiteren	25		

Der hohe Tarif gilt während folgender Stunden; außerhalb dieser Stunden gilt der niedrige Tarif.

Monat	Hochtarifzeiten h
Januar, Februar, März	7,00—8,30 und 16,30—21,00
April bis August	18,30—21,00
September	19,30—21,00
Oktober	18,30—21,00
November und Dezember	7,00—8,30 und 16,30—21,00

Für Haushaltungen gilt der gleiche Tarif, doch werden außerhalb der Hochtarifzeiten nur die ersten 45 kWh/Vierteljahr mit 20 Rp/kWh, der Mehrverbrauch mit 7 Rp/kWh berechnet. Außerdem wird noch ein Dreifachtarif angeboten mit einem Mitteltarif während der Tagesstunden und einem Niedrigtarif von 4,5 Rp/kWh in der Zeit von 11,30—13,00^h und von 21,00—6,00^h.

Auch von der Möglichkeit, mit dem Doppeltarif dem Verbraucher einen Tarif mit drei Preisstufen zu gewähren, wird Gebrauch gemacht. Hierbei wird der Verbrauch zum niedrigen Tarif unterteilt in eine erste Zone, die z. B. mit 20 Rp und in eine zweite Zone, die mit 6 Rp/kWh abgerechnet wird. Die erste Zone entspricht dem Verbrauch während der Sperrstunden oder einem anderweitig festgesetzten Mindestverbrauch je Monat. Der in der Zeit des niedrigen Tarifs darüber hinausgehende Verbrauch wird zum Preis der zweiten Zone berechnet. Auf diese Weise ergibt sich eine Abart des Regelverbrauchstarifs mit Abstufung nach dem Aufwand des Abnehmers (s. auch Beispiele 66 und 67).

Von der Erfahrung ausgehend, daß namentlich im Haushalt die Stromabnahme für die verschiedenen Verwendungszwecke im wesentlichen mit bestimmten Tagesstunden zusammenfällt, wird auch vielfach der Verbrauch für die einzelnen Anwendungsgebiete (Beleuchtung, Haushaltgeräte, Küche, Wärmespeicherung) getrennt gemessen und verrechnet. Dabei ist bisweilen ein einziger Zähler für alle Verwendungszwecke im Gebrauch, bei dem die Stromspule Anzapfungen besitzt, an die die verschiedenen Verbrauchsapparate angeschlossen sind. Der von diesen Geräten aufgenommene Strom durchfließt dabei nur einen Teil der Stromspule, so daß der Zähler auch nur den entsprechenden Teil der entnommenen Arbeit anzeigt. (In Deutschland sind derartige Meßgeräte, wie auch solche mit Unterbrechung der Spannungsspule zur amtlichen Beglaubigung nicht zugelassen und können daher für die Weiterverrechnung an die Abnehmer nicht verwendet werden.) Grundgebührentarife für Haushalt, Landwirtschaft und Gewerbe sind in der Schweiz erst vereinzelt eingeführt, weil die vorherrschende Wasserkrafterzeugung weniger zu einer strengen Unterscheidung nach Leistungs- und Arbeitskosten als vielmehr nach Jahres- und Tageszeiten zwang. Durch die großen Erfolge des Grundgebührentarifs im Ausland aufmerksam gemacht, beginnt man diesem Tarif auch in der Schweiz größere Beachtung zu schenken, zumal auch er die hier oft erforderliche Abstufung nach dem Zeitpunkt des Verbrauchs gestattet.

Beispiel 68: Elektrizitätswerk der Stadt Burgdorf. Grundgebührentarif mit Abstufung der Grundgebühr nach der Wohnungsfläche und des Arbeitspreises nach dem Zeitpunkt des Verbrauchs.

Anwendungsgebiet	Grundgebühr[1] sfrs/m²	Tarifzeiten		Arbeitspreis Rp/kWh
		Monate	h	
Haushalt	0,50	Januar, Februar, Oktober, November, Dezember	7,00— 8,30 16,00—21,30	15
		Januar, Februar, Oktober, November, Dezember	8,30—12,00 13,00—16,00	10
		März, April, Mai, Juni, Juli, August, September	7,00—12,00 13,00—22,00	10
		Januar bis Dezember	alle übrigen sowie von Samstag 12,00 bis Montag 7,00	5

[1] Als Wohnungsfläche wird der Berechnung der Grundgebühr der äußere Gebäude- oder Wohnungsgrundriß einschließlich Mauer- und Wandstärke zugrunde gelegt. Dabei werden Keller, Waschküchen und nicht bewohnte Dachräume nur mit $^1/_5$ des tatsächlichen Ausmaßes eingesetzt.

Beispiel 69: **Elektrizitätswerk Baden. Zählertarif mit Abstufung nach der Größe des Verbrauchs je Anschlußstelle (Regelverbrauchstarif).**

An-wendungs-gebiet	Zahl der Anschlußstellen	Stromverbrauch kWh/Anschluß-stelle und Jahr	Preis Rp/kWh
Haushalt	die ersten 5	die ersten 30	
	die nächsten 5	die ersten 25	
	die nächsten 5	die ersten 20	35
	die nächsten 5	die ersten 15	
	die weiteren	die ersten 10	
	die ersten 15	die nächsten 20	
	die nächsten 15	die nächsten 15	20
	die weiteren	die nächsten 10	
		die weiteren 8	

Abnehmer, die Nachtstrom für Speicherzwecke verbrauchen und für den Tagstromverbrauch eine Mindestgewähr in Höhe des sich aus vorstehendem Tarif für die ersten beiden Stufen ergebenden Verbrauchs übernehmen, können über einen Doppeltarifzähler beliefert werden. Der vorstehende Tarif wird dann nur auf den Verbrauch zwischen 6,00 und 12,00^h und 13,30 und 21,00^h angewendet und die während der übrigen Stunden entnommene Arbeit nach nebenstehendem Nachtstromtarif verrechnet.

Nachtstromverbrauch kWh/Jahr	Nachtstrompreis Rp/kWh
die ersten 500	4,0
die nächsten 1000	3,5
die nächsten 1500	3,0
die weiteren	2,5

Auch bei flüchtiger Betrachtung erkennt man überall den gleichen Zweck einer derartigen Tarifgestaltung: der Lichtstrom soll mit den höchsten Preisen, der allgemeine Haushaltverbrauch mit den Mittelpreisen, der Kochstrom mit weiter ermäßigten und der Speicherstrom mit den niedrigsten Preisen berechnet werden. Das Ziel dieser Tarifpolitik kann im wesentlichen als erreicht angesehen werden. Dies ergibt sich z. B. aus dem Stromverbrauch der Haushaltungen im Jahre 1932, der auf Grund einer Erhebung bei 179 Werken, die mehr als 48% der Schweizer Bevölkerung umfassen, in der folgenden Zahlentafel 38 mit den Durchschnittsstrompreisen für die einzelnen Geräte angegeben ist.

Zahlentafel 38. Stromverbrauch verschiedener Haushaltgeräte und mittlere Strompreise hierfür bei 179 schweizerischen Elektrizitätswerken im Jahre 1932 (Bull. schweiz. elektrotechn. Ver. 1933 S. 552).

Art der Geräte	Stromverbrauch		Einnahmen		Mittlerer Strompreis Rp/kWh
	im ganzen Mill. kWh	Anteil %	im ganzen Mill. sfrs	Anteil %	
Kochherde mit mehr als 2 Platten	90,0	16,8	6,26	7,9	6,96
Heißwasserspeicher. . . .	225,0	41,9	8,66	10,9	3,85
Kleine Elektrowärmegeräte	80,0	14,9	9,50	12,0	11,90
Kleinmotoren	4,7	0,9	1,07	1,3	22,70
Lampen	137,0	25,5	54,00	67,9	39,40
Insgesamt	536,7	100,0	79,49	100,0	14,80

Ende 1932 waren bei den gleichen Werken die in Zahlentafel 39 zusammengestellten Elektrowärmegeräte angeschlossen.

Bei den Zählertarifen für gewerbliche Beleuchtung und für Kraft sind die Preise meist nach der Größe des Verbrauchs abgestuft; Zahl und Höhe der Stufen ist bei den einzelnen Werken verschieden. Die Berücksichtigung der Benutzungsdauer ist bei den Lichtstrompreisen weniger gebräuchlich als bei den Krafttarifen und wird im ganzen seltener angewendet als in Deutschland.

Zahlentafel 39. Bei 179 schweizerischen Elektrizitätswerken Ende 1932 angeschlossene Elektrowärmegeräte. (Nach Bull. schweiz. elektrotechn. Ver. 1933 S. 550/51.)

Art der Geräte	Anzahl (etwa)	Anschlußwert kW
Kochherde mit mehr als 2 Platten	75 000	339 000
Heißwasserspeicher und Futterkocher . .	117 000	167 000
Bäckereiöfen	724	17 000

Eine bei den Krafttarifen nicht seltene Ermäßigung wird im Gegensatz zur deutschen Gewohnheit auf die Höhe des Anschlußwertes bezogen, wohl in Anlehnung an diese viel gebräuchliche Abstufung beim Pauschaltarif, wie das folgende Beispiel zeigt, das gleichzeitig eine Abstufung nach der Höhe des Verbrauchs und nach der Jahreszeit (Winter und Sommer) aufweist:

Beispiel 70: Schwyz. Zählertarif mit Abstufung nach Anschlußwert, Größe und Zeitpunkt des Verbrauchs (Kraft).

Stromverbrauch je Quartal	Motorleistung in kW															
	1		1,5		2		3		5		10		20		30	
	So.	Wi.	So.	Wi.	So.	Wi.	So.	Wi.	So.	Wi.	So.	Wi.	So.	Wi.	So.	Wi.
kWh	Rappen/kWh															
50	11,9	19,8	11,9	19,8												
100	10,9	18,2	11,6	19,1	11,9	19,8										
150	10,3	17,2	10,9	18,2	11,2	18,7	11,9	19,8								
200	9,8	16,3	10,5	17,5	10,9	18,1	11,4	19,0	11,9	19,8						
300	8,9	14,8	9,8	16‘2	10,2	17,0	10,8	18,0	11,4	18,0						
500	7,6	12,7	8,6	14,4	9,2	15,3	10,0	16,6	10,6	17,8	11,9	19,8				
800	6,6	11,0	7,5	12,5	8,1	13,5	9,1	15,0	10,0	16,6	10,9	18,0	11,9	19,8		
1000	6,2	10,3	6,9	11,6	7,5	12,6	8,5	14,3	9,5	15,9	10,5	17,5	11,0	18,4	11,9	19,8
2000					6,2	10,3	6,8	11,4	8,0	13,4	9,4	15,6	10,1	16,8	10,3	17,2
3000							6,1	10,2	7,0	11,7	8,5	14,2	9,4	15,8	9,8	16,3
5000									6,1	10,1	7,4	12,2	8,5	14,3	9,1	15,1
10000											6,0	9,9	7,0	11,8	7,6	13,0
20000															6,2	10,4

Bei Betrieb lediglich außerhalb der Sperrzeiten 20% Rabatt im Winterhalbjahr (Oktober bis März).

Sperrzeiten.

Januar und Dezember	Februar	März	April	Mai bis Juli
6,00— 8,30 16,00—22,00	6,00— 8,00 16,30—22,00	6,00— 7,30 17,00—22,00	6,00— 7,00 18,00—22,00	— 20,00—22,00

August	September	Oktober	November
— 19,00—22,00	6,00— 7,00 18,00—22,00	6,00— 7,30 17,30—22,00	6,00— 8,00 16,00—22,00

Bemerkenswert ist, daß die schweizerischen Tarife bisher fast überall eine Mindestgewähr vorsehen; seit einiger Zeit hat man jedoch namentlich bei den Lichttarifen in größeren Städten weitgehend darauf verzichtet. Die Formen für die Erhebung der Mindestgewähr sind verschieden; während bei dem Krafttarif meist eine feste Summe in Franken je kW oder in Prozent der wahlweise angewendeten Pauschalpreise festgesetzt wird, erhebt man beim Lichttarif und bei den Haushaltungstarifen entweder einen Mindestbetrag je Anlage oder je Lampe oder auch je kW Anschlußwert. Die Garantiesumme wird häufig mit steigender Anschlußgröße je Einheit ermäßigt.

3. Österreich (*11*).

Die österreichischen Elektrizitätswerke sind bei der Tarifgestaltung in den letzten Jahren im wesentlichen der in Deutschland eingeschlagenen Richtung gefolgt, wobei gewisse Abweichungen in den verschiedenen wirtschaftlichen Verhältnissen und der vorherrschenden Wasserkrafterzeugung in Österreich ihre Begründung finden. Übereinstimmend wird der Grundgebührentarif, der für Großabnehmer fast ausschließlich angewendet wird, auch für Kleinabnehmer, besonders für Wohnungen, als geeignete Tarifform anerkannt. Der vom Verband der österreichischen Elektrizitätswerke herausgegebene „Ratgeber für Elektrizitätstarife" empfiehlt unter anderem besonders folgende Kleinabnehmertarife [(*11*) S. 62f.)].

Beispiel 71: **Grundgebührentarif mit Abstufung der Grundgbühr nach der Zimmerzahl (Normaltarif).**

Anwendungsgebiet	Zimmerzahl	Grundgebühr S/Monat	Arbeitspreis g/kWh
Haushalt ohne elektrische Küche	1	1,5—3	
	2	2—5	
	3	3—6	30—20
	4	4—7	
	5	5—8	
	jedes weitere Wohnzimmer	0,50	

Beispiel 72: Grundgebührentarif mit Abstufung der Grundgebühr nach der Zimmerzahl (Wahltarif).

Anwendungs-gebiet	Zimmerzahl	Grund-gebühr S/Monat	Arbeits-preis g/kWh
Haushalt	1	3— 5	
mit elektrischer	2	4,5— 6,5	
Küche	3	6— 8	
	4	7,5— 9,5	15—12
	5	9—11	
jedes weitere Wohnzimmer		1,25— 1,50	

Küchen und Nebenräume zählen nicht als Zimmer.

Beispiel 73: Grundgebührentarif mit Abstufung der Grundgebühr nach dem Anschlußwert.

Anwendungsgebiet	Anschlußwert kW	Grundgebühr S/Monat	Arbeitspreis g/kWh
Kleingewerbe:			
Licht	die ersten 0,1	3 —4	
	je weitere 0,01	0,2—0,3	15—12
Kraft	das erste	5 —7	
	jedes weitere	3 —5	

Jede Lampe wird mit 40 W, die Nennleistung des größten Motors mit 100%, die der übrigen mit 50% berechnet.

Beispiel 74: Grundgebührentarif mit Abstufung der Grundgebühr nach der bewirtschafteten Grundfläche.

Anwendungsgebiet	Grundfläche[1] ha	Grundgebühr[2] S/ha/Monat	Arbeitspreis[2] g/kWh
Landwirtschaft	die ersten 5	2 —2,5	
	die nächsten 10—20	1,0—1,5	15—12
	die weiteren	0,5—0,6	

[1] Wiesen und Äcker, ohne Wald, Almen und unproduktive Flächen.

[2] Die Preise haben zur Voraussetzung, daß die Kosten der Ortsnetze durch Baukostenbeiträge der Abnehmer gedeckt werden.

Der allgemeinen Einführung solcher Tarife stellen sich jedoch noch vielfach Hindernisse in den Weg, die zum großen Teil in der Notlage weiter Bevölkerungskreise ihren Ursprung haben.

Über die Anwendung der einzelnen Tarife in den verschiedenen Landesteilen werden a. a. O. (*11*, S. 79) genauere Angaben gemacht. Daraus geht hervor, daß für den Haushalt in Niederösterreich Zählertarife, in Salzburg Regelverbrauchstarife und in Steiermark und Tirol Raumtarife, d. s. Grundgebührentarife nach Zimmerzahl, üblich sind.

Haushaltstarife mit Berücksichtigung der elektrischen Küche und der Heißwasserbereitung sind bei fast allen österreichischen Werken vorgesehen, für die elektrische Küche sind Strompreise von 15—10, meist von 12 g/kWh und für Heißwasserspeicher halb so hohe in Anwendung. Beim Gewerbe ist der Grundgebührentarif vorherrschend, wobei als Bezugsgröße meist der Anschlußwert, bei größeren Betrieben der Höchstbedarf herangezogen wird. Vielfach werden daneben auch Zählertarife mit der Abstufung nach dem Zeitpunkt des Verbrauchs angewendet. Für landwirtschaftliche Zwecke werden Haushaltstarife in Verbindung mit gewerblichen Tarifen verwendet, bei den landwirtschaftlichen Kleinabnehmern im ganzen Alpengebiete sind Pauschaltarife bevorzugt.

Bei Zählertarifen beträgt der Lichtstrompreis im Durchschnitt etwa 65 g/kWh, beim Regelverbrauchstarif beträgt der niedrige Preis 20 g/kWh bis zu 10 g herab in der Sommerzeit.

4. Ungarn.

Die Stromversorgung Ungarns in seiner heutigen Gestalt läßt, außer in der Hauptstadt, erst in den letzten Jahren eine neuzeitliche Entwicklung erkennen. Die Absatzverhältnisse sind nicht besonders günstig. Abgesehen von wenigen Industriemittelpunkten mit eigener Versorgung, betreibt der überwiegende Teil der Bevölkerung Landwirtschaft, deren wirtschaftliche Lage und Eigenart einer großzügigen Elektrizitätsversorgung bisher nicht förderlich war. Dies hängt auch damit zusammen, daß die Bevölkerungsdichte gering ist, und daß daher umfangreiche und teure Verteilungsnetze notwendig sind, die die Anwendung billiger Strompreise nur allmählich gestatten. Infolge dieser Umstände kann man zur Zeit in Ungarn von einer zielbewußten Tarifpolitik nicht sprechen. Meist werden einfache Zählertarife, für Kleinverbraucher Pauschaltarife verwendet. Die Preise bewegen sich beim Zählertarif zwischen 0,5 und 1,2 Pg/kWh für Beleuchtung und zwischen 0,27 und 0,80 Pg/kWh für Kraft, beim Pauschaltarif zwischen 5,60 und 1,45 Pg je 25 W-Lampe und Monat. In neuerer Zeit sucht man die Ausbreitung von Haushaltstrom zu fördern unter Verwendung von Regelverbrauchstarifen, bei denen der auf statistischer Grundlage erfaßte Stromverbrauch des Abnehmers mit dem Lichtpreis, die weitere Abnahme mit bedeutend ermäßigten Preisen zwischen 0,12 und 0,5 Pg/kWh berechnet wird. Die Strompreise für industrielle Zwecke werden von Fall zu Fall durch Verträge geregelt, die vielfach neuzeitlichen Forderungen Rechnung tragen.

In der Hauptstadt Budapest sind folgende Tarife in Anwendung:

I. Ein allgemeiner Zählertarif mit einem festen Preis je Kilowattstunde für Licht und für Kraft.

II. Ein Grundgebührentarif für Haushaltungen, bei dem die Grundgebühr von dem Anschlußwert abhängig ist und je Einheit (100 Watt) mit der Größe der Installation ansteigt.

III. Ein Zählertarif mit Abstufung nach der Größe des Verbrauchs für kleinere und mittlere Lichtabnehmer.

IV. Ein Zählertarif mit Abstufung nach der Höhe des Anschlußwertes und der Größe des Verbrauchs für große Lichtabnehmer. Auch hier steigen die Einheitspreise je kWh mit dem Anschlußwert.

V. Ein Zählertarif für Reklamebeleuchtung mit Abstufung nach der Benutzungsdauer und der Jahreszeit.

VI. Ein Zählerarif für Kaffeehäuser mit Abstufung nach dem Anschlußwert und der Größe des Verbrauchs.

VII. Ein Grundgebührentarif für Kraft, bei dem die Grundgebühr nach dem Höchstbedarf berechnet und der Arbeitspreis nach dem Höchstbedarf und nach der Benutzungsdauer abgestuft wird.

VIII. Ein einfacher Zählertarif für Kochstrom.

Ferner noch Sondertarife für elektrische Geräte und Klingeln, sowie für Heißwasserspeicher und sonstigen Nachtstromverbrauch.

5. Tschechoslowakei (*360, 361*).

Die eigene Elektrizitätswirtschaft der Tschechoslowakei beginnt erst nach dem Kriege. Die ersten Jahre der Nachkriegsentwicklung sind ausgefüllt durch den Streit über die äußere Gestaltung der Elektrizitätswirtschaft, hauptsächlich über die Frage, ob die Elektrizitätsversorgung der Privathand, den Gemeinden oder dem Staat überlassen werden sollte. Die Gesetzgebung hat diese Frage im Sinne einer überwiegend staatlichen Beeinflussung gelöst. Erst nach dieser Entscheidung konnte mit Erfolg die Ausbreitung der Elektrizitätsversorgung betrieben werden. Da erfahrungsgemäß eine gründliche Behandlung von Tariffragen erst dann einsetzt, wenn die Ausbreitung der Elektrizitätsversorgung einen gewissen Grad erreicht hat und die Frage der Unternehmerform entschieden ist, ist es verständlich, daß in der Tschechoslowakei die Erörterung der Tarifprobleme verhältnismäßig jungen Datums ist, und daß man erst seit einigen Jahren beginnt, sich die auf diesem Gebiet in anderen Ländern gesammelten Erfahrungen zunutze zu machen. So kommt es, daß bei den **tschechoslowakischen Elektrizitätswerken** noch vorwiegend der Zählertarif im Gebrauch ist. Die Bedeutung des Grundgebührentarifs ist wiederholt auf den Tagungen der dortigen Fachverbände erörtert und anerkannt worden; bei vielen Werken sind Vorbereitungen zu seiner Einführung im Gange, bei wenigen ist er bereits heute in Anwendung.

Die Zählertarife sind, besonders für Kraftabnehmer, durch Abstufungen nach der Benutzungsdauer oder der Größe des Verbrauchs den Absatzverhältnissen weitgehend angepaßt. Verbreitet sind auch Mehrfachzeittarife und Sperrstundentarife, die außerhalb der Spitzenstunden erhebliche Preisnachlässe gewähren. Für kleine Lichtabnehmer sind noch Pauschaltarife gebräuchlich. Ausgesprochene Haushaltstarife werden noch selten verwendet; meist werden für diese Zwecke die normalen Kraftstrompreise eingeräumt; vereinzelt sind Grundgebühren- und Doppeltarife im Gebrauch. Außerdem sind Sondertarife für Straßen- beleuchtung, öffentliche Gebäude, Bahnhöfe, Schulen, Kirchen, Hotels, Gastwirtschaften, Kinos, Schaufenster usw. eingeführt.

Die Lichtstrompreise liegen bei den Zählertarifen im allgemeinen zwischen 3 und 4 Kč/kWh und bei den Pauschaltarifen ungefähr zwischen 90 und 150 Kč/Jahr für eine 25 W-Lampe. Die Kraftstrom- preise bewegen sich um etwa 2 Kč/kWh, wobei Abstufun- gen nach der Benutzungs- dauer und nach der Zeit der Stromentnahme (Mehrfach- tarife) zum Teil erhebliche Preisnachlässe gewähren.

Beispiel 75: Nordböhmische Elektrizitätswerke A. G. Bodenbach. Zählertarif mit Abstufung nach der Benutzungsdauer.

An- wendungs- gebiet	Benutzungsdauer des Anschlußwertes h/Jahr	Strompreis Kč/kWh
Kraft	die ersten 300 die nächsten 300 die weiteren	2,40 1,40 0,70

Beispiel 76: Nordböhmische Elektrizitätswerke A. G. Bodenbach. Zählertarif mit Abstufung nach dem Zeitpunkt des Verbrauchs und der Benutzungsdauer (Drei- fachtarif).

An- wendungs- gebiet	Spitzenstrom Preis Kč/kWh	Tagesstrom		Nachtstrom Preis Kč/kWh
		Benutzungsdauer des Anschlußwertes h/Jahr	Preis Kč/kWh	
Kraft	4,50	die ersten 600 die weiteren	1,30 0,60	0,50

Diese Abstufungen werden bei manchen Werken auch noch von dem Anschlußwert derart abhängig gemacht, daß die Preisnachlässe mit steigendem Anschlußwert zunehmen. Bisweilen wird außerdem die Zeit der Stromentnahme berücksichtigt.

Beispiel 77: Städtisches Elektrizitätswerk und Überlandzentrale Gablonz a. N. Zählertarif mit Abstufung nach Leistung, Benutzungsdauer und Zeitpunkt des Verbrauchs.

An- wendungs- gebiet	Anschlußwert kW	Strompreise abgestuft nach der Benutzungsdauer Kč/kWh	
		von	bis
Kraft	0—10 10—20 20—30 30 und darüber	2,20 2,20 2,20 2,20	1,00 0,90 0,80 0,70

Für Nachtstrom zwischen 19 und 6 Uhr wird 40% Nachlaß gewährt.

Mit Großabnehmern werden im allgemeinen Sonderabkommen getroffen, wobei keine bestimmten Tarifformen bevorzugt werden. Meist sind Wirtschaftsklauseln entsprechend einem Regierungsbeschluß vom 23. September 1918 vorgesehen, dagegen wird der Blindstrom selten berücksichtigt (*16*, Bericht XII/1, 1930).

6. Polen (*358, 359*).

Polen wurde durch den Weltkrieg wieder zu einem selbständigen Staate, der sich aus ehemaligen Teilen Deutschlands, Österreichs und Rußlands zusammensetzt. Wie auf politischem Gebiet mußte auch in wirtschaftlicher Hinsicht aus diesen Teilen eine Einheit geschaffen werden. Um dieses Ziel für die Elektrizitätsversorgung zu erreichen, wurde am 22. März 1922 ein umfassendes Elektrizitätsgesetz (*19*, Bd. III, S. 247) erlassen, das in vielen Punkten sehr fortschrittlich ist und alle Einzelheiten von der Konzessionsvergebung bis zur Bestimmung der Strompreise regelt. Die Strompreise, deren Vereinheitlichung dieses Gesetz anstrebt, wurden zunächst in Goldgroschen, seit 1927 in stabilisierten Zloty (1 Zloty = 0,58 sfrs) festgesetzt. Die in den Lastenheften vorgesehenen Höchstpreise unterliegen einer Änderung von 0,25% für je 1% Änderung der Kohlenpreise oder Arbeitslöhne und von 0,4% für je 1% Änderung des Goldwertes. Besonders die letztgenannte Bestimmung ist von grundsätzlicher Bedeutung, da die Frage der Strompreisänderungen bei Kursabweichungen in Ländern mit schwankender Währung für die Elektrizitätswerke wegen ihrer starken Abhängigkeit vom Kapitaldienst besonders wichtig, in den meisten Ländern jedoch noch nicht eindeutig geregelt ist. Abgesehen von diesem selbsttätigen Gleiten der Preise ist von 1935 ab alle 5 Jahre eine allgemeine Nachprüfung der Tarife unter Berücksichtigung etwaiger Änderungen der wirtschaftlichen Bedingungen möglich.

Die Elektrizitätswirtschaft Polens ist in einzelnen Landesteilen noch sehr wenig entwickelt (*359*). Am weitesten zurück sind die östlichen, rein landwirtschaftlichen Gebiete, die einen Stromverbrauch von weniger als 2 kWh/Kopf der Bevölkerung aufweisen. Dann kommt weiter westlich ein Gebietsstreifen mit 2—20 kWh/Kopf und Jahr, der von Lemberg bis Wilna reicht. Ein drittes Gebiet umfaßt die stärker industrialisierten Wojwodschaften im westlichen Teil des Landes, deren Verbrauch zwischen 20 und 100 kWh/Kopf und Jahr liegt. In weitem Abstande folgt Schlesien, das infolge dichter Bevölkerung und sehr entwickelter Industrie fast 1000 kWh/Kopf und Jahr verbraucht. Im Mittel betrug der Verbrauch nur 61,3 kWh/Kopf[1].

Die in den Lastenheften vorgesehenen Zählertarife für Kleinabnehmer sind, trotz der Abstufung nach der Benutzungsdauer für Haushaltungen

---

[1] Die hier angeführten Zahlen beziehen sich auf das Jahr 1925; sie haben sich infolge der Wirtschaftskrise bis zum Jahre 1934 nicht wesentlich verändert.

wenig geeignet. Die Elektrizitätswerke haben zwar das Recht, hierfür andere Tarife einzuführen, doch wird dieses Recht durch die Bestimmung unwirksam gemacht, daß die sich aus diesen Sondertarifen ergebenden Strompreise in keinem Falle höher sein dürfen, als die vorgesehenen Zählertarife unter Berücksichtigung aller Nachlässe.

Die Höchstpreise für Beleuchtung betragen zwischen 0,75 und 1,00 Zl/kWh, in Ausnahmefällen noch weniger. Für Kraft sind bei Niederspannung Preise von 0,32—0,50 Zl/kWh und bei Hochspannung von 0,25—0,40 Zl/kWh gebräuchlich. Auf diese Preise werden abhängig von der Benutzungsdauer des Anschlußwertes Nachlässe bis 90% eingeräumt. Weiter wird in die Lastenhefte meist eine Blindstromklausel aufgenommen, nach der sich der Strompreis um höchstens 1% erhöht für je ein Hundertstel Verschlechterung des $\cos\varphi$ unter 0,7, in manchen Fällen unter 0,8.

Die Überlandwerke wenden für Großabnehmer vielfach Zählertarife mit Abstufungen der Preise nach der Größe des Gesamtverbrauchs und der Benutzungsdauer an. Z. B. ermäßigt sich in einem Falle der Preis von 0,25 Zl/kWh bei Verbrauchszahlen zwischen 5 und 15 Millionen kWh/Jahr um 4—30%. Hierzu kommen noch Benutzungsdauerrabatte, so daß sich bei mehr als 15 Millionen kWh/Jahr und einer Benutzungsdauer von 2000 h/Jahr ein Preis von 0,1378 Zl/kWh ergibt. Für höhere Benutzungsdauern wird der Preis nach einem Tarif mit einem Leistungspreis von 8,25 sfrs/kW und Monat und einem Arbeitspreis von 3 scts/kWh bestimmt.

7. Dänemark *(362—365)*.

Die Elektrizitätsversorgung Dänemarks befindet sich sowohl bezüglich der Stromerzeugung als auch der Absatzverhältnisse nicht in der gleich günstigen Lage wie die seiner Nachbarstaaten. Das Land verfügt nur über geringe Kohlenvorkommen und Wasserkräfte, so daß die Kraftwerke fast ausschließlich auf eingeführte Brennstoffe angewiesen sind. Eine beträchtliche Menge elektrischer Arbeit wird auch von schwedischen Kraftwerken bezogen. Auf der anderen Seite ist Dänemark vorwiegend Agrarstaat, Industrie ist nur wenig vorhanden und die größeren Betriebe haben vielfach noch eigene Anlagen. Die Werke sind daher, abgesehen von der Hauptstadt Kopenhagen und einigen wenigen anderen Städten, hauptsächlich auf den Absatz an die landwirtschaftlichen Kleinabnehmer angewiesen. Auch in Kopenhagen wird der größte Teil des Stromes an kleine Niederspannungsabnehmer abgegeben. Unter diesen Umständen ergibt sich, bei einer Gesamterzeugung der öffentlichen Werke von etwa 432 Millionen kWh (1932/33), von denen rund 194 Millionen kWh auf Kopenhagen entfallen, nur eine mittlere Ausnutzung der vorhandenen Maschinenleistung der Kraftwerke (486000 PS) von etwa 1200 h im Jahr. Auch der Verbrauch, bezogen auf die Bevölkerungszahl ist entsprechend niedrig. In Kopenhagen betrug er im Jahre 1932/33 etwa 240 kWh/Kopf, im übrigen Lande, ausschließlich der Eigenerzeugungsanlagen der Industrie, nur wenig über 50 kWh/Kopf, einschließlich dieser etwa 107 kWh/Kopf und Jahr. Hierzu kommt noch, daß die Stromerzeugung in viele kleine und kleinste Kraftwerke zersplittert ist, da man erst vor wenigen Jahren mit einer systematischen Planung der Landesversorgung begonnen hat. Es ist auch zu bedenken, daß es nur zwei Städte mit über 100000 Einwohnern gibt und die landwirtschaftlichen Gebiete größtenteils dünn besiedelt sind, wodurch sich die Zersplitterung der Stromerzeugung erklärt. Die städtischen und Überlandwerke befinden sich überwiegend in Gemeindebesitz, die ländlichen Werke hauptsächlich im Besitz von Genossenschaften. Die Stromversorgung der Landbevölkerung erfolgt größtenteils durch „Transformatorenvereinigungen", die die Umspann- und Netzanlagen auf eigene Kosten errichten, den Strom hochspannungsseitig einkaufen und ihn an die Abnehmer weiterverteilen.

Beispiel 78: **Aarhus Kommunale Elektricitetsverk.**
a) Zählertarif mit Abstufung nach der Größe des Verbrauchs.

Anwendungs-gebiet	Preis øre/kWh	Stromverbrauch kWh/Jahr	Rabatt %
Allgemeine Beleuchtung	33	0— 5000	0
		5000— 7500	5
		7000— 10000	10
		.	.
		.	.
		.	.
		30000— 50000	35
		50000 und darüber	40
Kraft	18	0— 5000	0
		5000— 10000	5
		10000— 20000	10
		.	.
		.	.
		.	.
		150000—225000	40
		225000 und darüber	45

b) Regelverbrauchstarif mit Abstufung nach der Jahreszeit.

Anwendungs-gebiet	Regelverbrauch kWh/Zimmer	Preis øre/kWh
Wohnungen	1. Vierteljahr 15 2. Vierteljahr 5 3. Vierteljahr 5 4. Vierteljahr 15	Regelverbrauch 33 darüber 12

Sowohl für Licht- wie für Kraftstrom wurden bis in die letzten Jahre vorwiegend Zählertarife angewendet. Die Preise liegen für Licht meist zwischen 30 und 50 øre/kWh und für Kraft zwischen 15 und 25 øre/kWh.

Neben den Arbeitspreisen werden vielfach jährliche feste „Abgaben" erhoben, die nach der Fläche des landwirtschaftlichen Besitzes, seinem Ertrage, seinem Steuerwert (vgl. England), dem Anschlußwert der Motoren, der Zahl der Brennstellen oder mehrerer dieser Größen gleichzeitig bemessen werden. Diese „Abgaben" entsprechen in ihrer Form den Grundgebühren in anderen Ländern, doch können sie nach ihrer Höhe und im Hinblick darauf, daß die Arbeitspreise fast so hoch wie beim normalen Zählertarif bemessen sind, eher als eine Mindestgewähr angesprochen werden. Die Kraftstrompreise sind meist, die Lichtstrompreise häufig nach der Größe des Verbrauchs oder der Benutzungsdauer abgestuft, wobei Zonentarife, Rabattstaffeln und andere Formen der Abstufung gebräuchlich sind.

Beispiel 79: Nordvestjaellands Elektricitetsverk. Zählertarife mit Abstufung nach der Größe des Verbrauchs (Regelverbrauch) mit festen jährlichen „Abgaben".

| Anwendungsgebiet | Feste Abgabe Kr/Brennstelle und Jahr | Zahl der Brennstellen | Stromverbrauch | | Preis |
			1. und 2. Zone je kWh/Jahr	3. Zone kWh/Jahr	øre/kWh
Beleuchtung und Haushalt	2,—	1 2 . . 19 20 jede weitere	6 12 . . 97 100 4	die weiteren	1. Zone: 50 2. Zone: 15
Landgüter	2,—	beliebig	50 + 3 je 1000 Kr Grundwert		3. Zone: 10

| Anwendungsgebiet | Motorleistung PS | Feste Abgabe | | Stromverbrauch | | Preis |
		Kr/PS und Jahr	Kr/1000 Kr Grundwert	1. und 2. Zone je kWh/Jahr	3. Zone kWh/Jahr	øre/kW
Kraft für Landwirtschaft	bis 5 5—10 über 10	4,— 6,— 8,—	2,—	15 je 1000 Kr Grundwert	die weiteren	1. Zone: 23 2. Zone: 13
Handwerk und Industrie	bis 5 5—10 über 10	8,— 12,— 16,—		75/PS		3. Zone: 10

Nunmehr beginnt man, auch Grundgebührentarife einzuführen, bei denen die feste jährliche Abgabe höher und der Arbeitspreis niedriger ist als bei den gewöhnlichen Tarifen. Bei Haushaltungen wird hierbei für die Bemessung der Grundgebühr vielfach die Wohnungsfläche zugrunde gelegt (vgl. Niederlande) oder die Zimmerzahl, die Zahl der Brennstellen usw. Verbreitet sind Sondertarife für Läden, Gastwirtschaften, Hotels, Reklamebeleuchtung, Kochen, Wärmespeicherung usw., wobei entweder einfache Zählertarife oder auch Doppeltarife zur Anwendung kommen. Für Haushaltzwecke werden Preise von etwa 10 øre/kWh, für Wärmespeicherung etwa 6 øre/kWh berechnet.

8. Schweden (*366—369, 410, 423—436*).

Von besonderer Bedeutung für die Entwicklung der Elektrizitätswirtschaft Schwedens ist der große Reichtum an Wasserkräften; übertrifft doch dieses Land nächst Norwegen in der Höhe der Wasserkraftleistung alle anderen Staaten Europas. Der gesamte Arbeitsinhalt der vorhandenen Wasserkräfte wird auf 100 Milliarden kWh/Jahr geschätzt, wovon $^1/_3$ ausbauwürdig ist, jedoch vorerst nur etwa 5% ausgenützt werden. An dem Ausbau der öffentlichen Stromerzeugungsanlagen ist der Staat in erster Linie beteiligt. Im Jahre 1933 wurde etwa $^1/_3$ der gesamten elektrischen Arbeit von staatlichen Kraftwerken erzeugt. Etwa 40% verwendeten private Industriekraftwerke für eigenen Bedarf. In die restliche Erzeugung teilten sich kommunale und private Werke. Der Staat hat somit etwa die Hälfte der öffentlichen Versorgung übernommen. Die Industrie hat sich in den letzten Jahrzehnten zum wichtigsten Wirtschaftszweig neben der Landwirtschaft entwickelt. Das Land ist reich an Holz und Erzen; für die Gewinnung und Verarbeitung dieser Naturschätze wird ein erheblicher Teil der elektrischen Arbeit verbraucht. Der gesamte Bedarf Schwedens wird zu 94% durch Wasserkraft gedeckt und nur etwa 6% durch Wärmekraftanlagen, die zur Deckung des Spitzenbedarfs und als Aushilfe für die Zeiten niedrigen Wasserstandes dienen. Sehr förderlich für die Entwicklung ist die ausgedehnte Zusammenarbeit zwischen staatlichen und privaten Werken, die sich besonders in Süd- und Mittelschweden auswirkt.

Die Stromerzeugung Schwedens bezogen auf die Einwohnerzahl wird in Europa nur von Norwegen und der Schweiz übertroffen. Sie betrug im Jahre 1932 etwa 800 kWh/Kopf. Auf die einzelnen Abnehmergruppen verteilt sich der Verbrauch etwa folgendermaßen:

Zahlentafel 40. Verteilung des Stromverbrauchs in Schweden.

Abnehmergruppe	Stromverbrauch %
Elektrothermische und elektrochemische Industrie nebst Dampferzeugung	22
Sägewerke, Papier- und Zellulosefabriken und sonstige Großindustrie	58
Elektrische Voll- und Straßenbahnen	5
Stromverbrauch für sonstige Zwecke in Stadt und Land	15
Insgesamt	100

Wie in allen Ländern mit gut entwickelter Elektrizitätswirtschaft, wird auch in Schweden der Versorgung der Haushaltungen besonderes Interesse zugewendet. In manchen Städten sind 95% aller Wohnungen angeschlossen, die dort, wo keine Gasversorgung vorhanden ist, zum größten Teil zur elektrischen Küche übergegangen sind. Für Haushaltungen sind vorwiegend Grundgebührentarife gebräuchlich, bei denen die Grundgebühr nach der Zahl der Zimmer oder, wie meist für Wärmespeichergeräte, nach dem Leistungsbedarf bemessen wird. Die Arbeitspreise sind im Winter oft höher als im Sommer; wo Gleich- und Wechselstrom geliefert wird, ist Gleichstrom meist teurer.

Vielfach wird auch bei diesen Tarifen, abweichend vom Gebrauch in Deutschland und den meisten anderen Ländern, eine besondere Zähler- oder Abnehmergebühr erhoben, wodurch der Grundgebührentarif zu einem Dreitaxentarif (Doherty-Tarif) wird.

Beispiel 80: Filipstad. Grundgebührentarif mit Abstufung der Grundgebühr nach der Zimmerzahl und des Arbeitspreises nach der Jahreszeit.

An- wendungs- gebiet	Grund- gebühr Kr/Zimmer u. Jahr	Arbeitspreis	
		Winter øre/kWh	Sommer øre/kWh
Haushalt	14,—	9	6

Beispiel 81: Halmstad. Dreitaxentarif mit Abstufung der Grundgebühr nach der Zimmerzahl und des Arbeitspreises nach der Stromart.

An- wendungs- gebiet	Grundgebühr[1] Kr/Zimmer u. Jahr	Abnehmergebühr Kr/Jahr	Arbeitspreis	
			Gleichstrom øre/kWh	Wechselstrom øre/kWh
Haushalt	12,50	4,—	8	6

[1] Mindestens 16,— Kr/Jahr. — Die Küche wird nicht als Zimmer gerechnet.

Für Haushaltungen wird vielfach neben der Grundgebühr (z. B. nach Bodenfläche) noch ein Leistungspreis für die abonnierte Leistung berechnet.

Beispiel 82: Stockholm. Dreitaxentarif mit Abstufung der Grundgebühr nach der Bodenfläche, des Leistungs- und Arbeitspreises nach der Leistungsbeanspruchung.

An- wendungs- gebiet	Boden- fläche m²	Grund- gebühr Kr/Jahr	Leistungs- preis[1] Kr/kW u. Jahr	Arbeitspreis[2]	
				unterhalb	oberhalb
				der abonnierten Leistung	
				øre/kWh	øre/kWh
Haushalt	0—25 25—45 45—65 65—85 usw.	9,— 12,— 15,— 18,— usw.	100,—	4 3 in Gebieten ohne Gas	12

[1] Bezogen auf die abonnierte Leistung.

[2] Mindestens für den einer Benutzungsdauer der abonnierten Leistung von 4000 h/Jahr entsprechenden Verbrauch zu bezahlen.

Derartige Tarife erfordern Einrichtungen, die den Verbrauch bei Überschreitung der abonnierten Leistung, der mit einem wesentlich höheren Preise berechnet wird (s. Beispiel 12, S. 150) besonders anzeigen (Überverbrauchszähler).

Neben diesen Tarifen findet man für den Haushalt auch Regelverbrauchs-, Doppel- und einfache Zählertarife mit und ohne Abstufung und für ganz kleine Abnehmer vereinzelt noch Pauschaltarife.

Beispiel 83: Djursholm. Regelverbrauchtarif mit Abstufung nach der Zimmerzahl und Jahreszeit.

| An-wendungs-gebiet | Stromverbrauch | | Preis | Abnehmer-gebühr |
	Winter kWh/Zimmer u. Vierteljahr	Sommer kWh/Zimmer u. Vierteljahr	øre/kWh	Kr/Jahr
Haushalt	die ersten 10 die nächsten 40 die weiteren	die ersten 5 die nächsten 20 die weiteren	35 7 5	4,—

Für Kraftstrom werden vorwiegend Leistungspreistarife mit oder ohne Abstufung nach der Leistungsbeanspruchung und nach dem Stromverbrauch verwendet. Bemerkenswert ist der Industrienormaltarif der kgl. Wasserfalldirektion, der ebenfalls Leistungs-, Arbeits- und Abnehmergebühr und zahlreiche Abstufungen nach der Leistungsbeanspruchung, der Anschlußspannung und eine besondere Vergünstigung für sehr hohe Benutzungsdauer enthält.

Beispiel 84: Normaler Industrietarif der kgl. Wasserfalldirektion. Dreitaxentarif mit Abstufung der Abnehmergebühr und des Leistungspreises nach der Leistungsbeanspruchung und der Übergabestelle und des Arbeitspreises nach der Benutzungsdauer.

Abonnierte Leistung	Abnehmergebühr				Leistungspreis				Arbeitspreis	
	a	b	c	d	a	b	c	d	bis	über
									4000 h/Jahr	
kW	Kr/Jahr				Kr/kW u. Jahr				øre/kWh	øre/kWh
0— 50	1000	1000	1000	1000	80	90	80	80	2	1
50— 100	2000	2000	2000	2000	60	70	60	70		
100— 200	3000	4000	2000	2000	50	50	60	70		
200— 500	3000	4000	2000	3000	50	50	60	65		
500—2000	3000	4000	4500	5500	50	50	55	60		
2000—4000	3000	4000	14500	—	50	50	50	—		

a) Bei Abnahme aus den Hauptumspannwerken   mit 10000—40000 V
b) „   „   „   „   „   „ 1500— 6000 V
c) „   „   „   „ Hochspannungsleitungen „ 10000—40000 V
d) „   „   „   „ Ortsumspanner   „ 1500— 6000 V

Der Tarif enthält ferner eine Leistungsfaktor- und Kohlenklausel; er gilt nur bei einer Vertragsdauer von 10 Jahren; bei einer Vertragsdauer von 5 Jahren erhöhen sich Abnehmergebühr und Leistungspreis um 10%.

In der Landwirtschaft werden vorwiegend Grundgebührentarife verwendet, bei denen die bewirtschaftete Bodenfläche als Maßstab dient.

Beispiel 85: **Norrköpings Kommunales Affärsverk. Dreitaxentarif mit Abstufung der Grundgebühr und des Arbeitspreises nach der Bodenfläche.**

Anwendungs-gebiet	Grundgebühr Kr/ha u. Jahr	Stromverbrauch kWh/ha u. Jahr	Arbeitspreis øre/kWh	Abnehmer-gebühr Kr/Jahr
Landwirtschaft	4,—	die ersten 40 die weiteren	8 6	15,— innerhalb 25,— außerhalb der Stadt

Die Energie wird niederspannungsseitig gemessen; für die Umspannverluste werden 30 øre je W Transformatorenleistung und Jahr berechnet. Die Grundgebühr ist für mindestens 10 ha zu entrichten.

Ein großer Teil der landwirtschaftlichen Abnehmer Schwedens wird aus den Anlagen der kgl. Wasserfalldirektion versorgt. Die Tarife lehnen sich daher meist an die Preisstellung an, die von der Wasserfalldirektion für den Stromverkauf an die landwirtschaftlichen Wiederverkäufer festgesetzt ist. Sie besteht in der Erhebung einer Grundgebühr nach Maßgabe der sog. Tarifeinheiten, einer Leistungsgebühr, die pauschal nach der in Anspruch genommenen Leistung berechnet wird und einem Arbeitspreis für den Überverbrauch. Die Tarifeinheiten werden im wesentlichen nach der Aufnahmefähigkeit für elektrische Arbeit, vor allem nach dem zu versorgenden Grundbesitz bestimmt, z. B. wird jeder ha unter dem Pflug mit einer Tarifeinheit, jedes Wohngebäude mit einem Grundbetrag von 2 und einem Zuschlag von je 1 bzw. $^1/_2$ Tarifeinheit für jedes Zimmer berechnet usw.

Beispiel 86: **Kgl. Wasserfalldirektion. Dreitaxentarif mit Abstufung der Grundgebühr nach Tarifeinheiten, des Leistungspreises nach Leistungsanspruch und des Arbeitspreises nach Jahreszeit.**

Anwendungs-gebiet	Tarif-einheiten	Grundgebühr Kr/Tarif-einheit u. Jahr	Leistungs-preis Kr/kW u. Jahr	Arbeitspreis [1]	
				Winter øre/kWh	Sommer øre/kWh
Landgebiet	1500— 6000 10000—20000	2,— 1,60	175,—	7	3,5

[1] Nur für den Überverbrauch.

Die Höhe der Strompreise ist bei den einzelnen Elektrizitätswerken und in den einzelnen Teilen des Landes sehr verschieden. Im Mittel wird Lichtstrom mit 25—35, Kraftstrom mit 15—20 øre/kWh abgegeben, worauf meist noch je nach Jahreszeit, Größe des Verbrauchs usw. Nachlässe gewährt werden. Bei den Haushalttarifen bewegt sich die Grundgebühr um etwa 8—12 Kr/Zimmer und Jahr und der Arbeitspreis zwischen 10—5 øre/kWh.

Bemerkenswert ist, daß die Strompreise in Schweden, wie auch in Dänemark, Norwegen, England und Amerika trotz der Abwertung der Währung bisher eine nennenswerte Erhöhung nicht erfahren haben, da die innere Kaufkraft der Währung aufrecht erhalten blieb; der Durchschnittspreis ist vielmehr gefallen und geht allmählich weiter zurück.

Wie aus der vorstehenden Darstellung ersichtlich, sind die Tarife in Schweden keineswegs einfach zu nennen. Eine Vereinheitlichung wird angestrebt mit dem Ziele möglichster Anpassung der Tarife an die Gestehungskosten, in einer Form, die die zahlreichen Sondertarife unnötig machen soll.

9. Norwegen (*31, 370, 411*).

Infolge des großen Reichtums an wirtschaftlich ausbaufähigen Wasserkräften und infolge des Mangels an sonstigen Energiequellen, hat sich die Elektrizitätswirtschaft Norwegens schon frühzeitig entwickelt. Diese Entwicklung wurde vorwiegend durch die hydrologisch günstigen Verhältnisse gefördert, aber auch dadurch, daß die in kommunaler Hand befindlichen Elektrizitätswerke, oft ohne Rücksicht auf die Wirtschaftlichkeit der Unternehmungen, die Strompreise von vornherein außerordentlich niedrig gehalten haben.

Da bis auf einige wenige Städte — unter diesen die Hauptstadt Oslo — die gesamte Stromerzeugung durch Wasserkraft erfolgt, die fast während des ganzen Jahres ausreichende Energiemengen liefert, und deren Kosten von der erzeugten Arbeitsmenge nahezu unabhängig sind, wurden in Norwegen in größerem Umfang als in anderen Ländern für alle Verwendungszwecke Pauschaltarife (nach der bekannten Ausführung der Strombegrenzer „Wippetarife" genannt) benutzt. Für Beleuchtung und den sonstigen Haushaltsverbrauch wird meist eine bestimmte Höchstleistung vereinbart, deren Einhaltung durch Strombegrenzer gesichert wird, während bei kleinen Kraftabnehmern die Festsetzung der Pauschale vorwiegend nach dem Anschlußwert, bei großen nach der gemessenen **Höchstbelastung** im Mittel einer Viertelstunde erfolgt. Bei manchen Werken wird die Benutzungsdauer der pauschal vereinbarten **Leistung** begrenzt und der darüber hinausgehende Verbrauch besonders berechnet. Um den Kleinabnehmern — namentlich den Haushaltungen — die Überschreitung der vereinbarten und durch Stromunterbrecher begrenzten Leistung bei besonderen Gelegenheiten (festlichen Anlässen usw.) zu ermöglichen, werden die Begrenzer vielfach gegen einen je Tag zu berechnenden Zuschlag außer Betrieb gesetzt. Es sind auch Strombegrenzer mit zwei Spulen in Gebrauch, die tagsüber (für Haushaltungszwecke) die doppelte Leistung wie abends (für Beleuchtung) zu entnehmen gestatten. Sobald eine Lampe eingeschaltet wird, ermäßigt sich die Schaltleistung des Begrenzers auf die Hälfte; zu bezahlen ist nur die niedrigere Leistung.

Die Unterschiede in der Höhe der Pauschalpreise sind noch recht erheblich; für Kleinabnehmer schwanken sie je nach dem Verwendungszweck zwischen 70 und 400 Kr/kW und Jahr, für Licht werden meist höhere Sätze als für Kraft berechnet; für Kochen und Wärme liegen sie vielfach noch unter dem Kraftpreis.

Bei kleineren Lichtabnehmern wird die Pauschale vielfach unmittelbar nach Zahl und

Beispiel 87: Komm. Elektricitetsverk Volda. Pauschaltarif mit Abstufung nach dem Verwendungszweck.

Anwendungsgebiet	Pauschalpreis Kr/kW und Jahr
Beleuchtung	200,—
Kraft	180,—
Kochen und Heizen .	150,—

Beispiel 88: Komm. Elektricitetsverk Stange. Pauschaltarif mit Abstufung nach dem Anschlußwert.

Anwendungsgebiet	Anschlußwert		Pauschalpreis Kr/kW u. Jahr
	W	PS	
Kraftanlagen	bis 736	bis 1	320,—
	736— 2200	1— 3	280,—
	2200— 7350	3—10	240,—
	7350—15000	10—20	196,—
	15000 und mehr	20 und mehr	190,—

Größe der Lampen bestimmt. Sie beträgt hier meist zwischen 10 und 15 Kr/Jahr für eine 50 W-Lampe. Bei Krafttarifen wird vereinzelt die Scheinleistung der Berechnung zugrunde gelegt.

In neuester Zeit wird die Anwendung des einfachen Pauschaltarifs bei Haushaltungen immer mehr eingeschränkt, weil es sich als sehr schwierig herausgestellt hat, die Ausbreitung des elektrischen Kochens zu fördern, wenn nicht der Pauschalpreis für diesen Zweck bedeutend ermäßigt wird. Einige Werke haben versucht, den Pauschaltarif für Licht beizubehalten oder zu erhöhen, dagegen für elektrisches Kochen wesentlich herabzusetzen. Da ein solches Verfahren jedoch die Verwendung mehrerer Strombegrenzer und gesonderte Leitungsanlagen erfordert, sind die meisten Werke zu einem Zähler- oder Grundgebührentarif übergegangen, der durch stark fallenden Arbeitspreis bei steigendem Verbrauch gekennzeichnet ist. Für die Arbeitsmenge, die dem Lichtbedarf entspricht, wird ein hoher Betrag, etwa 25—40 øre/kWh, für die nächsten 1500—2000 kWh, die als

Beispiel 89: Komm. Elektricitetsverk Kongsberg (Stadt). Regelverbrauchstarif mit Abstufung nach der Größe des Verbrauchs.

Anwendungsgebiet	Stromverbrauch kWh/Jahr	Preis øre/kWh
Haushalt	die ersten 100/Zimmer	25
	die nächsten 1500	5
	die weiteren	3

für Kochzwecke benötigt anzusehen sind, wird ein Preis berechnet, der mit Gas und Brennholz in Wettbewerb treten kann, etwa 5—10 øre/kWh und für weiteren Verbrauch kommt ein noch niedrigerer Preis in Frage, der die Anwendung elektrischer Speicherapparate ermöglichen soll (Beispiel 89).

Beim Grundgebührentarif für Kraft bewegen sich die Leistungspreise zwischen 40 und 90 Kr/kW und Jahr, die Arbeitspreise zwischen 15 und 2 øre/kWh. In der Landwirtschaft wird die Grundgebühr vielfach nach der beackerten Bodenfläche berechnet. Nicht selten wird für die Grundgebühr eine bestimmte Anzahl kWh ohne weitere Bezahlung geliefert und erst der darüber hinausgehende Verbrauch, nach der Größe abgestuft, mit fallenden Preisen bezahlt. Bei manchen Werken wird, namentlich im hohen Norden, bei etwas höherem Leistungspreis der Arbeitspreis nur in den Wintermonaten berechnet.

Besonders große Abnehmer zahlen pauschal etwa 35—55 Kr/kW und Jahr.

Da der Verbrauch und die Benutzungsdauer aller Abnehmer sehr hoch ist (über 3000 kWh/Kopf und Jahr), ergeben sich mittlere Strompreise, die zu den niedrigsten in der Welt gehören.

Beispiel 90: **Komm. Elektricitetsverk Kristiansund (Stadt). Grundgebührentarif mit Abstufung nach der Zimmerzahl.**

Anwendungsgebiet	Zimmerzahl	Grundgebühr Kr/Jahr	Arbeitspreis øre/kWh
Haushalt	1	45	
	2	70	
	3	90	3
	4	110	
	5	130	

10. Finnland (*412*).

Die Tarifgestaltung in Finnland zeigt eine gewisse Ähnlichkeit mit der Schwedens, obwohl die Erzeugungsverhältnisse sehr verschieden sind. Finnland besitzt weder eigene Kohlengruben oder Ölquellen, noch Hochdruckwasserkräfte. Die vorhandenen Wasserfälle haben mit wenig Ausnahmen nur geringes Gefälle und eine außerordentlich schwankende Wasserführung, so daß in der Regel mit besonders billigen Gestehungskosten nicht gerechnet werden kann. Dennoch hat sich, wenigstens in den dichter besiedelten Gegenden die Elektrizitätsversorgung frühzeitig entwickelt und steht heute auf beachtlicher Höhe.

Infolge der angedeuteten Erzeugungsverhältnisse ist der Pauschaltarif fast nicht in Gebrauch; beinahe ausschließlich wurde von Anfang an der Zählertarif angewendet, und zwar auf dem Lande in seiner einfachsten Form, mit Abstufung nach dem Verwendungszweck, in den Städten mit weiteren Abstufungen, insbesondere als Doppeltarif. Für Beleuchtungsstrom schwanken hierbei die Preise in den Städten zwischen 2,5 und 4 Fmk/kWh, auf dem Lande zwischen 4 und 6 Fmk/kWh, für Kraftstrom zwischen 2 und 4 Fmk/kWh. Daneben findet der Grundgebührentarif steigende Anwendung, für Haushaltungen nach der

Zimmerzahl, auf dem Lande nach der bewirtschafteten Grundfläche, im Gewerbe nach dem Anschlußwert der Motoren.

Beim Gewerbe schwankt die Grundgebühr für Motoren zwischen 15 und 50 Fmk/PS und Jahr, bei einem Arbeitspreis von etwa 2,50 Fmk/kWh: in der Landwirtschaft beträgt die Grundgebühr 21 bis 31 Fmk/ha und Jahr.

Beispiel 91: **Helsingfors. Grundgebührentarif mit Abstufung nach der Zimmerzahl.**

An-wendungs-gebiet	Zimmerzahl	Grund-gebühr Fmk/Jahr	Arbeits-preis Penni/kWh
Haushalt	1 ohne Küche	240,—	
	1 mit Küche	300,—	
	2 mit Küche	410,—	
	3 mit Küche	545,—	60
	4 mit Küche	685,—	
	5 mit Küche	830,—	
	jedes weitere	150,—	

Für Großabnehmer ist, wie überall, der Leistungspreistarif allgemein in Anwendung mit Abstufung der Grundgebühr nach der Höhe des Leistungsbedarfs und des Arbeitspreises nach der Größe des Verbrauchs. Gebräuchlich sind Preise von 500—800 Fmk/kW und Jahr und 18—50 Penni/kWh, wobei die obere Grenze für Niederspannungs-, die untere für Hochspannungsanschlüsse gilt.

Auch in Finnland sind Bestrebungen zur Vereinfachung und Vereinheitlichung der Tarife im Gange, die aber über die Empfehlung von Grundgebührentarifen noch nicht hinausgekommen sind (*412*).

11. England (*371—373, 413*).

Bei der Beurteilung englischer Tarife sind einige besondere Umstände zu berücksichtigen. Einmal erfolgt die Erzeugung der elektrischen Arbeit fast ausnahmslos in Wärmekraftwerken mittels Kohle, die zu billigerem Preise als auf dem Festland beschafft werden kann, ferner sind, namentlich außerhalb der ganz großen Städte, die Wohnungs- und Lebensverhältnisse gleichmäßiger als in den anderen Ländern. Weiter befindet sich das Wirtschaftsleben dort nicht in dem tiefgreifenden Prozeß der Umbildung, wie z. B. in Deutschland. Schließlich ist von besonderer Bedeutung, daß in England eine umfangreiche Elektrizitätsgesetzgebung besteht, die den zuständigen Behörden unter Umständen Eingriffe in die Tarifpolitik gestattet. Bereits in dem sog. Klauselgesetz vom Jahre 1899 ist festgesetzt, daß die in jedem Einzelfalle zugelassenen Höchstpreise nicht überschritten werden dürfen und daß unter bestimmten Umständen auch auf Antrag einer verhältnismäßig geringen Zahl von Abnehmern eine Nachprüfung der Tarife erfolgen muß. Alle diese Umstände bringen eine größere Gleichmäßigkeit der englischen Tarife mit sich, als sie in anderen Ländern zu bemerken ist. Dennoch ist auch in England der Öffentlichkeit und den Behörden die Verschiedenheit der Tarife noch zu groß und es sind fortgesetzt Bestrebungen im Gange, um eine größere Einheitlichkeit herbeizuführen (s. S. 277).

Der Pauschaltarif wird in England fast nirgends verwendet; infolgedessen fehlt auch für diesen Tarif eine einfache Bezeichnung in englischer Sprache (der Ausdruck „flat rate", der in Amerika zur Bezeichnung des Pauschaltarifs gebraucht wird, bedeutet in England den Zählertarif ohne Abstufung), nur in ganz vereinzelten Fällen wird er unter der Bezeichnung „fixed price system" oder „unlimited service tariff" oder „contract tariff" neben anderen Tarifen verwendet.

Bei dem Zählertarif sind fast alle bekannten Arten der Abstufung zu finden, in erster Linie solche, die eine möglichst enge Anpassung an die Gestehungskosten gestatten. Dennoch sind die englischen Werke hierbei vielfach zu Tarifen gelangt, die gleichzeitig in vorzüglicher Weise der Wertschätzung und der Leistungsfähigkeit der Abnehmer Rechnung zu tragen gestatten.

Die einfacheren Wirtschaftsverhältnisse in kleineren Orten haben es ermöglicht, mit dem Zählertarif ohne Abstufung auszukommen. Nach der von der Electrical Times herausgegebenen Statistik über die in England gebräuchlichen Tarife, in der Angaben über die Tarife von mehr als 600 Unternehmungen enthalten sind, verwenden etwa 50 einen einheitlichen kWh-Preis. Als nächster Schritt zur Anpassung der Tarife an die Verbrauchsverhältnisse kommt die Abstufung der Preise nach größeren Gruppen und nach dem Anwendungsgebiet in Frage. So ist z. B. die Festsetzung eines besonderen Preises für Privatwohnungen und für Läden gebräuchlich; auch für Reklamebeleuchtung, Kinos, Klubhäuser, Kirchen usw. werden vielfach besondere Strompreise berechnet.

Selten wird, sofern der Bezug von Beleuchtungsstrom allein in Frage kommt, eine besondere Abstufung, z. B. nach der Größe des Verbrauchs vorgesehen. Dagegen ist diese Abstufung fast überall bei dem Verkauf von Kraftstrom gebräuchlich.

Es ist zu beachten, daß sich im vorliegenden Beispiel 94 die Abstufung auf den Verbrauch im Vierteljahr bezieht, und zwar stets auf das Kalendervierteljahr; auch nach dem Wochenverbrauch kommen

Beispiel 92: Barnes U.D.C. Pauschaltarif mit Abstufung nach dem Anschlußwert (contract tariff).

Anwendungsgebiet	Pauschalpreis d/20 W-Lampe und Woche
Beleuchtung	2

Beispiel 93: Bury (Lanc.). Zählertarif mit Abstufung nach dem Verwendungszweck.

Anwendungsgebiet	Preis d/kWh
Beleuchtung von:	
öffentlichen Gebäuden . .	6
Läden	5
Wohnungen	$4^1/_2$
Hotels und Klubs	$4^1/_2$
Kinos	$4^1/_2$

Beispiel 94: Aberdeen. Zählertarif mit Abstufung nach der Größe des Verbrauchs.

Anwendungsgebiet	Stromverbrauch kWh/Vierteljahr	Preis d/kWh
Kraft	die ersten 125	$2^1/_2$
	die nächsten 125	2
	die nächsten 1250	$1^1/_2$
	die nächsten 3500	1
	die weiteren	0,7

Abstufungen vor, fast nie aber nach Monaten. Seltener ist wie in dem Beispiel eine größere Anzahl von Abstufungen; vielfach wird nur eine Stufe vorgesehen mit einer beträchtlichen Ermäßigung nach einem bestimmten Verbrauch.

Beispiel 95: Halifax. Zählertarif mit Abstufung nach dem Verwendungszweck und der Größe des Verbrauchs.

Anwendungsgebiet	Stromverbrauch kWh/Vierteljahr	Preis d/kWh
Beleuchtung von Büros . . . . {	die ersten 1200	7
	die weiteren	2
Beleuchtung von anderen Räumlichkeiten . . {	die ersten 1200	6
	die weiteren	2

Fast unbekannt sind Abstufungen der in Deutschland vielfach gebräuchlichen Art nach der Benutzungsdauer bezogen auf den Anschlußwert. Falls solche Tarife verwendet werden, erfolgt die Abstufung nach dem Verbrauch für bestimmte Lampengrößen oder für die Nennleistung der Motoren, oder auch unter Zugrundelegung des Belastungsfaktors nach Art des Regelverbrauchstarifs.

Beispiel 96: Adwick-Le-Street, U.D.C. Zählertarif mit Abstufung nach der Benutzungsdauer (Verbrauch je PS).

Anwendungsgebiet	Stromverbrauch kWh/PS und Vierteljahr	Preis d/kWh
Kraft	die ersten 125	$3^1/_2$
	die nächsten 125	3
	die weiteren	$2^1/_2$

Beispiel 97: Ashford, U.D.C. Zählertarif mit Abstufung nach der Benutzungsdauer (Verbrauch je Lampe) und dem Verwendungszweck.

Anwendungsgebiet	Stromverbrauch kWh/30 W-Lampe u. Jahr	Preis d/kWh
Licht für Geschäftshäuser . {	die ersten 12	8
	die weiteren	$1^1/_2$
Licht für Wohnungen . . . {	die ersten 10	8
	die weiteren	$1^1/_2$

Früher wurde in England für die Ermittlung der Benutzungsdauer fast ausschließlich die Höchstbelastung des einzelnen Abnehmers nach dem von Wright (s. S. 81) angegebenen Verfahren zugrunde gelegt. Die umständliche Berechnung und die Kostspieligkeit der Meßeinrichtung hat jedoch dazu geführt, daß dieser Tarif in den meisten Fällen wieder verlassen wurde. Selbst in dem ehemaligen Wirkungskreis von Wright, in Brighton, wird der Tarif nicht mehr verwendet. Wo er noch im Gebrauch ist, wurde meist die ursprüngliche Form beibehalten, d. h. der gemessene Höchstbedarf muß für eine Anzahl von Stunden am Tage oder im Vierteljahr mit einem höheren, der darüber hinausgehende Verbrauch mit einem niedrigeren Preis bezahlt werden. Dieser Tarif wird, wie alle Tarife, bei denen der Höchstbedarf der Berechnung zugrunde gelegt wird, „Maximum Demand Tariff" (M.D. Tariff) genannt.

Beispiel 98: Birkenhead R. C. Zählertarif mit Abstufung nach der Benutzungsdauer (Wright) und Jahreszeit.

An-wendungs-gebiet	Benutzungsdauer [1]		Preis d/kWh
	Winter h/Tag	Sommer h/Tag	
Beleuchtung	die ersten 1,5	die ersten 0,5	$6^1/_2$
	die nächsten 3	die nächsten 0,5	3
	die weiteren	die weiteren	$1^1/_2$

[1] Bezogen auf den gemessenen Höchstbedarf.

Während früher Abstufungen nach dem Zeitpunkt des Verbrauchs (Mehrfachtarife, Sommer- und Winterpreise) in England fast unbekannt waren, sind in den letzten Jahren zahlreiche Abstufungen dieser Art eingeführt worden. Sowohl bei den Zählertarifen als auch bei den anderen Tarifen werden häufig verschiedene Preise für den Verbrauch im Sommer und Winter, sowie am Tage und während der Nacht berechnet.

Beispiel 99: Blackburn T. C. Zählertarif mit Abstufung nach dem Zeitpunkt des Verbrauchs (Doppeltarif).

Anwendungs-gebiet	Tageszeit h	Preis d/kWh
Beleuchtung	Sonnenuntergang bis 23	$6^1/_2$
	23 bis Sonnenuntergang	3

Schon frühzeitig wurden in England die Vorzüge des Grundgebührentarifs anerkannt, der nach dem Vorgang der Telephongesellschaften zuerst „Telephone System" genannt wurde. Er findet sich in verschiedenen Formen; z. B. wird für die Höchstbeanspruchung für Licht oder für Kraft oder für jede angeschlossene Lampe oder für die Gesamtanlage nach Schätzung, häufig nach der Zimmerzahl und nach der Grundfläche der benutzten Räume ein fester Betrag je Vierteljahr oder je Jahr erhoben und außerdem für jede verbrauchte kWh ein sehr niedriger Einheitssatz, vielfach nur $1/_2$ d, berechnet. Derartige Tarife gehen in England unter verschiedenen Namen, eine einigermaßen wörtliche Übersetzung des Ausdrucks „Grundgebührentarif" ist nicht vorhanden. Allgemein wird der Tarif „Two Part Tariff" (sinngemäß übersetzt „Zweigliedertarif") genannt. Da er meist in Wohnungen und im Haushalt angewendet wird, ist häufig von einem „Residential Tariff" bzw. von einem „Domestic Tariff", die Rede. Auch der Ausdruck „All-in-Tariff" (Tarif für alles) ist im Gebrauch. Die Grundgebühr wird mit „Primary Charge", der Arbeitspreis mit „Secondary Charge" bezeichnet.

Beispiele 100—102: **Grundgebührentarife.**

Beispiel 100: **Aberdare T. C., Abstufung der Grundgebühr nach der Zahl der angeschlossenen Lampen.**

Anwendungsgebiet	Grundgebühr £/32 HK-Lampe u. Jahr	Arbeitspreis d/kWh
Haushalt	0. 3. 6	$1^1/_2$

Beispiel 101: **Alton District Electricity Co., Abstufung der Grundgebühr nach der Zimmerzahl und der Jahreszeit.**

| Anwendungsgebiet | Grundgebühr | | Arbeitspreis d/kWh |
	Winter £/Zimmer u. Vierteljahr	Sommer £/Zimmer u. Vierteljahr	
Haushalt	0. 6. 8	0. 3. 4	$1^3/_4$

Beispiel 102: **Bideford and District E.S.C., Abstufung der Grundgebühr nach der Grundfläche und dem Verwendungszweck.**

Anwendungsgebiet	Grundgebühr d/10 qfuß u. Vierteljahr	Arbeitspreis d/kWh
Wohnungen . .	$3^1/_2$	
Garagen . . .	$2^1/_2$	$1^1/_2$
Schulen . . .	$1^1/_2$	
Kirchen . . .	1	

nungen oder der Häuser bemessen. Ermöglicht wird diese Art der Preisstellung dadurch, daß von seiten der Behörden auf den Mietwert der Häuser und Grundstücke eine Steuer erhoben wird, so daß der zur Bemessung der Grundgebühr herangezogene Mietwert genau bestimmt ist.

Einer besonderen Verbreitung erfreut sich ein Grundgebührentarif, der zum ersten Male im Jahre 1908 in der Stadt Norwich angewendet wurde (s. S. 154). Die Grundgebühr wird hierbei nach dem Mietwert der Wohnungen oder der Häuser bemessen.

Beispiel 103: **Burnley T. C., Grundgebührentarif mit Abstufung der Grundgebühr nach dem Mietwert (R.V.-Tarif).**

Anwendungsgebiet	Mietwert £/Jahr	Grundgebühr[1] % des Mietwerts	Arbeitspreis d/kWh
Haushalt	die ersten 20	2	
	die nächsten 20	15	
	die nächsten 20	10	$1/_2$
	die nächsten 40	7,5	
	die weiteren	5	

[1] Mindestgewähr: 2 £/Jahr.

Der Tarif gestattet in geradezu vorbildlicher Weise, der Wertschätzung und Leistungsfähigkeit der Abnehmer Rechnung zu tragen und ermöglicht auf das einfachste die vielseitige Verwendung der Elektrizität im Haushalt. Es ist daher begreiflich, daß er sich in England rasch eingeführt hat und in zahlreichen Werken in Gebrauch ist, trotzdem in dem später (s. S. 277) erörterten Bericht des Tarifausschusses (*413*) zahlreiche Be-

denken gegen diesen Tarif geltend gemacht worden sind, insbesondere die Unzuverlässigkeit der Grundgebührenberechnung, falls die Mietwertsteuer geändert wird. Wenn trotz dieser bestimmt und ausführlich vorgetragenen Bedenken

Beispiel 103a: Blackburne. Grundgebührentarif mit Abstufung der Grundgebühr nach dem Mietwert.

An- wendungs- gebiet	Mietwert £/Jahr	Grundgebühr £/Jahr	Arbeits- preis d/kWh
Haushalt	die ersten 15 je weitere 5	3 1	} 1

Bei einem Mietwert über 70 £ wird an Stelle dieser Sätze 20% des Mietwertes als Grundgebühr berechnet.

der Tarif so verbreitet ist, so erhellt daraus, daß die Bedenken mehr theoretischer Natur sind und die Vorteile in der Praxis überwiegen. Der Tarif wird abgekürzt „R.V.-Tariff" genannt (Rateable Value = Steuerwert). Meistenteils wird nur ein einziger bestimmter Prozentsatz des Steuerwertes erhoben, jedoch wird dieser Prozentsatz auch nach der Höhe des Mietwertes abgestuft (Beispiel 103).

Eine eingehende Würdigung der verschiedenen Grundgebührentarife ist in dem bereits erwähnten Bericht des Sonderausschusses zur Vereinheitlichung der Tarife (*413*) enthalten. Dort wird für Haushaltungen vor allem eine Grundgebühr nach der „Hausgröße" und folgendes Muster, dessen Zahlen nach den besonderen Verhältnissen jedes Versorgungsgebietes zu ändern sind, empfohlen (Beispiel 104).

Beispiel 104: Grundgebührentarif mit Abstufung der Grundgebühr nach der Hausgröße.

An- wendungs- gebiet	Klasse Nr.	Hausgröße qfuß	Grund- gebühr sh/Jahr
Haushalt	1	bis 1000	72
	2	1001—1200	80
	3	1201—1400	88
	4	1401—1600	95
	5	1601—1800	101
	6	1801—2000	106

Ein großer Teil der in Eng- land verbrauchten elektrischen Arbeit wird über das von dem staatlichen Elektrizitätsamt (Electricity Board) errichtete Hochspannungs-

netz (Grid) aus den von den Kommissären ausgewählten Kraftwerken [Selected Stations] (s. *19*, Bd. 2, S. 187f.) an die einzelnen Versorgungsunternehmen geliefert, und zwar auf Grund von Leistungspreistarifen, bei denen

Beispiel 105: Central-Scotland Grid System. Leistungspreistarif mit cos φ- und Kohlenklausel.

Leistungsbeanspruchung kW	Leistungs- preis £/kW u. Jahr	Arbeits- preis d/kWh
Grundleistung	3.10.0	
1. Normalleistungssteigerung .	3. 5.0	} 0,2
2. Normalleistungssteigerung .	3. 0.0	
Mehrleistung	2.15.0	

Als Grundleistung wird im allgemeinen die Leistungsbeanspruchung im Jahre 1932 betrachtet. Die Normalleistungssteigerungen über diese Grundleistung hinaus sind nach deren Höhe abgestuft derart, daß sie mit steigender Grundleistung kleiner werden, um Unternehmer, die von vornherein eine hohe Grundleistung haben, nicht zu benachteiligen (s. nebenstehende Zahlentafel).

Die Leistungspreise verstehen sich bei $\cos \varphi = 0,85$. Für je 0,1 Verschlechterung erhöht sich der Leistungspreis um 4 sh 6 d/kW und Jahr. Der Arbeitspreis beruht auf einem Kohlenpreis von 13 sh 6 d je t Steinkohle mit einem Heizwert von 11000 BTU/lbs. Für je 1 d/t Preisänderung bezogen auf diesen Heizwert ändert sich der Arbeitspreis um 0,001 d/kWh.

Grundleistung kW	Normalleistungs- steigerungen kW
bis 3000	3000
.	.
.	.
12000—13000	2000
.	.
.	.
22000 und mehr	1000

der Leistungspreis vom $\cos \varphi$ und der Arbeitspreis vom Kohlenpreis abhängig ist. Die Höhe der Tarife ist in den verschiedenen Landesteilen nicht ganz einheitlich, doch sind die Unterschiede gering.

Die Höhe der Strompreise in England bewegt sich beim Zählertarif von Ausnahmefällen abgesehen, zwischen 10 und 4 d/kWh und dürfte im Mittel etwa 6 d betragen, beim Grundgebührentarif schwankt der Arbeitspreis zwischen $^1/_2$ und 2 d/kWh und nähert sich dem Durchschnitt von 1 d. Wie schon bei den Besprechungen der skandinavischen Preise bemerkt, haben sich auch in England die Strompreise nach der Abwertung des englischen Pfundes nicht verändert, da die innere Kaufkraft der Währung sich nicht vermindert hat.

12. Freistaat Irland (*371*).

Die Elektrizitätswirtschaft von Irland ist deshalb von besonderem Interesse, weil hier fast die gesamte Versorgung mit allen Einzelheiten — also auch die Festsetzung der Tarife — in die Hand einer Behörde, des Elektrizitätsamtes, gelegt worden ist. Dabei bestimmt das irische Elektrizitätsgesetz, daß als Grundlage der Tarife vor allem die Selbstkosten dienen müssen; sie müssen Einnahmen ergeben, die sämtliche Ausgaben, auch die Kapitalkosten, zu decken gestatten. Hierauf und auf das englische Vorbild ist es wohl zurückzuführen, daß in dem gesamten staatlichen Versorgungsgebiet des Freistaates Irland der Grundgebührentarif eingeführt ist mit der Abstufung der Grundgebühr nach dem Mietwert (Rateable Value). Da der Mietwert in den einzelnen Orten nicht einheitlich ist, ist auch die Grundgebühr verschieden und bewegt sich zwischen 6 d und 4 sh/Woche, je nach dem Betrag des Mietwertes. Der Arbeitspreis ist fast einheitlich 1 d/kWh; als Wahltarif ist vereinzelt auch der Zählertarif, abgestuft nach den verschiedenen Anwendungsgebieten eingeführt. Für Kraft wird meistens der Zählertarif mit Abstufung nach der Größe des Verbrauchs verwendet.

13. Niederlande (*374—377*).

Die Strompreispolitik der Niederlande ist wesentlich beeinflußt durch die gewerbliche Schichtung der Bevölkerung; Ackerbau, Gartenbau, Handel und Schiffahrt überwiegen bei weitem die industrielle Tätigkeit, deren Bedarf an elektrischer Arbeit in den meisten übrigen Ländern für die Wirtschaftlichkeit einer großzügigen Elektrizitätsversorgung Voraussetzung ist. Je mehr sich in den Niederlanden die Elektrizitätsversorgung ausbreitete, um so mehr waren die Unternehmungen, um die Stromversorgung wirtschaftlich zu gestalten, gezwungen, in dem erhöhten Absatz der elektrischen Arbeit zu häuslichen Zwecken einen Ausgleich zu suchen. Die Lösung dieser Aufgabe ist stets gefördert worden. In den Städten und auf dem flachen Lande sind — mit Ausnahme der schwach bevölkerten Inseln — heute fast alle Wohnungen und Betriebe an die Verteilungsnetze angeschlossen und die Anwendung der Elektrizität für die verschiedensten Zwecke — besonders auch zum Kochen und Heizen — verbreitet sich immer mehr.

Unterstützt wurde diese Entwicklung durch günstige Erzeugungs- und Absatzverhältnisse. Obwohl die Niederlande nur in geringem Ausmaße über eigene Kohlenvorkommen verfügen, ist die Kohle billig, da der starke Wettbewerb der Nachbarländer einen dauernden Druck auf die Preise der Kohle ausübt. Auch die Transportkosten sind niedrig, da zur Beförderung meist Wasserwege zur Verfügung stehen. So sind die Werke — auch ohne Wasserkraft wie in der Schweiz oder in den nordischen Staaten — in der Lage, für die elektrische Arbeit niedrige Preise einzuräumen. Diese Umstände sind auch bei der Preisstellung für die Großabnehmer von Wichtigkeit, bei denen die Arbeitskosten besonders ins Gewicht fallen.

Auch die Abnehmerverhältnisse unterstützen bis zu einem gewissen Grade die Bestrebungen der holländischen Werke. Infolge des umfangreichen Welthandels des Landes ist die Bevölkerung, die sich zu einem wesentlichen Teile in den großen Hafenstädten **zusammendrängt, wohlhabender** als in den meisten Industrieländern, so daß auch auf seiten der Abnehmer mit einer höheren Leistungsfähigkeit und Wertschätzung der elektrischen Arbeit gerechnet werden kann.

Die Tarifpolitik und die Werbearbeit der Elektrizitätswerke tat das übrige, um den Stromabsatz, z. B. für den Haushalt, in wenigen Jahren zu vervielfachen. Viele Werke fördern die Anschlußbewegung durch die Ausführung von Mietinstallationen, wobei die Miete durch einen Zuschlag zum Leistungs- oder Arbeitspreis der Tarife erhoben wird. So beträgt der Stromverbrauch je Kopf der Bevölkerung in den Großstädten etwa 300 kWh im Jahre, wovon ein großer Teil auf die Kleinabnehmer entfällt. Selbst im Landesmittel, unter Einbeziehung des platten Landes, ergibt sich ein Durchschnittsverbrauch von etwa 200 kWh je Kopf und Jahr.

Die Elektrizitätswerke befinden sich überwiegend im Besitze der Gemeinden und Provinzen. Der Staat, der vor einigen Jahren einen stärkeren Eingriff in die Elektrizitätswirtschaft plante, hat sich praktisch auf diesem Gebiete wenig betätigt. Dazu war um so weniger Anlaß gegeben, als die bestehenden Verhältnisse, die in verschiedenen Fällen zu einem freien Zusammenschluß benachbarter Werke geführt haben, durch weitere staatliche Eingriffe eine Verbesserung kaum erfahren hätten.

Bei den Tarifformen kann man in den Niederlanden eine gewisse Einheitlichkeit beobachten. Für den Haushalt sind überwiegend Grundgebührentarife in Anwendung, bei denen die Grundgebühr meist nach der Fläche der Wohnung, selten nach der Zimmerzahl bemessen wird. Vielfach wird ein derartiger Tarif noch mit einer Abstufung des Arbeitspreises nach dem Zeitpunkt des Verbrauchs verbunden, um den Betrieb von Heißwasserspeichern ohne besonderen Zähler zu ermöglichen. In anderen Fällen sind hierfür besondere Nachtstromtarife vorgesehen, von denen vielfach Gebrauch gemacht wird.

Beispiel 106: Gemeente Electriciteitsbedrijf, Haarlem. Grundgebührentarif mit Abstufung nach der Wohnungsfläche.

An-wendungs-gebiet	Grundfläche der Wohnung m²	Grundpreis		Arbeitspreis
		bei Normalzähler fl/10 m² und Jahr	bei Münzzähler fl/10 m² und Jahr	cts/kWh
Haushalt	bis 100 über 100	2,88 3,00	} 3,12	5

Der Grundpreis wird für mindestens 60 m² berechnet. Bei Wohnungen mit mehr als 300 m² Grundfläche wird die Mehrfläche nur halb bewertet.

Beispiel 107: Gemeente Electriciteitsbedrijf, Arnhem. Grundgebührentarif mit Abstufung der Grundgebühr nach der Wohnungsfläche und des Arbeitspreises nach dem Zeitpunkt des Verbrauchs.

An-wendungs-gebiet	Grundgebühr fl/10 m² und Monat	Tarifzeit	Arbeitspreis			
			Tarif I cts/kWh	Tarif II cts/kWh	Tarif III cts/kWh	Tarif IV cts/kWh
Haushalt	0,25	Abend Tag Nacht	} 4,5	} 10,0 2,5	10,0 2,5 2,0	} 4,5 2,0

Die Grundgebühr wird für mindestens 60 m² in Anrechnung gebracht. Die Fläche über 200 m² wird nur halb bewertet. — Die Arbeitspreise nach Tarif I—IV werden wahlweise eingeräumt. Die Tarifzeiten sind folgende:

Monate	Tarifzeiten	
	Abend h	Nacht h
Januar, November, Dezember	16,00—20,00	
Februar, Oktober	17,00—20,00	23,00—7,30
März, September	18,00—20,00	
Mai, Juni, Juli	20,00—21,00	

Die verbleibenden Stunden werden als „Tag" gerechnet.

Diese Art der Tarifgestaltung hat in Holland nur wenig Anklang gefunden. Vereinzelt sind Regelverbrauchstarife in Verwendung. Gute Erfahrungen hat man — auch bei Grundgebührentarifen — mit Münzzählern gemacht, die bei manchen Werken auch für das Einziehen der Installationsmiete mitverwendet werden. Es wird beobachtet, daß Abnehmer mit Münzzählern, die ihren Verbrauch in kleineren Beträgen im voraus bezahlen, einen höheren Stromverbrauch haben als solche mit gewöhnlichen Zählern und nachträglicher Verrechnung. Wegen der höheren Anschaffungs- und Instandhaltungskosten werden diese Zähler jedoch nach und nach wieder abgeschafft.

Für ausschließliche Beleuchtungsanlagen werden Grundgebühren- und Zählertarife angewendet, und zwar vielfach mit Abstufung nach dem Zeitpunkt des Verbrauchs (Doppeltarif). Die Arbeitspreise beim Grundgebührentarif sind häufig in gleicher Höhe wie bei den Haushalttarifen vorgesehen. Die Grundgebühr wird — soweit derartige Tarife angewendet werden — nach der Zahl der Brennstellen oder dem Anschlußwert festgesetzt. Für Mietinstallationen wird bei den Zählertarifen ein höherer Arbeitspreis verrechnet. Bei Grundgebührentarifen wird vielfach auch statt dessen die Grundgebühr erhöht oder je Brennstelle ein besonderer Mietbetrag nach der Größe der Anlage, z. B. in Nijmegen 6—15 cts/Brennstelle und Monat erhoben.

Auch für Kraftabnehmer werden Zählertarife und Grundgebührentarife angewendet. Die Strompreise sind nach der Verbrauchsmenge (Zonentarif) oder nach der Zeit der Stromentnahme (Mehrfachtarif) abgestuft. Bei manchen Werken beruht die Preisstellung auf einer Mindestgewähr.

Beispiel 108: Gemeente Electriciteitswerken, Amsterdam. Zählertarif mit Abstufung nach der Größe des Verbrauchs unter Zugrundelegung einer Mindestgewähr.

Anwendungsgebiet	Stromverbrauch kWh/Jahr	Strompreis cts/kWh	Die Preisstufe wird nur eingeräumt bei einer Mindestgewähr von kWh/Jahr
Kleinkraft	die ersten 5000	15	—
	die nächsten 2500	12,5	7500
	die nächsten 2500	11	10000
	die weiteren	10	11000

Die niedrigeren Preisstufen werden ohne Leistung der Mindestgewähr auch dann nicht eingeräumt, wenn der entsprechende Verbrauch tatsächlich erreicht wird.

Für Hochspannungs- und andere Großabnehmer sind ebenfalls die angeführten Tarife gebräuchlich. Daneben führen sich in steigendem Maße Leistungspreistarife nach gemessener Höchstleistung ein. Der Verwendungszweck wird meist bei der Preisstellung berücksichtigt.

Beispiel 109: Gemeentelijk Electriciteitsbedrijf, Groningen. Zählertarif mit Abstufung nach der Größe und dem Zeitpunkt des Verbrauchs.

An- wendungs- gebiet	Stromverbrauch kWh/Jahr	Strompreis	
		innerhalb der Sperrstunden cts/kWh	außerhalb der Sperrstunden cts/kWh
Nieder- spannungs- groß- abnehmer	5000— 10000	20	10
	10000— 15000	19	9,5
	15000— 20000	18	9
	20000— 30000	17	8,5
	30000— 40000	16	8
	40000— 50000	15	7,5
	50000— 75000	14	7
	75000—100000	13	6,5
	100000 und darüber	12	6

Sperrstunden		
Monate	für Licht h	für Kraft h
Januar, November und Dezember . .	16,00—20,00	16,00—22,00
Februar und Oktober	16,30—20,00	17,00—22,00
März	17,00—20,00	18,00—22,00
September	17,00—20,00	—
April, Mai und August	18,00—20,00	—

Beispiel 110: Gemeentelijk Electriciteitsbedrijf, Groningen. Leistungspreistarif mit Abstufung nach Leistungsbedarf, Verwendungszweck, Zeitpunkt und Größe des Verbrauchs.

An- wendungs- gebiet	Leistungs- bedarf kW	Leistungspreis			Stromverbrauch kWh/Jahr	Arbeits- preis	
		inner- halb	außer- halb			Licht	Kraft
		der Sperrstunden					
		Licht	Kraft	L. u. Kr.			
		fl/kW u. Jahr				cts/kWh	
Hoch- spannungs- groß- abnehmer	die ersten 100	60	50	25	die ersten 20000	5,0	5,0
	die nächsten 100	55	45		die nächsten 30000	4,5	4,5
	die weiteren	50	40		die nächsten 50000	4,0	4,0
					die nächsten 100000	3,9	3,5
					die nächsten 100000	3,8	3,4
					die nächsten 100000	3,7	3,3
					die nächsten 100000	3,6	3,2
					die nächsten 250000	3,5	3,1
					die weiteren	3,4	3,0

Die Preise hängen von einer Kohlenklausel ab. Die Leistungsbeanspruchung wird mittels Höchstbelastungsmesser festgestellt. Der ermäßigte Leistungspreis von 25,— fl/kW wird für die außerhalb der Sperrstunden entnommene Mehrleistung berechnet.

Sperrstunden	
Monate	h
Januar, November und Dezember .	16—22
Februar und Oktober	17—22
März	18—22

Während Kohlenklauseln in den meisten Großabnehmertarifen vorgesehen sind, findet man kaum Blindstromklauseln. Der Leistungsfaktor spielt in Holland keine große Rolle, da die Industriebelastung, wie bereits erwähnt, nicht allzusehr ins Gewicht fällt und die Hochspannungsleitungen, die durchweg als unterirdische Kabel verlegt sind, durch ihre Kapazität eine wesentliche Verbesserung des cos φ bewirken.

Die Strompreise bewegen sich in Holland für Licht bei den größeren Werken zwischen 20 und 28 cts/kWh; die mittleren Einnahmen sind niedriger, da vielfach Abstufungen angewendet werden. Bei kleineren Elektrizitätswerken sind die Strompreise zum Teil höher (bis zu 40 cts/kWh). Die Arbeitspreise der Haushalttarife liegen bei etwa 4—6 cts/kWh mit Abweichungen nach unten und oben. In der ganzen Provinz Utrecht z. B. beträgt der Arbeitspreis beim Haushaltungstarif auch in den kleinsten Ortschaften 3,5 cts/kWh. Für Mietanlagen sind die Preise etwas höher. Die Grundgebühren betragen etwa 2—3 fl/10 m² und Jahr. Nachtstrom wird zu 1,5—2,5 cts/kWh abgegeben. Heißwasserspeicher werden bei einzelnen Werken einschließlich Installation pauschal verrechnet. Pauschalpreis monatlich etwa 2,50 fl für den 30 l-Speicher, 9 fl für den 200 l-Speicher. Die Kraftstrompreise sind meist etwa halb so hoch wie die für Licht. Für Großabnehmer werden teilweise sehr niedrige Strompreise nach besonderer Übereinkunft gewährt.

Um die verschiedenen Tarife vergleichen zu können, hat Brückman (*377*) vorgeschlagen, die für bestimmte, bezüglich ihrer Abnahmeverhältnisse, Lebensgewohnheiten usw. genau umrissene „Abnehmertypen" sich ergebenden Strompreise gegenüberzustellen. Ein von ihm entworfenes „Tarifthermometer" zeigt mittlere Preise zwischen 12 und 26 cts/kWh für denselben Abnehmertyp. Da die Einzelheiten der Abnahmeverhältnisse usw. willkürlich angenommen werden müssen, erhält man so keinen allgemein gültigen, objektiven Vergleichsmaßstab.

14. Belgien (*378—380*).

Reiche Bodenschätze, eine hochentwickelte Industrie, wohlhabende Stadtbevölkerung und eine ertragreiche Landwirtschaft haben die Entwicklung der Elektrizitätsversorgung Belgiens begünstigt. Selbst auf dem flachen Land ergibt sich ein Elektrifizierungsgrad von über 90%. Der jährliche Stromverbrauch beträgt über 250 kWh je Kopf der Bevölkerung der elektrisch versorgten Orte. Auf dem flachen Lande rechnet man mit einem Jahresverbrauch von 8—15 kWh je Kopf für Licht und 3—6 kWh je Kopf für Kraft. Bezogen auf die Leitungslänge ergibt sich in städtischen und industriellen Gebieten ein Jahresverbrauch von 13 und in ländlichen Gebieten von 3 kWh je m.

Diese Entwicklung wurde in den letzten Jahren durch den Zusammenschluß der großen Versorgungsunternehmen gefördert, die hierdurch eine gute wirtschaftliche Ausnutzung ihrer Kraftwerke ermöglichten. In diesen Zusammenschluß wurden auch die großen Zechenkraftwerke einbezogen, deren Anlagen mit Gichtgas betrieben werden. Im übrigen wird der größte Teil der Energie mit Kohle erzeugt; erst in den letzten Jahren hat man einige Wasserkraftwerke errichtet, deren Ausbau infolge niedrigen Gefälles ziemlich kostspielig ist.

Die Energie wird innerhalb der zusammengeschlossenen Kraftwerksgruppen nach Maßgabe der zur Verfügung gestellten oder bezogenen Leistungen und Arbeitsmengen verrechnet. Bei der Lieferung an außenstehende Abnehmer werden die Kosten zugrunde gelegt, die diese bei Selbsterzeugung aufzuwenden hätten. Bei einer Versorgungsgruppe, der „Linalux" (Union des centrales électriques de Liège, Namur et Luxembourg) ist ein besonderes Verrechnungsverfahren „Erefka" (r f k) in Anwendung. Der Buchstabe r bezeichnet hierbei die Kapitalkosten in bfrs/kW, f die leistungsabhängigen Betriebskosten für den achtstündigen Arbeitstag in bfrs/kW und k die Arbeitskosten in bfrs/kWh. Die Gesellschaft hat Tabellen ausgearbeitet, denen die Werte für r, f und k für Dampfturbinen und Gasmaschinen verschiedener Leistung entnommen werden können. Soweit es sich hier um die Stromlieferung an außenstehende Abnehmer handelt, tritt das Wertschätzungsprinzip (Eigenerzeugungskosten) bei der Preisgestaltung deutlich hervor.

Im übrigen sind für Großabnehmer normale Leistungspreistarife gebräuchlich, die in dem durch den königlichen Erlaß vom 11. Februar 1927 eingeführten Musterlastenheft allgemein vorgesehen sind. Dieses Lastenheft, das für Gemeinden, die noch keine Konzession vergeben haben oder eine bestehende erneuern wollen, verpflichtend ist, enthält auch über die Kleinabnehmertarife Bestimmungen.

Für Hochspannungsabnehmer, die nach Leistungspreistarifen zu beliefern sind, ist eine Formel festgesetzt, nach der die Preise berechnet werden (s. S. 178).

Die sich aus dieser Formel ergebenden Preise gelten bei cos $\varphi = 1{,}0$. Für Abnehmer bis zu 10 kVA Anschlußwert, die nicht die Aufstellung eines besonderen Blindstromzählers wünschen, werden die Preise mit 1,225 entsprechend einem cos $\varphi = 0{,}8$ multipliziert. Der Abnehmer hat dann aber dafür zu sorgen, daß dieser Leistungsfaktor nicht unterschritten wird. Für größere Abnehmer erfolgt die Verrechnung des Blindstroms nach einem besonderen Zähler zu etwa 30% des Wirkstrompreises. In älteren Verträgen findet man vorwiegend prozentuale Zuschläge in der Größenordnung von 0,5—1,5% für je 0,01 Verschlechterung des Leistungsfaktors unter 0,8. Oberhalb dieses Wertes werden Vergütungen gewährt.

Für Niederspannungsabnehmer sieht das Musterlastenheft Zählertarife vor, deren Höhe, ähnlich wie bei den Hochspannungstarifen, vom Kohlenpreis, in manchen Fällen auch vom Arbeitslohn, abhängt. Sehr verbreitet sind Nachtstromtarife, dagegen werden Mehrfachzeittarife fast gar nicht angewendet.

In neuerer Zeit haben eine Anzahl zusammengeschlossener Großunternehmungen einheitliche Tarife für Haushaltzwecke eingeführt.

Beispiele 111 und 112: Grundgebührentarife für Haushaltungen mit Abstufung der Grundgebühr nach der Zimmerzahl und des Arbeitspreises nach dem Kohlenpreis.

Beispiel 111: Hohe Grundgebühr, niedriger Arbeitspreis.

Anwendungsgebiet	Zimmerzahl	Grundgebühr[1] frs/Monat	Arbeitspreis[3] cts/kWh
Wohnungen mit vollständiger elektrischer Ausrüstung (elektrische Küche)	2 bewohnbare Zimmer jedes weitere jedes Schlafzimmer jeder Nebenraum	30 10 5 2	0,10 + 0,003 P

Beispiel 112: Niedrige Grundgebühr, höherer Arbeitspreis.

Anwendungsgebiet	Zimmerzahl	Grundgebühr[2] frs/Monat	Arbeitspreis[3] cts/kWh
Wohnungen mit unvollständiger elektrischer Ausrüstung	2 bewohnbare Zimmer jedes weitere jedes Schlafzimmer jeder Nebenraum	15 5 2,50 1,—	0,30 + 0,003 P

[1] Mindestgrundgebühr 50 frs/Monat.

[2] Mindestgrundgebühr 25 frs/Monat.

[3] P bedeutet den Preis je t Kohle in frs frei Waggon Grube, Type C mit 15% Asche und 3% Feuchtigkeit.

Die Strompreise bewegen sich in der Regel für Hochspannungsabnehmer zwischen 160 und 400 bfrs/kW zuzüglich 0,50—0,15 bfrs/kWh. Die Lichtstrompreise für Niederspannungsabnehmer betragen zwischen 1,75 und 3,75 bfrs/kWh, die Kraftstrompreise zwischen 0,85 und 3,25 bfrs/kWh. In ländlichen Versorgungsgebieten sind die Preise teilweise höher, etwa bis zu 4,50 bfrs/kWh.

15. Frankreich (*381—385*).

Das Tarifwesen in Frankreich war früher, bis nach dem Kriege, trotz grundlegender theoretischer Arbeiten wenig entwickelt; es wurden meist hohe Pauschal- und einfache Zählertarife benützt. Erst seit dem Kriege schenkt man der Tarifgestaltung, wie in den meisten anderen Ländern, größere Beachtung. Man hat hier jedoch im Gegensatz zu Deutschland Leistungspreistarife im wesentlichen nur für Großabnehmer eingeführt, während man für Kleinabnehmer die Zählertarife durch entsprechende Abstufungen den Bedürfnissen der einzelnen Abnehmergruppen anzupassen suchte. Diese Entwicklung wurde auch durch gesetzgeberische Maßnahmen gefördert. Das für die Vergebung von Konzessionen vorgesehene Musterlastenheft sieht im Gegensatz zu früheren eine weitgehende Unterteilung der Tarife nach Spannung, Leistung, Benutzungsdauer, Verwendungszweck, Tages- und Jahreszeit vor.

Für Kleinabnehmer findet man, wie erwähnt, den Grundgebührentarif, der erheblichen Widerständen begegnet, selten. Er wird jedoch bisweilen für Kraftabnehmer verwendet (Beispiel 113).

Beispiel 113: Lyon. Grundgebührentarif mit Abstufung der Grundgebühr nach dem Anschlußwert und des Arbeitspreises nach der Größe des Verbrauchs.

Anwendungsgebiet	Leistungspreis[1] frs/PS und Monat	Arbeitspreis[2] frs/kWh
Kraft	5,—	0,28—0,105

[1] Über 100 PS Rabatte von 2—15%.
[2] Nachtstrom 30% Rabatt.

Die Höchstpreise verstehen sich bei einem elektrischen Wirtschaftsindex (vgl. Beispiel 34, S. 178) von 220. Übersteigt dieser Index y den Wert von 220, dann sind die Grundgebühren im Verhältnis:
$$1 + \frac{80}{100} \cdot \frac{y-220}{100}$$ zu erhöhen.

Für Beleuchtung findet man vorwiegend einfache Zählertarife, bei denen häufig eine Abstufung nach der Größe des Verbrauchs und dem Anwendungsgebiet (Privatbeleuchtung, öffentliche Beleuchtung, landwirtschaftliche Genossenschaften usw.) vorgesehen ist. Für Haushaltzwecke werden neuerdings Regelverbrauchs- und Mehrfachtarife angewendet:

Beispiel 114: Compagnie Parisienne de Distribution de l'Électricité. Regelverbrauchstarif mit Abstufung nach der Zimmerzahl und den Bestandteilen der Gestehungskosten.

Anwendungsgebiet	Zimmerzahl	Höchstzulässiger Anschlußwert	Stromverbrauch		Strompreis		
			1. Zone kWh/Jahr	2. Zone kWh/Jahr	1. Zone frs/kWh	2. Zone frs/kWh	3. Zone[1] frs/kWh
Haushalt	1	1,0	70	35	a) 1,55	1,000	0,330
	2	1,0	100	50	b) 0,011	0,011	0,011
	3	1,5	130	65	c) 0,029	0,019	0,006
	4	1,5	160	80	d) 0,1749	—	—
	5	2,0	200	100	e) 1,7649	1,030	0,347
	6	2,0	240	120			
	7	2,5	300	150	Der Strompreis e) setzt sich zusammen aus:		
	8	2,5	380	190	a) Ausgangspreis		
	9	3,0	460	230	b) Kohlenklauselzuschlag		
	10	3,0	540	270	c) Lohnklauselzuschlag		
	je 1 weiteres	4,0	+ 80	+ 40	d) Gemeindesteuer		

[1] Die 3. Zone umfaßt den über die beiden ersten Zonen hinausgehenden Verbrauch.

Die Nebenräume werden zusammen als 1 Zimmer gerechnet. Besonders große Zimmer werden doppelt gezählt. Der höchstzulässige Anschlußwert wird beim

Anschluß von Heißwasserspeichern oder Küchenherden auf das Dreifache des Anschlußwertes dieser Geräte, jedoch nicht über das Doppelte der in vorstehender Tabelle angegebenen Zahlen erhöht. Da die Abstufung nach dem jährlichen Stromverbrauch erfolgt, sind zur gleichmäßigen Verteilung der monatlichen Stromrechnungen bestimmte Zahlungsmöglichkeiten vorgesehen. Werden die höchstzulässigen Anschlußwerte überschritten, dann ist der in Beispiel 115 beschriebene Dreifachtarif anzuwenden.

Beispiel 115: Compagnie Parisienne de Distribution de l'Électricité. Zählertarif mit Abstufung nach der Tages- und Jahreszeit (Dreifachtarif).

Die Strompreise sind auf dem Haushaltstrompreis (2. Zone) des vorbeschriebenen Regelverbrauchtarifs aufgebaut, die während der Nacht um 70%, am Tage um 23% ermäßigt und während der Spitze um 50% erhöht werden. Da der Haushaltstrompreis unter den augenblicklichen Wirtschaftsverhältnissen 1,03 frs/kWh beträgt, ergeben sich folgende Strompreise:

| Tarif | Tarifzeiten | | Preis |
	Oktober bis Februar h	März bis September h	frs/kWh
Nacht	18,00— 7,00, 11,00—13,30	18,00— 7,00, 11,00—13,30	0,317
Tag	7,00 —11,00, 13,30—15,00	7,00 —11,00, 13,30—18,00	0,796
Abend	15,00—18,00	—	1,540

Der gesamte Verbrauch wird zunächst zu den vorstehenden Preisen verrechnet. Außerdem wird ein Zuschlag P für den Lichtverbrauch N berechnet, der sich aus der Formel
$$P = N\,(e - 0{,}57\,f)$$
ergibt, worin e und f die normalen Preise für Beleuchtungs- und Haushaltstrom ohne Kohlenklauselzuschlag sind. N entspricht hierbei dem ersten Block des Regelverbrauchtarifs Beispiel 114. Die Verrechnung des Zuschlages erfolgt in 12 gleichen Monatsraten.

Die beiden Tarife sind verwickelt und unübersichtlich, ergeben aber verhältnismäßig niedrige Strompreise. Diese Eigenschaft teilen sie mit den meisten französischen Tarifen, die fast allgemein seit der Frankenentwertung niedriger als in anderen europäischen Ländern sind. Das Ministerium für öffentliche Arbeiten hat im Jahre 1931 eine Statistik herausgegeben, in der die Strompreise zusammengestellt sind, die sich aus den einzelnen Tarifen für einen Lichtabnehmer mit 500 W Anschlußwert und 100 kWh Jahresverbrauch und für einen Kraftabnehmer mit 3 kW Anschlußwert und einem jährlichen Verbrauch von 3000 kWh ergeben. Die Preise schwanken

Zahlentafel 41. Mittlere Strompreise in Frankreich.

Verwendungs- zweck	Städte frs/kWh	Land- gebiet frs/kWh	Ins- gesamt frs/kWh
Licht	1,60	2,20	2,00
Kraft	1,10	1,30	1,20

für Lichtstrom zwischen 0,70 und 5,26 frs/kWh, für Kraftstrom zwischen 0,24 und 2,77 frs/kWh. Im Mittel ergeben sich die in Zahlentafel 41 angegebenen Preise.

Im Jahre 1919/20 wurden für die Großabnehmertarife durch ministerielle Verfügung die Berücksichtigung des Leistungsfaktors und die Anwendung von Wirtschaftsklauseln vorgeschrieben. Für die Verrechnung des Blindstroms sind drei Klauseln im Gebrauch. Entweder werden 30% der Blindarbeit zur Wirkarbeit zugezählt und mit dem vollen Preis berechnet; oder für jedes hundertstel Verschlechterung des cos φ unter 0,8 erhöht sich der Strompreis um 2% und ermäßigt sich entsprechend bei einer Verbesserung des cos φ; oder der Strompreis ändert sich im Verhältnis $\dfrac{0,8}{\cos \varphi}$, d. h. nach der Scheinleistung. Die Wirtschaftsklausel sieht einen Index vor, der vom Kohlenpreis und Arbeitslohn abhängig ist und der periodisch vom Ministerium für öffentliche Arbeiten festgesetzt und veröffentlicht wird (vgl. Beispiel 34, S. 178 und Beispiel 113, S. 244).

16. Spanien.

Die Bestrebungen der spanischen Elektrizitätswirtschaftler, das früher vernachlässigte Tarifwesen zu einer erfolgreichen Waffe im Kampfe für die Ausbreitung der elektrischen Arbeit zu entwickeln, haben mit großen Schwierigkeiten zu kämpfen. Die spanische Elektrizitätsgesetzgebung kannte bis vor wenigen Jahren kein ausschließliches Recht für die Verlegung von Leitungen. In ein und derselben Ortschaft, auch in unbedeutenden, finden sich daher häufig die Netze mehrerer Unternehmungen. Dies bedeutet einen für die Entwicklung der Unternehmungen schädlichen Wettbewerb, der nicht nur auf die Höhe, sondern auch auf die Form der Tarife einwirken mußte, indem nur die einfachsten Preisformen angewendet werden konnten.

Ferner muß in Spanien jede Tarifänderung nicht nur von den Bezirks-, sondern auch von den Zentralbehörden genehmigt werden, ohne daß die Gewißheit einer sachverständigen Entscheidung besteht. Da bei der Eigenart der spanischen Bevölkerung und der großen Verschiedenheit der einzelnen Landesteile die Wirkung neuer Tarife nicht ohne weiteres übersehen werden kann, bedeutet die Neueinführung eines Tarifes somit stets ein Wagnis, zumal die gesetzliche Bedingung eingehalten werden muß, daß auch für einzelne Abnehmer Strompreiserhöhungen gegenüber einem früheren Zustand nicht eintreten dürfen.

Weiter bildet — wie in Italien — die schon seit langem eingeführte Besteuerung der zu Beleuchtungszwecken verbrauchten elektrischen Arbeit ein Hindernis für die Anwendung neuzeitlicher, bewährter Haushalttarife. Schließlich sind auch die Erzeugungsverhältnisse häufig ungleichmäßig. Spanien verfügt zwar über zahlreiche Wasserkräfte, die bereits in großem Maßstab zur Erzeugung elektrischer Arbeit verwendet werden (85—90% der gesamten erzeugten Energie stammen aus Wasserkräften), doch ist die Wasserführung stark schwankend, so daß vielfach die Spannung unzureichend ist, oder aber teure Dampfreserven erstellt werden müssen, die den weitaus größten Teil des Jahres stillstehen. Demgegenüber besteht sowohl bei den staatlichen Stellen, wie auch bei der Bevölkerung ein starres Festhalten an den einmal festgesetzten Preisen, die ohnedies durch den Sturz der spanischen Währung für eine finanziell gesicherte, großzügige Elektrizitätsversorgung unzureichend sind.

Die Elektrizität erzeugenden und verteilenden Unternehmungen sind in einer sog. Kammer (Camara Oficial de Productores y Distribuidores de Electricidad) zusammengefaßt. Diese Körperschaft ist, durchdrungen von der Wichtigkeit eines geregelten und zweckmäßigen Tarifwesens schon lange bemüht, wenigstens die der Einführung günstiger Tarife entgegenstehenden gesetzlichen Widerstände zu beseitigen und hat der Regierung bereits vor einigen Jahren in einer Eingabe entsprechende Vorschläge unterbreitet. In dieser Eingabe wird dargelegt, daß die spanischen Elektrizitätswerke bestrebt seien, neuzeitliche Tarife, besonders für Haushaltungen einzuführen, da sie hiervon eine Förderung der Elektrizitätsanwendung und eine wesentliche Verbilligung des Mehrverbrauchs erwarteten. Sie seien hieran jedoch durch die bestehende Berechnungsform der Lichtsteuer gehindert, die auf den gesamten über den Lichtzähler gelieferten Verbrauch erhoben wird. Bei Einführung neuer Haushaltstarife müsse diese Art der Berechnung geändert werden, da ein großer Teil des Haushaltverbrauchs nicht Lichtstrom, sondern Kleinkraft- und Wärmestrom sei. Die Verwendung zweier getrennter Zähler im Haushalt sei nicht möglich. Es wird dann vorgeschlagen, für ganz Spanien einen neuen Haushalttarif in Form eines Grundgebührentarifs einzuführen, bei dem die Grundgebühr nach der Höhe der Miete berechnet wird. Der Arbeitspreis soll eine einzige Abstufung nach der Benutzungsdauer erfahren, die auf den Zählermeßbereich zu beziehen ist. Der Zählermeßbereich soll ebenfalls von der Höhe der Miete abhängen.

Diese Vorschläge haben keine Verwirklichung gefunden, dagegen wurden neue Beschlüsse der oben erwähnten Kammer von dem amtlichen Wirtschaftsrat genehmigt, die die Einführung eines Grundgebührentarifs empfehlen, dessen Grundgebühr sich nach dem Anschlußwert richtet, während der Arbeitspreis nach der Höhe des Verbrauchs in Zonen abgestuft werden soll. Die Grundgebühr soll ungefähr einem Verbrauch entsprechen, der sich bei einer monatlich 50stündigen Benutzungsdauer des gesamten Anschlußwertes des betreffenden Haushaltes ergibt. Der Arbeitspreis für weitere 40 Benutzungsstunden soll dem bisherigen Zählertarif abzüglich eines Rabattes von etwa 10% entsprechen. Die Ermäßigung in der zweiten Zone soll etwa 40% betragen. Die Grundgebühr kann außer auf den Anschlußwert auf die Wohnungsmiete, auf die Grundfläche der Wohnung, auf die Zahl der Wohnräume, auf die Höchstbeanspruchung oder auf den Verbrauch früherer Jahre bezogen werden. Ein solcher Tarif soll wahlweise für die Abnehmer neben dem bisherigen normalen Zählertarif eingeräumt werden. Es bleibt abzuwarten, ob diese Vorschläge durchgeführt und welchen Erfolg sie zeitigen werden.

17. Italien (25, 26, 27, 357).

Die Entwicklung der Elektrizitätswirtschaft Italiens ist durch den Mangel an einheimischen Brennstoffen und durch den Reichtum des Landes an Wasserkräften, deren Ausbau von der Regierung auf jede Weise gefördert wird, beeinflußt. Demzufolge wird der Energiebedarf Italiens bis auf wenige Prozent durch Wasserkraft gedeckt. Über die Verteilung der Energiebeschaffung auf die verschiedenen Quellen gibt Zahlentafel 42 Aufschluß.

Zahlentafel 42.   Erzeugung der elektrischen Arbeit in Italien.

Beschafft durch	1931 Mill. kWh	1932 Mill. kWh	1933 Mill. kWh
Wasserkraft	9644	9889	10900
Wärmekraft . . .	263	292	338
Aus dem Ausland .	173	169	177
Summe:	10080	10350	11415

Ferner ist die Tatsache von Bedeutung, daß fast die gesamte Großindustrie durch niedrige Tarife zum Anschluß an die öffentlichen Elektrizitätswerke veranlaßt werden konnte. Der Gesamtverbrauch der Industrie betrug im Jahre 1932 rund 6,2 Milliarden kWh. Hiervon wurden etwa 72,4% von den öffentlichen Elektrizitätswerken geliefert und nur 27,6% in eigenen Anlagen der Industrie erzeugt.

Die Tarifgestaltung an sich ist in Italien von behördlichen Maßnahmen im wesentlichen unbeeinflußt. Diese Tatsache leistet dem Bestreben, die Tarife durch Vielgestaltigkeit den sehr verschiedenartigen wirtschaftlichen Verhältnissen der einzelnen Landesteile anzupassen, wesentlichen Vorschub und macht es erklärlich, daß in Italien das Bild der Tarifgebahrung, auch innerhalb der einzelnen Unternehmungen, ja selbst der Ortschaften besonders vielfarbig ist. Größere Versorgungsunternehmungen wenden nicht nur die Grundformen der Tarife nebeneinander an, sondern stufen die Preise nach Verwendungszweck, Gewerbe, Zahl der Einwohner, Benutzungsdauer, Jahres- und Tageszeit usw. ab und benötigen infolgedessen zur Zusammenstellung der Verkaufspreise oft recht umfangreiche Drucksachen.

So werden z. B. in der Tarifzusammenstellung des Societa Elettrica del Valdarno, Florenz, folgende Tarife aufgeführt:

1. Zählertarif für Orte mit mehr als 5000 Einwohnern,
2. Zählertarif für Orte mit weniger als 5000 Einwohnern,
3. Zählertarif für Landhäuser,
4. Zählertarif für Büros, Gaststätten, Theater, Geschäfte,
5. Pauschaltarif für offene Schankwirtschaften und Läden,
6. Pauschaltarif für Treppenbeleuchtung,

7. Pauschaltarif für öffentliche Beleuchtung,
8. Pauschaltarif für Werbebeleuchtung,
9. Pauschaltarif für Votivlampen,
10. Zählertarif für Kraftstromlieferung mit Mindestgewähr,
11. Zählertarif für Kraftstromlieferung ohne Mindestgewähr,
12. Zählertarif für Kraftstromlieferung bis 4 kW,
13. Zählertarif für Wärmezwecke im Haushalt,
14. Pauschaltarif für Speichergeräte,

dazu noch 17 Sondertarife für die verschiedenen Gewerbe.

Dabei wird die Tarifgestaltung noch dadurch beeinflußt, daß seit langem sowohl seitens des Staates wie auch seitens der Gemeinden eine Steuer auf die elektrische Beleuchtung und früher auch auf die elektrische Heizung gelegt wurde. Die Steuer wird in der Regel von den verkauften kWh und bei Pauschaltarifen auf Grund besonderer Vereinbarung erhoben. Hiermit steht im Zusammenhang, daß in Italien auch heute noch neben dem Pauschaltarif für kleine Beleuchtungsanlagen und in der Landwirtschaft hauptsächlich Zählertarife für Beleuchtungs-, Haushalt- und Kraftzwecke in Gebrauch sind. Doch wendet man sich auch in Italien immer mehr den Grundgebührentarifen zu.

Für Großabnehmer werden vorwiegend Leistungspreistarife oder entsprechend gestaltete Mindestabnahmetarife verwendet. Wirtschaftsklauseln sind hierbei entsprechend der staatlichen Politik, die Preise möglichst stabil zu halten, nicht üblich, dagegen sind fast allgemein cos φ-Klauseln eingeführt, wofür ver-

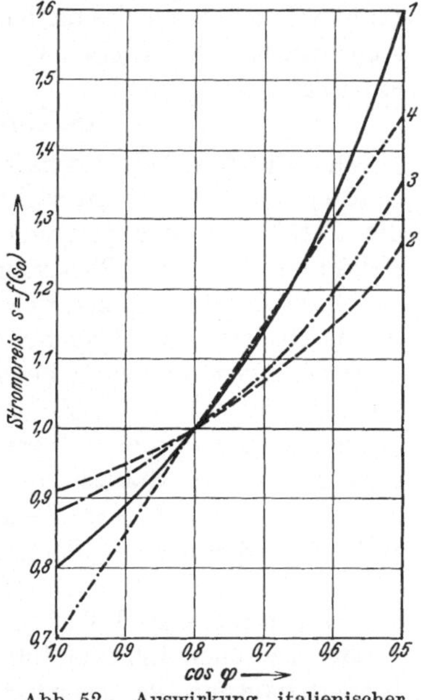

Abb. 52. Auswirkung italienischer Blindstromklauseln nach Beispiel 116.

schiedene interessante Berechnungsarten, gemäß dem nachfolgenden Beispiel gebräuchlich sind.

Beispiel 116: Blindstromklauseln.

Wird mit cos φ_0 der im Tarif vorgesehene Solleistungsfaktor und mit cos φ der tatsächliche Leistungsfaktor bezeichnet, dann ergibt sich der Strompreis s aus dem Strompreis s_0 beim Solleistungsfaktor aus folgenden Formeln:

1. $s = s_0 \dfrac{\cos \varphi_0}{\cos \varphi}$

2. $s = s_0 \sqrt{\dfrac{\cos \varphi_0}{\cos \varphi}}$

3. $s = s_0 \left(1 + 0{,}6 \dfrac{\cos \varphi_0 - \cos \varphi}{\cos \varphi}\right)$

4. $s = s_0 \left(1 + \alpha \left(\cos \varphi_0 - \cos \varphi\right)\right)$, worin $\alpha = 1{,}05{-}1{,}5$ ist.

Diese 4 Formeln, von denen die erste die Abhängigkeit von der Scheinleistung darstellt, sind in Abb. 52 bildlich wiedergegeben. Der $\cos \varphi_0$ ist hierbei zu 0,8 angenommen und für den Fall 4 die Zahl $\alpha = 1,5$.

Die mittleren Einnahmen für Wohnungsbeleuchtung bewegen sich in der Größenordnung von etwa 1,20 Lire/kWh. Hierzu kommen, wie oben erwähnt, die recht bedeutenden staatlichen und kommunalen Abgaben, die bis zur Hälfte des Durchschnittspreises ansteigen. Bei Kleinkraftabnehmern können die mittleren Einnahmen zu etwa 0,60 Lire/kWh angenommen werden. Im Laufe des Jahres 1934 wurde in Italien entsprechend der gestiegenen Kaufkraft des Lire eine Preisherabsetzung für alle Gegenstände des täglichen Bedarfs, auch für die elektrische Arbeit, angeordnet. Die Preise wurden für den Kleinverkauf um 5—15% ermäßigt.

18. Rumänien (*387—390*).

Die Elektrizitätswirtschaft Rumäniens ist, abgesehen von größeren Städten, noch wenig entwickelt. Das Energiegesetz von 1930, das für die Betätigung der privaten Hand und des ausländischen Kapitals Erleichterungen und Sicherungen bietet, versprach zwar eine Belebung des Ausbaus, doch haben sich die hieran geknüpften Hoffnungen infolge der Wirtschaftskrise bisher noch nicht erfüllt. Auf dem flachen Lande bestehen meist vereinzelte kleine Versorgungsanlagen, häufig im Anschluß an eine der zahlreichen Mühlen. Diese Anlagen sind selbst in größeren Orten für eine ausgiebige Versorgung unzureichend, der Absatz ist daher niedrig. In den Städten begann man zwar schon frühzeitig mit der Errichtung von Elektrizitätswerken — Timisoara (Temesvar) 1884, Bukarest 1888 usw. — doch ging auch hier die Entwicklung sehr langsam vor sich. Nur wenige größere Städte haben einen jährlichen Stromabsatz von mehr als 100 kWh/Kopf der Bevölkerung. In diesen Städten werden zwischen 150 und 160 kWh/Kopf verbraucht. Das Landesmittel beträgt dagegen, da bis vor kurzem erst 23% der Gesamtbevölkerung Anschlußmöglichkeit hatten, nur 18 kWh/Kopf (1932) und einschließlich der Gruben und Industrieunternehmungen 30 kWh/Kopf. Bezogen auf die versorgte Bevölkerung ergibt sich aus dem Stromabsatz der öffentlichen Elektrizitätswerke ein Verbrauch von 78 kWh/Kopf und Jahr.

Diese niedrigen Verbrauchsziffern hängen, abgesehen von dem beschränkten Ausbau, auch damit zusammen, daß die in den öffentlichen Elektrizitätswerken erzeugte Energie zu einem sehr hohen Prozentsatz nur für Beleuchtungszwecke verwendet wird, da die Industrie zum großen Teil eigene Stromerzeugungsanlagen besitzt und Kleinkraft infolge der Billigkeit menschlicher Arbeitskraft wenig verwendet wird. Der Stromabsatz für Haushaltzwecke ist noch bescheiden, wird jedoch seit einigen Jahren durch entsprechende Tarife zu fördern gesucht.

Die elektrische Energie wird in Rumänien zu etwa 54% mit Dampfkraft-, zu 24% mit Wasserkraft- und zu 22% mit Verbrennungskraftmaschinen erzeugt. Neben Rohöl, an dem das Land sehr reich ist, wird auch Erdgas für Dampf- und Verbrennungskraftanlagen verwendet. Die Dampfkraftanlagen werden jedoch vorwiegend mit Kohle, von der das Land ebenfalls große Vorkommen besitzt, gespeist. Die Verarmung der zum großen Teil bäuerlichen Bevölkerung zieht der Elektrizitätswirtschaft trotz der reichen Bodenschätze und der zum Teil niedrigen Tarife zur Zeit enge Grenzen.

Für die Haushaltversorgung sind verschiedene Preisformen in Anwendung, die meist bewährten Tarifen anderer Länder (Schweiz, V.St.A., Deutschland usw.) nachgebildet werden. Eine einheitliche Richtung ist hier noch nicht zu erkennen. Grundgebührentarife begegnen vielfach dem Widerstand der vorwiegend landwirtschaftlichen Bevölkerung, deren Einfluß auch in den Städten groß ist.

Beispiel 117: Societatea Generală de Gaz şi Electricitate S.A.R. din Bucureşti. Regelverbrauchstarif nach Zimmerzahl mit Abstufung nach der Jahreszeit.

| Anwendungsgebiet | Zimmerzahl[1] | Stromverbrauch | | | | Preis |
| | | November bis April | | Mai bis Oktober | | |
		1. und 2. Zone je kWh/Monat	3. Zone kWh/Monat	1. und 2. Zone je kWh/Monat	3. Zone kWh/Monat	Lei/kWh
Haushalt	1	15		7		
	2	18		9		1. Zone:
	3	22		11		10
	4	26	die	14	die	
	5	31	weiteren	17	weiteren	2. Zone:
	6	38		21		7,5
	7	47		26		
	8	58		32		3. Zone:
	9	71		39		4
	je 1 weiteres	+ 15		+ 7		

[1] Zuzüglich Nebenräume.

Der Tarif sieht eine starke Abstufung der Preise nach der Jahreszeit **vor, was** durch die überwiegende **Lichtbelastung** und den niedrigen Kraftstromabsatz (etwa 30% des Gesamtverbrauchs) gerechtfertigt erscheint. Ein ähnlicher Tarif ist in Brasov neben einem Regelverbrauchstarif auf der Grundlage der angeschlossenen Brennstellen in Benützung.

In Temesvar ist für den Haushalt ein Doppeltarif nach schweizer Vorbild (vgl. S. 210) eingeführt. Dieser sieht drei Preisstufen von 12, 4,5 und 2,5 Lei/kWh vor. Der höchste Preis ist für den Verbrauch während der Spitzenstunden, der mittlere Preis für die ersten 50 kWh/Monat außerhalb der Spitzenstunden und der niedrigste Preis für den Mehrverbrauch zu bezahlen. Die Spitzenstunden sind nach der Jahreszeit verschieden. Dieser Tarif kann auch für Geschäftsräume, Restaurants und Kaffeehäuser Verwendung finden.

Daneben besteht noch ein Grundgebührentarif, bei dem die Grund-gebühr nach der Zimmerzahl und der Arbeitspreis nach Art eines Regelverbrauchstarifs abgestuft ist. Die Gewährung der beiden Tarife ist an die Verpflichtung einer bestimmten Mindestabnahme gebunden.

Bemerkenswert ist der Tarif in der Stadt Arad. Dort ist nach Pariser Vorbild (s. Beispiel 114, S. 244) ein Zählertarif in Gebrauch, bei dem die für die einzelnen Abnehmergruppen verschiedenen Einheitspreise aus einem festen und einem nach den Personalausgaben und dem Kohlenpreis veränderlichen Anteil bestehen.

Von allgemeinen Großabnehmertarifen in engerem Sinne kann kaum gesprochen werden, da diese Abnehmer, soweit sie an die öffentlichen Versorgungsnetze angeschlossen sind, auf Grund von Sonderverträgen beliefert werden, bei denen die Preisgestaltung den jeweiligen Ver-hältnissen des Einzelfalles angepaßt wird. In Temesvar werden die Großabnehmer nach einem Zählertarif mit Abstufung nach der Größe des Verbrauchs beliefert; außerdem wird am Jahresende eine Benutzungs-stundenprämie gewährt, auch kann der Leistungsfaktor berücksichtigt werden. In Brasov ist ein mit der Benutzungsdauer stark fallender Zählertarif in Kraft. Für Kleinabnehmer werden — abgesehen vom Haushalt — vorwiegend Zählertarife, vereinzelt auch Pauschaltarife, verwendet. Die Strompreise bewegen sich für Beleuchtung bei größeren Elektrizitätswerken zwischen 11 und 16 Lei/kWh und betragen im Mittel 14,5 Lei/kWh. Die Kraftstrompreise für kleingewerblichen Ver-brauch sind etwa halb so hoch und liegen zwischen 6 und 8 Lei/kWh. Abgesehen von wenigen kleinen Werken mit höheren Preisen, sind die Durchschnittspreise niedriger als in Deutschland und für eine großzügige Entwicklung, die fremdes Kapital in beträchtlichem Umfange erfordert, nicht ausreichend.

19. UdSSR *(386)*.

In der Sowjetunion untersteht wie das gesamte gewerbliche Leben auch das Tarifwesen völlig behördlicher Regelung durch den Obersten Wirtschaftsrat. Früher waren vielfach die einfachsten Verrechnungs-methoden im Gebrauch: Zählertarife und insbesondere Pauschaltarife, diese namentlich bei kleineren Werken. Durch Verordnung des Obersten Wirtschaftsrats wurde im Jahre 1931 in Moskau für Haus-haltungen ein Grundgebührentarif eingeführt, mit der Wohnfläche als Bestimmungsgröße für die Grundgebühr. Sie beträgt jährlich 64 K/m^2 bei einem Arbeitspreis von 8 K/kWh, daneben besteht ein allgemeiner Zählertarif für Beleuchtungszwecke in Höhe von 16 K/kWh. Dieser Preis darf auch bei dem Grundgebührentarif als durchschnittlicher Höchstpreis nicht überschritten werden. Ein Zählertarif, nach dem Verwendungszweck abgestuft, wird in folgendem Beispiel gezeigt:

Beispiel 118: Moskauer Vereinigte Elektrizitätswerke (MOGES). Zählertarif mit Abstufung nach dem Verwendungszweck.

Anwendungsgebiet	Strompreis K/kWh
Straßenbahn	4,5
Elektrische Eisenbahn	4,0
Landwirtschaft und Dörfer (Hochspannung)	6,6
Kleinindustrie usw. unter 50 kW	8,0
Haushaltmotoren, Ventilatoren, Fahrstühle usw. unter 5 kW	16,0
,, ,, ,, ,, über 5 kW	10,0
Straßenbeleuchtung	8,0
Theater, Hotels, Reklameanlagen, Kinos, Warenhäuser	26—80

Blindstromklausel wie bei nachstehendem Beispiel 119.

Im übrigen sind die Strompreise in den einzelnen Bezirken je nach den Gestehungskosten verschieden.

Die neuen Großabnehmertarife, die im Jahre 1931 eingeführt wurden, stehen im Zeichen der Industrialisierung und Rationalisierung. Die fortschreitende Entwicklung der Industrie, die großenteils 24 h täglich ohne Unterbrechung durch Sonn- und Feiertage (5 Tage-Woche) arbeitet, machte den Ersatz der starren Zählertarife durch andere Tarife notwendig, die sich diesen Verhältnissen besser anpassen. Gleichzeitig sollten die neuen Tarife die Ausnutzung der bestehenden Stromerzeugungs- und Verteilungsanlagen möglichst steigern. Diesen Bestrebungen wird am meisten ein Leistungspreistarif mit $\cos\varphi$-Klausel gerecht, der den Abnehmern mit steigender Benutzungsdauer und günstigerem $\cos\varphi$ fallende Strompreise gibt und sie dadurch zu einer Betriebsführung veranlaßt, die den erwähnten Wünschen der Elektrizitätswerke ebenso entgegenkommt wie denen der Abnehmer. Bei den eingeführten Tarifen wird der Leistungspreis nach dem Anschlußwert bemessen, und zwar bei Transformatoren in kVA, sonst in kW. Er ist mit steigender Leistung abgestuft. Der Arbeitspreis ist bei Hochspannung niedriger als bei Niederspannung. Die Strompreise sind außerdem noch vom $\cos\varphi$ abhängig.

Beispiel 119: Moskauer Vereinigte Elektrizitätswerke (MOGES). Leistungspreistarif mit Abstufung nach Leistung, Übergabespannung und $\cos\varphi$.

Anwendungs-gebiet	Anschlußwert kVA oder kW[1]	Leistungspreis R/kVA und Jahr oder R/kW und Jahr	Arbeitspreis	
			Hochspannung K/kWh	Niederspannung K/kWh
Groß-abnehmer	50— 250	62,40		
	251— 600	57,60		
	601—2000	54,00	2,75	3,1
	2001—5000	50,40		
	5001 und darüber	48,00		

[1] Bei Transformatoren kVA, sonst kW.

Die vorgenannten Strompreise verstehen sich bei einem Leistungsfaktor von 0,8. Für andere Werte des $\cos \varphi$ gelten folgende Ermäßigungen oder Zuschläge:

Leistungs-faktor $\cos \varphi$	Preisnachlaß (—) oder -zuschlag (+) %
1,0	— 9
0,9	— 5
0,8	—
0,7	+ 6
0,6	+ 14
0,5	+ 25
0,4	+ 42
0,3	+ 70

Der $\cos \varphi$ wird jeweils auf volle Zehntel auf- oder abgerundet.

Der Strompreis P errechnet sich für Werte des Leistungsfaktors unter 0,8 aus dem Ausgangspreis bei $\cos \varphi = 0,8$ nach der Formel $P = a \cdot f$, worin

$$f = 1 + 0,26 \; (\operatorname{tg} \varphi - \operatorname{tg} \operatorname{arc} \cos 0,8)$$

oder angenähert

$$f = \sqrt{\frac{0,8}{\cos \varphi}}$$

ist. Hieraus sind die nebenstehenden Werte abgeleitet.

Die mittleren Einnahmen des Unternehmens betrugen im Jahre 1931 etwa 7 K/kWh, für Großabnehmer 5,2 K/kWh, für Beleuchtung 16,65 K/kWh. Die Tarife sollen sich gut bewährt haben.

20. Der nahe Orient.

a) Türkei. Die Elektrizitätsversorgung in der Türkei erstreckt sich zur Zeit im wesentlichen nur auf die wichtigeren Städte, während das schwach besiedelte Land vorläufig noch unversorgt ist. Die bedeutendste Anlage des Landes befindet sich in der ehemaligen Hauptstadt Istanbul (Konstantinopel), deren Leistungsfähigkeit etwa 70000 kVA beträgt. Nach der Verlegung des Regierungssitzes nach Ankara wurde hier im Jahre 1928 ein Elektrizitätswerk errichtet. Das Kraftwerk hat eine Leistungsfähigkeit von 4200 kW. Eine kleinere Anlage wurde gleichzeitig in Adana, im Süden der kleinasiatischen Halbinsel, in Betrieb genommen. Daneben bestehen noch in Smyrna, Mersina, Trapezunt, Kaisarie, Eskichehir u. a. kleinere Werke. In Istanbul und Smyrna wird die Energie mittels Dampfturbinen, in Ankara und Adana, wie in den meisten anderen Werken, mittels Dieselmotoren erzeugt; auch einige kleinere Wasserkraftanlagen sind in Betrieb. Die Werke in den größeren Orten befinden sich in der Hand privater Gesellschaften, einige Werke werden auch von den Gemeinden selbst betrieben.

Die türkischen Konzessionslastenhefte sehen — ähnlich wie die polnischen — Strompreisformeln vor, nach denen sich der Strompreis selbsttätig alle 3—4 Monate abhängig von der Lohnhöhe, dem Kohlenpreis und den Kurs des türkischen Pfundes gegenüber dem Schweizer Franken ändert (s. Beispiel 36, S. 179).

Die Formel für Lichtstrom lautet z. B. in Istanbul:

$$p = 3,9 \; \frac{S'}{S} + 0,85 \cdot \frac{23}{F'} + 0,28 \, K$$

Darin bedeutet:

p den Strompreis in Ptrs/kWh,

S den Arbeitslohn zur Zeit des Vertragsschlusses,

S' den Arbeitslohn zur Zeit der Strompreisfestsetzung,
F' den Kurs des Ltq in sfrs zur Zeit der Strompreisfestsetzung,
K den Kohlenpreis in Ltq/t zur Zeit der Strompreisfestsetzung.

In Ankara und anderen Städten sind die Formeln ähnlich aufgebaut.

Die Strompreise, die sich daraus ergeben, sind bei den einzelnen Werken verschieden hoch. In Istanbul betrug der Kleinabnehmerlichtstrompreis Anfang 1934 17,5 Ptrs/kWh, in Ankara 27,5 Ptrs/kWh. Hierbei ist zu berücksichtigen, daß die Abnahmeverhältnisse in diesen beiden Städten außerordentlich verschieden sind. In Istanbul beträgt der Absatz etwa 80—90 Millionen kWh/Jahr, in Ankara dagegen nur rund 7 Millionen kWh/Jahr. Zudem wird in Ankara die Energie vorwiegend an Großabnehmer und Behörden zu niedrigen Preisen abgegeben, während Istanbul als Fremden- und wichtige Hafenstadt erhebliche Strommengen zu den normalen Tarifen absetzen kann. Auch rechtfertigt schon die Größenordnung der beiden Unternehmungen den Preisunterschied.

Während Licht und Kleinkraft zu den erwähnten Zählertarifen abgegeben wird, sind für Großabnehmer auch Leistungspreistarife im Gebrauch, z. B. werden in Ankara mit derartigen Abnehmern im allgemeinen Verträge mit einem Leistungspreis von 75,— Ltq/kW Höchstbelastung und Jahr und einem Arbeitspreis abgeschlossen, dessen Höhe im einzelnen Falle von den besonderen Umständen abhängig ist. Die Verhältnisse liegen, abgesehen von Istanbul, deshalb besonders ungünstig, weil die Bevölkerung mit der Elektrizitätsanwendung noch nicht vertraut ist und erst von Grund auf erzogen werden muß.

b) Palästina. Im Gegensatz zu den anderen Ländern des nahen Orients ist die Elektrizitätsversorgung Palästinas, die abgesehen von Jerusalem in der Hand einer einzigen Gesellschaft liegt, trotz der Kürze ihres Bestehens gut entwickelt. Dies liegt hauptsächlich daran, daß hier außer den Städten auch die zahlreichen im Laufe der letzten Jahrzehnte entstandenen Kolonien als Abnehmer in Betracht kommen. Da im Sommer kein Regen fällt, ist künstliche Bewässerung notwendig, für die mechanischer Betrieb unerläßlich ist, da das Wasser zum Teil aus erheblicher Tiefe gefördert werden muß. Zudem handelt es sich bei den Kolonisten im Gegensatz z. B. zu den ägyptischen Bauern um Menschen, die mit neuzeitlichen Arbeitsverfahren und technischen Hilfsmitteln vertraut sind. Da in den Jahren nach der Gründung der palästinensischen Überlandzentrale eine große Zahl neuer Kolonien errichtet wurde und auch die städtische Bevölkerung durch Einwanderung aus Europa stark zunahm, fand das Elektrizitätswerk von vornherein eine große Zahl guter Abnehmer. Zudem hat Palästina z. B. vor den amerikanischen landwirtschaftlichen Gebieten voraus, daß die Kolonien und Farmen dichter zusammenliegen, so daß eine bessere Ausnutzung der Überlandleitungen als dort gesichert ist. Weiter sind die europäischen Einwanderer zum großen Teil an ausgiebige Elektrizitätsverwertung gewöhnt, so daß bei entsprechenden Tarifen für Haushaltzwecke noch erhebliche Strommengen abzusetzen sind, um so mehr als es nirgends im Lande Gaswerke gibt, Hilfskräfte für den Haushalt hoch bezahlt sind und auch das Klima die ausgedehnte Verwendung der Elektrizität im Haushalt begünstigt. Es sind auch schon Vorbereitungen für die allgemeine Einführung zweckmäßiger Tarife im Gange, und in Jerusalem ist bereits ein Grundgebührentarif nach Bodenfläche hierfür in Gebrauch.

Für die meisten Verwendungszwecke werden Zählertarife benützt. Die Strompreise betragen für Licht 30—40 mils/kWh, für Kraft 12 bis 20 mils/kWh und sind nach der Größe des Verbrauchs bis zu $4^1/_2$ mils/kWh abgestuft. Zählergebühren zwischen 50 und 250 mils/Monat werden besonders berechnet. Eine Mindestgewähr ist allgemein vorgesehen.

Für Bewässerungszwecke und Hochspannungsabnehmer sind neben Zonentarifen mit 9—6 mils/kWh Leistungspreistarife in Verwendung bei denen Leistungs- und Arbeitspreis mit steigender Inanspruchnahme fallen.

Beispiel 120: **Palestine Electric Corporation Ltd., Haifa. Leistungspreistarif mit Abstufung nach Leistungsbedarf und Größe des Verbrauchs.**

Anwendungsgebiet	Anschlußwert kW	Leistungspreis LP/kW und Jahr	Stromverbrauch kWh/Jahr	Arbeitspreis mils/kWh
Bewässerung	die ersten 5	4,—	1— 5000	6
	die nächsten 10	2,—	5001—10000	5
	die weiteren	1,—	10001—15000	4
			15001 und darüber	3,5

Der Leistungspreis ist in 6 gleichen Monatsraten von April bis September zu entrichten.

Ein Grundgebührentarif mit entsprechenden Preisen ist für Hochspannungsabnehmer vorgesehen.

Abgesehen von den erwähnten Tarifen sind noch verschiedene Sondertarife, z. B. für Elektrowärme, Beleuchtung der Straßen, Krankenhäuser, Hotels, Kinos, Gotteshäuser usw. in Gebrauch.

c) Ägypten. Die Elektrizitätswirtschaft in Ägypten ist noch wenig entwickelt, obgleich einige Werke bereits in den letzten Jahren des vorigen Jahrhunderts errichtet wurden. Der Ausbau von Überlandnetzen ist infolge der Armut und Bedürfnislosigkeit der Landbevölkerung unwirtschaftlich und auch in den Städten kommt nur ein Teil der Bewohner als Abnehmer — fast ausschließlich von Lichtstrom — in Betracht. Industrie gibt es nur vereinzelt und die größeren Betriebe liegen vielfach abseits der Städte, so daß sie auf eigene Stromerzeugung angewiesen sind. Auch die ägyptische Regierung, die in den letzten Jahren umfangreiche Be- und Entwässerungsanlagen errichtet hat, erbaute eigene

Kraftwerke, teils weil die Entfernung von den öffentlichen Versorgungsnetzen zu groß ist, teils um von den privaten Konzessionsgesellschaften, denen die Elektrizitätswerke (und Gaswerke) in den größeren Städten — Kairo, Alexandrien, Port-Said — gehören, in der Strombeschaffung unabhängig zu sein. Unter diesen Umständen dient der Stromabsatz der öffentlichen Elektrizitätswerke überwiegend der Lichtversorgung. Da die menschliche Arbeitskraft in Ägypten sehr billig ist — die Bewässerung der Felder erfolgt aus den Kanälen größtenteils mittels Schöpfeinrichtungen, die durch Tiere oder Menschen betrieben werden — besteht wenig Aussicht, den Stromabsatz für Kleinkraft oder Haushaltzwecke wesentlich zu erhöhen. Die Stromerzeugung, die ausschließlich durch Dampf- und Dieselkraftwerke erfolgt, beträgt unter diesen Umständen in Alexandrien jährlich nur 36 kWh/Kopf der Bevölkerung. In Kairo liegt diese Zahl noch darunter. Die Regierung plant im Anschluß an die für Pumpwerke erbauten Netze einen großzügigen Ausbau der Stromversorgung der kleinen Städte im Nildelta, sowie die Errichtung von Wasserkraftwerken am Nil in Assuan und Assiut, wo sich Stauwehre für Bewässerungszwecke befinden.

Unter den geschilderten Verhältnissen ist es nicht verwunderlich, daß noch ausschließlich Zählertarife verwendet werden. Die Lichtstrompreise betragen in Alexandria 20 mm[1]/kWh, in Kairo 25 mm/kWh und bei den kleineren, zum Teil in gemeindlichem Besitz befindlichen Werken bis zu 30 mm/kWh und darüber. Die Strompreise sind unter Berücksichtigung der Pfundentwertung zum Teil sehr niedrig. Wenn auch die innere Kaufkraft des Pfundes nicht wesentlich gesunken ist, so muß doch bei Beurteilung der Preishöhe berücksichtigt werden, daß das Anlagekapital von den fremden Konzessionsgesellschaften in Gold ausgegeben und verbucht ist, so daß der Kapitaldienst und ein Teil der Instandhaltungskosten usw. in Gold zu decken sind und daß die Anlagen infolge Zoll- und Transportkosten etwa 25—30% teurer sind als in Mitteleuropa.

Diese Tarifverhältnisse sind auf die Konzessionsverträge zurückzuführen, die zum Teil vor langer Zeit abgeschlossen sind und für die Preisfestsetzung Bestimmungen enthalten, die den veränderten wirtschaftlichen Verhältnissen nicht mehr gerecht werden können. So soll der Preis in Alexandrien „gleich dem Preis von Paris zuzüglich ein Drittel" sein, eine Preisklausel, die aus den Verhältnissen vor 40 Jahren erklärlich ist, heute aber viel zu niedrige Strompreise ergibt, zumal wenn die Pfundentwertung berücksichtigt wird.

Für Kraftstrom sind teilweise Doppeltarife und für größere Abnehmer auch Sperrstundentarife im Gebrauch. Bei der hohen Lichtspitze ist eine derartige Tarifform erklärlich.

---

[1] mm Abkürzung für millièmes (s. Kursumrechnungstafel am Ende des Buches).

Beispiel 121: Elektrizitätswerk Kairo, Lebon & Cie. Paris. Zählertarif mit Abstufung nach der Benutzungsdauer und dem Zeitpunkt des Verbrauchs (Doppeltarif).

An-wendungs-gebiet	Hochtarif (17—23h)		Niedrigtarif (23—17h)	
	Benutzungsdauer des Zählermeßbereichs h/Jahr	Strom-preis mm/kWh	Benutzungsdauer des Zählermeßbereichs h/Jahr	Strom-preis mm/kWh
Kraft	die ersten 400 die nächsten 600 die weiteren	25 19,2 11,6	die ersten 200 die nächsten 800 die nächsten 1000 die weiteren	17,6 11,6 9,6 7,7

Infolge der Bestimmungen der Konzession bezüglich der Preisfestsetzung, die alle 5 Jahre auf Grund der Änderungen der Ausgaben erfolgt, kann der Kraftstrompreis während der Spitze nicht niedriger sein als der normale Lichtstrompreis. Dies ist der Entwicklung des Kraftstromabsatzes naturgemäß sehr hinderlich. — In Alexandrien beträgt der Strompreis für Kleinkraftabnehmer 14 mm/kWh. Es ist wichtig zu bemerken, daß hier nur für Licht ausschließliches Verteilungsrecht besteht und Kraftstrom auch von anderen Gesellschaften verkauft werden darf. Mit Großabnehmern werden — oft in scharfem Wettbewerb mit den anderen Stromlieferern — im allgemeinen Sonderabkommen getroffen.

21. Vereinigte Staaten von Amerika (391—401).

Die Elektrizitätswerke spielen im Wirtschaftsleben der V.St.A. in zweifacher Hinsicht eine bedeutsame Rolle: als Kapitalsanlage und als Energieversorgungsunternehmungen. Ihre Bedeutung als Kapitalsanlage erhellt aus der Tatsache, daß in manchen Jahren in den Elektrizitätserzeugungs- und -verteilungsanlagen um 25% höhere Beträge als z. B. in Eisenbahnbauten angelegt wurden. Ein bedeutender Teil des Anlagekapitals ist durch das zu diesem Zwecke entwickelte „Customer ownership"-System aus den Ersparnissen der Abnehmer aufgebracht, die auf diese Weise an dem wirtschaftlichen Wohlergehen der Elektrizitätswerke und daher an einer ausreichenden Höhe der Tarife interessiert werden.

Ebenso bedeutend wie das Anlagekapital (1932 etwa 12 Milliarden Dollar) sind auch die Einnahmen der Elektrizitätswerke, die sich in der Größenordnung von 2 Milliarden Dollar jährlich bewegen. Hieran sind die Haushaltungen mit rund einem Drittel beteiligt. Der gesamte Elektrizitätsverbrauch beträgt jährlich etwa 66 Milliarden kWh, war jedoch vor der Krise wesentlich höher. Hiervon werden annähernd 40% durch Wasserkraft erzeugt.

In der Erkenntnis, daß der Haushalt ein von den Schwankungen der Wirtschaftslage weniger abhängiger, gut zahlender Abnehmer ist, wendeten die amerikanischen Elektrizitätswerke diesem Absatzgebiet frühzeitig ihr Augenmerk zu und entwickelten Tarife, die den besonderen Verhältnissen — gemischter Licht-, Kraft- und Wärmeverbrauch — Rechnung tragen. In ihren Bemühungen, diesen Absatz zu fördern, werden die Werke durch die wirtschaftlichen und klimatischen Verhältnisse des Landes unterstützt. Das durchschnittliche Einkommen ist in den V.St.A. höher als in anderen Ländern, so daß die Ausgaben für Elektrizität nicht so schwer ins Gewicht fallen, wie in der alten Welt. Dagegen spielen die Ausgaben für die meist hochbezahlten Hilfskräfte im Haushalt eine große Rolle, so daß der durchschnittliche Bürgerhaushalt sich ihrer nicht bedienen kann. Die Hausfrau ist daher gezwungen, sich auf anderem Wege eine billige Entlastung bei der Besorgung des Haushalts zu beschaffen und hat diese in der Elektrizität gefunden. Doppelt notwendig macht das Klima diese Hilfe, da die großen Städte der östlichen Union, die auf dem Breitegrad Süditaliens gelegen sind und die teilweise noch unter dem Einfluß des Golfstroms stehen, während eines großen Teils des Jahres unter starker Hitze zu leiden haben. Daher sind elektrische Kühlschränke und Ventilatoren nicht minder verbreitet als elektrische Herde, Bügeleisen usw., die Wärme erzeugen, ohne durch Wärmestrahlung die bedienende Person zu belästigen oder wie Staubsauger, Küchenmotoren usw., die der körperlichen Entlastung dienen.

Alle diese Umstände haben, unterstützt durch eine geschickte Werbetätigkeit und Tarifpolitik der Elektrizitätswerke zu einer außerordentlichen Steigerung des Stromverbrauchs im Haushalt geführt, der im Landesmittel etwa 600 kWh je Haushalt und Jahr beträgt, in einzelnen Gebieten aber erheblich über 1000 kWh hinausgeht. Da in den V.St.A. annähernd 20 Millionen Haushaltungen elektrisch versorgt werden — die Zahl hat in den letzten Jahren etwas abgenommen — bedeutet das einen jährlichen Stromverbrauch von 12 Milliarden kWh oder 18% des gesamten Absatzes. Etwa die gleiche Energiemenge wird an kleine gewerbliche Licht- und Kraftabnehmer abgegeben, während die Großabnehmer etwas mehr als diese beiden Gruppen zusammen verbrauchen. Der Rest verteilt sich auf Straßenbeleuchtung (für die man in Amerika viel Geld ausgibt), Eisenbahnen, Straßenbahnen usw. Beim Kraftstromverbrauch gewinnt der Absatz für Elektrowärmeerzeugung von Jahr zu Jahr an Bedeutung. Die Elektrizitätswerke fördern dieses Anwendungsgebiet durch Forschung, Aufklärung und günstige Tarife.

Für Kleinabnehmer, besonders für Haushaltzwecke, sind bei den weitaus meisten Elektrizitätswerken Blocktarife (Zonentarife) gebräuchlich, bei denen die Strompreise nach der Größe des Verbrauchs, der Benutzungsdauer usw. abgestuft sind; diese Abstufungen werden auf den Anschlußwert, die gemessene Höchstbelastung, die Zimmerzahl, die Wohnungsfläche oder ähnliche Größen bezogen.

17*

Für den Haushalt, dem die amerikanischen Elektrizitätswerke, wie bereits erwähnt, ihr besonderes Interesse zugewendet haben, werden meist drei Blocks vorgesehen, von denen der erste die Beleuchtung, der zweite den Verbrauch der kleineren Haushaltgeräte und der dritte den Kochstromverbrauch umfaßt. Dementsprechend werden auch die Preise abgestuft. Bei vielen Werken wird für Kochen auch ein besonderer Tarif vorgesehen, ebenso für Heißwasserspeicher usw.

Beispiel 122: Commonwealth Edison Company, Chicago, Ill. Blocktarif mit Abstufung nach der Benutzungsdauer (Stromverbrauch je Zimmer und Monat).

An- wendungs- gebiet	Stromverbrauch kWh/Zimmer u. Monat	Strom- preis ¢/kWh
Haushalt	die ersten 3 die nächsten 3 die weiteren	8 6 3

Als Zimmer wird jeder Hauptraum der Wohnung gerechnet, Mindestgewähr 50 ¢/Zähler monatlich. 60- und 100 W-Lampen, die ausgebrannt sind, werden frei ausgewechselt. Bei der Bezahlung innerhalb von 10 Tagen wird auf den 8 und 6 ¢-Block ein Nachlaß von 1 ¢/kWh eingeräumt.

Beispiel 123: Buffalo General Electric Co., Buffalo, N. Y. Blocktarif mit Abstufung nach der Benutzungsdauer.

An- wendungs- gebiet	Benutzungsdauer h/Monat	Strom- preis ¢/kWh
Haushalt	die ersten 60 die nächsten 120 die weiteren	6 4 1,5

Die Benutzungsdauer wird auf die geschätzte Höchstbeanspruchung bezogen, die folgendermaßen berechnet wird:

Licht: 25% aller angeschlossenen Lampenfassungen werden mit je 40 W bewertet, mindestens jedoch 250 W.

Kraft: 2,5% des Anschlußwertes der Herde, Heizplatten, Wasserkocher und anderer Geräte von 1 kW und darüber. 25% des Anschlußwertes der Motoren zwischen $1/_2$ und 1 PS. Kleinere Heiz- und Kochgeräte und Motoren unter $1/_2$ PS werden nicht gerechnet.

Die Mindestgewähr beträgt 75 ¢/Anlage monatlich. Bei Bezahlung innerhalb 10 Tagen wird auf den 6 ¢-Block ein Nachlaß von 1 ¢/kWh eingeräumt.

Vielfach werden die Strompreise im Gegensatz zu Beispiel 122 mit steigender Zimmerzahl abgestuft (Beispiel 124).

Neben diesen reinen Blocktarifen findet man bei einer Reihe von Werken auch Grundgebührentarife, bei denen jedoch meistens der Arbeitspreis ebenfalls zonenförmig abgestuft ist. Man sieht in Amerika in dieser Tarifform, die das Sinken der Strompreise mit steigendem Verbrauch, wachsender Benutzungsdauer usw. sinnfälliger zum Ausdruck

Beispiel 124: Laclede Power and Light Co., Saint Louis, Miss. Blocktarif mit Abstufung nach Zimmerzahl und Benutzungsdauer (Stromverbrauch je Wohnung und Monat).

An- wendungs- gebiet	Zimmerzahl	Stromverbrauch kWh/Monat	Preis $/kWh
Haushalt	1— 4	die ersten 18	
	5— 6	die ersten 27	
	7— 8	die ersten 36	
	9—10	die ersten 45	
	11—12	die ersten 54	7
	13—15	die ersten 63	
	16—20	die ersten 90	
	21 und mehr	die ersten 108	
		die weiteren	2,5

Hierbei werden alle Zimmer mitgezählt. Mindestgewähr 50 $/Anlage. Lampen über 50 W werden frei ersetzt. Bei Bezahlung innerhalb 10 Tagen 5% Nachlaß für die ersten 25 $ der Stromrechnung und 1% für den Mehrbetrag.

bringt als der Grundgebührentarif einen wesentlichen Vorteil, auf den man auch bei den ausgesprochenen Grundgebührentarifen nicht verzichten möchte. Daher ist auch dieser Tarif in den V.St.A. meistens als Blocktarif ausgebildet oder mit einem solchen verbunden.

Beispiel 125: The Lowell Electric Light Corp., Lowell, Mass. Grundgebührenblocktarif mit Abstufung der Grundgebühr nach der Wohnungsfläche und des Arbeitspreises nach der Größe des Verbrauchs.

An- wendungs- gebiet	Grundfläche der Wohnung[1] qfuß	Grund- gebühr $/Monat	Strom- verbrauch kWh/Monat	Arbeits- preis $/kWh
Haushalt	die ersten 1500	90	die ersten 60	5,5
	je weitere 100	4	die weiteren	3,5

[1] Die Grundfläche der Wohnung wird nach den Außenmaßen des Hauses abzüglich 10% berechnet, höchstens 4500 qfuß.

In ähnlicher Weise werden derartige Tarife mit einer Grundgebühr, bezogen auf die Zimmerzahl, den Anschlußwert usw. und mit einer Abstufung des Arbeitspreises nach der Benutzungsdauer gebildet.

Die Kleinabnehmertarife für Licht und Kraft sind, soweit es sich um Blocktarife handelt, die auch für diese Zwecke sehr verbreitet sind, meist nach der Größe des Verbrauchs abgestuft.

Beispiel 126: Westchester Lighting Co., Mount Vernon, N. Y. Blocktarif mit Abstufung nach der Größe des Verbrauchs.

An- wendungs- gebiet	Stromverbrauch kWh/Monat	Strom- preis $/kWh
Be- leuchtung	die ersten 10	10
	die nächsten 190	9,5
	die nächsten 800	8,5
	die weiteren	6

Mindestgewähr:
1 $/Zähler monatlich.

Vielfach ist eine erheblich größere Zahl von Abstufungen üblich, vereinzelt bis herunter zu 1,5 ¢/kWh bei sehr hohen Verbrauchszahlen. Eine andere Art der Abstufung — nach Staffeln, nicht nach Zonen — ist die unter Zugrundelegung eines garantierten Stromverbrauchs.

Beispiel 127: **Indiana and Michigan Electric Co., South Bend, Ind. Zählertarif mit Abstufung nach der Größe des Verbrauchs.**

Anwendungs-gebiet	Gewährleisteter Mindestverbrauch kWh/Monat	Strom-preis ¢/kWh
Hotels mit 24 Stundenbetrieb und mindestens 100 kVA Leistungsbedarf	10000	3,5
	15000	3,2
	20000	2,5
	25000	2,3
	30000	2,1
	35000	2,0
	40000	1,9
	50000	1,8
	60000	1,7
	75000	1,6
	100000	1,5

Bei hochspannungsseitiger Lieferung wird auf diese Preise ein Nachlaß von 5% eingeräumt.

Da die garantierte Strommenge zu bezahlen ist, auch wenn der tatsächliche Verbrauch niedriger ist, wirkt sich dieser Tarif ähnlich aus, wie ein Pauschaltarif mit Überverbrauchszählung.

Die Krafttarife sind grundsätzlich ähnlich aufgebaut. Vielfach werden bei diesen jedoch eine noch erheblich höhere Zahl von Zonen (bis zu 30 und darüber) angewendet. Daneben sind auch Blocktarife mit Abstufung nach der Benutzungsdauer und Grundgebührentarife, Tarife mit Rabattstaffeln usw. in Gebrauch. Auch andere der oben beschriebenen Abstufungen finden Anwendung. Eine bemerkenswerte Abart der Grundgebührentarife, die auch für andere Anwendungszwecke anzutreffen ist, enthält in der Grundgebühr bereits die Bezahlung eines gewissen Stromverbrauchs.

Beispiel 128: **Central Arizona Light and Power Co., Phoenix, Ar. Grundgebührentarif mit Abstufung des Arbeitspreises nach der Benutzungsdauer (Größe des Verbrauchs je PS).**

Anwendungs-gebiet	Grundgebühr $/PS u. Monat	Stromverbrauch kWh/PS u. Monat	Arbeitspreis ¢/kWh
Kraft	2,40	die ersten 40	in der Grundgebühr enthalten
		die nächsten 30	6
		die nächsten 250	5
		die nächsten 500	2
		die weiteren	1,25

Auch Pauschaltarife ohne diesen zusätzlichen Arbeitspreis findet man, doch sind sie sehr selten.

Die Mindestgewähr steigt bei den Krafttarifen im Gegensatz zu den Licht- und Haushalttarifen, bei denen sie meist je Anlage oder Zähler vorgesehen wird, in vielen Fällen mit der Leistung.

Während bei den Licht- und Haushalttarifen die Mindestgewähr im wesentlichen der Sicherstellung der Abnehmerkosten dient, ist hier offensichtlich ein teilweiser Ersatz der Leistungskosten beabsichtigt.

Der Nachlaß bei pünktlicher Zahlung, der bei den Haushaltstarifen meist nur auf die höheren Preise gewährt wird, beträgt bei den Krafttarifen in der Regel 10%.

Mehrfachzeittarife, wie sie in der Schweiz gebräuchlich sind, erfahren in den V.St.A. als Zwangstarife z. B. für den Haushalt allgemeine Ablehnung.

Beispiel 129: **Peoples Power Co., Rock Island, Ill. Mindestgewähr mit Abstufung nach dem Anschlußwert.**

Anwendungsgebiet	Anschlußwert PS	Mindestgewähr $/PS und Monat
Kraft	die ersten 5	1,00
	die nächsten 10	0,75
	die weiteren	0,50

Man wendet dagegen mit Recht ein, daß eine zeitweilige Beschränkung in der Verwendung elektrischer Arbeit durch hohe Strompreise während der Spitze die Abnehmer zu einer Sparsamkeit erzieht, die sich auch außerhalb der Spitze, wenn die niedrigen Preise gelten, auswirkt. Dagegen werden bei vielen Elektrizitätswerken sogenannte „off-peak"-Tarife (Sperrstundentarife) besonders für Kraftstrom, Großabnehmer und Sondergebiete, wie Ladung von Akkumulatoren, Kühlschränke, Heißwasserspeicher usw. angewendet. Diese Tarife sollen solchen Abnehmern, die ohne besondere Schwierigkeiten ihre Stromentnahme während bestimmter Stunden einschränken oder völlig einstellen können, gerechtfertigte Preißermäßigungen einräumen.

Beispiel 130: **Gary Heat, Light and Water Co., Gary, Ind. Off-peak-Zählertarif mit Abstufung nach der Größe des Verbrauchs.**

Anwendungsgebiet	Stromverbrauch kWh/Monat	Strompreis ¢/kWh
Kraftanlagen mit mehr als 5 PS Anschlußwert, **die in der Zeit von 16,30** bis 21ʰ vom 1. Okt. bis 1.März keinen Strom entnehmen	die ersten 500	3,5
	die nächsten 1500	3,0
	die nächsten 3000	2,5
	die nächsten 5000	2,0
	die nächsten 10000	1,8
	die weiteren	1,6

Anschlußgebühr 50,00 $. Mindestgewähr 50 ¢/PS monatlich. Bei Bezahlung der Rechnungen innerhalb von 10 Tagen 10% Nachlaß.

Bei Grundgebührentarifen erstreckt sich die Ermäßigung für spitzenfreie Stromentnahme naturgemäß nur auf die Grundgebühr. Der Nachlaß wird hierbei häufig in einem Rabatt auf die normalen Preise für die außerhalb der Spitze beanspruchte Leistung ausgedrückt. Auch Nachlässe für Abnehmer von Nacht- und Sommerstrom werden manchmal damit verbunden.

Beispiel 131: Northern Indiana Public Service Co., Hammond, Ind. Sondernachlässe bei Grundgebührentarif für Kraft.

Der Abnehmer kann in jedem Jahr von einer der folgenden Vergünstigungen Gebrauch machen:

1. Off-peak-Rabatt.

a) 50% des während des Jahres bezahlten Leistungspreises wird jährlich zurückbezahlt, wenn an den Wochentagen der Monate November bis Januar zwischen 15,30 und 20,30 h keine Arbeit entnommen wird.

b) 40% des während des Jahres bezahlten Leistungspreises wird jährlich zurückbezahlt, wenn die Leistungsbeanspruchung an den Wochentagen der Monate November bis Januar zwischen 15,30 und 20,30h höchstens 10% der Höchstbelastung in den vorhergehenden 12 Monaten beträgt.

2. Off-day-Rabatt.

80% des während des Jahres bezahlten Leistungspreises wird jährlich zurückbezahlt, wenn in der Zeit von 8—20h keine Arbeit entnommen wird, mit Ausnahme der Sonn- und Nationalfeiertage.

3. Saison-Rabatt.

40% des während der übrigen 8 Monate bezahlten Leistungspreises wird jährlich zurückbezahlt, wenn während der Monate November bis Februar keine Arbeit entnommen wird.

Der Tarif unter 2. stellt eine Ermäßigung für Nachtstromverbraucher und unter 3. für die Abnehmer von Sommerstrom dar.

Ein besonderes Problem ist in Amerika die Elektrizitätsversorgung der Landwirtschaft (*392*). Die einzelnen Farmen liegen meist weit auseinander, so daß ihr Anschluß die Verlegung langer Leitungen erfordert, die vielfach nicht entsprechend ausgenutzt werden. Man schätzt das je Farm aufzubringende Kapital auf etwa 1250 $. Auf der anderen Seite ist die wirtschaftliche Energieversorgung dieser Abnehmer von großer Bedeutung. Diese Schwierigkeiten finden auch in der Tarifgestaltung ihren Ausdruck. Um die Deckung der durch den Anschluß entstehenden verhältnismäßig hohen Leistungskosten sicherzustellen, werden meistens — z. B. in Kalifornien — Leistungspreistarife angewendet, bei denen die Leistungspreise nach der beanspruchten Leistung und die Arbeitspreise nach Leistungsanspruch und Arbeitsverbrauch abgestuft sind:

Beispiel 132: San Joaquin Light and Power Corporation, Fresno, Cal. Leistungspreistarif mit Abstufung nach Leistungsbedarf und Größe des Verbrauchs.

An-wendungs-gebiet	Leistungs-bedarf	Leistungs-preis	Arbeitspreis			
	PS	$/PS u. Jahr	die ersten 1000 kWh/ Jahr ₵/kWh	die nächsten 1000 kWh/ Jahr ₵/kWh	die nächsten 1000 kWh/ Jahr ₵/kWh	die weiteren kWh/Jahr ₵/kWh
Land-wirtschaft	1— 4	6,50	1,5			
	5—14	5,50	1,3			
	15—49	5,00	1,25	0,8	0,7	0,6
	50—99	4,50	1,2			
	100 und mehr	4,00	1,15			

Der Leistungsbedarf wird nach dem Anschlußwert geschätzt oder bei größeren Anlagen gemessen, beträgt jedoch mindestens 75% des Anschlußwertes bei einem Motor und 50% bei mehreren Motoren. Der Leistungspreis wird in 6 gleichen Monatsbeträgen von Mai bis Oktober in Rechnung gestellt. Der Tarif gilt nicht für allgemeine Beleuchtung und für Kochen.

Am meisten ausgebreitet ist die landwirtschaftliche Versorgung in Kalifornien, da hier billige Wasserkraft zur Verfügung steht und in großem Umfang mechanische Arbeitskraft für Bewässerungszwecke benötigt wird. In Gebieten, die weniger ausgedehnte Leitungsnetze besitzen, wird vielfach ein Mindestanschlußwert — etwa 10 kW — je Meile als Bedingung für die Errichtung einer neuen Leitung gemacht. Weiter wird der Leistungspreis nach der Zahl der je Meile angeschlossenen Abnehmer abgestuft. Häufig wird der Anschluß auch von einem mehrjährigen Vertrage abhängig gemacht.

Beispiel 133: **Kalifornien. Leistungspreistarif mit Abstufung nach Leistung und Zahl der Abnehmer je Meile Leitung.**

An-wen-dungs-gebiet	Teil der Vertrags-leistung kW	Leistungspreis				Strom-verbrauch	Arbeits-preis
		bei Abnehmern je Meile Leitung					
		bis 5	über 5 bis 10	über 10 bis 15	über 15 bis 20		
		\$/kW u. Monat	\$/kW u. Monat	\$/kW u. Monat	\$/kW u. Monat	kWh/Monat	₡/kWh
Land-wirt-schaft	das erste	4,00	3,00	2,75	1,75	die ersten 50	5
						die nächsten 950	3
	die weiteren	1,50	1,50	1,50	1,50	die weiteren	2

In anderen Teilen des Landes, besonders in Pennsylvania werden Zählerblocktarife bevorzugt, bei denen der Anschlußwert berücksichtigt wird, wodurch sich die Preise nach der Benutzungsdauer abstufen:

Beispiel 134: **Penn Central Light and Power Company, Altona, Penn. Zählertarif mit Abstufung nach der Größe des Verbrauchs und des Anschlußwertes.**

Anwendungs-gebiet	Stromverbrauch kWh/Monat	Strompreis ₡/kWh
Landwirtschaft	die ersten 25	10
	die nächsten 25	5
	die weiteren	3

Für jedes kW Leistungsbedarf über 1 kW erhöht sich der zweite Block um 50 kWh. Mindestgewähr 2,— \$/kW Leistungsbedarf. Bei Bezahlung innerhalb 10 Tagen 5% Rabatt. Der Leistungsbedarf wird folgendermaßen berechnet: Licht, Haushaltgeräte, einschließlich Herd werden als 1 kW gerechnet, zuzüglich 50% des Anschlußwertes der Motoren (1 PS = 0,9 kW).

Die Großabnehmer werden in den V.St.A. fast ausschließlich nach Leistungspreistarifen (*396*) beliefert, bei denen der Leistungspreis nach der Höhe der Beanspruchung und der Arbeitspreis nach der Größe des Verbrauchs abgestuft ist. Diese Tarifform wird „Block Hopkinson-Demand Rate" genannt. Die Verrechnung erfolgt meist nach der gemessenen Höchstbelastung, die aus den Aufzeichnungen schreibender oder druckender Meßgeräte ermittelt wird. Diese stellen die mittlere Belastung während 15 min fest, doch wird bei manchen Werken auch das Mittel längerer oder kürzerer Zeiträume zugrunde gelegt. Im allgemeinen ist die festgestellte Höchstbelastung für die Berechnung des Leistungspreises während 12 Monaten maßgebend. Als Höchstbelastung gilt hierbei der einmalige Höchstwert oder das Mittel aus den drei höchsten Belastungen. Auch andere Verfahren sind gebräuchlich. Bei den meisten dieser Tarife wird der $\cos \varphi$ berücksichtigt, wobei sich in steigendem Maße der Scheinleistungstarif (vgl. S. 175) oder eine diesem entsprechende Verrechnungsart einführt.

Im Gegensatz zu Deutschland macht man in Amerika keinen einschneidenden Unterschied zwischen hoch- und niederspannungsseitiger Belieferung. Diese Behandlung rechtfertigt sich aus der Tatsache, daß man in den V.St.A. ein ausgedehntes Niederspannungsnetz wie bei uns nach Möglichkeit vermeidet. Vielmehr wird die Hochspannung (2400 bis 5000 V) so nahe wie tunlich an die Verbraucher herangeführt. So legt man in vielen Städten die Hochspannungsleitungen bis in die Höfe der in aufgelöster Bauweise angeordneten Wohnhäuser und versorgt dann von hier aus einen Häuserblock mittels eines einphasigen Masttransformators. Die Niederspannungsanlagen spielen hierbei nur eine untergeordnete Rolle. Die Strompreise sind bei hochspannungsseitiger Messung und Lieferung nur wenig niedriger als bei niederspannungsseitiger.

Dagegen sehen die meisten Großabnehmertarife erhebliche Preisunterschiede vor, je nachdem es sich um Licht- oder Kraftstromverbrauch handelt. Dies steht im Gegensatz zu der Handhabung in Deutschland, wo man bei Großabnehmern meist keinen Unterschied nach dem Verwendungszweck macht.

Die Abstufungen (Beispiel 135) sind offensichtlich willkürlich und nicht lediglich mit Rücksicht auf die Gestehungskosten festgesetzt. Durch die Mindestgewähr wird der Tarif selbsttätig auf Großabnehmer beschränkt. Im übrigen sieht er, wie fast alle Großabnehmertarife eine Kohlenklausel vor. Der Aufbau, der als typisch für die amerikanischen Großabnehmertarife angesehen werden kann, hat große Ähnlichkeit mit dem in Beispiel 45 (S. 184) dargestellten deutschen Großabnehmertarif. Neben der oben beschriebenen Abstufung nach der Lieferspannung findet man diese auch vielfach lediglich in Form eines Nachlasses von etwa 10% bei hochspannungsseitiger Messung.

Trotz der großen Vielfältigkeit, die aus den angeführten Beispielen spricht, zeigen die Tarife in den V.St.A. in den Grundzügen das Bestreben zur Vereinheitlichung in der Form: für Kleinabnehmer ist der

Beispiel 135: Edison Electric Illumination Co. of Boston, Boston, Mass. Leistungspreistarif mit Abstufung nach Verwendungszweck, Lieferspannung, Leistungsbedarf und Größe des Verbrauchs.

Anwendungsgebiet	Lieferspannung	Leistungsbedarf kW	Leistungspreis \$/kW u. Monat	Stromverbrauch kWh/Monat	Arbeitspreis ₵/kWh
Großabnehmer: Beleuchtung	Hochspannung	die ersten 50	3,—	die ersten 6500	4,00
		die nächsten 100	2,75	die nächsten 50000	1,15
		die nächsten 100	1,375	die nächsten 50000	0,85
		die weiteren	1,10	die nächsten 200000	0,75
				die nächsten 1000000	0,66²/₃
				die weiteren	0,61
	Niederspannung	die ersten 50	3,00	die ersten 6500	4,00
		die nächsten 600	2,75	die nächsten 100000	1,15
		die weiteren	1,80	die nächsten 200000	0,85
				die weiteren	0,75
Kraft	Hochspannung	die ersten 50	1,70	die ersten 4500	4,00
		die nächsten 200	1,375	die nächsten 50000	1,15
		die weiteren	1,10	die nächsten 50000	0,85
				die nächsten 200000	0,75
				die nächsten 1477000	0,66²/₃
				die weiteren	0,61
	Niederspannung	die ersten 50	1,70	die ersten 4500	4,00
		die weiteren	1,375	die nächsten 100000	1,15
				die nächsten 200000	0,85
				die weiteren	0,75

Mindestgewähr 50 kW, d. h. bei Licht 150,— \$/Monat, bei Kraft 85,— \$/Monat. Der Berechnung des Leistungspreises wird der höchste monatliche Leistungsbedarf während der vorhergehenden 12 Monate zugrunde gelegt. Als monatlicher Leistungsbedarf wird jeweils das Mittel aus den 20 höchsten halbstündlichen Mittelbelastungen angesehen. Falls 80% des in kVA gemessenen Scheinleistungsanspruches einen höheren Wert ergeben als der Wirkleistungsanspruch, wird der Leistungspreis nach dem erstgenannten Wert berechnet. — Lichtabnehmer können gegen Zahlung eines Zuschlages von 0,55 ₵/kWh Lampenersatz durch das Elektrizitätswerk vereinbaren.

Blocktarif bevorzugt und für Großabnehmer der Leistungspreistarif mit Abstufung nach Leistungsbedarf und Arbeitsverbrauch. Bei Wohnungstarifen wird die Abstufung vorwiegend nach der Zimmerzahl oder der Benutzungsdauer, bei Licht- und Krafttarifen, soweit hier nicht ebenfalls Grundgebührentarife verwendet werden, meist nach der Arbeitsmenge vorgenommen. Bei den Großabnehmertarifen findet man weiter fast durchgängig eine cos φ- und eine Wirtschaftsklausel und bei den Kleinabnehmertarifen die Mindestgewähr. Allgemein üblich ist weiter der Nachlaß für pünktliche Begleichung der Rechnungen.

Auf der anderen Seite betrachtet man die zahlreichen Unterschiede in den Einzelheiten nicht etwa als einen Nachteil. Man sieht hierin eine Möglichkeit, die Strompreise den besonderen Forderungen und Bedürfnissen des einzelnen Verbrauchers möglichst anzupassen, was dem

„Service"- Gedanken des Amerikaners entspricht und die Werbung erleichtern soll. Wenn man demgemäß jeder Abnehmergruppe einen auf sie besonders zugeschnittenen Tarif anbietet, so ist es leichter möglich, sie zum Anschluß zu bewegen, als wenn man lediglich einen allgemeinen Tarif vorsieht, auch wenn er praktisch zu den gleichen Preisen führt. Daher findet man in den V.St.A. meistens auch Sondertarife für die verschiedensten Anwendungsgebiete, wie Eisbereitung, Akkumulatorenladung, Reklamebeleuchtung, Hotels, Kinos, Haushalts- und gewerbliche Küchen, Aushilfsbeleuchtung und -kraft, Heißwasserbereitung, Schweißmaschinen usw. 20 und mehr verschiedene Tarife bei einem Elektrizitätswerk sind keine Seltenheit.

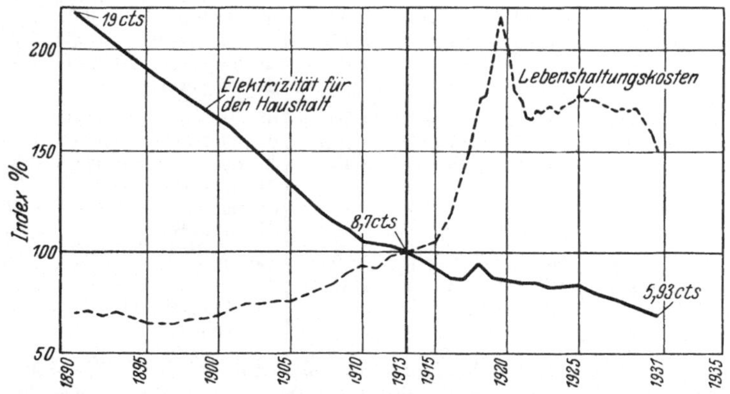

Abb. 53. Lebenshaltungskosten und Haushaltstrompreise in den V.St.A. (1913 = 100%).
[Aus (*397*) Elektrotechn. Z. 1932 S. 1043.]

Wenn auch die Grundformen der Tarife eine gewisse Einheitlichkeit zeigen, so ergeben sie — abgesehen von den Einzelheiten der äußeren Gestaltung — in der Preishöhe sehr große Unterschiede, je nach Art und Ausdehnung des Versorgungsgebietes, Form der Strombeschaffung und ähnlichen Umständen. Für den Haushalt sind die Preise meist niedriger als in Deutschland, was im wesentlichen eine Folge der guten Benutzungsdauer und der hohen Verbrauchsziffern je Haushalt ist. Die mittleren Einnahmen aus dem Haushaltstromverbrauch, die eine ständig fallende Richtung zeigen (*397*, vgl. auch Abb. 53), betrugen 1933 etwa 5,5 ¢/kWh. Die Lichtstrompreise bewegen sich bei kleinem Verbrauch zwischen 7 und 10 ¢/kWh, liegen jedoch teilweise darüber. Infolge der meist üblichen Abstufungen, die bei manchen Werken bis zu 2 ¢/kWh für die höheren Verbrauchsblocks heruntergehen, ist der mittlere Preis jedoch niedriger. Wesentliche Preisunterschiede findet man auch bei den Krafttarifen für Klein- und Großabnehmer, so daß Richtpreise — schon mit Rücksicht auf die Verschiedenartigkeit der Tarifformen — hier nicht angegeben werden können. Für Großabnehmer liegen die mittleren Einnahmen etwa bei 1,5 ¢/kWh, der Gesamtdurchschnitt der Einnahmen ergibt sich annähernd zu 3 ¢/kWh, also niedriger als in Deutschland, selbst wenn man von der Entwertung des Dollars absieht. Auf die Ursachen wurde mehrfach hingewiesen.

Für die Beurteilung der Tarifgebahrung in den V.St.A. ist die Tatsache von Bedeutung, daß 95% der Energie, die der öffentlichen Stromversorgung dient, von privaten Werken geliefert werden. Die Tarifgestaltung ist daher fast unabhängig von politischen und ähnlichen Einflüssen und mehr oder weniger ein Ergebnis wirtschaftlicher Kräfte und Überlegungen; sie spiegelt, wie kaum in einem anderen Lande, die unmittelbare Einwirkung von Angebot und Nachfrage wieder. Der Staat hat sich zwar durch die Einsetzung der „Public Utility Commissions" einen Einfluß auf die Preishöhe gesichert, doch üben diese Kommissionen, die sich zum großen Teil aus ersten Fachleuten zusammensetzen, ihre Tätigkeit meist unter Berücksichtigung der Wirtschaftlichkeit der Unternehmungen aus. Sie können Strompreise verhindern, die den Elektrizitätswerken einen übermäßigen Gewinn erbringen und die Abnehmer ungebührlich belasten, sie sollen jedoch auch die Unternehmungen vor untragbaren Forderungen seitens der Abnehmer schützen. Die Elektrizitätswerke sind zwar in den V.St.A. ebensowenig wie in anderen Ländern vor Angriffen geschützt, die meist der Unkenntnis der Verhältnisse entspringen, doch hat das System der Public Utility Commissions zur Mehrung des Vertrauens zwischen Abnehmer und Verkäufer beigetragen. Erst in neuester Zeit hat auch in den V.St.A. die Weltkrise die Beziehungen der Elektrizitätswerke zu den Behörden und zu den Abnehmern gewandelt; die öffentliche Hand sucht ihren Einfluß auf die Elektrizitätswirtschaft zu verstärken und plant eine strengere Überwachung der privaten Werke.

22. Kanada (*391, 394, 400, 402, 403*).

Obwohl Kanada der Bodenfläche nach mit fast 10 Millionen km² größer ist als die V.St.A., zählt die Bevölkerung noch nicht $^1/_{10}$ der Einwohner der Union. Die Bevölkerungsdichte beträgt im Mittel weniger als 1 Kopf/km² und liegt nur in einigen Provinzen darüber. — Die Elektrizitätsversorgung zeigt trotzdem, wenn man von den fast unbewohnten Gebieten im Nordwesten absieht, in den meisten Landesteilen einen erstaunlich hohen Grad der Entwicklung. Eine besondere Stellung nehmen in dieser Hinsicht die beiden an die Staaten grenzenden Provinzen Ontario und Quebec mit den beiden Städten Toronto und Montreal ein, die 28% der Fläche mit 60% der Bevölkerung umfassen und über 85% der gesamten Stromerzeugung des Landes aufnehmen.

Die Elektrizitätsversorgung erfolgt in Quebec, ebenso wie in den Vereinigten Staaten, fast ausschließlich durch die Privatwirtschaft, dagegen liegt sie in Ontario überwiegend in öffentlicher Hand. Die Stromerzeugung und Fortleitung geschieht hier durch die Provinz — Hydro-Electric Power Commission of Ontario —, die Verteilung und der Verkauf meist durch die Gemeinden.

Die Energie wird fast ausschließlich durch Wasserkraft erzeugt, an der das Land sehr reich ist. Die ausbaufähigen Wasserkräfte werden auf etwa 45 Mill. PS geschätzt, wovon 7,5 Mill. PS bereits ausgebaut sind. Von diesen entfallen etwa 5,8 Mill. PS auf die Provinzen Quebec und Ontario. Diese Verhältnisse sind für die Entwicklung der Elektrizitätsversorgung und für die Tarifgestaltung von großer Bedeutung. Die Ausnutzung der Anlagen ist sehr gut. Bezogen auf die installierte Kraftwerksleistung ergibt sich eine Benutzungsdauer von über 3500 h/Jahr. Bei einigen größeren Werken liegen die Verhältnisse noch günstiger; z. B. beträgt die Benutzungsdauer des Queenstown-Chippawa-Kraftwerks bezogen auf die installierte Maschinenleistung von 500000 PS rund 5000 h/Jahr und bezogen auf die Höchstbelastung sogar 5400 h/Jahr. Die hohe Benutzungsdauer, die zu niedrigen Gestehungskosten je kWh führt, findet ihr Gegenstück in hohen Verbrauchsziffern je Kopf der Bevölkerung. Die Jahresstromerzeugung betrug in Ontario im Jahre 1933 rund 4,6 Milliarden kWh, d. i. bezogen auf die Zahl der versorgten Einwohner rund 2500 kWh/Kopf und bezogen auf die Gesamtbevölkerung 1400 kWh/Kopf. Je Abnehmer und Jahr ergeben sich dabei 8500 kWh. In der gleichen Größenordnung liegen die Zahlen in Quebec.

Der Versorgung der Haushaltungen schenkt man seit Jahren mit großem Erfolge besondere Aufmerksamkeit. Im Versorgungsgebiet der Hydro-Electric Power Commission of Ontario betrug — ebenfalls 1933 — in den 84 Städten mit mehr als 2000 Einwohnern, in denen sich über 85% der angeschlossenen Haushaltungen befinden, bei 55% der Jahresverbrauch über 1000 kWh/Haushalt, bei 24% über 1500 kWh und bei 12% über 2000 kWh. In Toronto (627000 Einwohner) ergab sich ein mittlerer Verbrauch von 1670 kWh/Haushalt und Jahr. Diese Ziffern werden verständlich durch die Tatsache, daß etwa 10% der angeschlossenen Haushaltungen Heißwasserspeicher, mehr als 25% elektrische Küchenherde und über 23% elektrische Raumheizkörper verwenden. Auch die Sättigung mit anderen Haushaltgeräten ist weit fortgeschritten. Ebenso hoch wie der Verbrauch je Kopf oder je Abnehmer ist der Anschlußgrad, der sich für die einzelnen Provinzen aus Zahlentafel 43 ergibt (402). Soweit feststellbar sind die Stromverbrauchsziffern je Haushalt und Jahr angegeben. — Von dem gesamten Stromverbrauch Kanadas, der sich auf über 16 Milliarden kWh beläuft, entfällt rund ein Drittel auf die Haushaltungen.

Zahlentafel 43. Anschlußgrad der Haushaltungen in Kanada.

Provinz	Je 100 Einwohner angeschlossene Haushaltungen	Mittlerer Stromverbrauch je Haushalt und Jahr kWh
Prince Edward Island	4	—
Nova Scotia	7	—
New Brunswick	7	—
Quebec	14	630
Ontario	17	1500
Manitoba	11	3000
Saskatchewan	5	—
Alberta	8	—
British Columbia und Yukon .	22	930
Kanada im Mittel	13	—

Die Stromversorgung der Provinz Ontario ist nicht nur technisch, sondern auch wirtschaftlich einheitlich geregelt. Buchhaltung und Verwaltung sind bei den Verteilungsunternehmen der Gemeinden nach gleichen Grundsätzen eingerichtet und werden von der Hydro-Electric Power Commission laufend überwacht und verglichen. Auch die Tarife müssen in den von der Provinz versorgten Orten und landwirtschaftlichen Gebieten der Form nach und bezüglich der Grundgebühren auch der Höhe nach einheitlich sein. Lediglich die Arbeitspreise sind von Fall zu Fall den besonderen Verhältnissen und den Bezugspreisen entsprechend verschieden, doch ist auch hier das Streben nach Vereinheitlichung deutlich erkennbar.

Für Kleinabnehmer werden Grundgebührentarife bevorzugt, in Ontario sind sie fast ausschließlich in Anwendung. Die Grundgebühr wird hier nach dem Anschlußwert bemessen und die Arbeitspreise sind nach der Größe des Verbrauchs oder der Benutzungsdauer in 2—3 Zonen abgestuft.

Beispiele 136—138: **Hydro-Electric Power Commission of Ontario, Toronto. Grundgebührentarife.**

Beispiel 136: **Abstufung der Grundgebühr nach dem Anschlußwert und des Arbeitspreises nach der Größe des Verbrauchs.**

Anwendungsgebiet	Anschlußwert[1] kW	Grundgebühr $/Monat	Stromverbrauch[2] kWh/Monat	Arbeitspreis[3] ¢/kWh
Haushalt	unter 2	0,33	die ersten 40—60	2—6
	2 und mehr	0,66	die weiteren	1—2

Mindestgewähr: 0,83—1,11 $/Monat.

Auf die gesamte Stromrechnung wird bei pünktlicher Bezahlung ein Nachlaß von 10% eingeräumt.

[1] Nur ständig angeschlossene Geräte.

[2] Der erste Block ist bei den einzelnen Unternehmen verschieden, meist 55 oder 60 kWh/Monat.

[3] Bei den einzelnen Unternehmen verschieden.

Beispiel 137: Abstufung der Grundgebühr nach dem Anschlußwert (oder dem Höchstbedarf) und des Arbeitspreises nach der Benutzungsdauer.

Anwendungsgebiet	Grundgebühr[1] ¢/100 W u. Monat	Benutzungsdauer h/Monat	Arbeitspreis[2] ¢/kWh
Gewerbliche Beleuchtung	5	die ersten 100 die weiteren	2—3,5 0,6—1

[1] Falls — auf Kosten des Abnehmers — ein Leistungsanzeiger eingebaut ist, bezogen auf den Höchstbedarf, sonst auf den Anschlußwert. Grundgebühr mindestens für 1 kW = 0,50 $/Monat.

[2] Bei den einzelnen Unternehmen verschieden, vereinzelt außerhalb der angegebenen Grenzen.

Mindestgewähr und Nachlaß bei pünktlicher Bezahlung wie bei Beispiel 136.

Beispiel 138: Abstufungen wie in Beispiel 137.

Anwendungsgebiet	Grundgebühr $/PS u. Monat	Benutzungsdauer h/Monat	Arbeitspreis ¢/kWh
Kraft	1,—	die ersten 50 die nächsten 50 die weiteren	2—5[2] 1—3[2] 0,33

Fußnoten und Anmerkung wie bei Beispiel 137. Außerdem Sondernachlässe bei zeitlicher Beschränkung der Stromentnahme und bei Hochspannungsbezug.

In einzelnen Gemeinden, besonders den größeren Städten — auch in Toronto — ist für Haushaltungen ein Grundgebührentarif in Gebrauch, bei dem die Grundgebühr nach der Wohnungsfläche bemessen wird (vgl. Beispiel 125, S. 261) und der Arbeitspreis nach dem Verbrauch je Flächeneinheit abgestuft ist.

Eine besondere Bedeutung kommt der trotz dünner Besiedlung bereits hoch entwickelten Versorgung der Landwirtschaft zu, da diese den tragenden Pfeiler der kanadischen Volkswirtschaft bildet. Auch hierfür sind, z. B. in Ontario, Grundgebührentarife in Verwendung, die „at cost" festgesetzt werden, d. h. nach den Gestehungskosten. Um die Tarife jedoch für längere Zeiträume auf gleicher Höhe halten zu können, werden neue Leitungen nur dann errichtet, wenn eine bestimmte Mindesteinnahme vertraglich gewährleistet wird, so daß keine Verschlechterung der Wirtschaftlichkeit zu erwarten ist. Die landwirtschaftlichen Abnehmer sind in 11 Gruppen eingeteilt, von denen jede einer bestimmten Anzahl von „Einheiten" entspricht (s. auch Norwegen, S. 226, Beispiel 86). Mindestens 15 solche Einheiten müssen je Meile Leitungslänge gesichert sein, ehe mit dem Ausbau begonnen wird. Die Grundgebühr ist dann in der äußeren Form nach Abnehmergruppen abgestuft, tatsächlich jedoch nach dem Anschlußwert oder der Höchstbeanspruchung, da für jede Gruppe eine bestimmte Höchstleistung vorgesehen ist. Der Arbeitspreis ist nach der Größe des Verbrauchs abgestuft, wobei der erste Block ebenfalls für die einzelnen

Abnehmergruppen verschieden ist. Es handelt sich hier also tatsächlich um eine Abstufung nach der Benutzungsdauer, und zwar umfaßt der erste Block die ersten 14 h/Monat.

Beispiel 139: Hydro-Electric Power Commission of Ontario, Toronto. Grundgebührentarif mit Abstufung der Grundgebühr nach dem Anschlußwert (zulässige Höchstlast) und des Arbeitspreises nach der Benutzungsdauer.

Anwendungsgebiet	Abnehmergruppe	„Einheiten" je Abnehmer	Zulässige Höchstlast kW	Grundgebühr $/Monat	Verbrauch im ersten Block kWh/Monat	Arbeitspreis[1] erster Block ₵/kWh	Mehrverbrauch ₵/kWh
Landwirtschaft	1 B	2,25	1,32	1,50	30		
	1 C	3,75	2,00	2,33	30		
	2 A	1,90	1,32	1,72	30		
	2 B	3,50	2,00	2,33	30		
	3	5,00	3,00	2,78	42		
	4	5,35	5,00	3,00	70	3—6	1,5—2
	5	7,50	5,00	4,17	70		
	6 A	12,50	9,00	5,17	126		
	6 B	12,50	9,00	5,89	126		
	7 A	20,00	15,00	7,72	210		
	7 B	20,00	15,00	9,28	210		

[1] In den einzelnen Versorgungsbezirken verschieden.

Bei pünktlicher Bezahlung wird auf die Gesamtrechnung ein Nachlaß von 10% eingeräumt.

Die Abnehmer werden außer nach der zulässigen Höchstlast auch nach der Art des Anwesens eingeteilt. So umfaßt Gruppe 1 B und C kleine Weiler, 2 B kleine Farmen, 4 und 5 mittlere Farmen usw. Aus der zweiten Spalte, die die „Einheiten" je Abnehmer angibt, läßt sich berechnen, daß je Meile Leitung mindestens z. B. drei Abnehmer Gruppe 3 oder zwei Abnehmer Gruppe 5 Verträge abschließen müssen (15 Einheiten), ehe die Leitung errichtet wird.

Die Höhe der Strompreise ist, wie die Beispiele zeigen, schon innerhalb der Provinzen — selbst in der einheitlich versorgten Provinz Ontario — ziemlich verschieden. Dies ist bei der Ausdehnung des Landes über Gebiete mit den verschiedensten Witterungs- und Wirtschaftsverhältnissen nicht weiter verwunderlich. So **werden z. B. für die Haushalt**versorgung für das Jahr 1930 folgende mittlere Preise angegeben: Quebec 3,8 ₵/kWh, Ontario 1,7 ₵/kWh, Manitoba 1,2 ₵/kWh und British Columbia 2,7 ₵/kWh (*402*). Eine Gegenüberstellung dieser Ziffern mit den in Zahlentafel 40 enthaltenen Angaben über den Verbrauch je Haushalt läßt erkennen, daß dieser mit fallenden Durchschnittspreisen erheblich steigt, und zwar derart, daß die Einnahmen je Haushalt trotz fallender Preise zunehmen. So ergeben sich bei den vorgenannten mittleren Strompreisen und den in Zahlentafel 40 genannten Verbrauchsziffern folgende Einnahmen je Haushalt und Jahr: Quebec 23,20 $, British Columbia 25,— $, Ontario 25,60 $ und Manitoba 36,— $.

In den von der Hydro-Electric Power Commission of Ontario versorgten Gemeinden betrug 1933 der durchschnittliche Strompreis für die Haushaltversorgung für 86,1% der hierfür abgegebenen kWh 1,9 ¢/kWh oder weniger. Bei den gewerblichen Lichtabnehmern ergab sich bei 91,6% der kWh ein mittlerer Preis von 2,4 ¢/kWh oder darunter. Für Kraft stellten sich die mittleren Kosten bei 51,6% der verkauften PS auf 20,— $/PS und Jahr oder weniger und bei 47,4% auf 20,— bis 30,— $/PS und Jahr. Bei der Beurteilung dieser Preisbildung, die aus den Kreisen der gewerblichen Abnehmer vielfach angegriffen wird, und bei einem Vergleich mit den Strompreisen etwa in den Vereinigten Staaten ist zu berücksichtigen, daß es sich hier um Wasserkraftstrom handelt, dessen Erzeugungskosten im vorliegenden Falle sehr niedrig sind, und daß das Unternehmen weder Steuern noch Dividende zahlt. Zudem ist die Hydro-Electric in ihrer Tarifpolitik viel freier als ein Privatunternehmen, das auf die Wirtschaftlichkeit jedes einzelnen Absatzgebietes sehen muß. Überdies werden zum Ausbau der Überlandleitungen von der Provinz Zuschüsse

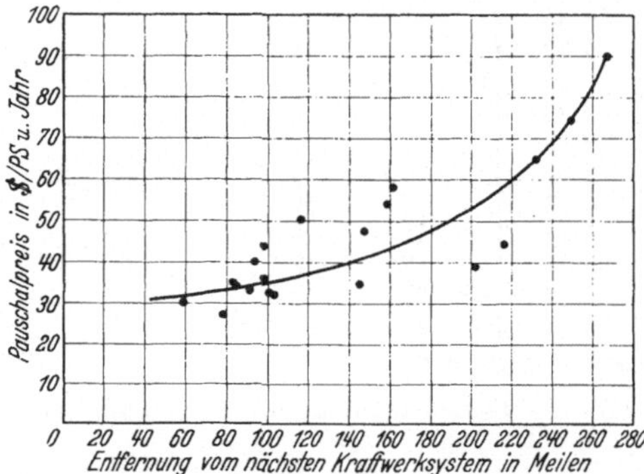

Abb. 54. Pauschaltarif für Wiederverkäufer in Abhängigkeit von der Entfernung vom nächsten Kraftwerksystem (Hydro-Electric Power Commissons of Ontario).

bis zu 50% der Ausbaukosten gewährt, was ebenfalls die Festsetzung niedriger Preise gestattet.

Beachtenswert ist die Entwicklung der Strompreise im Laufe der letzten 20 Jahre. Während die Haushaltstrompreise ständig gefallen sind (vgl. Abb. 7, S. 43), sind die gewerblichen Lichttarife ziemlich auf gleicher Höhe geblieben, die Krafttarife dagegen gestiegen. Die Strompreise für gewerbliche Beleuchtung lagen vor dem Kriege etwa 20% unter den Haushaltstrompreisen; im Jahre 1920 herrschte etwa Preisgleichheit und heute liegen sie 40—50% darüber. Diese Tarifpolitik findet zwar ihre Rechtfertigung bis zu einem gewissen Grade in den Gestehungskosten, die für Haushaltstrom mit der steigenden Anwendung von Kochgeräten usw. erheblich zurückgehen; es spiegelt sich darin aber auch die Berücksichtigung der Wertschätzung und Leistungsfähigkeit der Abnehmer, sowie die bereits erwähnte Unabhängigkeit der Hydro-Electric als öffentliches Unternehmen bezüglich der Tarifgestaltung.

Für Großabnehmer sind, soweit nicht Sonderabkommen getroffen werden, grundsätzlich die gleichen Tarife in Anwendung. Eine Gruppe für sich sind hier die Wiederverkäufer. Diese werden z. B. in der Provinz

Ontario nach Pauschaltarifen beliefert, die nach dem Leistungsanspruch in PS bemessen werden und neben der Größe unter anderem auch die Entfernung der einzelnen Orte von dem nächsten Kraftwerksystem berücksichtigen. Die Preise bewegen sich meist zwischen 30 und 50 $/PS und Jahr, liegen vereinzelt jedoch auch darüber bis zu 70—90 $/PS und Jahr. In Abb. 54 sind die Preise für eine Reihe wahllos herausgegriffener Orte im Niagara-Versorgungsbezirk über der Entfernung vom nächsten Kraftwerksystem aufgetragen. Wenn auch infolge anderer Umstände (z. B. Größe des Ortes) die Werte ziemlich streuen, ist doch die Tendenz und eine gewisse Regelmäßigkeit in dem Zusammenhang zwischen Preis und Entfernung deutlich erkennbar. Die Abrechnung nach diesen Preisen ist nur vorläufig und erfolgt endgültig am Ende des Jahres unter Berücksichtigung der tatsächlichen Aufwendungen.

III. Über die Vereinheitlichung der Tarife.
(404—422.)

Die vorausgehenden Seiten geben ein eindrucksvolles Bild von der Mannigfaltigkeit der Tarife in der ganzen Welt. Damit ist nicht nur für den Fernerstehenden, sondern auch für den Fachmann, nicht nur für den Verbraucher, sondern auch für den Erzeuger eine große Unübersichtlichkeit verbunden, die ein förmliches Studium der Tariffrage für den notwendig macht, der sich näher mit ihr befassen will. Es liegt auf der Hand, daß ein solcher Zustand der Ausbreitung der elektrischen Arbeit nicht förderlich ist. Dem Abnehmer ist diese Verschiedenheit und Unübersichtlichkeit eine Quelle des Unbehagens und des Mißtrauens; er findet es unverständlich und verwirrend, daß ein und dasselbe Wirtschaftsgut zu so verschiedenen Preisen verkauft wird, und da die Elektrizitätswerke es verabsäumt haben, rechtzeitig für eine allgemeine Aufklärung über die Preisgrundlagen zu sorgen, leiht der Abnehmer willig sein Ohr denen, die aus irgendwelchen Gründen die Unzufriedenheit und das Mißtrauen schüren wollen. Es bedarf stets einer umfangreichen, eindringlichen und daher kostspieligen Werbearbeit seitens der Unternehmungen um diese Widerstände zu überwinden, die sich einer vertrauensvollen Zusammenarbeit zwischen Erzeuger und Verbraucher und damit der Ausbreitung der elektrischen Arbeit entgegenstellen.

Neben diesem besonders schwerwiegenden Nachteil sind für den Verkäufer mit der Vielheit der Tarife noch weitere verbunden: die Erschwerung und Verteuerung der kaufmännischen Verwaltung, insbesondere des Abrechnungswesens, und die Notwendigkeit der Überwachung und Unterhaltung vieler und häufig recht verwickelter Meßeinrichtungen, die ihrerseits wieder die Industrie zwingt, eine unnötig große Zahl von Ausführungen herzustellen und auf Lager zu halten, was sich wiederum in einer Verteuerung der Meßeinrichtungen auswirken muß. Niemand empfindet alle diese Nachteile und Schwierigkeiten mehr als die Elektrizitätswerke selbst. Wenn sie dennoch in Kauf genommen wurden und noch werden, so liegt dies an der großen Verschiedenheit der Erzeugungs- und mehr noch der Verbrauchsverhältnisse und der Mannigfaltigkeit der gegenseitigen Einwirkungen. Einzelheiten hier anzuführen erübrigt sich, da die Hälfte dieses Buches ausschließlich von diesen Verschiedenheiten handelt.

Eine Gleichsetzung mit anderen Wirtschaftsgütern geht fehl, keines ist so wenig speicherfähig wie die elektrische Arbeit, keines dient so völlig verschiedenen Bedürfnissen, bei keinem sind daher die Unterschiede zwischen Verkaufs- und Gebrauchswert so schwierig zu überbrücken, wie hier. Diese Umstände und nicht Willkür haben im wesentlichen die große Verschiedenheit der Tarife, sowohl der Form wie der Höhe nach verursacht. Dabei darf nicht verschwiegen werden, daß in der Aufstellung neuer Tarife häufig zu viel geschehen ist. Neben dem berechtigten Streben der Wirtschaft zu dienen haben Selbstherrlichkeit, übertriebene Grundsatzreiterei, Sucht nach besonderer Eigenart zur Neubildung von Tarifen und damit zu ihrer Vermehrung und zu einer Buntheit geführt, die keineswegs der Verbesserung der Beziehungen zwischen Erzeuger und Verbraucher dient, im Gegenteil, der Entwicklung nur geschadet hat.

Je mehr sich Öffentlichkeit und Behörden mit der Elektrizitätswirtschaft beschäftigen, um so mehr wächst das Bestreben dieser Kreise nach Vereinheitlichung der Tarife, und zwar sowohl in Bezug auf ihre Höhe als auch auf ihre Form. Theoretisch erreichbar ist beides; es bedarf nur eines Machtwortes der zuständigen Behörden, um für größere oder kleinere Bezirke die Forderung nach gleichartigen und gleichhohen Verkaufspreisen der elektrischen Arbeit durchzusetzen. Allein dem Einsichtigen ist es klar, daß damit der Elektrizitätswirtschaft und der Allgemeinheit nur ein schlechter Dienst erwiesen würde. Denn ebenso wie der Grad der Verschiedenheit ist aus den vorausgehenden Blättern auch die Ursache ersichtlich, die es unmöglich macht, einen einheitlichen Verkaufspreis zu finden, der in jedem Fall die Gestehungskosten deckt und gleichzeitig der Wertschätzung und Leistungsfähigkeit der Abnehmer entspricht. Eine ungleichmäßige Aufbringung der Gestehungskosten könnte ausgeglichen werden, wenn sämtliche Elektrizitätswerke innerhalb des Ausgleichsbezirks sich in einer Hand befinden würden, so daß die Verluste des einen Unternehmens durch die höheren Erträge des andern aufgewogen werden könnten, wie es jetzt schon in gewissem Umfang innerhalb jedes einzelnen Unternehmens bei bestimmten Verbrauchergruppen notwendig ist. Dagegen wäre die bei Festsetzung eines einheitlichen Preises notwendig eintretende Vernachlässigung der Wertschätzung und Leistungsfähigkeit der Abnehmer nur mit schwersten Einbußen beim Absatz der elektrischen Arbeit zu erkaufen — es sei denn, daß sich die Gestehungskosten unter dem niedrigsten Gebrauchswert der elektrischen Arbeit bewegen würden, mit anderen Worten, daß der Verkaufswert der elektrischen Arbeit ihren „Grenznutzen" erreicht, wie dies bei vielen anderen Verbrauchsgütern bereits seit langem der Fall ist.

In Würdigung dieser Zusammenhänge hat man auch heute nicht ein schematisches Gleichmachen der Preise im Auge, sondern erstrebt nur eine Annäherung der Preise und vor allem eine Vereinheitlichung der Preisformen für größere geographische Gebiete und Verbrauchergruppen. Eine derartige Vereinfachung ist bei dem heutigen Stand der Elektrizitätsversorgung wenigstens in den Ländern mit hoch entwickelter Elektrizitätswirtschaft durchaus möglich, wie gleichfalls aus den vorausgehenden Blättern zu entnehmen ist.

Versuche in dieser Richtung sind schon öfters unternommen worden. Bereits vor dem Kriege setzte sich eine Gruppe deutscher Elektrizitätswerksleiter für die Einführung eines einheitlichen Preises für alle Verwendungszwecke elektrischer Arbeit ein; dieser Versuch scheiterte und mußte scheitern, weil er sich ausschließlich auf die durchschnittlichen Gestehungskosten je kWh stützte.

Besonders eingehend hat sich die englische Regierung mit der Frage der Vereinheitlichung der Tarife beschäftigt. Schon im Jahre 1925 wurde von den Elektrizitätskommissaren ein Ausschuß eingesetzt, der sich hiermit befassen sollte; zwei Jahre später folgte eine Untersuchung der Tarife für die Landwirtschaft mit dem gleichen Ziele. Im Jahre 1929 tagte ein Sonderausschuß mit derselben Aufgabe für das Groß-Londoner Gebiet mit seinen zahlreichen Einzelunternehmungen, die in der Bezirkselektrizitätsbehörde für Groß-London zusammengefaßt sind. Schließlich wurde im Jahre 1929 von den Elektrizitätskommissaren ein neuer Ausschuß eingesetzt, mit der Aufgabe, „die verschiedenen Arten von Gebühren und Tarifen zu prüfen, die für die Lieferung von Elektrizität zu Beleuchtungs-, Haushalts-, Geschäfts- und Kraftzwecken von den Unternehmern angeboten werden und endgültige Vorschläge zu unterbreiten, durch die ein größeres Maß von Einheitlichkeit hinsichtlich der Gebühren und Tarife in der **Elektrizitätslieferungsindustrie erzielt werden könnte"**.

Unter Verwertung der früheren Gutachten hat dieser Ausschuß einen sehr eingehenden und lehrreichen Bericht erstattet (*413*), der zu folgenden Schlußfolgerungen kommt:

1. Für Haushaltungen ist auf jeden Fall ein Grundgebührentarif (MultiPartTariff) zu empfehlen, bei dem die Grundgebühr auf der Hausgröße (size of house) beruht. (Die Hausgröße wird durch die Bodenfläche ausgedrückt unter Zugrundelegung der tatsächlichen Abmessungen der Stockwerke und Räume, oder unter Berücksichtigung der äußeren Abmessungen der Grundmauern des Hauses, vervielfältigt mit der

Anzahl der Stockwerke.) Daneben soll ein normaler Zählertarif ohne Abstufung dem Abnehmer zur Wahl gestellt werden.

2. Für Geschäftsräume soll sich die Grundgebühr auf den gemessenen Höchstbedarf oder den Anschlußwert beziehen.

3. Es ist anzustreben, daß der Arbeitspreis innerhalb größerer Bezirke für Haushalts- und Geschäftszwecke möglichst einheitlich festgesetzt wird.

4. Für kleinere Kraftanlagen wird ein Regelverbrauchstarif empfohlen, bei dem für eine Anzahl kWh je angeschlossenes kW oder PS ein höherer Ausgangspreis berechnet und nach der Größe des Verbrauchs je kW oder PS abgestuft wird.

5. Für die Landwirtschaft empfiehlt der Bericht den gleichen Tarif wie für Haushaltungen unter Einbeziehung aller landwirtschaftlich benützten Gebäude bei der Berechnung der Grundgebühr; für Kraftzwecke in der Landwirtschaft wird ein einheitlicher Tarif mangels ausreichender Erfahrungen nicht vorgeschlagen.

Mit der tatsächlichen Höhe der Strompreise beschäftigt sich der Bericht nicht.

Für die Beurteilung der Haushalttarife hat sich der Ausschuß selbst folgende Richtlinien gegeben:

a) Die Summe aller einzelnen Grundgebühren muß eine Einnahme ergeben, die ausreichend ist, um alle Leistungskosten zu decken, die für die Belieferung der Abnehmer nach dem Grundgebührentarif aufgewendet werden,

b) der Maßstab, der für die Festsetzung der Grundgebühren gewählt wird, muß auf alle Abnehmer anwendbar sein und soll keinen Abänderungen unterworfen werden, die nicht offen dargelegt werden können,

c) der Arbeitspreis (secondary oder unit charge) soll so niedrig wie möglich sein,

d) der Tarif soll in seinem Aufbau einfach, auf jede Art von Haushaltabnehmern leicht anwendbar und gerecht und billig, sowohl für die Abnehmer wie für den Lieferer sein,

e) er soll möglichst geringe Aufwendungen einerseits bei dem Unternehmer für Apparate (z. B. Zähler) und andererseits bei dem Abnehmer für die Installation, verursachen,

f) er soll weder wiederkehrende noch unerwartete Kontrollbesuche in den Anwesen der Abnehmer erfordern; deshalb muß bei der Festsetzung der Grundgebühr das Anwesen des Abnehmers als Ganzes betrachtet werden.

Es ist für die Gleichartigkeit der Verkaufsgrundlagen in den Ländern mit gut entwickelter Elektrizitätsversorgung bezeichnend, daß trotz der wirtschaftlichen Verschiedenheit überall die gleichen Forderungen erhoben und den gleichen Zielen zugestrebt wird. Hierher gehören auch die Bemühungen nach Vereinheitlichung der allgemeinen Stromlieferungsbedingungen, die früher von Werk zu Werk verschieden waren, in manchen Ländern, wie England, Frankreich u. a. durch Gesetz geregelt sind. In Deutschland veröffentlichte die Vereinigung der Elektrizitätswerke, jetzt Reichsverband der Elektrizitätsversorgung, im Jahre 1928 ein Muster für „Allgemeine Bedingungen für die Lieferung elektrischer Arbeit" (*402*), in dessen Anhang „Musterbeispiele für die Form der Tarife" gegeben wurden. Hierin wurde für alle Verwendungszwecke ein Grundgebührentarif mit einheitlichem Arbeitspreis vorgeschlagen, dessen Grundgebühr für Wohnungen nach der Zimmerzahl, für gewerbliche Licht- und Kraftanlagen nach dem Anschlußwert und für landwirtschaftliche Anlagen nach der Morgenzahl unter dem Pfluge bemessen werden sollte. Daneben war ein Zählertarif für Licht, ein solcher mit Abstufung nach der Größe des Verbrauchs für Kraft und ein Pauschaltarif für kleine Lichtanlagen für Fälle empfohlen, in denen ein Grundgebührentarif nicht eingeführt werden kann.

Im Jahre 1931 stellte dann der Tarifausschuß der Vereinigung der Elektrizitätswerke folgende Richtlinien für die Gestaltung von Kleinabnehmertarifen auf, die sich im wesentlichen mit dem eben erwähnten Vorschlag decken:

1. Grundgebühren- und ähnliche Tarife sind die beste Form für Kleinabnehmertarife.

2. Werke, deren Konzessionsbedingungen eine Änderung der Tarife ohne Zustimmung der Gemeinden oder der Abnehmer nicht zulassen, sollten einen Grundgebührentarif wenigstens wahlweise einführen.

3. Werke, welche von sich aus ihren Tarif ändern können, sollten den Grundgebührentarif einheitlich einführen und dies während einer Übergangszeit durch Milderungsbestimmungen, d. h. durch Ausweichtarife für Härtefälle, erleichtern.

4. Der Arbeitspreis sollte für alle Verwendungszwecke gleich sein und höchstens 10 Rpf/kWh betragen.

5. Als Bezugsgrößen für den Grundpreis werden empfohlen:

a) bei Haushaltsverbrauch: Zimmerzahl oder Höchstlastmessung,

b) bei Gewerbeverbrauch: geschätzter Höchstlastanteil oder Höchstlastmessung,

c) bei Landwirtschaftsverbrauch: Größe des bewirtschafteten Grundbesitzes oder Höchstlastmessung.

In ähnlicher Weise, wenn auch in mehr allgemeiner Form, äußert sich Krecke, der neuernannte Leiter der deutschen Energiewirtschaft (*408*) wie folgt:

„Die Zersplitterung in der deutschen Energiewirtschaft hat auch im Tarifwesen zu einer großen Unübersichtlichkeit geführt, und zwar nicht nur hinsichtlich der Höhe, sondern auch hinsichtlich der Formen der Tarife.

Die örtlichen Verschiedenheiten in den Produktionsbedingungen und in der Verteilung, in der Zusammensetzung der Abnehmerkreise, sowie in den Abgabemengen machen eine allgemeine Preisgleichheit in den Tarifen vorderhand leider nicht möglich. In diesem Zusammenhang ist auch an die Höhe der Einkaufspreise für stromverteilende Unternehmungen zu denken.

Etwas anderes ist es mit den Tarifformen, deren Vereinheitlichung eine durchaus lösbare Aufgabe darstellt. Es muß bei entsprechendem guten Willen möglich sein, die Verschiedenartigkeit der Tarifformen für dieselben Anwendungsgebiete zu beseitigen und die Zahl der insgesamt in Gebrauch befindlichen Tarife herabzusetzen.

Für die verschiedenen Anwendungen müssen einheitliche Rahmentarife geschaffen werden, die jedoch die Möglichkeit bieten, den Verschiedenheiten der örtlichen Verhältnisse Rechnung zu tragen. Wieweit über die Vereinheitlichung der Tarifformen hinaus bereits jetzt eine Angleichung der Tarifpreise wenigstens in der Höhe der Arbeitspreise möglich ist, werden die Beratungen der Fachleute ergeben.

Es bleibt abzuwarten, ob sich für die Durchführung dieser Vereinheitlichungsabsichten die Einführung einer Genehmigungspflicht für neue Tarife und für Tarifänderungen, sowie das Recht zur Auferlegung von Tarifen als erforderlich erweisen werden."

Diese Ausführungen schließen mit dem eindringlichen Hinweis, daß „die Tarifpolitik der Werke abnehmerorientiert sein muß, damit die Abnehmer die Freunde der Elektrizitätswerke werden, daß aber eine forcierte Gleichmacherei, die die individuellen Verhältnisse mißachtet, wirtschaftlich untragbar ist".

Auch der vom Verband der Elektrizitätswerke in Österreich herausgegebene Ratgeber (11) betont in der Einleitung, daß durch Hervorhebung besonders geeigneter Tariftypen eine allgemeine Angleichung und Vereinheitlichung vorbereitet werden soll. Aus den dort angeführten Beispielen für neuzeitliche Tarife, im Haushalt, im Gewerbe und in der Landwirtschaft, geht hervor (11, S. 62; s. auch Beispiele 71—74, S. 214), daß in der Hauptsache Grundgebührentarife und Regelverbrauchstarife empfohlen werden.

In einem nicht veröffentlichten Bericht der Kommission für Energietarife des Verbandes schweizerischer Elektrizitätswerke (409) wird einleitend bemerkt, daß für die Förderung des Elektrizitätskonsums in erster Linie nicht unbedingt die Form der Tarife, ja nicht einmal die Höhe der Energiepreise maßgebend sei; es wirkten sich vielmehr andere Umstände stärker aus, so neben den wirtschaftlichen Verhältnissen des versorgten Gebietes die Bemühungen der Unternehmungen zur Mehrung der Elektrizitätsanwendungen durch allgemeine und namentlich persönliche Aufklärung und Werbung, sowie Erleichterungen in den Anschaffungs- und Installationskosten und dergleichen. Erst unter der Voraussetzung solcher Bemühungen könne zunächst eine angemessene

Höhe der Tarifansätze und sodann die Werbekraft der Tarifformen richtig zur Auswirkung kommen.

In dem Schlußwort dieses Berichtes wird die Forderung aufgestellt, daß die Tarife so entwickelt werden sollen, daß sie einerseits die Bedürfnisse eines voll elektrischen Haushaltes in der für das Werk und den Abnehmer zweckmäßigsten Form befriedigen, andererseits die für die Werke notwendigen Einnahmen auch für den Fall sicherstellen, daß in absehbarer Zeit Lampen mit größerer Lichtausbeute (Kaltlampen) eingeführt werden.

Die Kommission ist der Auffassung, daß jedes Werk die Pflicht hat, die eigenen Tarife immer wieder daraufhin zu prüfen, ob sie diesen Bedingungen wirklich genügen und die allenfalls noch möglichen Verbesserungen in der dem einzelnen Werke am besten passenden Form vorzunehmen. Sie empfiehlt dabei, alle irgendwie entbehrlichen Komplikationen fallen zu lassen, auch wenn sie streng genommen gerechtfertigt erscheinen mögen. Die Kommission ist der Ansicht, „daß der Grundgebührentarif, der Regelverbrauchstarif und die Zweizählerzeittarifkombination[1] heute für den voll elektrifizierten Haushalt zweckmäßige Tarifformen darstellen. Jedoch wird für die Zukunft, besonders mit dem Auftreten der Kaltlampen, der Grundgebührentarif wahrscheinlich den Bedürfnissen der Werke ohne weiteres gerecht werden".

Auch in anderen Ländern, wie Norwegen, Schweden, Finnland, Spanien haben sich die Fachverbände für die Beseitigung der Vielzahl der Tarife und in mehr oder minder bestimmter Form für die Einführung einheitlicher Grundgebührentarife ausgesprochen. Für einzelne größere Versorgungsgebiete und Abnehmergruppen sind einheitliche Tarife heute bereits eingeführt, so in Deutschland im Gebiet der Berliner Städtische Elektrizitätswerke Akt.-Ges. (BEWAG), der Märkisches Elektricitätswerk Aktiengesellschaft (s. Beispiel 49, 58, 61), des Rheinisch-Westfälischen Elektrizitätswerks, in Irland (s. S. 236), in den Niederlanden in der Provinz Utrecht (s. S. 241), in Belgien (s. S. 243), in Kanada in der Provinz Ontario (s. S. 271).

Aus allen diesen Tatsachen, Äußerungen und Empfehlungen geht unzweideutig hervor, daß die Zeit für eine weitgehende Vereinheitlichung der Tarife reif ist. Beim Kleinverbrauch im Haushalt, im Gewerbe und in der Landwirtschaft kann unter den heutigen Verhältnissen allgemein der Grundgebührentarif als die zweckmäßigste Form bezeichnet werden. Auf welche Bezugsgröße die Grundgebühr gestützt werden soll, ist von den örtlichen Verhältnissen abhängig zu machen. Auch die Vereinheitlichung des Arbeitspreises läßt sich durchführen, doch dürfte eine Abstufung nach Art der deutschen

---

[1] Unter dieser Bezeichnung wird in dem Bericht ein Doppeltarif mit einem hohen Preis während der Sperrzeit und zwei Preisstufen außerhalb der Sperrzeit bezeichnet (s. S. 209 und Beispiel 66).

Regelverbrauchstarife oder der amerikanischen Blocktarife unter den heutigen Umständen zweckmäßiger sein, weil der Arbeitspreis bei einheitlicher Gestaltung notwendigerweise so niedrig angesetzt werden muß, daß er den regelmäßigen Gebrauch der elektrischen Küche gestattet; dies bedingt eine verhältnismäßig hohe Grundgebühr, wodurch der Tarif besonders absatzempfindlich wird und spätere Ermäßigungen, die unvermeidbar sein werden, schwer durchzuführen sind.

Eine weitere Vereinfachung ist namentlich in größeren Orten mit überwiegender Zahl von Mietwohnungen denkbar. Warum sollte es nicht im Bereich der Möglichkeit liegen, die Grundgebühr, sei es, daß sie nach dem Mietwert, nach der Zimmerzahl oder nach der Raumgröße bemessen wird, der Wohnungsmiete zuzuschlagen und sie ähnlich wie in vielen Städten das Wassergeld von dem Hausbesitzer einziehen zu lassen? Der Verbraucher hat dann scheinbar dem Elektrizitätswerk nur den niedrigen Arbeitspreis zu zahlen, der einheitlich oder nach einem Regelverbrauch abgestuft erhoben würde. Es dürfte keine andere Maßnahme geben, die imstande wäre, den Verbrauch an elektrischer Arbeit großzügiger zu befruchten. Die Entwicklung könnte dann dahin gehen, daß der Preis für die elektrische Arbeit sich ihrem Grenznutzen nähert und daß sich so mit der Zeit die Möglichkeit eines einzigen niedrigen kWh-Preises für alle Zwecke des Kleinverbrauchs ergibt. Wenn gleichzeitig mit der so eingeleiteten gewaltigen Steigerung des Verbrauchs eine weitere Verbesserung der Erzeugungseinrichtungen Hand in Hand ginge, so daß die reinen Arbeitskosten immer geringer würden, so könnte auch in weiterer Ferne der Pauschaltarif wieder zu Ehren kommen, da ja dann jeder Abnehmer für alle Zwecke dauernd große Arbeitsmengen entnehmen würde, wodurch eine gute Ausnützung gewährleistet und damit die Bezahlung ausschließlich auf Grund der zur Verfügung gestellten Leistung gerechtfertigt wäre.

Doch das sind vorläufig Zukunftshoffnungen. Einen Schritt auf dem Wege zu ihrer Verwirklichung bedeutet die Vereinheitlichung der Tarife in dem oben erörterten Sinne. Hierbei darf nicht übersehen werden, daß auch eine beschränkte Vereinheitlichung nicht ohne einen gewissen Druck auf die Abnehmer durchführbar ist. Es dürfte im allgemeinen unmöglich sein, einen einheitlichen Tarif dergestalt einzuführen, daß er für alle Verbraucher eine Verbilligung oder wenigstens keine Verteuerung mit sich bringt. Es ist dann unvermeidbar, daß alle Abnehmer, die bei einer Vereinheitlichung der Tarife auch nur im geringsten Umfang benachteiligt werden, sich scharf gegen eine Neuordnung wenden und öffentliche Stellen finden, die sich ihrer annehmen. Dies muß ausgeschlossen sein, wenn die Vereinheitlichung ihren Zweck erfüllen soll, der weiteren Ausbreitung der elektrischen Arbeit und damit der allgemeinen Hebung des Kulturstandes und des Wirtschaftslebens zu dienen.

Verzeichnis der Beispiele.

I. Tarifbeispiele.

1. Geordnet nach Grundformen und Abstufungen.

Abstufung	Pauschaltarife	Zählertarife: allgemein	Zählertarife: Regelverbrauch	Grundgebührentarife: nach kW oder PS	Grundgebührentarife: nach anderen Maßstäben
Verwendungszweck	3 12[1]† 57[1] 63[3] 87	4 5 8[1] 26[1] 29[1] 30[1] 33[1] 35[1] 36[1] 43[1] 44[1] 56 78a[1] 79[1] 93 95[1] 97[1] 118[1]		6 10[1] 12[1] 14[1] 35[1] 49[3] 58[3] 73[1] 102[1] 110[4] 135[4]	
Größe des Verbrauchs		1 7 8[1] 9 67[1] 70[2] 78a[1] 94 95[1] 108 109[1] 126 127 130[1] 134[1]	21 22 23 52 53[1] 62 69[1] 78b[1] 79[1] 83[1] 89 114[1] 117[1] 122 124	10[1] 18[1] 45[4] 49[3] 50[2] 51[1] 58[3] 59[1] 61[1] 64[2] 110[4] 113[3] 120[1] 125[1] 128[1] 132[1] 133[2] 135[4] 136[1]	
Leistungsbeanspruchung	11 12[1] 25[1] 57[1] 63[3] 65[1] 88 92	11 70[2] 77[2] 134[1]		11 12[1] 13 14[1] 37[1] 45[4] 54* 58[3] 64[2] 73[1] 82[1]* 84[2]* 86[2]* 105[2] 110[4] 113[3] 119[2] 120[1] 128[1] 132[1] 133[2] 135[4] 136[1] 137[1] 138[1] 139[1]	15 16 17 18[1] 19 20 49[3] 50[2] 51[1] 59[1] 61[1] 68[1] 71 72 74 80[1] 81[1]* 82[1]* 85[1]* 86[2]* 90 91 100 101[1] 102[1] 103 104 106 107[1] 111[1] 112[1] 125[1]
Benutzungsdauer	24 25[1] 63[3] 65[1]	2 26[1] 27 28 55 75 76[1] 77[2] 96 97[1] 98[1] 121[1] 123		84[2]* 137[1] 138[1] 139[1]	
Zeitpunkt des Verbrauchs	63[3]	29[1] 30[1] 31 32 53[1] 60 66 67[1] 69[1] 70[2] 76[1] 77[2] 78b[1] 83[1] 98[1] 99 109[1] 115[1] 117[1] 121[1] 130[1]		45[4] 49[3] 50[2] 68[1] 80[1] 86[2]* 101[1] 107[1] 110[4] 113[3] 131	
cos φ**		116 118[1]		45[4] 58[3] 64[2] 105[2] 116 119[2] 135[4]	
Wirtschaftliche und technische Umstände		33[1] 34 35[1] 36[1] 43[1] 44[1] 114[1] 115[1]		34 35[1] 37[1] 45[4] 81[1]* 84[2]* 85[1]* 105[2] 110[4] 111[1] 112[1] 113[3] 119[2] 133[2] 135[4]	

† Die hochgestellten Ziffern geben die zusätzlichen Abstufungen an, die bei dem Beispiel angewendet sind. So bedeutet 49[3], daß der in Beispiel 49 dargestellte Tarif im ganzen 4 Abstufungen enthält.

* Dreitaxentarife.

** Vgl. auch S. 242, 246 und die Beispiele S. 172.

2. Geordnet nach Tarifformen

Anwendungsgebiet	Pauschal-tarife	Zählertarife		
		Grundform mit und ohne Abstufung	Regelverbrauchs-tarife	Mehrfach-zeittarife
Alle Zwecke	11	1 2 9 26 27	28	29 31 32
Beleuchtung (allgemein)	3 24 87 92	4 5 7 8 26 33 35 36 43 44 78a 93 95 98 126	79	30 67 99
Kraft (allgemein)	3 24 87 88	4 8 11 26 33 35 36 43 44 70 75 78a 94 96 108 130		30 76 77 121
Wärme	3 87	4 56		4 29 30
Haushalt	12 57	5 36 55 56 93 97 118 123	21 22 52 53 69 78b 79 83 89 114 117 122 124	66 115
Gewerbe (Licht)	12	5 93 95 97 118		60
Gewerbe (Kraft)		5 118	79	
Landwirtschaft	25 63 65	118 134	23 62 79	
Großabnehmer		5 26 33 118 127		109

II. Beispiele für Wirtschaftsklauseln und Mindestgewähr.

Eine Mindestgewähr sehen weiter die folgenden Tarifbeispiele vor:
45 49 58 61 81 82 103 106 107 108 111 112 122 123 124 126 127 130 134 135 136 137 138.

und Anwendungsgebieten.

Grundgebührentarife mit Abstufung nach			
dem Höchstbedarf	dem Anschlußwert	der Bodenfläche	der Zimmerzahl
11			
	6 14 35 37	102	
131	6 14 35 113 128		
	6		
12 54	6 10 15 50 82* 100 136	17 19** 51 68 82* 102 103** 103a** 104 106 107 125	6 16 49 71 72 80 81* 90 91 101 111 112
12 13 137	6 13 58 73 137	17 18 59 102	
138	6 58 73 138		
86*	6 132 133 139	6 10 20 61 74 85*	
45 64 105 110 120 135	84* 119		

* Dreitaxentarife   ** Nach Mietwert.

Seitennachweis für die Beispiele.

Beispiel	Seite	Beispiel	Seite	Beispiel	Seite	Beispiel	Seite	Beispiel	Seite	Beispiel	Seite	Beispiel	Seite	Beispiel	Seite
1	140	19	154	37	180	55	194	73	215	91	230	108	239	126	261
2	141	20	154	38	180	56	194	74	215	92	231	109	240	127	262
3	143	21	157	39	180	57	195	75	218	93	231	110	240	128	262
4	143	22	158	40	181	58	195	76	218	94	231	111	243	129	263
5	144	23	158	41	181	59	196	77	218	95	232	112	243	130	263
6	144	24	159	42	181	60	197	78	221	96	232	113	244	131	264
7	145	25	159	43	182	61	198	79	222	97	232	114	244	132	264
8	145	26	161	44	182	62	198	80	224	98	233	115	245	133	265
9	145	27	161	45	184	63	199	81	224	99	233	116	249	134	265
10	147	28	161	46	186	64	201	82	224	100	234	117	251	135	267
11	148	29	165	47	186	65	208	83	225	101	234	118	253	136	271
12	150	30	166	48	187	66	209	84	225	102	234	119	253	137	272
13	151	31	167	49	192	67	210	85	226	103	234	120	256	138	272
14	152	32	168	50	192	68	211	86	226	103a	235	121	258	139	273
15	152	33	177	51	193	69	212	87	228	104	235	122	260		
16	153	34	178	52	193	70	213	88	228	105	235	123	260		
17	153	35	178	53	193	71	214	89	228	106	238	124	261		
18	153	36	179	54	194	72	215	90	229	107	238	125	261		

Fachschriftennachweis.

Vorbemerkung.

Zur bequemeren Übersicht sind die Angaben des Fachschrifttums geteilt in solche allgemeinen Inhalts und in solche, die Einzelfragen behandeln. Letztere sind nach ihren Beziehungen zu den Abschnitten des Buches zusammengestellt. Die Reihenfolge ist so gewählt, daß zuerst die deutschen und anschließend die fremdsprachlichen Fachschriften aufgezählt werden, und zwar geordnet nach der Zeit ihrer Veröffentlichung. Die Angaben sind mit fortlaufenden Nummern versehen, die bei ihrer Erwähnung im Text verwendet werden (z. B. *24* = Fachschriftennachweis Nr. 24). Berücksichtigt ist im wesentlichen das Schrifttum deutscher, englischer und französischer Sprache der Jahre 1924—1933, nur vereinzelt konnte noch auf Veröffentlichungen des Jahres 1934 Bezug genommen werden.

Über das schwedische und norwegische Fachschrifttum sind in einem Anhang einige Angaben gemacht, die die Herren Generalsekretäre Velander für Schweden und Sandberg für Norwegen in dankenswerter Weise zur Verfügung gestellt haben.

Über das dänische Fachschrifttum sind zahlreiche Hinweise in dem Buche von Dr. Poul Vinding (*12*) zu finden. Eine Aufzählung fast des gesamten Fachschrifttums in englischer Sprache (Nordamerika und England) für die Zeit von 1882—1928 ist enthalten in einem Bericht des „Rate Research Committee" der „National Electric Light Association" (NELA) New-York, betitelt: „Electric Light and Power Rates in the United States" vom September 1928 (*400*).

Bücher über das Gesamtgebiet der Tariffrage.

1. Brock: Gestehungskosten und Verkaufspreise elektrischer Arbeit. Wien u. Berlin: Julius Springer 1930.
2. Denkschrift der Vereinigung der Elektrizitätswerke über die Sondertagung über Tarifwesen und Konsumerhöhung. Berlin 1928.
3. Eisenmenger: Central Station Rates in Theory and Practice. Chicago: Drake 1921.
4. Eisenmenger/Arnold: Die Stromtarife der Elektrizitätswerke. München und Berlin: Oldenbourg 1929.
5. Goldmann: Kosten, Tarife und Preise elektrischer Arbeit. Berlin: Selbstverlag 1929.
6. Kirchhoff: Unternehmungsform und Verkaufspolitik der Stromversorgung. Berlin: Julius Springer 1933.
7. Kummer: Die wissenschaftlichen Grundlagen der Preisbildung für die elektrische Arbeit, Sammlung Vieweg Nr. 100. Braunschweig: Vieweg & Sohn 1929.
8. Ludewig: Grundlagen, Entwicklung und Stand der Lieferpreise für elektrische Arbeit. Berlin: Karl Heymann 1932.
9. Munk: Tarife für den Verkauf elektrischer Arbeit. Sammlung Göschen, Bd. 969. Berlin u. Leipzig: W. de Gruyter 1927.
10. Pirrung: Elektrizitätstarife, Untersuchungen über Gestaltung von Grundgebührentarifen für Kleinabnehmer. Berlin: Verlag der Vereinigung der Elektrizitätswerke 1932.
11. Ratgeber über österreichische Kleinabnehmer-Elektrizitätstarife. Wien: Verlag des Verbandes der Elektrizitätswerke 1934.

12. **Vinding:** Beiträge zur Lehre der Elektrizitätstarife. Kopenhagen: Danmarks Naturvidenskabelige Samfund 1933.

13. **Meyer, G. W.:** Technische, wirtschaftliche und rechtliche Grundlagen für die Bewertung und den Verkauf elektrischer Arbeit. Bodenbach a. E.: Meyers technischer Verlag 1930.

Sammelwerke.

15. Gesamtbericht der zweiten Weltkraftkonferenz (abgekürzt Weltkraftberichte). Berlin: VDI-Verlag 1930.

16. Berichte der „Union Internationale des Producteurs et Distributeurs de l'Énergie Électrique" (Unipede) Paris.

17. Jahrbücher der Verkehrsdirektion der BEWAG.

18. Starkstromtechnik, 7. Aufl. Berlin: Ernst & Sohn 1930/31.

19. **Siegel:** Die Elektrizitätsgesetzgebung der Kulturländer der Erde. Berlin: VDI-Verlag 1930.

Statistiken.

20. Statistisches Jahrbuch für das Deutsche Reich.

21. Einzelschriften zur Statistik des Deutschen Reiches, Nr. 22: Die Lebenshaltung von 2000 Arbeiter-, Angestellten- und Beamtenhaushaltungen. Erhebungen von Wirtschaftsrechnungen im Deutschen Reich vom Jahre 1927/28. Bearbeitet im Statistischen Reichsamt.

22. Statistik der Elektrizitätswerke Deutschlands.

23. Statistik des Reichsverbandes der Elektrizitätsversorgung.

24. Electric Supply Tables of Costs and Records (Electrical Times).

25. La Produzione dell'Energia in Italia, 1933.

26. La Produzione ed il Consumo dell'Energia in Italia, 1931.

27. I Consumi dell'Energia Elettrica in Italia durante l'Anno 1932.

28. Statistik der Schweizerischen Elektrizitätswerke.

29. Statistik der Dänischen Elektrizitätswerke (Elektricitetsvaerker i Danmark).

30. Statistik der Dänischen Provinz-Elektrizitätswerke (Statistik for Danske Provins-Elektricitetsvaerker).

31. Statistik der Norwegischen Elektrizitätswerke (Elektricitetsstatistik der Norske Elektricitetsverken Forening).
Siehe auch *353, 360, 361, 362, 366, 371, 391.*

Zeitschriften.

Elektrotechnische Zeitschrift, Berlin	= Elektrotechn. Z.
Elektrizitätswirtschaft (früher **Mitteilungen der Vereinigung der Elektrizitätswerke**), Berlin	= **Elektr.-Wirtsch.**
Das Elektro-Journal, Berlin	= Elektro-J.
Das Öffentliche Elektrizitätswerk (früher Das Kommunale Elektrizitätswerk), Berlin	= Öffentl. Elektr.-Werk
Rea, der elektrische Betrieb, Berlin	= Elektr. Betr.
Die Elektrowärme, Hannover	= Elektro-Wärm.
Licht und Lampe, Berlin	= Licht u. Lampe
Das Licht, Berlin	= Licht
Archiv für Wärmewirtschaft, Berlin	= Arch. Wärmewirtsch.
Technik und Wirtschaft, Berlin	= Techn. u. Wirtsch.
Wirtschaft und Statistik, Berlin	= Wirtsch. u. Statist.
Elektrotechnik und Maschinenbau, Wien	= Elektrotechn. u. Maschinenb.
Elektrische Arbeit, Bodenbach a. E.	= Elektr. Arbeit.

Bulletin des Schweizerischen Elektrotechnischen Vereins, = Bull. schweiz. elektro-
   Zürich   techn. Ver.
Elektrizitätsverwertung, Zürich = Elektr.-Verwertg.
The Electrician, London, = Electrician
The Electrical Review, London = Electr. Rev., Lond.
The Electrical Times, London = Electr. Tim., Lond.
Revue Générale de l'Électricité, Paris = Rev. gén. Électr.
L'Energia Elettrica, Mailand = Energia elektr.
The Electrical World, New York = Electr. Wld., N. Y.
Elektroteknikeren, Kopenhagen = Dän. Elektrotekn.
Svenska Elektricitetsföreningens Handlingar, Stockholm = Svensk. Elektr. Foren-
                                                        ing. Hdl., Stockh.

Era, Organ för Föreningen för Elektricitetens Rationella
   Användning, Stockholm = ERA
Elektroteknisk Tidskrift, Oslo = Elektrotekn. T.
Technisk Ukeblad, Oslo = Tekn. Ukebl.

Zu: Erstes Buch.

Zu: Erster Teil: Die Nachfrage nach elektrischer Arbeit.

50. Luckiesh u. Lellek: Licht und Arbeit. Berlin: Julius Springer 1926.

51. Schneider, L.: Produktionssteigerung durch zweckmäßige Ausgestaltung der elektrischen Beleuchtung. Weltkraftberichte, Sekt. 2 Bd. 1 Nr. 51 S. 472.

52. Goldstern u. Putnocky: Arbeitstechnische Untersuchungen über die Erkennbarkeit von Fäden und Fadenfehlern. Licht u. Lampe 1930 Heft 25 u. 26.

53. Schneider, L. u. Seeger: Die künftige Entwicklung des elektrischen Lichtbedarfs. Elektrotechn. Z. 1931 S. 1537.

54. Seeger: Benutzungsdauer von Beleuchtungsanlagen. Öffentl. Elektr.-Werk 1933 S. 98, 254.

55. Pick: Haushalt und Elektrizitätswerk (nach Laufer). Elektrotechn. Z. 1929 S. 1090.

56. Elektrizität in Haus und Landwirtschaft. Weltkraftberichte, Sekt. 1 Bd. 1 Nr. 47, 275, 425 S. 3—175, 216—295.

57. Zangger: Energieverbrauch und Energiekosten für einen elektrisch betriebenen Haushalt. Bull. schweiz. elektrotechn. Ver. 1930 S. 546.

58. Wirtschaftliche Angaben über den Verbrauch elektrischer Energie in den schweizerischen Haushaltungen im Jahre 1930. Bull. schweiz. elektrotechn. Ver. 1931 S. 440.

Zu: I. B. Die Wertschätzung der elektrischen Arbeit als Kraftquelle.

60. Kurzel u. Runtscheiner: Anteil der Stromkosten am Herstellungspreise verschiedener Güter. Techn. u. Wirtsch. 1926 S. 93.

61. Elektrizität in Industrie und Gewerbe. Weltkraftberichte, Sekt. 2 Bd. 1 Nr. 44, 274, 415 S. 299—592.

62. Kosten und Betriebsvergleich verschiedener Energiearten beim Abnehmer. Weltkraftberichte, Bd. 3 S. 3—138.

63. Dorth: Entwicklung und Zukunftsaussichten des gewerblichen Stromverbrauchs in Deutschland. Öffentl. Elektr.-Werk 1931 S. 192.

70. Ringwald: Neuere Anwendungen der Elektrizität in der Landwirtschaft und verwandten Gebieten. Bull. schweiz. elektrotechn. Ver. 1925 S. 307.

71. — Einige Anwendungen der Elektrizität in der Landwirtschaft. Bull. schweiz. elektrotechn. Ver. 1927 S. 490.

72. Elektrizität in Haus- und Landwirtschaft. Weltkraftberichte, Sekt. 1 Nr. 47, 99, 103, 118, 140, 151, 161, 216, 224, 290 Bd. 1 S. 3—224.

73. Ringwald: Der heutige Stand der Elektrizitätsanwendungen in der Landwirtschaft und Anregungen für die Zukunft. Bull. schweiz. elektrotechn. Ver.
1930 S. 1.

**Zu: I. C. Die Wertschätzung der elektrischen Arbeit bei der Erzeugung von Wärme
und chemischen Vorgängen.**

74. Kratochwil: Elektrowärmeverwertung. Berlin: Oldenbourg 1927.
75. — Die Anwendung der Elektrowärme in der Industrie. Weltkraftberichte,
Sekt. 2 Bd. 1 Nr. 195 S. 366.
76. Nathusius u. Mitarbeiter: Anwendung der Elektrowärme in der Industrie.
Weltkraftberichte. Sekt. 1 Bd. 1 Nr. 46 S. 390.
77. Mörtsch: Elektrisches Kochen. Berlin: Julius Springer 1932.
78. Knopps: Die Entwicklung der industriellen Elektroheizung und ihr Weg
in die Zukunft. Elektr.-Wirtsch. 1934 S. 229.
79. Elektrizität in Industrie und Gewerbe. Weltkraftberichte, Sekt. 2 Bd. 1
Nr. 43, 143, 223, 227 S. 299—317.

Zu: I. D. Ausdruck und Maß der Wertschätzung.

80. Windel: Höchstpreise für Stromlieferung. Elektrotechn. Z. 1924 S. 995.
81. — Höchstpreise für Stromlieferung. Elektrotechn. Z. 1925 S. 117.
82. — Höchstpreise für Elektrowärme. Elektrotechn. Z. 1925 S. 1721, 1771, 1848.
83. Seyderhelm: Unkostensätze und Nebenbetriebskosten in Maschinenfabriken
und verwandten Betrieben. Drucksache S. 12 des Vereins deutscher Maschinen-
bauanstalten vom Dezember 1925, S. 18.
84. — Wie *83.* Drucksache S. 19 vom Februar 1927, S. 12.
85. Schulz, N.: Elektrizitätsverbrauch und Elektrizitätspreise. Elektrotechn.
Z. 1929 S. 1579.
86. Seyderhelm: Stromkosten und Beschäftigungsrückgang. Techn. u. Wirtsch.
1930 S. 128.
87. Nissel: Strompreis und Stromabsatz. Elektr.-Wirtsch. 1931 S. 541.
88. Hermann: Effect of rate changes on revenues. Electr. Wld., N.Y. Bd. 88
S. 112.
89. Lacombe: The competitive market for domestic electric service. Electr.
Wld., N.Y. Bd. 89 S. 1139; s. auch Rückwardt. Elektrotechn. Z. 1928
S. 628.
90. May, C. F. de: Effect of rate changes. Electr. Wld., N.Y. Bd. 93 S. 935.
91. Barcley u. Sickler: Lower rates — more business. Electr. Wld., N.Y.
Bd. 95 S. 88.
92. Ross: Electric power, the user and the price. Electr. Rev. Bd. 95 S. 373.
93. Morrow: One price for power. Electr. Wld., N.Y. Bd. 95 S. 1332.
94. Genissieu: Influence du tarif sur la consommation, la recette et le bénéfice
dans la distribution de l'énergie électrique. Rev. gén. Électr. Bd. 35. S. 525, 569.

Zu: Zweiter Teil: Das Angebot elektrischer Arbeit.

98. Klingenberg: Bau großer Elektrizitätswerke, 2. Aufl. Berlin: Julius Springer
1924.
99. Krohne: Die wirtschaftliche Erzeugung der Spitzenkraft in Großstädten.
Berlin: Julius Springer 1929.
100. Rückwardt: Selbstkostenberechnung elektrischer Arbeit. Ihr Aufbau und
ihre Durchführung. Berlin und München: Oldenbourg 1933.
101. Agthe: Bericht der Tarifkommission. Elektr.-Wirtsch. 1904 S. 37.
102. Rückwardt: Die schematisierte Selbstkostenberechnung der Berliner Städtischen Elektrizitätswerke. Elektrotechn. Z. 1927 S. 489.

103. Strickler: Die Selbstkosten für Abgabe elektrischer Energie. Bull. schweiz. elektrotechn. Ver. 1928 S. 413; Elektrotechn. Z. 1929 S. 135; Elektr.-Verwertg. 1929/30 S. 345; Elektrotechn. u. Maschinenb. 1930 S. 936.

104. Schraeder: Die Gestehungskosten des Stromes in großen Steinkohlenkraftwerken auf Grund von Erfahrungswerten. Elektrotechn. Z. 1930 S. 1091, 1131.

105. Rückwardt: Die Durchführung der Selbstkostenberechnung in der Praxis. Öffentl. Elektr.-Werk 1931 S. 184.

106. Schneider, R.: Der Einfluß der Bereithaltungskosten auf die Gestehungskosten. Öffentl. Elektr.-Werk 1932 S. 41.

107. Kühnert: Darstellung der Kosten für die elektrische Arbeit in einem Überlandwerk bei Dampfkrafterzeugung. Elektrotechn. Z. 1932 S 434.

108. Rückwardt: Eine Analyse der Kosten elektrischer Arbeit (nach Woodward und Carne). Elektrotechn. Z. 1932 S. 948.

109. Niethammer: Stromselbstkosten. Elektrotechn. u. Maschinenb. 1933 S. 630.

110. Hopkinson: The costs of electricity supply. Electrician Bd. 30 S. 29, Elektrotechn. Z. 1892 S. 707.

111. Wright: The principles for the profitable supply of electricity. Electrician Bd. 48 S. 347, Elektrotechn. Z. 1902 S. 90.

112. Jones: Effect of load factor on the costs of production and methods of improving load factor. Weltkraftberichte, Bd. 15 S. 3.

113. The relationship between cost and output. Electr. Rev., Lond. Bd. 98 S. 204.

114. Bolton: Two part costs. Electr. Rev., Lond. Bd. 110 S. 625.

Zu: I B 1 b: Die Rückstellungen.

120. Schiff: Die Wertminderungen an Betriebsanlagen in wirtschaftlicher, rechtlicher und rechnerischer Beziehung. Berlin: Julius Springer 1909.

121. Haas: Die Rückstellungen bei Elektrizitätswerken und Straßenbahnen. Berlin: Julius Springer 1916.

122. Fäs: Die Berücksichtigung der Wertminderungen des stehenden Kapitals in den Jahresbilanzen der Erwerbswirtschaft. Tübingen: Lauppsche Buchhandlung 1922.

123. Schlegelberger, Quassowski, Schmölder: Verordnung über Aktienrecht. Berlin: Vahlen 1932.

124. Burchard, v. d.: Wertminderung, Abschreibung und Tilgung. Techn. u. Wirtsch. 1928 S. 273.

125. Goedecke: Die Abschreibung von Maschinen. Techn. u. Wirtsch. 1928 S. 307.

126. Schulz-Mehrin: Abschreibung von Anlagen nach dem nominellen oder nach dem Tagesbeschaffungswert. Techn. u. Wirtsch. 1930 S. 329.

127. Lincke: Zweckmäßige Errechnung und Behandlung der Abschreibungen bei dem Elektrizitätswerk. Öffentl. Elektr.-Werk 1930 S. 277.

128. Rickenbach: Die Abschreibung und Erneuerung von hydroelektrischen Kraftwerken. Bull. schweiz. elektrotechn. Ver. 1932 S. 496.

129. Blau: Die Abschreibungen in der Elektrizitätswirtschaft. Elektrotechn. Z. 1933 S. 13, 85.

130. Krause: Sollen Elektrizitätswerke vom Anschaffungswert oder vom Buchwert abschreiben? Elektrotechn. Z. 1933 S. 751.

131. Senger: Die Auswirkungen der geltenden Steuergesetze auf Elektrizitätsversorgungsunternehmungen. Vortrag bei der Tagung des Elektrobundes. Berlin 1926.

132. Ludewig: Die Steuerbefreiungen der Elektrizitätsversorgungsbetriebe der öffentlichen Hand und die Auswirkungen ihrer Beseitigung. Als Manuskript gedruckt. Berlin 1931.

Zu: II: Die Verteilung der Gestehungskosten.

140. Schwabach: Zur Tariffrage der Elektrizitätswerke. Elektrotechn. Z. 1903 S. 495.

141. Eisenmenger: Über die Berechnung der Selbstkosten des elektrischen Stromes. Elektrotechn. Z. 1914 S. 11.

142. Schwaiger: Über die Ermittlung der Betriebskosten von Kraftwerken. Elektrotechn. u. Maschinenb. 1915 S. 265f.

143. Schiff: Verteilung der Leistungskosten elektrischer Arbeit. Elektrotechn. Z. 1925 S. 758.

144. Dettmar: Über den Ausgleich der Einzelbelastungen bei Elektrizitätswerken (Verschiedenheitsfaktor). Elektrotechn. Z. 1926 S. 33, 78, 100, 184.

145. Schwaiger: Die Verteilung der festen Betriebskosten. Elektro-J. 1926 S. 345.

146. Bergtold: Die Bewertung der verschiedenen Gruppen von Elektrizitätsabnehmern. Elektro-J. 1926 S. 370.

147. Rückwardt: Methoden der Verteilung der festen Kosten. Sonderdruck der Vereinigung der Elektrizitätswerke, Nov. 1926.

148. Kummer: Der Belastungsausgleich bei Elektrizitätswerken im Lichte des Schwankungsverhältnisses der Leistung. Elektrotechn. Z. 1926 S. 1355.

149. Adolph: Belastungsgebirge als Hilfsmittel zur Beurteilung der Betriebsverhältnisse von Elektrizitätswerken. Elektrotechn. Z. 1927 S. 5.

150. Eisenmenger: Die Verteilung der festen Stromkosten unter Abnehmern mit Verschiedenheitsfaktor. Elektrotechn. Z. 1927 S. 1450.

151. Schneider, R.: Das normalisierte Belastungsgebirge als Hilfsmittel für betriebswissenschaftliche Forschung. Elektr.-Wirtsch. 1928 S. 58.

152. Smolinski: Einfluß der Lieferung von Elektrowärme für Haushaltungen auf die Belastungsverhältnisse der Elektrizitätswerke und ihre Wirtschaftlichkeit. Elektrotechn. Z. 1928 S. 274.

153. Eisenmenger: Die Verteilung der festen Stromkosten unter die Abnehmer. Elektrotechn. Z. 1928 S. 303.

154. Pick: Amerikanische Erörterungen über das Problem der gerechten Festkostenverteilung. Elektr.-Wirtsch. 1928 S. 627.

155. Schneider, R.: Analyse und Synthese von Belastungskurven als Hilfsmittel für wirtschaftliche Untersuchungen. Elektrotechn. Z. 1929 S. 337, 383.

156. Thoma: Die Bedeutung einer schwankenden Stromentnahme für die Grundgebührenbestimmung bei Grundgebührentarifen. Elektrotechn. Z. 1929 S. 533.

157. Windel: Der Einfluß der festen Kosten auf den Gestehungspreis. Öffentl. Elektr.-Werk 1930 S. 225.

158. Prochoroff: Die Berechnung des Verschiedenheitsfaktors. Elektrotechn. Z. 1930 S. 230.

159. Adolph u. Mitarbeiter: Der Belastungsfaktor der Elektrizitätswerke und seine Beeinflussung durch verschiedene Stromverbraucher. Weltkraftberichte, Sekt. 3 Bd. 15 Nr. 42 S. 38.

160. Windel u. Wendhut: Die Analyse eines Belastungsgebirges durch Messungen. Öffentl. Elektr.-Werk 1930 S. 295f., 1931 S. 4f.

161. Punga: Die Verteilung der konstanten Kosten auf die einzelnen Abnehmer eines Elektrizitätswerkes. Elektrotechn. Z. 1931 S. 9.

162. Kühnert: Stromerzeugungs- und Stromverteilungskosten unter Berücksichtigung der Gleichzeitigkeitsfaktoren. Elektr.-Wirtsch. 1931 S. 57.

163. Schnaus: Verschiedenheitsfaktor, Wahrscheinlichkeitstheorie und ihre Anwendung in elektrowirtschaftlichen Rechnungen. Elektrotechn. Z. 1931 S. 441, 468, 918.

164. Dalchau: Selbstkosten und Absatz in kapitalintensiven Betrieben. Technik u. Wirtsch. 1931 S. 171.

165. Nissel: Belastungsverlauf und Stromselbstkosten. Elektr.-Wirtsch. 1931 S. 704.

166. Ludin: Systematische Auswertung von Belastungsgebirgen. Elektrotechn. Z. 1931 S. 893.

167. Schneider, R.: Die Verfahren für die Verteilung der festen Kosten in der elektrischen Energiewirtschaft. Elektrotechn. Z. 1932 S. 5, 33.

168. — Ein praktisches Verfahren zur Verteilung der festen Kosten. Elektrotechn. Z. 1932 S. 174.

169. Sihle: Zur Frage der Verteilung der konstanten Kosten eines Elektrizitätswerks. Elektrotechn. Z. 1932 S. 555.

170. Schwaiger: Die Verteilung der festen Betriebskosten. Elektr.-Wirtsch. 1933 S. 197.

171. — Belastungsausgleich in Kraftwerken. Elektrotechn. Z. 1933 S. 417.

172. Kummer: Über Vorausbestimmung von Benutzungsdauer und Belastungsausgleich bei der Abgabe elektrischer Energie. Bull. schweiz. elektrotechn. Ver. 1926 S. 289.

173. — Die Berücksichtigung des Belastungsausgleichs in der Preisbildung für elektrische Arbeit. Bull. schweiz. elektrotechn. Ver. 1929 S. 113.

174. Schnaus: Neues über Kosten und Preise. Elektr.-Verwertg. 1933/34 S. 314.

175. Lauriol: La tarification de l'énergie électrique. L'Éclairage Électrique, Bd. 33 S. 325.

176. Coignet: Données relatives à l'établissement du prix de l'énergie électrique sur un réseau de distribution. Rev. gén. Électr. Bd. 26 S. 329.

177. Greene: Determining demand charge. Electr. Wld., N.Y. Bd. 86 S. 947.

178. Snow: Sharing benefits of diversity in loads. Electr. Wld., N.Y. Bd. 87 S. 403.

179. Knight: Peak responsibility as a basis for allocating fixed costs. Electr. Wld., N.Y. Bd. 87 S. 495.
Bemerkungen hierzu Bd. 88 S. 531, 705, 1018, 1171.

180. Greene: Allocating capacity costs. Electr. Wld., N.Y. Bd. 87 S. 1190.
Bemerkungen hierzu Bd. 88 S. 224, Bd. 90 S. 521.

181. Lacombe u. Leffler: Costs analysis for electric utilities. Electr. Wld., N.Y. Bd. 88 S. 427, 575, 701.

182. Cost allocations legitimate guides. Electr. Wld., N.Y. Bd. 88 S. 412.

183. Hills: Demand costs and their allocation. Electr. Wld., N.Y. Bd. 89 S. 198.

184. — Proposed allocation of demand costs. Electr. Wld., N.Y. Bd. 89 S. 249.

185. Greene: Excess peak responsibility vs. demand in cost studies. Electr. Wld., N.Y. Bd. 90 S. 165. Bemerkungen Bd. 90 S. 264, 798, 1104.

186. Hills: Cost of off-peak business. Electr. Wld., N.Y. Bd. 90 S. 255.

187. Ford: Allocation of capacity costs in practice. Electr. Wld., N.Y. Bd. 90 S. 913.

188. Oram u. Robison: The complete peak method. Electr. Wld., N.Y. Bd. 92 S. 359; Elektrotechn. Z. 1929 S. 578.

189. Kanneberg: Basing rates on cost allocations. Electr. Wld., N.Y. Bd. 97 S. 672.

190. Marshal u. Snow: Residence service costs. Electr. Wld., N.Y. Bd. 97 S. 1120.

Zu: II. C. Einfluß der Phasenverschiebung auf die Gestehungskosten.

201. Nissel: Der Einfluß des cos-φ auf die Tarifgestaltung der Elektrizitätswerke. Berlin: Julius Springer 1928; s. a. *285.*

202. Wilkens: Die Bedeutung der Blindlast für Stromabnehmer und Elektrizitätswerk. Elektrotechn. Z. 1926 S. 733.

203. Rolland: Der wirtschaftliche Wert reiner Blindleistungsmaschinen und kompensierter Motoren. Elektrotechn. Z. 1926 S. 1218.

204. Koch: Zur Bewertung der wattlosen Arbeit eines Stromabnehmers mit dem Sinuszähler. Elektrotechn. Z. 1926 S. 1325.

205. Janička: Die Scheinverbrauchsmessung und ihre Bedeutung für die Elektrizitätswirtschaft. Elektrotechn. Z. 1929 S. 1326.

206. Unger: Blindstromkompensierung in Leitungsnetzen. Elektrotechn. Z. 1933 S. 672.

207. Schwarz: Wirtschaftlichkeit von Phasenkompensationsanlagen mit besonderer Berücksichtigung von statischen Kondensatoren. Elektrotechn. u. Maschinenb. 1932 S. 151.

208. Rutgers: Einfache graphische Darstellung von Wirk- und Blindleistung in Vektordiagrammen. Bull. schweiz. elektrotechn. Ver. 1928 S. 717.

209. Boucherot: La puissance et l'énergie réactive. Rev. gén. Électr. Bd. 26 S. 1020.

210. Brylinski: Sur la puissance et l'énergie réactive. Rev. gén. Électr. Bd. 26 S. 1027.

211. Budeanu: L'état actuel du problème de la puissance réactive (Bericht zum Kongreß der Unipede Paris 1932). Rev. gén. Électr. Bd. 32 S. 238.

212. Wright: The "Electrical Froth" problem. Electr. Wld., N.Y. Bd. 85 S. 141.

213. Muir: Power factor and production costs. Electr. Wld., N.Y. Bd. 87 S. 1047.

214. Wulfetange: Power factor correction cuts costs. Electr. Wld., N.Y. Bd. 97 S. 628; Elektrotechn. Z. 1931 S. 1070.

215. Isaacs: The improvement of power factor. Electr. Rev., Lond. Bd. 95 S. 732.

216. Dorey: Power factor improvement. Electr. Rev., Lond. Bd. 98 S. 270.

Zu: **Zweites Buch.**
Zu: **Die Gestaltung der Tarife.**

217. Siegel: Grundsätze für die Gestaltung von Groß- und Kleinabnehmerstrompreisen. Elektrotechn. Z. 1924 S. 399.

218. Riedel u. a. Autoren: Tarifbewegung für den Verkauf elektrischer Arbeit. Elektrotechn. Z. 1925 S. 9f., 557.

219. Winkler: Beitrag zur Frage der Strompreise. Elektrotechn. u. Maschinenb. 1925 S. 36.

220. Siegel: Richtlinien zur Strompreispolitik. Elektrotechn. Z. 1925 S. 924.

221. Grondorf: Tarifbewegung für den Verkauf elektrischer Arbeit. Elektrotechn. Z. 1925 S. 1626.

222. Kerb: Betriebsunkosten und Tarife für elektrische Energie. Techn. u. Wirtsch. 1926 S. 60.

223. Nissel: Tarifgleichung und Tarifmodell. Elektrotechn. Z. 1926 S. 554.

224. Schraeder: Tarifpolitik der Elektrizitätswerke. Elektr.-Wirtsch. 1929 S. 18.

225. Pirrung u. Mitarbeiter: Elektrizitätstarife. Neuere Bestrebungen und Erfahrungen. Weltkraftberichte, Sekt. 3 Bd. 15 Nr. 48 S. 107.

226. Nübling: Gastarife. Weltkraftberichte, Sekt. 5 Bd. 2 Nr. 9 S. 481.

227. Mueller, H. F.: Gedanken über Stromtarife und Werbung. Elektr.-Wirtsch. 1931 S. 344.

228. Siegel: Stromtarif und Preisabbau. Elektrotechn. Z. 1932 S. 593.

229. Tarification de l'énergie électrique (Berichte). Rev. gén. Électr. Bd. 19 S. 187.

230. Siegel: Die Elektrizitätswerke als Stromverkäufer. Elektrotechn. Z. 1925 S. 585.

231. Setz: Einige Angaben über Sekundärstromtarife. Bull. schweiz. elektrotechn. Ver. 1928 S. 362.

232. Blaikie: Electricity supply and the consumer. Electrician Bd. 99 S. 592.

233. Blaikie: Electricitiy supply and the consumer. Electrician Bd. 102 S. 821.

234. Supply tariffs. Electrician Bd. 105 S. 165.

235. Argabrite: Factors that effect rates. Electr'. Wld., N.Y. Bd. 93 S. 145.

236. Electricity supply tariffs. Electr. Rev., Lond. Bd. 96 S. 601, 637.

237. Vignoles: Tariffs for electricity supply. Electr. Rev., Lond. Bd. 99 S. 959.

238. Cramp: Electricity supply tariffs. Electr. Rev., Lond. Bd. 100 S. 126.

239. Electricity supply tariffs. Electr. Rev., Lond. Bd. 100 S. 785.

240. Eckström: Electricity tariffs. Electr. Rev., Lond. Bd. 100 S. 859.

Zu: I. A. Die Grundformen der Tarife.

244. Mohl: Bemerkungen über Grundgebührentarife. Elektr.-Wirtsch. 1924 S. 456.

245. Lulofs: Der Aufbau der Grundgebührentarife. Elektr.-Wirtsch. 1926 S. 389; Elektrotechn. Z. 1927 S. 814.

246. Bakker: Erfahrungen mit Gebührenmünzzählern im Städtischen Elektrizitätswerk Haag. Elektrotechn. Z. 1927 S. 273.

247. Langer: Warum Grundgebührentarif? Elektr.-Verwertg. 1929 S. 101.

248. Thoma: Grundgebühren- und Zählertarife. Elektrotechn. u. Maschinenb. 1930 S. 167.

249. Melot: La tarification à la taxe fixe remboursable. Rev. gén. Électr. Bd. 21 S. 877.

250. Deutsch u. Oliven: La tarification à forfait de la vente de l'énergie électrique et les nouveaux limiteurs automatiques de courant. Rev. gén. Électr. Bd. 34 S. 359.

251. Sharp: The revival of an old tariff. Electr. Rev., Lond. Bd. 99 S. 7.

252. Bolden: The two part tariff. Electr. Rev., Lond. Bd. 106 S. 1011.

253. Lacombe u. Leffler: Defects of straight line rate. Promotional form of rate. Electr. Wld., N.Y. Bd. 93 S. 243.

254. Lacombe: Promotional rates: results, objectives, tests. Electr. Wld., N.Y. Bd. 100 S. 81 u. 186.

Zu: I. B. Die Abstufung der Tarife.

255. Laudien: Die Zählung von Benutzungsstunden. Elektrotechn. Z. 1925, S. 587.

256. Thierbach: Der Überverbrauchstarif. Elektr.-Wirtsch. 1925 S. 348.

257. Baltzer: Kleinabnehmer-Maximumzeiger für den Grundgebührentarif. Elektrotechn. Z. 1927 S. 1333.

258. Schäfer: Der Leistungspreistarif für Kleinabnehmerlieferungen. Elektrotechn. Z. 1933 S. 525.

259. Setz: Einheitstarif für Sekundärstromabgabe. Bull. schweiz. elektrotechn. Ver. 1930 S. 371.

260. The point five domestic rate. Electr. Rev., Lond. Bd. 105, S. 841, 948.

261. Krutina: Zur Frage der Mehrfachtarife. Bull. schweiz. elektrotechn. Ver. 1925 S. 451. Elektrotechn. Z. 1928 S. 61.

262. Gewecke: Doppeltarifzählung nach Tageszeit ohne Uhr. Elektr.-Wirtsch. 1927 S. 538.

263. Martenet: Tarification multiple. Bull. schweiz. elektrotechn. Ver. 1925 S. 400.

264. Chirol: Un système «d'action à distance» pour commander sans fil pilot sur les réseaux électriques de distribution les appareils de tarification et d'utilisation de courant. Elektr.-Verwertg. 1932/33 S. 234.

265. Martenet: La tarification multiple. Elektr.-Verwertg. 1933/34 S. 290.

266. Reyval: Dispositif de commande à distance sans fil pilot des appareils de tarification et d'utilisation d'énergie électrique. Rev. gén. Électr. Bd. 19 S. 377.

267. Häusser: Zentralsteuerung von Tarifschaltern in Verteilnetzen. Bull. schweiz. elektrotechn. Ver. 1934 S. 344.
268. Schulze: Un nouveau tarif de base dépendant de la charge pour l'installation d'abonnés de faible puissance. Rev. gén. Électr. Bd. 32 S. 851, Elektrotechn. Z. 1933 S. 527.
269. Blaikie: What is a perfect tariff? Electr. Rev., Lond. Bd. 108 S. 415.
270. — A quantity tariff. Electr. Rev., Lond. Bd. 108 S. 457.
271. Hill: A composite block tariff. Electr. Rev., Lond. Bd. 109, S. 47.
272. Area charge essential a lighting demand charge. Electr. Wld., N. Y. Bd. 100 S. 302.
273. Rumpf: „Zählermiete". Elektr.-Wirtsch. 1929 S. 542.
274. Hausfelder: Zur Frage der Reservestromlieferung der Elektrizitätswerke. Techn. u. Wirtsch. 1929 S. 297.
275. Ludwig: Rechtliche und wirtschaftliche Grundlagen der Reserve-Teilstromlieferung. Öffentl. Elektr.-Werk 1930 S. 8.
276. Rohrbeck: Untersuchungen über den Stromverbrauch in Städtischen Haushaltungen als Mittel zum Aufbau von Haushalttarifen. Elektr.-Wirtsch. 1933 S. 269.
277. Ornig: Zeichnerische Darstellung tarifstatistischer Grundlagen. Elektr.-Wirtsch. 1934 S. 122.

Zu: I B 2 f: Die Abstufung nach dem Leistungsfaktor.

278. Bussmann: Die Phasenverschiebung in Drehstromnetzen und ihre Berücksichtigung bei Verbrauchsmessungen. Elektrotechn. Z. 1918 S. 93.
279. Schmidt: Berücksichtigung der Phasenverschiebung bei der Stromverrechnung. Elektr.-Wirtsch. 1922 S. 357.
280. Rolland: Der Einfluß des Leistungsfaktors auf die Tarifbildung von Elektrizitätswerken. Elektrotechn. Z. 1925 S. 289.
281. Scharowski: Die weitere Entwicklung der cos φ-Frage. Elektrotechn. Z. 1926 S. 709.
282. v. Krukowski: Die Messung und Verrechnung der Höchstleistung bei Lieferung elektrischer Energie unter Berücksichtigung des Leistungsfaktors. Elektrotechn. Z. 1926 S. 1177.
283. Quenstedt: Grundlegende Überlegungen über die Einführung von Blindstromtarifen und Richtlinien für ihre Vereinheitlichung. Elektrotechn. Z. 1927 S. 100.
284. Nissel: Blindstromkompensation bei Großabnehmern. Elektrotechn. Z. 1928 S. 389.
285. — Der Einfluß des cos φ auf die Tarifgestaltung der Elektrizitätswerke. Elektrotechn. Z. 1928 S. 1678; s. a. 201.
286. Fritze: Die elektrische Blindarbeit im Stromtarif. Elektr.-Wirtsch. 1930 S. 639.
287. Tama: Die Verwendung von Kondensatoren zur Verbesserung des Leistungsfaktors unter besonderer Berücksichtigung praktischer Erfahrungen. Elektrotechn. Z. 1930 S. 1227.
288. Kunze: Wann lohnt sich der Betrieb eines Synchron-Phasenschiebers? Elektrotechn. u. Maschinenb. 1931 S. 10.
289. Braunbeck: Die tarifliche Erfassung der Phasenverschiebung im Drehstromnetz. Öffentl. Elektr.-Werk 1932 S. 204.
290. Nissel: Blindstromkompensation in Niederspannungsnetzen. Elektr.-Verwertg. 1932/33 S. 374.
291. Iliovici: Tarification rationelle de l'énergie réactive. Méthodes de mesure. Compteurs et wattmètres. Rev. gén. Électr. Bd. 22 S. 313.

292. Derdeyn: Examen de quelques formules de tarification de l'énergie réactive. Rev. gén. Électr. Bd. 23 S. 1077.

293. Mieg, A. M.: L'application pratique des modes de tarification de l'énergie électrique. Rev. gén. Électr. Bd. 24 S. 125.

294. Fracanzani: Sur un système employé dans la tarification pratique de l'énergie réactive (Bericht). Rev. gén. Électr. Bd. 24 S. 385.

295. Hermann: Power factor rate clauses. Electr. Wld., N. Y. Bd. 84 S. 1357.

296. Power factor inducement rates have economic merits. Electr. Wld., N. Y. Bd. 97 S. 763.

297. Clark: The kVA charges in AC two part tariffs. Electr. Wld., N. Y. Bd. 103 S. 131, 267.

298. Nagahama: Power factor tariff in Japan. Weltkraftberichte, Sekt. 3 Bd. 15 Nr. 117 S. 141.

Zu: II: Die Anwendung der Tarife.

300. Majerczik: Der neue Tarif der Berliner Städtischen Elektrizitätswerke. Elektrotechn. Z. 1924 S. 305.

301. Thierbach: Der neue Tarif der Berliner Städtischen Elektrizitätswerke und seine Weiterbildung. Elektrotechn. Z. 1924 S. 558.

302. Majerczik: Erfahrungen mit dem Grundgebührentarif der Berliner Städtischen Elektrizitätswerke. Elektrotechn. Z. 1927 S. 972.

303. Der V.E.W.-Haushalttarif. Elektrotechn. Z. 1928 S. 190.

304. Schneider/Wolf: Kleinverbrauchs- und Haushaltungstarife. Elektrotechn. Z. 1929 S. 826.

305. Nissel: Die neuen Tarife der BEWAG. Elektrotechn. Z. 1931 S. 1583.

306. Vogt: Der Haushalttarif und seine Formen. Öffentl. Elektr.-Werk 1931 S. 158, Elektrotechn. Z. 1931 S. 1179.

307. Arnold: Die Tarifformen. Welches ist nach dem Urteil amerikanischer Werke der zweckmäßigste Haushalttarif? Elektrotechn. Z. 1933 S. 121.

308. Bayer: Berechnung von Haushalttarifen. Elektr.-Wirtsch. 1933 S. 289.

309. Mounsdon: Two part domestic tariffs. Electrician Bd. 99 S. 592.

310. Clark: Two part tariff based on water-heating. Electrician Bd. 101 S. 339.

311. Parker: Domestic tariffs. Electrician Bd. 111 S. 364.

312. The domestic rate. Electr. Rev., Lond. Bd. 106 S. 669.

313. Mounsdon: The domestic tariff. Electr. Rev., Lond. Bd. 108, S. 232.

314. Contract tariffs for domestic water heater. Electr. Rev., Lond. Bd. 111 S. 183.

315. Bolton: The two part domestic tariff. Electr. Rev., Lond. Bd 112 S. 732.

316. Sayers: Domestic and commercial tariffs. Electr. Rev., Lond. Bd. 112 S. 869.

317. Parker: A consumer's views on tariffs. Electr. Rev., Lond. Bd. 113 S. 112.

318. Ferves: The domestic tariff. Electr. Rev., Lond. Bd. 113 S. 312.

319. Campbell: Residential rates that encourage use. Electr. Wld., N. Y. Bd. 86 S. 1249.

320. Rates from customers view points. Electr. Wld., N. Y. Bd. 87 S. 806.

321. Customer psychology. Electr. Wld., Lond. Bd. 93 S. 787.

322. Rehmer: Strompreise für offene Ladengeschäfte. Elektr.-Wirtsch. 1920 S. 52.

323. Arnold: Tarife für elektrische Schaufensterbeleuchtung. Öffentl. Elektr.-Werk 1929 S. 92.

324. Petri: Die Elektrizitätsversorgung auf dem flachen Lande und die Bedeutung der Tarife für die Entwicklung der ländlichen Stromversorgung. Elektr.-Wirtsch. 1920 S. 21.

325. Greve: Der Leistungsvermögenstarif. Elektrotechn. Z. 1924 S. 681.

326. Korff: Ein Kleinabnehmertarif. Elektrotechn. Z. 1925 S. 259.

327. Thierbach: Der Überverbrauchstarif und die Landwirtschaft. Elektrotechn. Z. 1926 S. 510.

328. Lulofs: Le prix de revient et les tarifs des services d'électricité. (Bericht zum Kongreß der Unipede, 1932.) Rev. gén. Électr. Bd. 32 S. 259.

329. Binswanger: Dreschstromtarife unter besonderer Berücksichtigung des genossenschaftlichen Dreschens. Elektr.-Wirtsch. 1930 S. 658.

330. Stevens: Rural electrification. Electrician Bd. 108 S. 136, 218.

331. Analysis of the components of a rural electric service-charge. Electr. Wld., N. Y. Bd. 85 S. 792.

332. Nichols: Rural electrification rates and policies. Electr. Wld., N. Y. Bd. 100 S. 819.

Zu: II A 2: Großabnehmertarife.

333. Adolph: Eigenerzeugung oder Strombezug für die Berliner Stadtbahn? Elektrotechn. Z. 1926 S. 633.

334. Ganguillet: Un méthode rationelle de tarification de l'énergie électrique employée à la production de force motrice. Bull. schweiz. elektrotechn. Ver. 1925 S. 65.

335. Ableitung einer neuen Tarifgrundlage zum Verkauf elektrischer Energie zu motorischen Zwecken. Bull. schweiz. elektrotechn. Ver. 1926 S. 57.

336. Genissieu: Études sur les prix d'achat en gros de l'énergie par les concessionaires de distributions syndicales d'énergie électrique en France. Rev. gén. Électr. Bd. 33 S. 17.

337. Clark: Three part tariff. Electr. Rev., Lond. Bd. 98 S. 313.

Zu: II. B. Die Tarife in verschiedenen Ländern.

351. Bellaar-Spruyt: La tarification relative à l'énergie électrique (Generalbericht zum Kongreß der Unipede 1928). Rev. gén. Électr. Bd. 24 S. 379.

352. Tarification de l'énergie électrique (Berichte zum Kongreß der Unipede in Brüssel, Sept. 1930. Rev. gén. Électr. Bd. 28 S. 1024.

353. Übersicht über die Tarife der Kleinabnehmer (vertraulich). Vereinigung der Elektrizitätswerke, Jan. 1933.

354. Ganguillet: Betrachtungen über eine für schweizerische Verhältnisse passende Energietarifform und über die Verwendung der inkonstanten Energie. Bull. schweiz. elektrotechn. Ver. 1927 S. 692.

355. Die Erzeugung und Verwendung elektrischer Energie in der Schweiz, 1. Okt. 1931 bis 30. Sept. 1932. Bull. schweiz. elektrotechn. Ver. 1933 S. 118.

356. Martenet: Mehrfachtarif des Elektrizitätswerks Neuenburg. Elektr.-Verwertg. 1931/32 S. 10, Elektrotechn. Z. 1931 S. 583.

357. Taccani: Die Elektrizitätsversorgung Italiens. Elektrotechn. Z. 1930 S. 700.

358. Altenberg: Les tarifs dans les cahiers de charge en Pologne, Bericht XII/I **zum Kongreß der Unipede 1930. Rev. gén. Électr. Bd. 28 S. 1029.**

359. Rosental: Der gegenwärtige Stand der Elektrisierung Polens. Elektrotechn. Z. 1928 S. 1633.

360. Statistik der Strompreise beim Deutschen Verband der Elektrizitätswerke in der Tschechoslovakei, Mai 1931.

361. Statistika Cen Elektřiny Nízkého Napětí (1. Jan. 1932) (Elektrotechnihý Svaz Československý).

362. Oversigt over Elektricitetspriser og Tarifer pr. 1. Okt. 1933. Dän. Elektrotekn. 1933 S. 488.

363. Börresen: Die Elektrizitätsversorgung Dänemarks. Elektrotechn. Z. 1926 S. 1458.

363a. — Die Entwicklung der dänischen Elektrizitätswirtschaft in den letzten Jahren. Elektrotechn. Z. 1929 S. 1123.

364. Juul: Elektricitetstariffer for Lys- og Husholdningstrom in Danske Byforsningen. Dän. Elektrotekn. 1928 S. 415.

365. Friedrich: Dänemarks Elektrizitätswirtschaft. Elektr.-Wirtsch. 1933 S. 306.

366. Tariffboken. Stockholm: Fritzes Kungl. Hovbokhandel 1929. Ergänzung April 1932.

367. Borgquist: Die Wasserkräfte Schwedens und ihre Ausnützung. Elektrotechn. Z. 1930 S. 879.

368. Ganguillet: Die schwedischen Energietarife. Bull. schweiz. elektrotechn. Ver. 1927 S. 370.

369. Willing u. Kogelschatz: Schwedische Elektrizitätspolitik. Elektrotechn. Z. 1934 S. 118.

370. Härry (nach Sven Hansen): Die Elektrizität in norwegischen Haushaltungen. Elektrotechn. Z. 1933 S. 309.

371. Electricity tariffs and voltages. London: Electr. Tim., Juni 1932.

372. Stritzl, v.: Das englische Landleitungsnetz. Elektrotechn. Z. 1933 S. 448.

373. Clark: Tariffs for domestic supply. Electrician Bd. 99 S. 745.

374. Die holländischen Tarife für Licht und Haushaltungsbedarf. Sonderdruck der Vereinigung der Elektrizitätswerke. Bericht über eine Studienreise nach Holland, 1925.

375. Bakker: Erfahrungen mit Gebührenmünzzählern im Städtischen Elektrizitätswerk Haag. Elektrotechn. Z. 1927 S. 273.

376. Lulofs: Die Elektrizitätsversorgung Hollands. Elektrotechn. Z. 1929 S. 849.

377. Brückman: Une méthode de comparaison des diverses tarifications de l'énergie électrique. Le «Consommateur-type». Elektra 1933 S. 129.

378. Lasalle: Die Lage der Elektrizität erzeugenden und verteilenden Industrie in Belgien. Elektrotechn. Z. 1930 S. 153.

379. Uytborck: Extension des réseaux ruraux d'électricité aux hameaux et fermes isolés. (Bericht zum Congrès international du Génie rural.) Rev. gén. Électr. Bd. 28 1930 S. 675.

380. Sohie: Commentaires sur les statistiques de consommation d'énergie dans les regions rurales. Rev. gén. Électr. Bd. 28 1930 S. 676.

381. Nissel: Die Elektrizitätstarife der Compagnie Parisienne de Distribution d'Électricité. Elektrotechn. Z. 1928 S. 1279.

382. Demierre: Neuer Haushalttarif der Pariser Elektrizitätswerke. Elektr.-Verwertg. 1931 S. 117, Elektrotechn. Z. 1931 S. 1502.

383. Chéreau: Nouvelle tarification de l'énergie électrique à Paris dite «Tarif de Nuit» etc. Rev. gén. Électr. Bd. 21 S. 799, Elektrotechn. Z. 1928 S. 1269.

384. — Les tarifications de l'énergie électrique en vigueur à la Compagnie Parisienne de Distribution d'Électricité. Rev. gén. Électr. Bd. 23 S. 325.

385. Groslier: La Tarification de l'énergie électrique en France (Bericht). Rev. gén. Électr. Bd. 24 S. 382.

386. Sekej: Neue Stromtarife der staatlichen Überlandzentralen der UdSSR. Elektrotechn. Z. 1932 S. 513.

387. Thieß: Betrachtungen über die Elektrizitätsversorgung Rumäniens. Elektrotechn. Z. 1930 S. 1335.

388. — Die Entwicklung der Elektrizitätsversorgung Rumäniens. Elektrotechn. Z. 1931 S. 1254.

389. — Die Elektrizitätswirtschaft Rumäniens 1931. Elektrotechn. Z. 1932 S. 1202.

390. — Die öffentliche Elektrizitätswirtschaft Rumäniens 1932. Elektrotechn. Z. 1933 S. 935.

391. NELA Rate Book, 1931.

392. Reutter: Elektrische Arbeit in der amerikanischen Landwirtschaft. Elektrotechn. Z. 1928 S. 1841.

393. Adolph: Amerikanische Elektrizitätswirtschaft. Elektrotechn. Z. 1929 S. 1429.

394. Nissel: Amerikanische Elektrizitätstarife. Elektrotechn. Z. 1929 S. 1435.

395. **Hamm**: Die amerikanische Elektrizitätswirtschaft im Jahre 1929. Elektrotechn. Z. 1930 S. 937.

396. **Nissel**: Bericht des Tarifstudienausschusses der NELA. Elektrotechn. Z. 1931 S. 1011.

397. Strompreise und Lebenshaltungskosten in den V.St. Amerika. Elektrotechn. Z. 1932 S. 1043.

398. **Hamm**: Die Elektrizitätswirtschaft der V.St. Amerika 1932. Elektrotechn. Z. 1933 S. 106, 1113.

399. **Nissel**: Elektrowärme in den Vereinigten Staaten von Amerika. Elektrotechn. Z. 1933 S. 39.

400. Electric light and power rates in the United States, serial report of the Rate Research Comittee 1927/28. National Electric Light Association New York (s. a. Elektrotechn. Z. 1929 S. 1439).

401. **Nash**: Electric tariffs in the United States and the proper relation between industrial, commercial and domestic rates. Weltkraftberichte, Sekt. 3, S. 87, Bd. XV.

402. Elektrische Haushaltgeräte in Kanada (nach **Barnes**). Elektrotechn. Z. 1932 S. 637.

403. 26. Annual report of the Hydro-Electric Power Commission of Ontario for the year ended Oct. 31th 1933. Toronto 1934.

Zu: III. Über die Vereinheitlichung der Tarife.

404. **Dettmar**: Elektrizitätstarife. Elektrotechn. Z. 1926 S. 545.

405. **Adolph**: Muster-Stromlieferungsbedingungen. Elektrotechn. Z. 1928 S. 1117.

406. **Friedrich** u. **Thierbach**: Gegenwartsaufgaben der deutschen Elektrizitätspolitik. Elektrotechn. Z. 1933 S. 912.

407. **Adolph**: Verbesserung der Kleinverteilung in der deutschen Elektrizitätswirtschaft. Elektrotechn. Z. 1933 S. 1207.

408. **Krecke**: Neuordnung der Energiewirtschaft. Elektr.-Wirtsch. 1934 S. 203.

409. Bericht der Kommission für Energietarife des Verbandes schweizerischer Elektrizitätswerke 1933 (nicht veröffentlicht).

410. Sekreterarens medelande om prågáende arbeten inom Tarifkommittén. Svensk Elektr.-Forening. Hdl., Stockh. 1934 No. D.

411. Innberetning fra Norske Elektricitetsverkersforenings Tariffkomite. Oslo 1933.

412. Grunderna för Elektricitetstariffer for Hushåll och Landbruck. Finlands Elektricitetswerksförening 1932.

413. Report on Uniformity of Electricity Charges and Tariffs. By a Committee appointed by the Electricity Commissioners. London: H. M. Stationary Office 1930.

414. The future price of electricity. Electr. Rev., Lond. Bd. 98 S. 653.

415. **Jennings**: Standardisation of methods of charge. Electr. Rev., Lond. Bd. 104 S. 1121.

416. **Wilkinson**: Tariff standardisation. Electr. Rev., Lond. Bd. 105 S. 51.

417. Tariff uniformity. Electrician Bd. 105 S. 135.

418. Uniform tariffs. Electr. Rev., Lond. Bd. 107 S. 236.

419. **Sayers**: Tariff uniformity. Electr. Rev., Lond. Bd. 107 S. 251.

420. **Jones**: A uniform structure for the electric rates. Electr. Wld., N. Y. Bd. 86 S. 1008.

421. Uniform rates as aides to public relations. Electr. Wld., N. Y. Bd. 87 S. 341.

422. **Downing**: Rates simplification needed. Electr. Wld., N. Y., Bd. 99 S. 1019.

Anhang.
Angaben über schwedisches und norwegisches Fachschrifttum.
a) Schweden.

423. Rossander: Om tariffer för elektrisk energi, avsedd för andra hushållsändamål än belysning. (Über Tarife für elektrische Energie, die für andere Haushaltszwecke als für Beleuchtung bestimmt ist.) Svensk. Elektr.-Forening. Hdl., Stockh. 1926 Heft 3.

424. Persson: Utredning beträffande införande av särskild taxa för kok- och övriga hushållsändamål vid Hvetlanda stads Elektricitetsverk. (Erörterung über Einführung eines besonderen Tarifs für Koch- und übrige Haushaltszwecke beim städt. Elektrizitätswerk Hvetlanda.) Svensk. Elektr.-Forening. Hdl., Stockh. 1926 Heft 9.

425. Holm: Beräkningsgrunder rörande s. k. hushållstaxa. (Berechnungsgrundlagen für den sog. Haushaltstarif.) Svensk. Elektr.-Forening. Hdl., Stockh. 1926 Heft 27.

426. Hushålltaxor och deras inverkan på elektricitetsverkens belastning, utnyttjningstid och ekonomi. (Haushaltstarife und ihre Einwirkung auf Belastung, Benutzungsdauer und Wirtschaftlichkeit der Elektrizitätswerke.) Svensk. Elektr.-Forening. Hdl., Stockh. 1927 Heft 22.

427. Borgquist: Enhetliga taxeformer för detaljdistribution. Självkostnadssynpunkten vid tariffbildningen. (Einheitliche Tarifformen für Kleinverteilung. Selbstkostenberücksichtigung bei der Tarifbildung.) Svensk. Elektr.-Forening. Hdl., Stockh. 1928 Heft 11.

428. Hässler: Några erinringar huvudsakligen av formell art rörande de lågspänningstariffer, som nu tillämpas av de kommunala electricitetsverken. (Einige Bemerkungen, insbesondere über die Form der Niederspannungstarife, die jetzt von den kommunalen Elektrizitätswerken angewendet werden.) Svensk. Elektr.-Forening. Hdl., Stockh. 1928 Heft 11.

429. Hammarstrand: Distributionstariffernas utveckling. Taxefrågor vid Göteborgs Stads Elektricitetsverk. (Die Entwicklung der Verteilungstarife. Tariffragen beim städtischen Elektrizitätswerk Göteborg.) Svensk. Elektr.-Forening. Hdl., Stockh. 1929 Heft 13.

430. Borgquist: Hushållstariffernas utformning. (Die Ausgestaltung der Haushaltstarife.) Svensk. Elektr.-Forening. Hdl., Stockh. 1929 Heft 13.

431. Lindman: Hushållstaxans tillämpning i gränsfall. (Die Anwendung der Haushaltstarife in Grenzfällen.) Svensk. Elektr.-Forening. Hdl., Stockh. 1929 Heft 13.

432. Edholm: Tariffer för elektrisk jorduppvärmning. (Tarife für elektrische Bodenerwärmung.) Svensk. Elektr.-Forening. Hdl., Stockh. 1929 Heft 13.

433. Velander: Detaljtariffernas utveckling. (Die Entwicklung der Tarife für den Kleinverkauf.) Svensk. Elektr.-Forening. Hdl., Stockh. 1930 Heft 12.

434. Borgquist: Vattenfallsstyrelsens nya normaltaxor och deras betydelse för aterdistributörerna. (Der neue Normaltarif der Wasserfallverwaltung und seine Bedeutung für die Wiederverkäufer.) Svensk. Elektr.-Forening. Hdl., Stockh. 1931 Heft 12.

435. Levinsson: Några erfarenheter från kökselektrifieringen i Halmstad. (Einige Erfahrungen von der Küchenelektrifizierung in Halmstad.) Svensk. Elektr.-Forening. Hdl., Stockh. 1932 Heft 22.

436. Hammarstrand, Söderbaum, C.O. Rahm, Holm, Jacobsson: Taxefrågor. (Tariffragen.) Svensk. Elektr.-Forening. Hdl., Stockh. 1932 Heft 27.

b) Norwegen.

437. Sinding-Larsen, Malde, Smith, R., Grassdal: Omkring tarifspørsmålet. (Zur Tariffrage.) Elektrotekn. T. 1924.

438. Grassdal: Bidrag til belysning av spørsmålet om tarifformen. (Beitrag zur Beleuchtung der Frage der Tarifform.) Elektrotekn. T. 1924 S. 134.

439. Malde: Tariffene for strøm til husholdningsbruk. (Die Tarife für Strom zum Haushaltsgebrauch.) Elektrotekn. T. 1924 S. 109.
— Strømtariff for husholdningsbruk. (Stromtarif für Haushaltsgebrauch.) Elektrotekn. T. 1925 S. 78.

440. Egede-Nissen: Salgstariffer for husholdningsbruk. (Verkaufstarife für Haushaltsgebrauch.) Elektrotekn. T. 1925 S. 99.

441. Berg: Strømtariffer. (Stromtarife.) Elektrotekn. T. 1925 S. 106.

442. Grassdal: Tariffer for kraftlevering til motorer. (Tarife für Kraftlieferung für Motoren.) Elektrotekn. T. 1925 S. 222.

443. Neess: Om tariffbenevnelser. (Über Tarifbenennungen.) Elektrotekn. T. 1925 S. 273.

444. Grosch: Tarif for elektriske bakerier. (Tarif für elektrische Bäckereien.) Elektrotekn. T. 1926 S. 7.

445. Frogner: Tariffproblemet. (Die Tarifprobleme.) Elektrotekn. T. 1926 S. 486.

446. Monsen: Strømtariffer for avregning mellem primaere og sekundaere kraftverker. (Stromtarif für Abrechnung zwischen primären und sekundären Kraftwerken.) Elektrotekn. T. 1926 S. 501.

447. Grosch: Husholdningstariffer. (Haushaltstarife.) Elektrotekn. T. 1927 S. 27.

448. Arntsen, Berg, Bakke-Fagerberg, Dybwad, Eckhoff, Eie, Grassdal, Malde, Smith, R., Grosch: Husholdningstariffer. (Haushaltstarife.) Elektrotekn. T. 1927 S. 120.

449. Schulz, N.: Vannkraft, dampkraft og tariffer. (Wasserkraft, Dampfkraft und Tarife.) Elektrotekn. T. 1928 S. 415.

450. Walther: Husholdningstariffer. (Haushaltstarife.) Elektrotekn. T. 1928 S. 254.

451. Jorstad: Litt om vippen og dens ulemper, spesielt med henblikk på spenningsvariasjoner. (Etwas über die Wippe[1] und ihre Nachteile, besonders im Hinblick auf Spannungsschwankungen.) Elektrotekn. T. 1929 S. 45.

452. Arnesen: Strømtariffer—saerlig husholdningstariffer. (Stromtarife, besonders Haushaltstarife.) Elektrotekn. T. 1930 S. 462.

453. Bjerke: Tariffer for elektrisitetens anvendelse til elektro-varme. (Tarife für die Anwendung der Elektrizität zu Wärmezwecken.) Elektrotekn. T. 1931 S. 258.

454. Blumer: Et halvt år kilowatt-time tariff i Oslo. (Ein halbes Jahr kWh-Tarif in Oslo.) Elektrotekn. T. 1931 S. 434.

455. — Et år kWh-tariff i Oslo. (Ein Jahr kWh-Tarif in Oslo.) Elektrotekn. T. 1932 S. 153.

456. Dybwad: Et år kWh-tariff i Oslo. (Ein Jahr kWh-Tarif in Oslo.) Elektrotekn. T. 1932 S. 182.

457. **Frogner: Vippe eller måler. (Wippe oder Zähler.) Elektrotekn. T. 1932 S. 281**

458. Haug: Vippe eller måler. (Wippe oder Zähler.) Elektrotekn. T. 1932 S. 395

459. Frogner: Både vippe og måler. (Wippe und Zähler.) Elektrotekn. T. 1932 S. 396.

460. Berg: Elektrisitetsverkstariffer og lys i kirker og skoler. (Die Tarife der Elektrizitätswerke und Licht in Kirchen und Schulen.) Elektrotekn. T. 1932 S. 215.

461. — Elektrisitetsverkstariffer og lysreklame. (Die Tarife der Elektrizitätswerke und die Lichtreklame.) Elektrotekn. T. 1932 S. 317.

462. — Strømtariffer. (Stromtarife.) Elektrotekn. T. 1932 S. 406.

463. Steen-Hansen: Utnytt vippen bedre selv om måleren kommer til som supplement. (Bessere Ausnützung der Wippe, selbst wenn Zähler als Ergänzung dazu kommen.) Elektrotekn. T. 1933 S. 7.

---

[1] Siehe S. 227.

464. Sognnes: 2 års erfaring med kWh-tariff. (Zwei Jahre Erfahrung mit kWh-Tarif.) Elektrotekn. T. 1933 S. 140.

465. Moluf: Tariffspørsmålet—Overforbruksmåleren. (Die Tariffrage—Überverbrauchszähler.) Elektrotekn. T. 1933 S. 151.

466. Berg: Overforbruksmåler med grunnavgift. (Überverbrauchszähler mit Grundgebühr.) Elektrotekn. T. 1933 S. 216.

467. Anzjøn: Overforbruksmåler og dobbelttariffvippe. (Überverbrauchszähler und Doppeltarifwippe.) Elektrotekn. T. 1933 S. 216.

468. Kristoffersen: Tariffer. (Tarife.) Elektrotekn. T. 1933 S. 254.

469. Bakke-Fagerberg: Tariffer for elektrisk drivkraft i handverk og småindustri. (Tarife für elektrische Betriebskraft in Handwerk und Kleinindustrie.) Elektrotekn. T. 1933 S. 272.

470. Svenkerud: Industritariffer i Norge, spesielt med henblikk på elektrotermiske anlegg. (Industrietarife in Norwegen, besonders im Hinblick auf elektrothermische Anlagen.) Elektrotekn. T. 1933 S. 385.

471. Frogner: Oslo Elektrisitetsverks overforbrukstariff. (Der Überverbrauchstarif des Elektrizitätswerks der Stadt Oslo.) Elektrotekn. T. 1934 S. 6.

472. Bryn: Oslo Elektrisitetsverks overforbrukstariff. (Der Überverbrauchstarif des Elektrizitätswerks der Stadt Oslo.) Elektrotekn. T. 1934 S. 34.

473. Hirsch, W.: Systemet vippe i forbindelse med overforbruksmåler. (Das System Wippe in Verbindung mit Überverbrauchszählern.) Elektrotekn. T. 1934 S. 70.

474. Malde: Den elektriske kokning. (Das elektrische Kochen.) Tekn. Ukebl. 1924 S. 368.

475. Lindboe: Omkring elektrisitetsprisene. (Über Elektrizitätspreise.) Tekn. Ukebl. 1933 S. 67.

476. Berg: Elektrisitetsprisene og den unyttede vannkraft. (Die Elektrizitätspreise und die ungenützte Wasserkraft.) Tekn. Ukebl. 1933 S. 242.

Namenverzeichnis
zum Fachschriftennachweis.

(Die Zahlen beziehen sich auf die Nummern des Fachschriftennachweises.)

Namen- und Sachverzeichnis.

[Die fett gedruckten Ziffern bezeichnen die Seiten, auf denen das Stichwort ausführlich behandelt ist. Weiter bedeutet (A): Abbildung, (N): Namen und (Z): Zahlentafel. Bezüglich der Tarifbeispiele vgl. die Verzeichnisse S. 283f.]

Additional material from *Die Elektrizitätstarife*,

ISBN 978-3-642-89411-4, is available at http://extras.springer.com

Kursumrechnungstafel.

Die Kurstafel dient zur bequemen Umrechnung des in einer Währung
angegebenen Strompreises in andere Währungen. Die entsprechenden
Werte können auf der Tafel an Hand der waagerechten Linien oder unter
Zuhilfenahme eines waagerecht gelegten Lineals ohne weiteres abgelesen
werden, so ergibt sich z. B., daß 1 span. Pesete 55 norwegischen Øre entspricht, oder 6 finnische Mark dem Werte von 70 Zloty, oder 40 Rpf
dem Wert von 0,55 Pengö. Der Kurstafel sind die Mittelkurse der
Berliner Börse Ende Oktober 1934 zugrunde gelegt gemäß folgender
Aufstellung, wobei bei den Staaten, die nur nach außen vom Goldwert
abgegangen sind, im Innern·aber die Kaufkraft ihrer Währung aufrecht
erhalten haben, Gold- und Papierwährung angegeben ist.

Deutsches Reich		=	100,— RM
Schweiz	100 Frs	=	81,— RM
Österreich	100 S	=	49,— RM
Ungarn	100 Pg	=	73,— RM
Tschechoslowakei	100 Kč	=	10,40 RM
Polen	100 Zł	=	47,— RM
Dänemark	100 Kr Gold	=	112,— RM
	100 Kr Papier	=	55,— RM
Schweden	100 Kr Gold	=	112,— RM
	100 Kr Papier	=	64,— RM
Norwegen	100 Kr Gold	=	112,— RM
	100 Kr Papier	=	62,— RM
Finnland	100 Markka	=	5,50 RM
England	1 £ Gold	=	20,40 RM
	1 £ Papier	=	12,40 RM
Irland	1 £	=	12,40 RM
Niederlande	100 hfl	=	168,— RM
Belgien	100 frs	=	11,60 RM
Frankreich	100 frs	=	16,40 RM
Spanien	100 Pes	=	34,— RM
Italien	100 Le	=	21,— RM
Rumänien	100 Lei	=	2,50 RM
Rußland	100 Rubel	=	216,— RM
Türkei	100 Ltqs	=	197,— RM
Palästina	1 LP Gold	=	20,40 RM
	1 LP Papier	=	12,40 RM
Ägypten	1 LE Gold	=	20,95 RM
	1 LE Papier	=	12,72 RM
Vereinigte Staaten und Kanada	1 $ Gold	=	4,20 RM
Vereinigte Staaten	1 $ Papier	=	2,49 RM
Kanada	1 $	=	2,55 RM

Berichtigung.

Seite 3, Zahlentafel 1, Spalte Leistungfähigskeit:
Statt Mill. kW richtig 1000 kW.

Siegel-Nissel, Elektrizitätstarife. 3. Aufl.